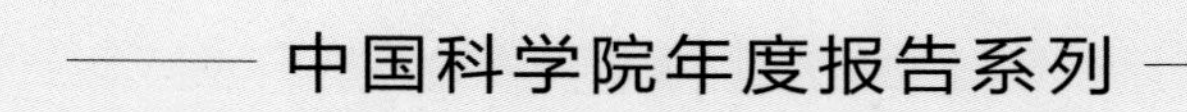
中国科学院年度报告系列

2018

高技术发展报告

High Technology Development Report

中国科学院

科学出版社

北京

图书在版编目(CIP)数据

2018高技术发展报告 / 中国科学院编. —北京：科学出版社，2018.12
（中国科学院年度报告系列）
ISBN 978-7-03-060327-2

Ⅰ. ①2… Ⅱ. ①中… Ⅲ. ①高技术发展-研究报告-中国-2018 Ⅳ. ①N12

中国版本图书馆 CIP 数据核字（2018）第297385号

责任编辑：侯俊琳 杨婵娟 / 责任校对：韩 杨
责任印制：张克忠 / 封面设计：有道文化
编辑部电话：010-64035853
E-mail: houjunlin@mail.sciencep.com

科学出版社 出版
北京东黄城根北街 16 号
邮政编码：100717
http://www.sciencep.com

新科印刷有限公司 印刷

科学出版社发行 各地新华书店经销

*

2018 年12月第 一 版 开本：787 × 1092 1/16
2018 年12月第一次印刷 印张：27 1/2 插页：2
字数：537 000

定价：158.00元

（如有印装质量问题，我社负责调换）

全面深入推进世界科技强国建设

（代序）

白春礼

党的十九大报告明确指出，创新是引领发展的第一动力，是建设现代化经济体系的战略支撑。报告强调，要推进科技强国建设。学习贯彻党的十九大精神，必须瞄准世界科技前沿，强化基础研究，实现前瞻性基础研究、引领性原创成果重大突破。加强应用基础研究，拓展实施国家重大科技项目，突出关键共性技术、前沿引领技术、现代工程技术、颠覆性技术创新，全面深入推进世界科技强国建设。

一、我国已成为具有重要影响力的科技大国

党的十九大报告在回顾总结过去五年取得的伟大成就时指出，创新驱动发展战略大力实施，创新型国家建设成果丰硕，天宫、蛟龙、天眼、悟空、墨子、大飞机等重大科技成果相继问世。联系近年来我国科技工作的实践学习领会党的十九大精神，我们深深体会到，建设世界科技强国的科技梦既是中国梦的重要组成部分，也是实现中国梦的根本支撑。

党的十八大以来，以习近平同志为核心的党中央把创新摆在国家发展全局的核心位置，强调让创新贯穿党和国家的一切工作，并作出了实施创新驱动发展战略的重大部署。党中央、国务院就科技创新出台了一系列重大方针政策，实施了一系列重大改革举措。全国科技界坚决贯彻落实习近平总书记关于科技创新的重要讲话精神，扎实推进改革创新发展，取得了一大批有国际影响的重大成果。量子通信、中微子、铁基超导、外尔费米子、干细胞和再生医学等面向世界科技前沿的重要科技成果水平达到世界前列；

载人航天、空间科学、深海深地探测、超级计算、人工智能等面向国家重大需求的战略高技术领域持续取得重大突破；高速铁路、第四代核电、新一代无线通信、超高压输变电等面向国民经济主战场的产业关键技术迅速发展成熟；500米口径球面射电望远镜、上海光源、大亚湾反应堆中微子实验等重大科技基础设施投入使用，为解决重大科技问题奠定了物质技术基础。“悟空号”暗物质粒子探测卫星取得首批重大成果，获得了世界上迄今最精确的高能电子宇宙线能谱。这些科技创新的重大成就，有力提升了我国科技实力和综合国力，提振了民族自信心和自豪感。进一步彰显了中国共产党的领导优势和中国特色社会主义的制度优势。

总体上看，经过多年的积累和发展，特别是实施创新驱动发展战略以来的持续努力，我国科技创新能力和水平显著提高，已成为具有重要影响力的科技大国。我国科技创新事业正处于历史上最好的发展时期，我们比历史上任何时期都更接近建成世界科技强国的目标，也比历史上任何时期都更加接近中华民族伟大复兴中国梦的实现。每一名科技工作者都应该将个人的成长与国家的发展紧密地结合起来，自觉在世界科技强国建设中贡献力量，施展才干，实现抱负。

二、新时代对科技强国建设提出了新要求

党的十九大明确指出，经过长期努力，中国特色社会主义进入了新时代，这是我国发展新的历史方位。在新时代，我国社会主要矛盾已经转化为人民日益增长的美好生活需要和不平衡不充分的发展之间的矛盾。我国社会主要矛盾的变化是关系全局的历史性变化，要求我们坚持将创新作为引领发展的第一动力，把科技作为经济社会发展和国家战略安全的核心支撑，不断提升自主创新能力，真正实现科技强、产业强、经济强、国家强。

与建成世界科技强国的要求相比，我国科技事业发展中还存在一些突出问题和短板。科技创新能力总体不强，基础研究和原始创新能力不足，高端科技产出比例偏低，产业核心技术、源头技术受制于人的局面没有根本性改变。科技体制改革中的“硬骨头”还没有取得根本性突破，创新政策和体制还不够健全。科技人才队伍的水平和结构亟待优化，高水平科技

创新人才，尤其是能改变领域国际格局的战略科学家和能实现颠覆性创新的人才非常缺乏。

当前，新一轮世界科技革命和产业变革正孕育兴起，将对世界经济政治格局、产业形态、人们生活方式等带来深刻影响，也必将重塑世界科技竞争格局。我们必须坚持以习近平新时代中国特色社会主义思想，特别是习近平总书记关于科技创新重要论述为指引，坚持道路自信、理论自信、制度自信、文化自信，保持危机意识、树立创新自信、坚持战略导向，才能紧紧抓住难得的历史机遇，使我国在未来国际科技竞争中抢得先机、占据主动。

三、努力跻身于创新型国家前列

党的十九大明确提出，要加强国家创新体系建设，强化战略科技力量，实现科技实力的大幅跃升，跻身创新型国家前列。我们要贯彻落实好创新驱动发展战略，加快推进创新型国家和世界科技强国建设。

突出创新引领，把创新摆在国家发展全局的核心位置。从国内经济发展阶段来看，传统的依靠要素扩展的经济发展模式已难以为继，必须转到依靠创新驱动新发展模式上来，不断提升自主创新能力，才能为经济社会发展注入新动能、创造新动力。从世界科技发展态势来看，新一轮世界科技革命和产业变革孕育兴起，将对人类社会、世界经济政治格局、产业形态、人们生活方式等带来深刻影响。我们必须紧抓这一难得的战略机遇，增强使命感、责任感和紧迫感，下好先手棋、抢占制高点，在国际科技竞争格局中赢得先机、占据主动。

强调创新自信，坚定不移走中国特色自主创新道路。习近平总书记强调，我们在世界尖端水平上一定要有自信。这种自信源于我们有社会主义集中力量办大事的制度优势，源于我们有蕴藏在亿万人民中间的创新智慧和创新力量。我们要始终坚持创新自信，在关键领域、“卡脖子”的地方下大功夫，采取“非对称”赶超战略，组织优势科技资源开展协同创新和集成攻关，以点的突破带动面的赶超，在更多领域实现与世界科技强国的“并跑”“领跑”。

完善创新治理体系，充分释放各类创新要素的活力。充分调动创新主体的积极性，释放创新要素的活力，让一切创新源泉充分涌流。要进一步明确企业、科研院所、政府在科技创新中的不同作用，让企业成为技术创新决策、研发投入、科研组织、成果转化的主体；科研院所和高校要加快建立现代院所治理结构，完善管理制度，提供有效科技供给。要建设一支规模宏大、结构合理、素质优良的创新人才队伍。要积极营造有利于创新的氛围和环境，尊重科技创新活动的区域集聚规律，建设具有全球影响力的科技创新中心和国家综合性科学中心，在支撑国家创新驱动发展中发挥重要的示范和带动作用。

培育创新文化，形成崇尚创新、尊重创造的社会氛围。没有全民科学素质普遍提高，就难以建立起宏大的高素质创新大军，难以实现科技成果快速转化。大力弘扬创新精神，充分尊重基础科学研究灵感瞬间性、路径不确定性的特点，鼓励科学家勇于进行颠覆性创新思维，厚植创新沃土。营造敢为人先、宽容失败的良好氛围。完善鼓励创新的激励机制，从制度倾向、舆论导向上鼓励创新，建立公平竞争氛围，营造良好的创新环境，让敢创新、会创新、能创新的人受尊重、有舞台。充分激发企业家精神，调动全社会创业创新积极性，汇聚成推动创新发展的磅礴力量。同时，要进一步加强科学道德和科学伦理的制度建设，让创新活动在规范有序的框架下运行。

四、围绕服务经济发展促进科技成果转化

党的十九大报告强调，要深化科技体制改革，建立以企业为主体、市场为导向、产学研深度融合的技术创新体系，加强对中小企业创新的支持，促进科技成果转化。科技服务经济发展本质上是一个经济对科技“需求”和科技对经济“供给”之间的匹配性问题。一直以来，科技创新和经济发展存在“两张皮”问题，主要是因为经济“需求”的动力不足和科技“供给”的能力不强。一方面，在特定的经济发展阶段，经济主体通过要素的简单扩张就能获得较为丰厚的利润，缺乏通过科技创新获得发展的内在动力；另一方面，我国的科技管理模式和科技资源配置模式，使得科技创新

的主体提供有效科技供给的能力相对不足。

目前，这种状况已经发生了根本性变化。首先，传统的依靠要素扩张的发展模式已难以为继，企业要生存要发展必须转到依靠科技创新的道路上来，因此，市场主体真正有了进行科技创新的需求和动力。其次，随着科技创新体制改革的深入推进，科技资源配置模式的持续调整，科研机构也有了主动对接市场，服务经济发展的动力和能力。随着两大主体同向发力，科技和经济“两张皮”的问题将会得到有效解决。

面向未来，我们要进一步细化落实国家已出台的鼓励科技成果转移转化的相关政策文件，构建体系完整、运转高效的科技成果转化机构网络，打造专业化的服务科技成果转化的高素质人员队伍，完善知识产权创造与保护体系，充分激发科研人员投身“大众创业、万众创新”的积极性，促进产学研深度合作，打通科技创新活动的“最后一公里”。

五、肩负起建设世界科技强国的历史使命

党的十九大是在全面建成小康社会决胜阶段、中国特色社会主义进入新时代的关键时期召开的一次十分重要的大会，开启了中国特色社会主义新征程。我们将坚决贯彻落实党的十九大精神，将习近平总书记提出的“三个面向”“四个率先”要求作为新时代的办院方针，团结带领广大干部和职工，攻坚克难，勇攀高峰。

发挥国家重大科技战略中的骨干作用。把北京上海科技创新中心以及合肥综合性国家科学中心、雄安新区和国家实验室建设作为重要抓手，集聚世界一流科学家和顶尖创新创业人才，科学合理配置创新资源，建设成为具有全球影响力的创新高地，辐射和带动我国区域创新能力的整体跃升。要在经济供给侧结构性改革、“一带一路”建设、军民融合、“大众创业、万众创新”中发挥重要科技支撑作用，促进经济社会转型发展，切实保障国家战略利益安全。

持续产出更具影响力的重大创新成果。在基础和前沿领域取得一批具有前瞻性的原创成果，牵头组织实施一批以我为主的国际大科学工程和大科学计划；在重大创新领域产出更多有效满足国家战略需求的技术与产品；

在产业创新上发展具有颠覆性的引领性关键核心技术，推动一大批重大示范转化工程落地生根，加快推动自主创新能力的整体提升，推动科技与经济深度融合，大幅提升高端科技供给，从根本上解决低水平重复、低端低效产出过多等问题，率先实现科学技术跨越发展。

在国家科技体制改革中发挥示范带动作用。把深化研究所分类改革作为着力点和突破口，清除各种有形无形的栅栏，打破院内院外的围墙，让机构、人才、装置、资金、项目都充分活跃起来，形成推进科技创新发展的强大活力。要进一步深化与高等院校、企业与地方的战略合作，大力推进各项改革举措落到实处。要加强现代院所治理体系建设，健身瘦体，建立符合科研活动规律的科研院所管理制度，率先建设世界一流科研机构。

加强科技条件和人才队伍建设，全面提升创新能力。充分发挥国家大科学装置与平台的集群优势，构建开放共享的运行机制，提升装置设备的使用效率和水平，组织开展高水平多学科交叉研究，在解决重大科学问题、产出重大创新成果中发挥国之利器的作用。以提升人才队伍质量、优化人才队伍结构为重点，在全球范围内吸引一大批高端科技人才；通过组织实施重大科技任务、开展重大国际科技合作，培养造就一支具有国际影响力的战略科学家队伍，率先建成国家创新人才高地。

发挥好高端科技智库在国家决策中的支撑作用。切实做好国家高端智库建设试点，组织专家队伍，开展高水平常态化学科发展战略和创新发展决策咨询研究，积极推动制定新一轮国家中长期科技发展规划，主动承担和参与国家重大战略任务的第三方评估，认真做好国家重大科技任务和项目布局的前瞻研究与建议。在国家科技规划、科学政策、科技决策等方面发挥重要影响，率先建成国际高水平科技智库。

（本文刊发于 2017 年 12 月 15 日《学习时报》，收入本书时略作修改）

前　言

2017年，党的十九大胜利召开，我国开启了全面建设社会主义现代化国家新征程。创新型国家建设加快推进，高技术领域聚焦关键共性技术、前沿引领技术、现代工程技术、颠覆性技术创新，取得了国产大型客机C919首飞、世界首台超越早期经典计算机的光量子计算机、首艘国产航母下水、“海翼”号深海滑翔机完成深海观测、首次海域可燃冰试采成功等一系列重大突破，为培育发展新动能、构建现代化产业体系提供了有力支撑。

《高技术发展报告》是中国科学院面向决策、面向公众的系列年度报告之一，每年聚焦一个主题，四年一个周期。《2018高技术发展报告》以“材料与能源技术”为主题，共分七章。第一章“2017年高技术发展综述”，系统回顾2017年国内外高技术发展最新进展。第二章“材料技术新进展”，介绍金属材料、增材制造材料、陶瓷材料、纳米材料、钙钛矿材料、光电子材料及材料计算设计技术等方面的最新进展。第三章“能源技术新进展”，介绍天然气水合物、生物质能、海洋能、地热能、先进磁约束核聚变、制氢、新型电网、电池储能、综合能源系统技术等方面的最新进展。第四章“材料和能源技术产业化新进展”，介绍半导体硅材料、低维碳材料、稀土功能材料、高性能碳纤维、海洋工程重防腐材料、煤炭间接液化、煤基制烯烃、核能、风电、先进储能电池等方面技术的产业化进展情况。第五章“高技术产业国际竞争力与创新能力评价”，关注我国高技术产业国际竞争力和创新能力的演化。第六章“高技术与社会”，探讨了纳米生物学的科学意义和社会价值、重大科技基础设施的社会价值、水电工程的生态影响、大数据伦理规制、人工智能对教育的影响等社会公众普遍关心的热点问题。第七章“专家论坛”，邀请知名专家就制造业创新驱动数字转型发展、能源科技发展、战略性新兴产业知识产权问题、智能经济、国际科技合作等重大问题发表见解和观点。

《2018 高技术发展报告》是在中国科学院白春礼院长亲自指导和众多两院院士及有关专家的热情参与下完成的。中国科学院发展规划局、学部工作局、科技战略咨询研究院的有关领导和专家对报告的提纲和内容提出了许多宝贵意见，李喜先、徐坚、马隆龙、高志前、王昌林、张培富、胡志坚等专家对报告进行了审阅并提出了宝贵的修改意见，在此一并表示感谢。该报告的组织、研究和编撰工作由中国科学院科技战略咨询研究院承担。课题组组长是穆荣平，副组长是樊永刚，成员有张久春、杜鹏、王婷、苏娜、曲婉和赵超。

中国科学院《高技术发展报告》课题组

2018 年 12 月 13 日

目　录

CONTENTS

第一章

2017年高技术发展综述

Overview of High Technology Development in 2017

2017 年高技术发展综述

张久春　任志鹏　樊永刚

（中国科学院科技战略咨询研究院）

2017 年，主要发达经济体经济增速普遍提升，新兴市场和发展中经济体平稳回升，全球经济增速达到 3.0%，为 2011 年以来最好水平。主要国家围绕信息技术、生命与健康、先进制造、先进材料、能源资源、空天海洋等重点领域，持续加大创新投入力度。美国特朗普政府在“美国优先”理念下，重点关注云计算、大数据、人工智能、量子计算、虚拟现实和机器学习等战略高技术和颠覆性技术，以及核能、海上石油、清洁煤等能源技术。欧盟发布《新地平线：欧盟科技创新政策未来场景》报告，探索科技创新可能的新主题、新方法和优先领域，为制定下一期研发框架计划奠定基础。英国积极推进科学研究与创新体系改革，发布数字化战略、5G 战略、清洁增长战略、国防技术战略、机器学习和人工智能等方面报告，以应对脱欧带来的挑战。日本发布《科技创新综合战略 2017》，持续推进超智能社会（“社会 5.0”）建设，不断夯实创新基础。党的十九大胜利召开，强调创新是引领发展的第一动力，是建设现代化经济体系的战略支撑，明确我国将深入实施创新驱动发展战略，加快推进创新型国家和世界科技强国建设，为社会主义现代化强国建设提供有力支撑。

一、信息和通信技术

2017 年，信息和通信技术领域取得多项重大突破。在集成电路领域，碳化硅（SiC）半导体集成电路、大规模数据存储方案、5nm 制程的半导体芯片、新磁存储器、低能耗“迷你”加密芯片等方面取得突破性进展。在高性能计算领域，开发出纳米级别的 DNA 多米诺电路、复杂的由 RNA 制成的生物计算机。在人工智能领域，以“认知草图”为基础的新计算模型、AutoML 智能系统、人脸识别技术、人工神经网络芯片、新“阿法狗”、可实战的“算法战”等新进展值得关注。在云计算和大数据方面，国内首个 80nm 自旋转移矩－磁随机存储器器件、超级稳定的光存储技术、新颖的有机存储薄膜等给人留下深刻印象。在网络与通信领域，科学家成功破解了一代安全哈希算法，太赫兹发射器、具有最小体声波的滤波器、“激光通信中继验证”项目、5G 国际标准都有不同程度的进展。在量子计算和通信领域，量子区块链系统、量子计算机、量子计算机芯片、超高性能新型量子神经网络原型机等方面的成就尤为突出；我国在单光子的量子模拟机、量子纠缠分发、量子密钥分发、量子隐形传态等方面取得突破，国际上首次验证了水下量子通信的可行性。

1. 集成电路

2 月，美国位于俄亥俄州的美国国家航空航天局（National Aeronautics and Space Administration，NASA）格伦研究中心，开发出可在恶劣环境下长时间使用的 SiC（碳化硅）半导体集成电路[1]。任何到达金星表面的航天器的寿命都会因其表面的高温高压变得非常短。该电子元件在模拟金星表面的高热高压等恶劣环境中至少可以存活 521 个小时，其寿命是此前探测金星任务中的苏联电子元件的 100 倍，未来可用于制造携带更多仪器的金星探测器。

3 月，美国哥伦比亚大学和纽约基因组中心合作，采用一种新方法将数据编码进 DNA，之后可以大规模从中提取信息，从而创造出最高密度的大规模数据存储方法[2]。DNA 存储有很多优势：超级紧凑；在寒冷干燥的地方可保存数十万年；人类只要还在读取和书写 DNA，就能够解码这些信息；可制作几乎不受数量限制的无差错文件副本。以往的方法远不能达到 DNA 存储信息能力的理论最大值，新方法可用 1g DNA 存储 215Pb（2.15 亿 Gb）数据，即原则上可将人类有史以来的所有数据存储在一个大小和重量相当于两辆小货车的存储容器中。目前，该技术实用化的主要障碍是成本问题。

6 月，美国 IBM 公司与格罗方德、三星公司合作，采用堆叠硅纳米片而非鳍式场效应晶体管（FinFET）的方法，成功制备出 5nm 制程的半导体芯片[3]。当设定与 10nm 制程相同的能耗时，它的速度比 10nm 制程快约 40%。芯片性能的提升，可加速智能计算、物联网和云计算等领域的研发，推动技术的发展，以满足人工智能、虚拟现实和移动设备的需求；能耗的节省，意味着智能手机和移动设备的电池在一次充电后的使用时间可延长 2 ～ 3 倍。

7 月，美国麻省理工学院（MIT）和斯坦福大学合作，开发出一种全新的高能效、高存储率纳米电子系统[4]。该系统在低温（低于 200℃）下通过集成碳纳米管场效应晶体管和电阻式随机内存器（RRAM），把输入 / 输出、计算和数据存储能力集中在一块三维（3D）芯片上，突破了计算机的重大通信瓶颈——数据需要在芯片外的存储器和芯片上的逻辑电路之间转换从而限制了芯片处理数据能力的提高。该系统与传统的硅电路兼容，未来有望支持摩尔定律的延续，成为开发许多变革性应用的平台。

9 月，瑞士苏黎世联邦理工学院（ETH Zurich）找到一种可以大幅度提高磁存储速度的方法[5]。传统磁存储器通过带电线圈产生的磁场变化来改变存储介质的磁性，以存储信息，已无法满足现今计算机处理器对其速度的要求。新方法用给特殊半导体薄膜通电的方式来改变存储介质的磁性，以实现磁存储；比传统磁存储器速度快、能耗小（不因线圈电阻而消耗能量）。该技术用于计算机的内存，可使计算机断电后仍保留数据，同时大大减少开机启动的时间。

9 月，美国英特尔公司开发出第八代酷睿台式计算机处理器家族，比第七代酷睿性能提高 40%[6]。虽然采用 14nm 工艺制程，但新处理器家族还是实现了全方位的巨大升级，比过去的处理器运算速度更快、功能更强大，可以满足游戏玩家、内容创造者及高性能标准用户的需求。其中性能最高的是被英特尔公司称为“史上最好的游戏处理器”酷睿 i7-8700K。

10 月，美国空军研究实验室开发出新型“迷你”加密芯片，用于保护系统之间（如无人机或排爆机器人之间）信息和数据的安全[7]。新芯片是一种很轻的加密工具，在保护前线作战人员的信息和通信安全的同时不会产生额外的负担。它能够产生基于对话的“密钥”，其密钥管理系统满足美国国家安全局的数据保护标准，功耗仅为 400mW，并可批量生产。

2. 高性能计算

7 月，美国微软公司与华盛顿大学合作，利用 DNA 折纸术构造脚手架结构，并在此基础上构建出排列 DNA 分子的逻辑门和信号传输线[8]。这是一种纳米级别的 DNA 多米诺电路，信息的传递不像以前的 DNA 计算机那样随机进行，而是发生在相邻的电路之间，因而具有很快的速度。这会大幅提高 DNA 生物计算机的分子运算能力。包含 3 个输入链的“与门”由新 DNA 计算机运行只需 7 分钟，而此前设备需要 4 小时。这是 DNA 计算机发展的一大步。未来该技术可用于病原体的体内诊断、生物制造、智能化治疗以及生物实验的高精度成像和探测等方面。

8 月，美国亚利桑那州立大学与哈佛大学维斯生物工程研究所、MIT 等机构合作，开发出当时最复杂的由 RNA（核糖核酸）制成的生物计算机[9]。基于 RNA 具有的可预测性，研究人员先用计算机软件设计所需的 RNA 序列，再利用这些 RNA 之间的相互作用，构筑生物电路。这种电路能像微型机器人和数字计算机一样执行计算指令，是生物计算机领域的重大突破。利用这种电路构建的计算机可在大肠杆菌活细胞内对 12 种不同指令（这是细胞可以处理的最大数量的指令）同时做出反应，以控制细菌细胞的行为，合成出所需的蛋白质。新成果在智能药物设计、智能给药系统、绿色能源生产、低成本诊断技术，以及捕捉肿瘤细胞方面具有重要意义。

10 月，美国 IBM 公司在一台超级计算机上模拟了 56 个量子比特的量子计算机[10]。以往的研究认为，49 个量子比特是目前超级计算机模拟的极限。此次模拟对超级计算机内存的要求很高。研究人员将模拟任务划分为多个并行的模块，并在一台超级计算机上使用多个处理器，满足了模拟 56 个量子比特的量子计算机所需要的效率。该成果对量子计算机的算法和硬件的发展具有重要促进作用。

3. 人工智能

1 月，美国西北大学开发出一款新的计算模型，可按照人类的智力水平进行标准的智力测试[11]。新的计算模型以福伯斯实验室开发的人工智能平台“认知草图”为基础，“认知草图”具有解决视觉问题和理解草图以提供即时互动反馈的能力。新计算模型的测试分数达到美国成人智力标准的 75%，高于成人测试分数的平均值。该模型的成功开发是人工智能系统迈向能够像人一样观察和理解世界的重要一步。

5 月，美国“谷歌大脑”（Google Brain）研发出可自己发明加密算法并产生自己的“子 AI”系统的自动人工智能 AutoML[12]。现在这种人工智能的“子 AI”系统已打败人类设计的 AI。在试验中，作为神经网络控制器的 AutoML 为特定任务开发出一个名为 NASNet 的“子 AI”。NASNet 在经过数千次的训练和提升后，在 ImageNet 图像分类和 COCO 目标识别两个数据集上进行测试，结果表明：NASNet 的正确率达到 82.7%，比同类 AI 产品的结果高 1.2%，系统效率高 4%，且计算成本非常低。未来 NASNet 可用于发展智能机器人和车辆的无人驾驶技术。新成果也存在一些有待解决的问题，例如，如何避免系统产生有偏见的子系统，以及在自动驾驶方面制定什么规则等。

7 月，日本 NEC 公司在 2017 国际刑警组织大会（INTERPOL World 2017）上展示了新的人脸识别技术。NEC 利用特征点提取技术和深度学习技术，让人工智能学习大量的面具、画像及真人的脸，使其掌握皮肤质感等差异，从而开发出“世界首创”的可实时识别移动人脸的技术。该技术被美国国家标准与技术研究院（NIST）认定识别准确度世界第一[13]，这是 NEC 的人脸识别技术连续第四次在类似的评价中获得冠军。同月该技术被用于在土耳其举办的听障奥运会上。

9 月，美国英特尔公司开发出一款名为“Loihi”的人工神经网络芯片[14]。深度学习类智能系统需要事先进行强化训练才能获得某种识别能力，如遇到从未接触过的特定场景，其智能就会大打折扣。Loihi 芯片采用“异步激活”的全新计算方式来模仿人脑的神经网络，不需事先接受学习训练，而是利用数据进行自主学习和推理，使学习能力随时间的推移变得越来越强。利用美国标准数据库进行识别对比发现，Loihi 的学习速度比其他智能芯片高 100 万倍，且能耗更少。新芯片在自动化制造和个性化机器人等领域拥有无限潜力。

10月，美国谷歌深度思维（DeepMind）公司开发出一款新版的“阿法狗”（AlphaGo）计算机程序[15]。旧版“阿法狗”需要来自人类的围棋数据。新“阿法狗”——AlphaGo Zero强大而又简单，仅用一台机器和4个谷歌公司的专用智能芯片，就能够从空白状态起，在没有任何人类指导的条件下，迅速“自学成才”，以100比0的战绩打败了旧版“阿法狗”。新成果也可用于解决现实世界中的问题，如制造新的建筑材料、开发新药、促进蛋白质的研究等。

12月，美军“算法战”开始投入实战，即使用计算机（采用特殊算法），对“扫描鹰”无人机在中东地区所拍的视频展开识别[16]。“算法战”的核心是基于人工智能的“智能+”战争。最初几天，计算机对人员、车辆、建筑等物体的识别准确率达到60%，一周后达到80%。未来，“算法战”将促进大数据分析、人工智能、机器学习、计算机视觉算法和卷积神经网络技术的开发，提高情报分析的自动化水平，加速人工智能技术在情报分析、辅助决策、精确协同、智能指挥等军事领域的应用。

4. 云计算和大数据

5月，中国科学院微电子研究所与北京航空航天大学合作，利用可兼容传统CMOS集成电路的工艺方法和流程，成功制备出国内首个80nm自旋转移矩-磁随机存储器（STT-MRAM）器件[17]。传统存储器能耗大且在断电后会丢失数据。STT-MRAM是一种接近“万能存储器”的极具应用潜力的下一代存储器解决方案，以磁状态存储数据，具有天然的抗辐照、高可靠性以及接近无限次的读写次数等优势，且可能被美国、日本、韩国等国垄断。该器件具有良好的性能，相关关键参数已达到国际领先水平，有望应用于电脑（死机或断电后会保留所有数据）、大型数据中心（降低功耗）和各类移动设备（提高待机时间）。

10月，俄罗斯先进研究项目基金会激光纳米玻璃实验室正在研发一种超级稳定的光存储技术[18]。利用该技术制造出的新型光盘可在特定条件下将数据存储100万年。目前已开发出新光盘的原型样品。新光盘由石英玻璃制成，使用飞秒激光技术刻录，在正常保存条件下，可将数据原样存储超过100万年；不同条件下其存储能力和稳定性的测试工作正在进行。该光盘目前存储容量的目标为25GB，与现今主流光盘的容量相当，未来有望达到1TB。

10月，新加坡国立大学（NUS）纳米科学与纳米技术研究所科学家率领国际团队，开发出一种新颖的有机薄膜[19]。该薄膜支持100万次的读写周期，可以存储和处理1万亿次循环的数据，比商业用闪存的功耗低1000倍，其尺寸可能小于25nm^2，同时成本更低。新发明为灵活轻便设备的设计和开发开拓了新领域，有望扩展到新的应用领域。

11 月，中国首次建成国家地质大数据共享服务平台“地质云 1.0”，从而解决了“数据孤岛”与“信息烟囱”等难题，实现了国家层面十大类 75 个地质调查数据库、八大类 2382 个地学信息产品、部分软件系统及计算资源的互联互通与共享[20]。“地质云 1.0”遵循了“大平台、大数据、大系统、大集成”的理念，采用混合云技术架构，创新了分布式数据集成共享技术、地质调查业务系统整合协同应用、地质调查数据安全有序开放和分级共享机制，探索了云环境下智能地质调查工作的新模式，达到了国际上同行业的领先水平。它的建成意味着中国地质信息一站式云端服务的全新工作模式已经开启。

5. 网络与通信

2 月，美国谷歌公司和荷兰阿姆斯特丹 Centrum Wiskunde & Informatica 研究所合作，基于哈希碰撞采用非穷举方案，在国际上首次成功破解了一代安全哈希算法（SHA-1）[21]。哈希算法由美国国家安全局设计，已取得美国联邦信息处理标准认证，广泛用于互联网环境下的安全认证。此次破解，将可能严重威胁政府、银行及军事部门等机构内众多采用 SHA-1 加密机制的计算机系统的安全。

2 月，日本广岛大学和松下公司合作，开发出一种频率在 290 ～ 315GHz 的太赫兹发射器[22]。该发射器的单频道（300GHz 波段）传送功率是此前发射器的 10 倍，其数据传输速度首次达到 105Gbps，比之前快 6 倍。利用太赫兹波进行无线传输数据，可同时实现光速传输和最快速存取。此外，太赫兹波是非离子性的，对人体不会产生辐射危害。未来，太赫兹发射器可采用无线方式与卫星进行超高速连接，将极大促进动态网络连接的发展。下一步将研发 300GHz 的超高速无线电路，以与新型太赫兹发射器配合使用。

6 月，美国能源部劳伦斯·伯克利国家实验室（Lawrence Berkeley National Laboratory，LBNL）在高速水声通信技术方面取得重大突破，首次验证了螺旋声波信号的高效并行传输技术的可行性[23]。水声通信技术在水下全球定位系统中占据重要地位，对于了解海底世界具有重要意义。该技术可以把更多的声道放入单一频率中，从而有效地增加了可传输的信息量，比现有水声通信的速率高 8 倍。新成果有助于破解远距离水声通信速率低的难题，未来将对水下通信技术的发展产生重要影响。

6 月，美国北卡罗来纳州的 Qorvo 公司推出具有最小体声波（BAW）的滤波器，该滤波器可处理平均输入功率为 5W 的无线电频率[24]。电信运营商正在建设大规模 MIMO 设备，以提升 LTE 网络，并为发展大型交通领域的 5G 做好准备。而新滤波器的尺寸和功率容量的优势，可以解决大规模 MIMO 电信基础设施所涉及的可靠性、组装、测试和空间约束带来的挑战，使运营商和制造商能够更有效地利用现有频谱，实现更高的速度和更大的带宽。

8 月，美国约翰·霍普金斯大学成功验证了海上两艘移动船舶间或近岸环境中的高带宽、自由空间光学通信系统，证明了自由空间光学技术可在海洋环境中应用[25]。已有的商用自由空间光学通信系统在机动性、数据传输速率、尺寸等方面均不能满足军用的要求。新的高容量光学通信系统（10Gbps），比当前海军舰艇系统上的无线电射频通信能力高出几个数量级，且具有更远的工作范围，甚至在雾霾天仍能工作，是现有无线电射频和微波通信的补充，有可能改变未来的作战规则。

12 月，美国 NASA 的"激光通信中继验证"（Laser Communications Relay Demonstration，LCRD）任务，开始在戈达德太空飞行中心进行集成与测试[26]。新任务证明激光通信可指数级提高太空通信的能力。完成有效载荷的集成后，NASA 需要对整个载荷进行电磁学、声学和热真空等飞行环境的测试。NASA 在太空通信中一直采用无线电射频通信技术，使用激光通信则会把数据传输速率提高 10 ～ 100 倍，从而实现从太空传回视频及高精度的测量数据。LCRD 继承了月球激光通信演示（LLCD）的遗产，是太空通信发展的重要一步，将促进太空高速互联网的建立。

12 月，国际标准组织——第三代合作伙伴计划（3GPP）在 5G 国际标准全会上正式宣布：面向非独立组网的第一版 5G 新空口（NR）国际标准完成[27]。该标准覆盖低、中、高波段频谱，是一个过渡性标准。它的完成意味着全球业界有了第一个正式的 5G 网络相关标准，表明 5G 独立组网标准和产业化开始进入实质性加速阶段，为 2019 年 5G 的大规模试验和商业部署奠定了基础。

6. 量子计算和通信

5 月，中国科学院开发出世界上第一台超越早期经典计算机的基于单光子的量子模拟计算机[28]。新计算机在光学体系和超导体系方面都取得了突破，并在超导量子处理器上实现了快速求解线性方程组的量子算法。测试表明，它的"玻色取样"速度比国际同行类似的实验快至少 24 000 倍。它的运行速度比人类历史上第一台电子管计算机和第一台晶体管计算机快 10 ～ 100 倍。

5 月，俄罗斯量子中心和俄罗斯科学院合作，测试首个量子区块链系统，并在俄罗斯 Gazprombank 银行成功完成了验证[29]。传统区块链主要采取基于哈希算法的密钥加密信息，现在这种密钥有可能被破译。新的量子区块链系统将量子密码中防窃听、防截获特性应用于区块链网络，因而具有极高的安全系数。这样的系统能够监测任何干扰和窃听，确保信息传输的安全与稳定。

8 月，中国上海交通大学成功完成首个海水量子通信实验，在国际上首次验证了水下量子通信的可行性[30]。实验表明，即使经历了海水巨大的信道损耗，仍有少量单光子存活下来，依然建立起了安全密钥；这就证明了海水量子通信的可行性。新成果为量子通信技术上天、入地、下海的未来图景添加了浓重的一笔，补上了海洋作为未来海陆空一体化量子网络拼图的最后一块空缺。

8 月，中国的全球首颗量子科学实验卫星“墨子号”圆满完成三大科学实验任务：量子纠缠分发、量子密钥分发、量子隐形传态[31]。其中，千公里级星地 10kbps 速率双向的量子纠缠分发，比地面同距离光纤量子通信水平提高 15 个数量级以上。在千公里级星地量子密钥分发和地星量子隐形传态中，密钥分发速率比地面同距离光纤量子通信水平高 20 个数量级。这些成就为构建覆盖全球的天地一体化量子保密通信网络提供了可靠的技术支撑。该成果入选 *Nature* 和 *Science News* 评选的“2017 年度重大科学事件”。

10 月，美国英特尔公司生产出一种包含 17 个超导量子位的全新芯片，并由合作伙伴荷兰代尔夫特理工大学量子研究所（QuTech）对该芯片进行了各种性能测试[32]。量子计算机的超导量子芯片需要在极低温度下才能工作。研究人员采用 300nm “覆晶技术”，通过修改材料、电路设计以及不同组件之间的连接，克服了超导量子芯片需要低温集成的障碍，使制备出的芯片在更高温度下表现更加稳定，量子位之间的射频干扰也更小。

11 月，日本电报电话公司（NTT）与国家信息研究所等机构合作，成功开发出具有超高性能的新型量子神经网络原型机，可以在网络上向公众开放使用[33]。与谷歌公司等其他机构采取的方法不同，日本主要利用光的特性来实现高速计算，可以很快解析以往计算机不易解开的复杂算法。此外，该原型机能耗仅为 1kW。NTT 等机构表示，未来将进一步优化该量子神经网络原型机的性能。

11 月，美国在量子模拟器方面取得重大突破[34]：两项独立实验展示了量子模拟器的受控量子比特（相当于经典计算机中的比特）数量已达到 50 多个[35]。在新的量子模拟器中，哈佛大学与 MIT 合作，使用 51 个不带电荷的铷原子；马里兰大学与国家标准与技术研究院合作，使用 53 个镱离子；两者的实验类似，但前者的量子比特只持续几秒，后者持续几小时。53 个量子比特的确是一个里程碑。新成果有望为研究更大规模系统中的量子动力学和量子模拟提供一个前所未有的平台，也可用于研究经典计算机无法完成的交互任务，模拟出目前真实物理设备达不到的物理条件。

12 月，德国康斯坦茨大学与美国普林斯顿大学及马里兰大学合作，利用电子自旋开发出一种稳定的基于硅双量子位系统的量子门，即量子计算机的基本切换系统[36]。量子门作为量子计算机的基本元素，能够执行量子计算机所有必要的基本操作。量子计算机比传统计算机对外部的干扰要敏感得多，因此需要稳定的量子门。新量子门稳定，被称为量子计算机发展的里程碑。

二、健康和医药技术

2017年，健康和医药技术领域进展显著。在合成生命领域，半合成有机体、成人神经细胞、人工合成酿酒酵母染色体、“数字生物转换器”、“碱基编辑器”等取得突破，启动了国际人类细胞图谱计划。在个性化治疗方面，能够进入人体喂药的微型机器人、黑色素瘤个体化疫苗、治疗实体瘤的抗体、全球首个癌症病理图谱、可移植肝脏的泵洗细胞技术等的涌现给人留下深刻印象。在重大新药创制和重大疾病治疗方面，CAR-T疗法产品、世界首款数字药物等获批，“三重特异性”艾滋病抗体、活体内的细胞重组、人类胚胎的基因编辑、基因疗法等方面也取得重要成就。在医疗器械方面，开发出机械假肢用新型传感器、可杀死癌细胞的纳米机器、高分辨率人体器官快速制造新技术、“芯片上的大脑”装置等，完成了世界首例由机器人主刀、医生监督的人工耳蜗植入手术。

1. 基因与干细胞

1月，美国斯克里普斯研究所（TSRI）制造出首个稳定的半合成有机体[37]。研究人员把此前制造出的两个相配对的人工碱基X与Y，成功插入大肠杆菌的DNA中；该大肠杆菌在分裂过程中可以无限保留这两个人工碱基。该成果虽然只适用于单细胞，但仍被认为是向“人造生命”迈出的重要一步。

1月，美国宾夕法尼亚大学首次利用手术切除的不含肿瘤细胞的脑组织，采用一种能分解蛋白质的木瓜蛋白酶，在实验室培育出活的成人神经细胞，并从中识别出5种脑细胞类型及每种细胞合成的蛋白质[38]。这是一项可以载入史册的新成果，对利用细胞替代疗法修复受损脑组织的“修复神经外科”意义重大，有望早日进行人体临床试验。此外，新成果也为个性化医疗提供了有力支持。

3月，中国天津大学、清华大学与深圳华大基因研究院合作，利用小分子核苷酸精准合成出4条人工设计的酿酒酵母染色体[39]，首次实现人工基因组合成序列与设计序列的完全匹配，使合成的酵母基因组具备完整的生命活性。这项工作是酵母基因组合成国际计划（Sc2.0）的一部分，是继合成原核生物染色体之后的又一里程碑式突破，标志着人类向“再造生命”又迈进一大步。而中国也成为除美国之外具备真核基因组设计与构建能力的国家。

5月，美国Synthetic Genomics（SGI）公司展示出世界首台“数字生物转换器”（Digital Biological Converter，DBC）[40]。该设备由很多小型机械和计算设备组成，可接收远程发送的DNA数字代码，并将其植入“通用型细胞”中，从而合成蛋白质、病毒等生物材料。可以预计，新设备改善后的最直接的可能用途是从疾病暴发源收集生物信息，并在最短时间内设计出相应疫苗，以及加速生产个性化治疗药物。它已完全自动化地制造出噬菌体，未来可实现星际生命传递。

10 月，美国哈佛大学和 MIT 博德研究所合作，开发出一种新型“碱基编辑器”，可以纠正 DNA 和 RNA 中的特定位点的碱基突变[41]。与 CRISPR-Cas9 相比，新技术无须使 DNA 链断裂即可实现单碱基精度的编辑，且不会引起任何随机插入和删除等突变；在全基因组编辑中，其脱靶效应也更优。该技术将推动人类遗传疾病新疗法的研究，未来在医疗领域有广泛的应用。

10 月，国际人类细胞图谱（Human Cell Atlas，HCA）计划正式启动[42]。HCA 是生物学界又一个国际超级大型项目，需要对 37.2 万亿人体细胞进行编目，具有比人类基因组计划更为远大的目标：表征一切人体细胞，覆盖所有组织和器官，描绘健康人体的微观参考图。这将是一项技术奇迹，首次全面揭示人体究竟是由什么构成的，为科学家提供了一种复杂的生物学新模式，从而加快药物的研发。未来，HCA 将极大提高医生和研究人员对疾病的理解、诊断和治疗。

2. 个性化诊疗

1 月，美国哥伦比亚大学基于槽轮机构的原理，使用可植入微机电系统，制造出一款能够进入人体喂药的 15mm 微型机器人[43]。这款机器包裹着与生物兼容的水凝胶，无须电池或电线驱动，医生可以在体外根据病人的反应，利用磁力精确控制药剂的用量和释放时机。这种微型机器人已经在小鼠身上完成初步测试。它虽然有可能仍受人体外磁石的影响，但能满足用户个性化医疗的需求，有希望取得显著的治疗效果，具有广阔的应用前景。

4 月，美国 Dana-Farber 癌症中心和德国美因茨大学，分别使用不同的方法制备出针对每个患者的个体化癌症疫苗[44]。在晚期黑色素瘤患者身上展开的初步试验中，美国团队使用的是多肽疫苗，有 60% 的多肽在患者体内引起 T 细胞免疫反应；德国团队使用的是 RNA 疫苗，也有 60% 的 RNA 片段在患者体内引起 T 细胞免疫反应。这说明，新的个体化疫苗在晚期黑素瘤患者身上取得良好的疗效。扩大到更多患者的治疗效果还有待进一步的验证。

4 月，中国华东师范大学结合光遗传学、合成生物学和智能手机，利用手机 APP 实现了远程调控治疗糖尿病[45]。研究人员首先设计合成出远红外光调控基因表达的定制化细胞，然后用远红外光照射激活该定制化细胞，表达出任何想要的基因或药物蛋白。随后，他们开发出可检测血糖水平和控制 LED 亮度的 APP，并将可发出远红外光的 LED 灯植入小鼠体内。手机 APP 当检测到血糖水平过高时，便会调整 LED 灯的亮度，进而控制胰岛素的表达。新成果实现了对糖尿病的智能化一体化精准治疗，是国内合成生物学领域的一项标志性的突破，充分展示出移动医疗的发展前景。

5月，美国FDA批准由默沙东（MSD）开发的KEYTRUDA（pembrolizumab），用于治疗具有微卫星不稳定性高（MSI-H）或错配修复缺陷（dMMR）的实体瘤患者[46]。KEYTRUDA是一款抗PD-1抗体，能抑制人体内的PD-1/PD-L1通路，从而帮助人体的免疫系统对抗癌症细胞。它是FDA批准的首款不依照肿瘤原发部位，而是依照生物标志物区分的抗肿瘤疗法。通过遗传变异特征而非发病部位来区分癌症，对于癌症的治疗有更好的指导意义。该疗法的获批，标志着人类对癌症的认知水平达到一个新阶段，具有里程碑意义。

8月，瑞典皇家理工学院发布了全球首个癌症病理图谱“Atlas”[47]。研究人员使用超级计算机，分析了人类17种主要癌症的近8000个肿瘤样本，发掘出32种不以癌症类型分类、但与80%人类癌症相关的“公共”基因，并把它们作为潜在新药研发的精准靶点。该图谱将成为战胜癌症的一柄利刃。它的发布有利于更好地研究癌症演变，理解癌症的发病机理和肿瘤发育过程；可帮助医生预测和研究未来癌症的治疗；推动临床癌症的个性化治疗的发展；开创了大数据在科研及医疗应用上的先河。Atlas图谱是无偿开放的，仍在不断收集用于开发癌症药物和诊断方法的实用信息。

10月，美国Miromatrix医疗公司开发出一种全新的泵洗细胞技术，利用该技术可以培育出供移植的肝脏[48]。新技术需要先将猪肝内的活细胞全部溶解，留下蛋白质框架，然后再回注猪肝细胞或人体细胞，以培育出可供移植的肝脏。这种肝脏的血管可以长期保持畅通。该技术向按需定制可移植器官迈出了重要一步，未来将培育出完全来自人体细胞的肝脏。

11月，英国剑桥大学首次在实验室制造出人类原发性肝癌的“迷你”生物学模型——肝脏肿瘤类器官，并成功用在小鼠实验中[49]。原发性肝癌是排名第二的致命癌症。以往培育的肝癌细胞很难存活，也不能重现人类肿瘤的三维结构和组织架构。制造出肝脏肿瘤类器官是癌症研究领域的关键一步。新微型肿瘤模型有助于理解肝肿瘤的生物学特性，可用来筛查肝癌新药，减少实验用动物的数量，甚至在未来用于为肝癌病患制定个性化疗法。然而，下一步的研究仍需更多的实验验证。

3. 重大新药

8月，美国FDA批准了诺华公司的CTL019（tisagenlecleucel-T）细胞治疗产品[50]。该药物为世界首款获批的CAR-T疗法，主要用于治疗复发性或难治性儿童、青少年B细胞急性淋巴细胞白血病。之后，美国FDA批准了Kite Pharma公司的Yescarta[51]。这也是一种CAR-T疗法，首次被批准用于治疗在接受至少两种其他治疗方案后无响应或复发性的成人大B细胞淋巴瘤患者及特定类型非霍奇金淋巴瘤患者。

这些事已成为肿瘤免疫细胞领域具有里程碑意义的事件，预示着细胞免疫治疗的产业化阶段即将到来。

9 月，美国国家卫生研究院和制药商赛诺菲合作，利用基因工程技术开发出一种可攻击 99% 的艾滋病病毒（HIV）株系的新抗体[52]。这是一项令人振奋的新突破。新研究将三种广泛中和抗体结合起来，制造出一种更强大的“三重特异性”抗体。这种新抗体可攻击 HIV 病毒的三个关键部位，对抗 99% 的 HIV 变种；极低浓度的新抗体的效果比任何一种自然形成的最好抗体更强大、更广泛；可防止灵长类动物受到感染。新抗体已在猴子身上试验成功，随后会启动人类临床试验。

10 月，由中国人民解放军军事医学科学院和康希诺生物股份公司合作开发的“重组埃博拉病毒病疫苗（腺病毒载体）”获得中国国家食品药品监督管理总局新药注册的批准[53]。该疫苗由中国独立研发，具有完全自主知识产权。它采用国际先进的复制缺陷型病毒载体技术和无血清高密度悬浮培养技术，可同时激发人体细胞免疫和体液免疫，既可保证安全性，又具有良好的免疫原性。特别突出的是，该疫苗突破了病毒载体疫苗冻干制剂的技术瓶颈。此前全球仅美国和俄罗斯有可供使用的埃博拉病毒病疫苗。中国的冻干剂型疫苗的稳定性优于国外的液体剂型，在非洲等高温地区使用的优势会更突出。

11 月，美国 FDA 批准了日本大冢制药公司（Otsuka Pharmaceutical Co., Ltd）与其他公司联合开发的世界首款数字药物[54]。该药物为阿立哌唑胶囊（Abilify MyCite），内有含硅、镁、铜等矿物质的微型传感器，可用于治疗精神分裂症、躁郁症和其他精神疾病。该胶囊被吞下后，传感器与胃酸混合，并通过病人躯体上的贴片向智能手机的 APP 发出信号，据此，医生和护理人员及时对精神疾病患者的服药情况进行监护。传感器最终可通过消化道正常排出。该药不适于“实时”或在紧急情况下追踪药物摄入，也未被批准用于治疗与痴呆症相关的精神疾病，同时对儿童患者的安全性和有效性也未证实。

4. 重大疾病治疗

4 月，美国哈佛大学与 MIT 博德研究所合作，开发出一款全新的 CRISPR 应用工具，即可在单分子级灵敏度快速检测病毒的“SHERLOCK”（Specific High Sensitivity Enzymatic Reporter UnLOCKing）系统[55]。该系统与 CRISPR-Cas9 有本质上的差异，它利用活跃时的 Cas13a 蛋白会切开荧光标志物所携带的 RNA 并发出荧光的特点，以及“等温扩增”（isothermal amplification）技术，可在数小时内检测识别寨卡、登革热等病毒，大肠杆菌等特定细菌及细胞内基因突变，甚至可检测出单个核酸。新系统使每次检测的成本低至 0.61 美元，在疾病快速诊断及疫情防控方面具有巨大的应用价值。

5 月，美国科罗拉多州立大学成功把“环介导等温扩增”（LAMP）技术用于检测来自美国、巴西和尼加拉瓜的蚊子体内和人体体液中的寨卡病毒[56]。新研究发现，LAMP 能够帮助区分寨卡病毒的非洲株和亚洲株，可更有效地追踪寨卡病毒的传播；更突出的是，不会把登革病毒和基孔肯雅病毒等与寨卡病毒相似的病原体，错误检测成寨卡病毒。它检测寨卡病毒的精度与目前标准聚合酶链反应（PCR）检测技术相同，但成本要低很多且检测速度快而简单，也可用于野外检测。人为掺入病毒的健康人样本及从寨卡病毒感染者身上采集的临床样本，已经验证了 LAMP 的有效性。LAMP 对监控寨卡疫情很有价值，但要通过审批进而大范围使用，估计需要很长时间。

6 月，美国北卡罗来纳大学（UNC）医学院与北卡罗来纳州立大学（NCSU）合作，研制出可用于治疗肺纤维化的新型干细胞[57]。肺纤维化是一种以进行性肺功能下降为特征的慢性、不可逆的致命疾病。FDA 已批准的两种治疗特发性肺纤维化（IPF）的药物可减轻疾病症状，但不能阻止疾病的发展。唯一有效的肺移植法具有很高的死亡风险，并且需要患者长期服用免疫抑制剂。研究人员采用相对微创、在医生办公室即可完成的简易技术，收集人体的肺干细胞，然后在实验室中进行扩增，以获得足够多的肺球样细胞，用于治疗 IPF、慢性阻塞性肺疾病和囊性纤维化等多种严重肺部疾病。小鼠的肺纤维化模型中的试验证明，该研究获得的肺球样细胞具有优良的再生能力。这是首次从微创活检标本中获取具有潜在治疗价值的肺干细胞。研究人员已向美国 FDA 提交在 IPF 患者上进行初步临床试验的申请；同时授权 BreStem Therapeutics 公司进行后续的开发。

7 月，欧美等地的多家研究中心合作，在艾滋病治疗方面取得一项重要成果[58]。一项在美国、加拿大、德国、法国和西班牙的 50 个医学中心同时开展的二期临床试验证明：与每日口服抗逆转录病毒药物（ART）相比，一种每月或每两月注射一次的长效注射型 HIV 疗法，在阻止病毒反弹和传染方面取得了同样、甚至更好的疗效。三期临床试验正在进行中。新成果是艾滋病治疗方面的一大进步，有望帮助 HIV 携带者摆脱每日服药的困境，极大改善他们的生活质量。

8 月，美国俄亥俄州立大学开发出一种组织纳米转染（TNT）新技术，首次实现了活体内的细胞重组，并在小鼠和猪的实验中取得成功[59]。与以往的再生技术不同，TNT 技术是一种在单细胞水平上良性的、瞬时的和剂量可控的方法，不像引入病毒等细胞疗法那样具有高风险，而且患者不用去实验室或医院，在任何地方都可现场操作，仅需短暂接触一下专用的芯片即可。这是再生医学领域的一项重大突破，有望在体内生成任何用于治疗的细胞类型，帮助修复受损组织或恢复老化的器官、血管及神经细胞等。

8 月，美国俄勒冈卫生科学大学（Oregon Health and Science University）领导的一个国际团队，利用 CRISPR-Cas9 基因编辑技术，成功修复了人类早期胚胎中一种与遗传性心脏病相关的基因突变[60]。这是美国国内首次进行人类胚胎的基因编辑。在这次修复中，定向非常精确，没有在非靶点位置产生突变。该研究说明，早期胚胎编辑能够达到较高的效率和安全性，可有效解决胚胎嵌合问题，在单基因遗传病安全防治方面潜力巨大。但相关基因编辑方法仍需进一步优化。

11 月，美国哥伦布市一家儿童医院采用基因疗法，在脊髓神经元中添加了一个缺失的功能性基因（SMN1 基因），成功挽救了身患 I 型脊髓性肌萎缩症（SMA）的婴儿的生命[61]。SMA 是一类由脊髓前角运动神经元变性导致肌无力、肌萎缩的疾病，属常染色体隐性遗传病，在临床并不少见；如果不及时治疗，患病婴儿将在 2 岁左右面临死亡的危险。此前尚无有效治疗手段。新疗法不仅挽救了患 SMA-1 型疾病的婴儿的性命，还可以使基因突破血脑屏障到达中枢神经，这对于把基因疗法用于治疗其他退行性神经疾病具有开创性意义。

11 月，意大利摩德纳雷焦艾米利亚大学再生医学中心通过移植转基因表皮培养物，使一位 7 岁的交界型大疱性表皮松解症（JEB）患者全身约 80% 的皮肤获得重建，且后期研究显示其皮肤功能完全正常[62]。交界型大疱性表皮松解症是一种严重的可导致皮肤起泡并进一步致癌的遗传疾病，具有致命性。以往移植转基因表皮培养物只能重建小面积的皮肤。此次，新方法利用患者身体上的皮肤细胞，重建了转基因表皮，然后移植给患者，从而挽救了患者的生命。实践证明，再生的皮肤质量很好。进一步的临床试验已经启动，未来的皮肤移植充满希望。

5. 医疗器械

2 月，英国、美国、加拿大、奥地利等国科研机构合作，开发出一种可让机械假肢直接探测到脊髓运动神经元发出的电信号的新型传感器[63]。以往的机器人假肢依靠患者剩余肌肉的抽动来操控。新传感器相当于用意念控制假肢，可使患者比单纯依靠剩余肌肉的抽动更精确地操控假肢，完成更复杂的动作，从而提高了机械假肢的实用性。这种假肢下一步将进行更大范围的临床测试，有望在未来帮助截肢人士恢复更多的运动功能。

3 月，瑞士伯尔尼大学和伯尔尼大学医院合作，利用手术机器人，成功完成了世界首例由机器人主刀、医生监督的人工耳蜗植入手术[64]。这款手术机器人具有可靠的由计算机控制的安全机制，在触觉分辨率、灵敏性以及手术规模上均优于人类。人工耳蜗植入手术是一种显微外科手术，需要在亚毫米级的要求下进行。传统的手术是医生操作机器手术臂进行，切口很大，会造成永久性的伤害；而新手术是由医生监督、这款机器人“主刀”，是微创。本次微创手术没有该机器人的帮助医生不能手动独立完成。这是医疗机器人应用领域的重要拓展。下一步将把该手术机器人用于向内耳传送药物。

5月，中国北京大学运用微集成、微光学、超快光纤激光和半导体光电子学等技术，在高时空分辨率在体成像系统方面取得突破性成果，研制出可实现自由状态脑成像的2.2g微型化佩戴式双光子荧光显微镜（FHIRM-TPM）[65]。利用该设备，在动物自然行为条件下，可实现对神经突触、神经元、神经网络、多脑区等多尺度、多层次动态信息处理的长时程观察；这样，人类就可以“看得见”大脑学习、记忆、决策、思维的过程。新设备已经用小鼠进行了稳定性演示。它是研究大脑的空间定位神经系统的革命性新工具，将为可视化研究自闭症、阿尔茨海默病、癫痫等脑疾病的神经机制做出重要贡献。此外，它还将开拓新的研究范式。

8月，英国达勒姆大学、美国莱斯大学及北卡罗来纳州立大学等合作，开发出一种可杀死癌细胞的光驱动的纳米机器[66]。这款纳米机器对特定类型细胞上的蛋白质非常敏感，在被紫外线激活后，可以每秒300万次的转速穿过细胞膜，钻入癌细胞内部并迅速将其杀死；如果没有被紫外线激活，对人体无害；此外，还可携带药物进入并杀死癌细胞。新技术会给非侵入式癌症治疗带来潜在的飞跃，极大提高患者的生存率和幸福感。

9月，美国人体组织工程公司Prellis Biologics利用3D打印技术和干细胞，开发出快速制造具有高分辨率的人体器官的新技术[67]。利用新技术可以快速3D打印出含有微血管结构的支架，从而制造出为细胞提供营养和氧气的无毒的复杂微血管系统。利用该技术，还可以在16～24小时打印出一个肾脏模型。这项技术在药物研发和器官移植领域具有巨大的应用价值。该公司已经筹集到巨额投资，用于进一步发展该项技术，包括打印出更大的组织器官并开展临床试验。

10月，日本东京大学和东京医科齿科大学合作，使用氨基酸开发出一种直径约三万分之一毫米的超级微型胶囊，使空腹状态下的药效增强100倍左右[68]。除葡萄糖外，血液中任何其他物质几乎都无法进入人脑，因此如何将药物输送到人脑内部一直是一个重大难题。用葡萄糖覆盖新的超级微型胶囊，再与脑血管中的特定蛋白质结合，可把药物输送到人脑。新技术不仅可以有力帮助治疗阿尔茨海默病，还可以帮助治疗神经关联的疑难病症以及精神疾病。

12月，美国能源部劳伦斯·利弗莫尔国家实验室（Lawrence Livermore National Laboratory，LLNL）开发出“芯片上的大脑”装置（brain-on-a-chip）[69]。该成果是“基于体外芯片的人类研究平台”（iCHIP）项目的一部分。新装置通过记录来自微电极阵列上培育出的多种类型脑细胞的神经活动，模仿中枢神经系统。它能够代替人或动物大脑开展针对生物化学制剂以及病原体的测试，用于检测和预测生化战剂、疾病和药物对大脑的影响。新装置是迈向充分描述体外大脑的一大步，应用成熟后将为医疗领域带来重大变革，并在检测生化威胁方面发挥重大作用。

三、新材料技术

2017 年，新材料技术向结构功能一体化、器件智能化、制备过程绿色化方向发展。在纳米材料方面，涌现出新的柔性超材料、氮化硼纳米管 - 钛复合材料、碳化硅绒毛纤维、具有超导特性的超薄纳米材料等多种材料。多孔“三维石墨烯”、纳米金刚石、3D 石墨烯泡沫材料、半导体人造石墨烯等二维（2D）材料问世。隐形超材料、新一代超高强钢、新型热电转换材料、晶体铝等金属材料也取得重要进展。在半导体材料方面，制备出新型二维材料“六边硼 - 碳 - 氮”、超固体等。一批先进的储能材料如世界首份全氮阴离子盐、三维石墨烯、“无序”结构的新电极材料等已出现，“绿色元素”铋取代太阳能电池中的铅。生物医用材料领域进展显著，开发出可缠绕在受损末梢神经上的纳米网状新材料、可疗伤的生物纸、缝合切口的“超级胶水”、用“iPS 细胞”生产出血小板的方法等。在其他材料方面，研制出可躲避武器攻击的变色材料、可隐形和抵御病毒的薄膜材料和 T- 碳等，还用电脑算法合成新材料。

1. 纳米材料

1 月，美国加利福尼亚大学利用纳米技术，开发出一种轻薄透明的可近乎完美吸收宽波段光的柔性超材料（THMMP）[70]。此前设计的材料容易出现开裂和脱层，不能用于制造具有机械柔性和低成本的基底；而用能克服这些缺点的材料制备的独立系统又不具备宽带吸收的特点。新材料是一种柔性的透明薄材料，可从各个角度吸收光，对近红外光（波长 1200 ～ 2200nm）的吸收率在 87% 以上，对 1550nm 波长的光的吸收率达 98%；在理论上，可只吸收特定波长的光而允许其他波长的光通过。该材料可将太阳能电池的效率提高 3 倍以上。此外，它还具有隐身性能，可广泛应用于隐身技术。

3 月，澳大利亚迪肯大学开发出世界上第一个 3D 打印的氮化硼纳米管（BNNT）- 钛复合材料[71]。BNNT 拥有很多独特的性能，如与复合材料结合，可使材料更坚固、更轻，让部件的寿命更长、高温耐受性更强。以往的 BNNT 不能大量生产。迪肯大学采用一项自己开发出的突破性技术，实现了 BNNT 的商业化生产。新的 BNNT- 钛复合材料在很多方面优于常规复合材料，可用于航空航天和国防工业。此外，它也标志着纳米管应用和 3D 打印技术的重大进步。

3月，美国莱斯大学与NASA合作，开发出一种碳化硅绒毛纤维[72]。目前，NASA火箭发动机的陶瓷基复合材料使用碳化硅纤维来增强性能，虽然能够承受住1600℃的高温，但易氧化开裂。研究人员先把碳化硅纤维浸泡在铁催化剂中，然后利用水辅助化学气相沉积方法将一层碳纳米管嵌入纤维表面，再放入硅纳米粉末中加热到很高温度，从而生产出碳化硅绒毛纤维。这种碳化硅绒毛纤维具有非常强的咬合作用，可防止材料裂开和氧化；把它嵌入NASA火箭发动机的陶瓷基复合材料上，可提升火箭喷嘴和其他部件的强度和耐高温性，同时进一步减轻发动机的重量（因省去冷却系统）。未来，该技术将用于制备更多新型材料。

4月，德国萨尔兰大学和莱布尼茨新材料研究所合作，开发出具有超导特性的超薄纳米材料[73]。大部分现今常用的超导材料因具有硬、脆和致密等特性而显得笨重。研究人员先制备出超导纳米线，然后利用静电纺丝技术将超导纳米线编制成柔性的超薄超导薄膜。新材料在低于−200℃时具有超导特性，可以悬浮磁体并屏蔽磁场；还具有轻、柔软、适应性强、制作成本低等优势，理论上讲可做成任何尺寸。未来，它可以作为涂层材料用于空间技术和医疗技术领域。

5月，美国NASA在飞行的“黑雁9”探空火箭中搭载了由碳纳米管复合材料制成的压力容器（COPV），以测试其拉伸性能并将其与传统碳纤维环氧树脂复合材料的结构进行对比[74]。这是碳纳米管复合材料首次以大结构件形态进行飞行试验，是一项颠覆性的测试。碳纳米管复合材料比现今广泛使用的碳纤维复合材料具有更高的力学特性。计算机建模分析表明，采用碳纳米管复合材料制造火箭可使火箭质量减少30%；而这是其他任何单项技术都做不到的。NASA将继续提升材料的力学性能，努力实现量产，以使它比传统碳纤维复合材料更具竞争力。该材料未来有望大幅降低火箭质量，改善航天系统的性能。

7月，澳大利亚国立大学开发出一种防辐射的新型纳米材料[75]。此前的技术只是利用厚的过滤器吸收各种辐射，而新技术显著提高了材料的抗辐射能力，同时也使材料变得非常薄。通过控制温度，新材料可以反射各种环境中危险的紫外光或红外光，有望应用于航空航天领域，以保护宇航员、航天设备等免受辐射的伤害。此外，针对其他光谱对该材料进行调整，还可用于汽车、建筑等领域，以降低能耗，提高室内环境舒适度。

10月，美国能源部布鲁克海文国家实验室和石溪大学合作，利用神经网络和机器学习实时解读了化学反应中以前无法用公式描述的X射线信息，解释了催化剂的纳米级3D结构[76]。开发催化剂的最大困难是不知道催化剂在原子水平上是如何工作的。新方法不用试错的办法，而是采用X射线，可以准确测量化学反应中催化剂原子间的距离。化学反应中的高温和压力会干扰X射线的测量信息。因此，研究人员利用

X 射线对很少受到高温和压力影响的低能波的光谱进行了测量，从而获得了所需的信息；再利用神经网络和机器学习解码这些信息，最终解释了催化剂的纳米级 3D 结构。新方法有助于提高催化剂的效能，加快产品的生产速度。

2. 二维材料

1 月，美国 MIT 利用二维石墨烯制备出超强超轻的多孔“三维石墨烯”材料[77]。二维石墨烯是目前世界上最强的材料之一，具有很多优异的特性；但如何把它做成三维而性能保持不变一直是个难题。MIT 的研究人员解决了这个难题。他们利用计算机模型进行设计，然后 3D 打印出材料并展开试验，从而开发出新的碳材料——多孔 3D 石墨烯材料。研究表明，新材料的强度比低碳钢高 10 倍，密度是后者的 4.6%；其机械性能在低于一定密度时会降低。采用同样的方法，利用其他材料也有可能制造出具有类似几何结构的强而轻的材料。

6 月，美国卡内基科学研究所、芝加哥大学、宾夕法尼亚州立大学与中国燕山大学合作，通过高温和高压处理玻璃碳，制备出一种新形式的碳——纳米金刚石[78]。新形式的碳由多层石墨烯组成，结构上可以看到像金刚石和石墨烯的图案。它具有特殊的性能组合，非常坚硬、轻，具备导电属性和很好的弹性，适用于最需要减少重量的应用领域，未来可应用到航天工程、军事装甲等诸多领域。制备这种纳米金刚石的方法可用于开发其他超常形式的碳和种类完全不同的材料。

7 月，美国莱斯大学利用激光加热松木表面，成功制备出 3D 石墨烯泡沫材料[79]。此前研究人员曾利用激光加热高分子聚合物制备出 3D 石墨烯泡沫，但高分子聚合物不适合作为 3D 打印石墨烯的底物。松木丰富且可再生。在特定条件（室温、缺氧等）的室内，利用合适强度的激光加热松木，可获得 3D 石墨烯泡沫，即松木激光诱导石墨烯（P-LIG）。在 P-LIG 表面沉积钴和磷或镍和铁，可制成电极，用于高效分解水（制氢和氧）。利用它还可制造出储能用的超级电容器。P-LIG 由于可降解，用于制造电子产品可以减少电子垃圾。

10 月，英国国家物理实验室（NPL）领导制定的世界上第一个 ISO 石墨烯标准出版[80]。石墨烯具有优异的性质和广阔的市场前景，正在全球形成一个巨大的产业。然而，相关术语此前并没有普遍认同的定义，甚至有的术语被错误使用。标准的缺失是石墨烯产品商业化的关键壁垒。因此，NPL 领导不同国家的 37 位技术专家，制定出石墨烯 ISO 标准。该标准包含了关于 2D 材料的类型、材料生产、材料特性和材料属性等 99 个术语和定义。这是石墨烯这个新兴行业迈向标准化的第一步，将为与石墨烯相关的制造商、供应商、非政府组织和学术界提供清晰的认识，有助于开启石墨烯的新应用，降低制造成本，开辟石墨烯广泛的工业化应用。

12月，美国哥伦比亚大学、普林斯顿大学、普渡大学和意大利理工学院合作，首次在人工设计的纳米级别的半导体结构中观察到石墨烯的电子结构，从而构建出半导体人造石墨烯[81]。人造石墨烯比天然石墨烯表现出更多的优势。理论预测，可以人工制造出具有石墨烯电学性质的系统。此前人造石墨烯已经在光学、分子和光子晶格等其他系统中实现，但还没有在半导体结构中观察到；而半导体人工石墨烯具有更多的优势。研究人员采用纳米光刻和刻蚀技术，在砷化镓标准半导体材料中制备出类石墨烯结构，从而开发出半导体人造石墨烯。新材料在凝聚态物理和纳米加工领域具有重要意义，未来有望应用于半导体器件和量子芯片等领域。

3. 金属材料

1月，俄罗斯国立科技大学和希腊克里特大学合作，开发出一种可使战车隐形的超材料[82]。超材料广泛用于发展新式武器和设计超级计算机。新研制的超材料由从普通钢铁上切削下来的一小块超分子网格组成，可用于制造探测爆炸物和化学武器的超灵敏传感器。在该超材料中添加一种非线性的半导体器件，可以制造出隐形屏幕，使战车在无线电、红外线和其他波段具有更强的隐蔽性。此外，该超材料对制造用于量子计算机中的最新型激光器是至关重要的。目前俄罗斯卫星通信公司（RSCC）和其他太空组织已对此成果表现出兴趣。

3月，美国MIT与日本九州大学和德国马普学会合作，找到一种减少金属疲劳的方法，即将层压纳米结构引入合金中[83]。金属疲劳会导致零部件失效，进而造成飞机、航天器、桥梁和动力装置的损坏。骨头在反复压力下具有抵抗裂开的能力，其主要原因是具有分层结构。层压纳米结构赋予合金像骨骼一样的弹力，允许其变形，但不会出现导致疲劳失效的微裂纹的扩展。新技术走向商业化还有一段路，未来在汽车、航空航天等领域具有广阔的应用前景。

4月，中国北京科技大学与其他机构合作，基于共格纳米制备出强化的新一代超高强钢[84]。超高强钢在航空航天、交通运输、先进核能以及国防装备等重要领域发挥支撑作用，也是未来轻型化结构设计和安全防护的关键材料。以往的超高强钢是基于传统的半共格析出制备的，这样做降低了材料的塑韧性，严重影响了服役的安全性，同时也使制备成本高。新超高强钢采用轻质便宜的铝元素替代钢中昂贵的钴和钛等元素，利用高密度共格纳米析出相来增强材料的强度和韧性，具有很高的强度（最高达2.2GPa）、很好的塑性（大约8.2%）和较低的成本。新成果为研发具有优异的强度、塑性和低成本特性的结构材料提供了新的途径。

7月，俄罗斯莫斯科钢铁学院研发出具有非常高的品质因数的新型热电转换材料[85]。科研人员一直在研发热电直接转换材料，但成果均处于实验室阶段。新的热电转换材料由两类具有不同性能的原子组成：严格固定在晶体晶格节点上的原子，以及自由震荡的原子。固定原子可保证材料的高导电率，震荡原子可大大降低材料的导热性。晶格结构有空穴，在不破坏晶格结构的前提下用“做客”原子填充空穴，可实现不同材料之间的性能“搭配”。新技术以方钴矿（成分 $CoSb_3$）为原材料，采用多种技术手段（如改变金属成分的配比、杂化处理等），得到了高品质因数（最高 1.8）的新型热电转换材料。该材料制备成本低，有望广泛应用于航天领域。

9 月，美国犹他州立大学和俄罗斯南联邦大学合作，利用计算机模型设计出比水还轻的晶体铝[86]。根据一个已知的结构，利用计算机模型设计新材料，是该研究的创新性突破。研究人员用铝原子取代钻石结构中的碳原子，从而设计出类似钻石四面体结构的晶体铝；进一步的计算表明，这种晶体铝拥有 $0.61g/cm^3$ 的晶体密度，比水轻，结构稳定。新材料在航空航天、医药、汽车制造等领域或许会有较大的应用价值。新设计方法有助于设计出具有特殊属性和应用价值的金属材料。

4. 半导体材料

2 月，德国拜罗伊特大学与波兰和美国的机构合作，制备出一种由碳、硼、氮三种元素组成的具有单原子厚度的新型二维材料“六边硼－碳－氮”（hexagonal Boron-Carbon-Nitrogen，h-BCN）[87]。石墨烯的发现是一项科学突破。石墨烯有很多优异的特性，但不适用于大部分电子设备。而 h-BCN 具有优良的半导体特性，比石墨烯更适用于高新技术领域。它将使当前的电子技术发生变革。未来采用 h-BCN 制备的电子晶体管、电路和传感器将比现有电子元器件更小巧、更易弯曲，功耗更低。

3 月，美国 MIT 和瑞士苏黎世联邦理工学院各自独立创造出新的物质形态——超固体[88]。超固体是一种空间有序的材料，同时具备了固体的刚性结构和超流体的无摩擦流动特性。此前超固体只是理论上的概念，未在实验室发现。MIT 的研究人员在极低温度和超高真空环境中，用激光操纵被称为“玻色－爱因斯坦凝聚物”的气态超流体，使之变成一种具有量子相位的物质——超固体。而 ETH 的研究人员采用另一种方法同样用激光操纵把“玻色－爱因斯坦凝聚物”变成了超固体。新成果有助于人类更好地理解超流和超导的性质，促进超导磁体、超导传感器以及高效的能量输运等行业的发展。

5月，美国犹他大学与华盛顿州立大学、中国南京理工大学合作，首次发现有机－无机混合钙钛矿材料有望将自旋电子器件从理论变为现实[89]。自旋是基础粒子的内在秉性，可用在数据处理中，上旋代表 1，下旋代表 0。而电子自旋器件具有存储密度高、响应速度快等优点，用于计算设备可极大提高其运行效率、速度和存储容量，降低能耗，延长设备电池的使用寿命。电子自旋材料不激发磁场，不会对其他器件产生干扰，处理的数据也很难被监视。研究人员先制造出杂化钙钛矿铅碘铵薄片，然后将其暴露于高频脉冲激光下，获得了纳秒级的电子自旋弛豫时间。也就是说，在 1 纳秒内大量信息就能被处理及储存。这种杂化钙钛矿材料是一种具有颠覆性意义的新材料，同时满足了自旋电子器件所需的较高的电子极化率和较长的极化弛豫时间，具有很大的应用潜能，适合制备电子自旋器件。

10 月，美国 MIT 在芯片上成功把硅光子与层状二碲化钼（二维过渡金属二硫属化物，TMDs）集成在一起[90]。随着计算机性能的快速提高，微处理器中的接线数量不断增加。这会导致芯片的不同部分之间的通信质量和速度的下降。解决的办法是芯片的不同部分之间通过光而不是线进行通信。硅因不易发射光且容易吸收可见光，不适合用于光通信。研究人员发现，二维材料二碲化钼可与硅兼容；把它整合到 Si-CMOS 芯片上，可以制备出一种尺寸更小的发光二极管；把这个发光二极管用作光发射和探测的装置，可在芯片上进行光通信。这个装置仅是概念验证，要走向实用还需要做很多工作。新技术未来可将波导、耦合器、干涉仪和调制器等器件直接集成在硅处理器上。研究者同时在寻找其他类似的可用于光通信的材料，如黑鳞。

10 月，俄罗斯莫斯科工程物理学院开发出一种制造量子点材料的新技术[91]。目前的光电装置用基于硅的无机半导体材料制成，效率低，不能吸收广谱太阳光，且成本很高。量子点是大小在几纳米的半导体晶体，如改变其间距，可控制太阳能电池的性质（如扩大吸收光谱）。新技术可在室温下改变量子点之间的距离，以控制电荷能源传递的效率。采用该技术，不仅可制造出光电电池或发光二极管，还可制造出更复杂的半导体结构，有助于研发可吸收广谱太阳光的廉价的太阳能电池。

5. 先进储能材料

1 月，美国创业公司 Sunflare 研发出一款最先进的特殊的薄膜太阳能电池板 SUN2[92]。与市场上最常见的太阳能电池板相比，SUN2 更轻，柔韧性更强，可用两面胶像贴纸一样粘贴在物体表面；每瓦特的总安装成本要低 1 美分，因而在价格上有竞争优势，可批量生产。新材料将用在以前的太阳能电池板不能安装的地方，拓宽太阳能的利用场景，在建筑物、无人机、电动汽车等领域发挥重要作用。

1 月，中国南京理工大学成功合成出世界首份全氮阴离子盐，占领了新一代超高能含能材料研究的国际制高点[93]。新型超高能含能材料是国家核心军事技术的制高点。全氮类物质具有高密度、超高能量及爆轰产物清洁无污染等优点，已成为新一代超高能含能材料的代表。获取全氮阴离子是一个世界性难题。研究人员分别以间氯过氧苯甲酸和甘氨酸亚铁为切断试剂和助剂，采用氧化断裂的方法，首次成功制备出室温下稳定的全氮阴离子盐。新成果是全氮类物质研究领域的一个历史性突破，有望在炸药、发射药和推进剂领域产生重要的影响。

3 月，美国能源部劳伦斯·伯克利国家实验室和加州理工学院合作，采用新方法开发出一批新型光电阳极材料[94]。利用太阳光，光电阳极材料可从水中分离出大量可再生能源氢。此前只开发出 16 个光电阳极材料，采用的方法依赖于对单个化合物的烦琐试验，以评估其在特定应用中的潜力。本次研究采用了新方法：首先从材料数据库中挖掘出可能有用的化合物，然后利用高通量试验，快速检测出最有应用前景的材料。研究人员采用新方法，最终从 174 种可能有用的化合物材料中挑选并开发出 12 个有应用前景的新型光电阳极材料。新方法加快了材料的研发速度。

7 月，英国剑桥大学卡文迪许实验室、美国 MIT、美国国家可再生能源实验室和科罗拉多矿业学院合作，成功用“绿色元素”铋取代了太阳能电池中的铅，使电池具有无毒、高效、成本低等优势[95]。硅太阳电池因需要保持硅的高纯度而具有高成本的劣势，最有希望取代硅太阳电池的是“混合卤化铅钙钛矿”，但它含有毒性的铅。新成果证实，铋取代太阳能电池中的铅后，使新电池的光转化效率达到 22%，是目前市场最高水平；新电池没有铅基电池的毒性，且可以采用常规的工业技术进行低成本和规模化的生产。

8 月，美国密歇根理工大学利用二氧化碳制备出表面是微孔的三维石墨烯[96]。把超稳定的二氧化碳变成有用的材料通常需要耗费大量的能量。研究人员把二氧化碳与钠混合，然后将温度升高至 520℃，两者发生化学反应后得到了表面是微孔的三维石墨烯，同时释放出热量。这是一种崭新的材料，可折叠成具有更大孔隙的材料，增加电容器吸收电解质的能力；利用折叠后的材料制造的超级电容器，表现出超高的电容和极好的循环稳定性，可用在储能和混合动力车辆的再生制动系统等领域。

10 月，美国能源部劳伦斯·伯克利国家实验室、加州大学伯克利分校（University of California，Berkeley）、MIT 合作，开发出一种用于制备新型锂离子电池阴极的具有“无序”结构的材料[97]。开发新电极材料是锂离子电池发展最热的方向。以往的锂离子电池电极材料的结构都是有序的，相关研究都是采取试错的方法，需要依赖人的直觉。无序结构的材料可提高锂离子电池的容量。这次研究人员不用试错的方法，而是采用一个简单的新设计标准来预测材料无序结构的特性，并通过调节参数来优化性能。这种“无序”结构的锂离子电池的阴极材料还可以被氟化，从而提高其结构的稳定性和电池的容量。此外，该材料无须使用钴，而目前钴资源有限且一半以上储量不易稳定获取。新材料将为锂离子电池行业带来重大影响。

6. 生物医用材料

2 月，日本材料科学研究所与大阪大学合作，开发出可缠绕在受损末梢神经上的纳米网状新材料[98]。以往用于治疗神经受损使用的是人工神经导管，它采用交叉连接的方式连接受损的神经，不能促使神经再生。维生素 B12 具有促使神经再生的作用，但口服无效。研究者利用直径约为头发丝千分之一的纳米级细纤维，制成了柔软的纳米网状物。这个网状物可携带维生素 B12，且在人体内可降解。用它包裹小白鼠的坐骨神经，释放出来的维生素 B12 在六周内使小鼠恢复了运动与感觉功能。下一步将在人体上做临床试验，未来可用于治疗末梢神经混乱（如腕管综合征）等疾病。

7 月，瑞典 AstraZeneca 公司利用大鼠心脏培育出人类的"迷你"心脏[99]。研究人员采用更先进的技术剥去了大鼠心脏上的细胞，留下较为坚韧的"骨架"（由胶原质和其他蛋白质组成），然后在上面植入人类细胞，最终培育出人类的"迷你"心脏。扫描结果显示，这颗"迷你"心脏的血管和瓣膜功能都正常。新成果将给新药的试验带来革命性影响，也有望培育出可供移植的、功能齐全的人工心脏。

8 月，美国西北大学与其他机构合作，利用动物器官制成了能写能叠还可疗伤的生物纸[100]。研究人员从猪或牛的器官中提取可形成器官和组织的"细胞外基质"——天然结构蛋白，然后把它干燥后制成粉末，再加工出具有生物活性的生物纸。这是一种新型的生物材料，很薄且柔韧性好，具有生物兼容性。每片生物纸都保持着原来器官所具有的特殊细胞属性，可再生卵巢、子宫、肾脏、肝脏、肌肉或心脏蛋白质，刺激受损肌肉的细胞生长，恢复癌症患者激素的分泌，在组织工程、再生医学、药物发现、癌症治疗等领域将有广泛应用。

9 月，日本以 Megakaryon 为首的 16 家制药和化学相关企业，在全球首次利用"iPS 细胞"（诱导性多能干细胞）生产出属于血液成分之一的血小板[101]。此前获得血小板只能采用献血的方式，所获得的血小板无法冷藏，只能保存 4 天，而且不能满足临床的大量需求，同时还容易发生病毒等病原体混入的现象。iPS 细胞可成长为身体任何部分的细胞。研究人员采用新技术，借助 iPS 细胞生产出大量血小板，使输血不再依赖献血；同时利用无菌化处理，把血小板保存了 2 周左右，降低了保管成本；还避免了病原体混入的风险。

10 月，美国东北大学与哈佛医学院、澳大利亚悉尼大学、加拿大多伦多大学等许多机构合作，开发出可代替外科手术缝合切口的"超级胶水"（MeTro）[102]。在外科手术中修复破裂的组织有以下不足：刺穿已受损的组织会导致新的破裂，使用的密封胶黏合性差、有毒性、机械硬度不合适。研究人员利用光交连技术（photocrosslink）加工重组过的弹性蛋白，开发出具有弹性的超级胶水 MeTro。MeTro 具有属性可调节、生物兼容和可降解的特点，被注射在内部或外部伤口上，经紫外线照射固化，可在 60 秒内愈合伤口，同时不会阻止器官如肺、心脏和动脉的自然搏动与放松。它在动物的肺部和动脉的试验中已获得成功；进一步优化其降解率，还可用于其他器官或组织的外科手术中。此外，它可以取代传统的缝合器或缝线，治疗难以触摸的内伤（如心脏、肺部以及动脉等），在战场、交通事故等紧急状况中有较大应用价值。

11 月，美国佐治亚大学与克拉克森大学合作，研制出一种非侵入的方法，利用弱磁场把药物准确送到病灶并杀死癌细胞[103]。研究者用两种纳米粒子作药物的载体，一种携带药物，另一种携带酶。在合适的时机，用弱磁场使两种纳米粒子融合，并在指定的地点准确释放药物。以往采用的是脉动磁场，结果脉动磁场产生的热破坏了患者的健康细胞。新方法采用的是静止的弱磁场，不会危害健康细胞，在癌症治疗过程中可以减弱化疗的毒副作用（掉头发和心脏毒性）。新成果是一种体外的概念验证，未来有望用于新型化疗药物中，对癌细胞进行靶向攻击。

11 月，美国 480 Biomedical 公司联合哈佛大学及 MIT，开发出兼具较高强度和弹性以及优异的生物相容性的支架[104]。目前用在医疗中的可移植物的一个主要不足是：缺少类似真正生物组织的硬度和弹性的材料。此外，理想的移植物应该具有生物相容性并可被生物吸收。研究人员把高弹性 PGCL 橡胶复合在高强度 PGA 衍生物的表面，制造出具有生物组织机械属性且可被生物吸收的支架。新生物支架可用于生物体内的腔体和管道等软组织中，未来将在软骨修复、血管移植、鼻窦炎治疗以及儿科疾病治疗等医疗领域发挥重大作用。

7. 其他材料

1 月，中国哈尔滨天顺化工科技开发有限公司利用自制的吨级生丝生产线，成功实现低成本生产 T800 级碳纤维[105]。日本的 T800 级碳纤维生产技术一直处于国际领先水平。中国的新技术以国际价格 1/3 的成本，生产出各项指标均达到或超过日本的 T800 级碳纤维（拉伸强度 5495Mpa，强度离散系数 Cv 3.8%，拉伸模量 290Gpa，模量离散系数 Cv 2.5%）。未来 T800 级碳纤维将大量用于高端设备中。

2 月，俄罗斯电子仪器公司研制出能够通过改变颜色来躲避高精度武器攻击的变色材料[106]。当前的制导设备建立在识别分析图像和目标特性的基础上。新材料是一种特殊的聚合物，无明显的热辐射或电磁辐射，在电脉冲的作用下可改变颜色，甚至按需变成诸如树叶之类的复杂图像。利用它制成的涂层具有低可见性，可隐藏目标，未来在对抗高精度武器方面具有广阔的前景。

5 月，瑞士联邦材料研究所（EMPA）开发出一种具有很强阻尼作用的新型声阻尼材料[107]。科研人员用选择性激光烧结 3D 打印技术，将高聚物逐层打印成型并经过激光烧结强化，获得一种具有特殊弹簧结构和一定强度的新材料。新材料的基本单元是直径约 4cm 的相互关联的环状结构。该材料在声波作用下沿着上下前后左右各个方向做三维运动，也可以沿其几何对称轴转动。实验结果表明，新材料对人的典型频率声波（约为800Hz）的吸收率达99%，表现出很强的阻尼作用。它在建筑、汽车和航空工业具有广阔的应用前景。

5月，俄罗斯卡巴迪诺·巴尔卡里亚（Kabardino-Balkarian）州立大学开发出一种新的可用于3D打印机器人等的多功能聚合物材料[108]。3D打印最常见的材料是塑料。如今研究人员创造出一种新的多功能聚合物材料。与其他3D打印材料相比，该材料具有很多优势：生产成本低，生产时间短，生产过程中浪费少，纯度高；良好的耐火、耐热、耐冻和耐化学性，以及高水平的生物惰性。它除可用于3D打印假体、无人机、动力外骨骼、机器部件、机器人装置的复杂部件以及太空服元件外，还可应用于医疗、高温、高辐射、航空航天、机械工程、石油和天然气等诸多领域中。与之匹配的3D打印机正在开发中。

6月，英国利物浦大学借助电脑算法在实验室合成出新材料[109]。材料原子的类型和排列结构决定材料的结构和性能，而这种排列组合方式可以有数百万种；以往从中挑选出合适的新材料是一个漫长且费力的过程，而计算机的发展给新材料的发现带来了新希望。研究者利用电脑算法对已知材料的结构进行分析，预测出新的真正具有代表性的原子组合，并在此基础上评估出更稳定、可靠的原子组合，从而有效地缩小了查找范围，成功合成出两种新材料。新方法发展成熟后，可大幅提高新材料的研发效率，对研发新材料具有突破性意义。

6月，英国曼彻斯特大学、罗伊斯研究所和中国中南大学合作，开发出一种可耐3000℃高温烧蚀的碳化锆（ZrC）新型超高温陶瓷涂层[110]。目前高超声速飞行需要耐2000～3000℃高温的陶瓷材料，而传统的超高温陶瓷材料不能满足这个要求。研究人员采用反应熔渗工艺，将多元陶瓷相引入多孔炭/炭复合材料中，获得了一种新型的含Zr-Ti-C-B的炭/炭复合陶瓷材料。新材料表现出优越的抗烧蚀性能和抗热震性能，耐热性是常规耐高温陶瓷涂层的12倍。它代表着一种极有应用前景的材料体系，可用于航空设备、新型导弹、高超声速飞行器中，并给这些应用带来重大影响。

8月，俄罗斯利用电铸纳米聚合物细丝，开发出一种高性能的薄膜材料[111]。新材料的性能超过其他国家的同类薄膜材料，生产成本比较低。利用它制成的服装可以隐形，以及抵御包括病毒在内的各种危险微粒；除服务于空降兵外，还可用于生产极限运动用的服装和装备，以及用于制造极地考察服。目前已制造出隐形衣试验样本，并进入耐用性试验阶段，试验完成后即可批量生产。

9月，中国西安交通大学和新加坡南洋理工大学合作，成功合成出可与石墨和金刚石比肩的新型碳三维结构——T-碳[112]。碳原子是神奇的，当发生轨道杂化的时候，会产生很强的与其他元素结合的能力。中国科学院大学的科学家曾预言，如果用一个由四个碳原子组成的正四面体结构单元取代金刚石中的每个碳原子，将会形成碳的一种新型三维晶体结构，即 T- 碳。这次中外科学家利用皮秒激光照射悬浮在甲醇溶液中的多壁碳纳米管，在极端偏离热力学平衡态的条件下，成功地合成出 T- 碳。T- 碳是一种蓬松的碳材料，具有非常小的密度（约为石墨的 2/3）和直接的带隙（可通过掺杂来调控），将在光催化、吸附、储能、航空航天材料等领域有广泛的应用前景。

四、先进制造技术

2017 年，先进制造领域数字化、绿色智能化发展加快，涌现出一系列重大突破。3D 打印技术、材料等均取得积极进展，出现了 4D 打印技术。各种机器人产品（如活蜻蜓无人机、乳腺癌活检机器人、虚拟控制的拆弹机器人、模块化机器人和可预见未来动作的机器人等）不断涌现。在微纳加工和数字工厂领域，开发出可破坏化学污染物的新型军队制服、在纳米材料上刻画图案的新方法和隐形玻璃等。在高端装备制造领域，核动力攻击潜艇“大胆”号下水，透气的生化防护薄膜、水压鱼雷发射装置以及下一代防空和反导雷达的演示系统出现。在生物制造等领域，成功再造出天然“盲鳗黏液”和新型人工光合作用系统，制备出真菌砖块和高性能蜘蛛丝。

1. 增材制造

1 月，美国火箭工艺公司（RCI）的混合动力火箭发动机的 3D 打印燃料技术获得美国专利[113]。传统的混合动力火箭发动机易受振动的影响，从而降低了安全性。利用新技术打印的火箭发动机燃料颗粒具有管状结构，既是固体燃料源，同时又当作燃烧室。在发动机运行中，这种管状结构可以把积聚的振动最小化，从而消除振动对火箭发动机的影响，同时还可以显著促进燃料的充分燃烧。利用这种 3D 打印的燃料，可以制造出成本更低、安全和高效的运载火箭。RCI 计划于 2019 年将这种运载火箭应用于轨道发射。

1 月，美国牛津高性能材料公司（OPM）开始为波音 CST-100 Starliner 飞船 3D 打印复杂结构部件 OXFAB®[114]。OPM 采用其专有的 OXPEKK® 聚合物配方和 3D 打印技术（HPAM™ 技术），可以持续生产轻质、高强度、高耐热性的航空零部件。采用 HPAM™ 技术制造的 OXFAB® 部件，完全达到航空器制造的最高标准，成本比传统的金属和复合物部件更低，重量更轻，交货时间更短。

5 月，美国劳伦斯 · 利弗莫尔国家实验室开发出一种速度更快的新型金属 3D 打印技术，即基于二极管的增材制造（DiAM）技术[115]。DiAM 采用两项先进技术，并把它们结合起来，可以“瞬间打印”整层金属粉末；这两项先进技术就是价格便宜的“大功率激光二极管阵列”，以及定制化的激光调制器 OALV（Optically Addressable Light Valve）。OALV 是该 3D 打印技术的关键，由一系列液晶单元和光电导晶体构成，工作原理类似液晶投影仪，可根据预先的编程雕刻高能激光，从而消除光学器件的裂缝。该金属 3D 打印技术非常适合打印大型金属物体，与现有金属 3D 打印技术相比，其速度更快、设计更灵活、精度更高，有望变革金属 3D 打印技术。

6 月，瑞士苏黎世联邦理工学院在 4D 打印技术上取得重大突破[116]。4D 打印属于世界上最前沿的技术，目前只有少数科研团队进行前瞻性的研究。与 3D 打印技术相比，4D 打印技术增加了一个时间维度，使打印的物体能够随时间的发展，按照预先设计的要求发生外形和结构的变化。研究人员在世界上首次依据 4D 打印原理，利用开发出的一种计算机模拟软件，先在平面上 3D 打印出物体，然后精确控制其以后的变形过程，从而在需要的时候获得了满足预先设计要求的具有一定强度和刚度的三维结构。该技术在航空航天、医疗等领域具有非常广阔的应用前景。

9 月，美国休斯研究实验室（Hughes Research Laboratories，HRL）与加利福尼亚大学合作，开发出一种 3D 打印高强度铝合金的新方法[117]。绝大多数合金如果采用 3D 打印技术制造，在微观结构上都会出现周期性裂纹和大的柱状颗粒，从而导致其强度不如铸造的合金。新方法以表面氢化的锆纳米材料为涂层，把它涂在铝合金的雾化粉末上，再利用选择性激光熔化技术，进行铝合金的 3D 打印，从而解决了 3D 打印高强度不可焊接铝合金时易出现的热裂纹和大柱状颗粒问题。新技术突破了传统 3D 打印的约束，保留了合金的高强度，可用低成本材料进行规模化生产，也适用于其他的合金体系和其他 3D 打印技术（如电子束融化和定向能量沉积），还可用于传统工艺中，因此在未来具有广阔的应用前景。

2. 机器人

5 月，美国 Draper 公司与霍华德休斯医学研究所合作，开发出一半是昆虫、一半是机械的活蜻蜓无人机“DragonflEye”[118]。传统的半昆虫机器人通常采取欺骗的策略，通过向昆虫的感觉器官输入误导信号，来引导昆虫飞行；或直接刺激神经来控制其飞行。前者有时候会失效，后者容易破坏飞行的稳定性。该蜻蜓无人机携带了一个指甲大小的控制“背包”，里面配置了太阳能电池、控制器和传感器。新技术在保留蜻蜓原生飞行技能的前提下，通过微小的光学电极，用光准确刺激经过基因编辑的蜻蜓的神经元，从而精确地操纵蜻蜓的飞行。该项成果所包含的各项技术未来可用于导航定位及授时、生物医学解决方案、材料工程及微加工、军事侦察等领域，具有广阔的发展前景。

6月，荷兰屯特大学开发出一种最小的乳腺癌活检机器人[119]。乳腺癌的早期检测，采用人工手段，具有高难度；采用机器人（含金属），又容易受到扫描仪中强磁场的干扰。新机器人完全用塑料3D打印而成，可在核磁共振成像仪器中使用且不怕磁场的干扰；同时不用电而是在空气压力的驱动下，在几毫米的范围内，将针尖准确移到目标上取样，达到了人工水平无法实现的精度。这种新机器人具有体积小巧、精确性高等优点，可用于乳腺癌的早期组织检测，使乳腺癌的诊断和治疗变得容易，挽救更多病人的生命。

9月，美国斯坦福国际研究院（SRI International）推出一款拆弹机器人 Taurus Dexterous Robot，可用虚拟现实（virtual reality，VR）耳麦对它进行操控[120]。以前操控拆弹机器人，都是利用3D监视器和遥控器来实现。现在，操控者戴上一种VR耳麦，通过这个耳麦就可以使用机器人的放大镜对现场进行观察，并从得到的场景的虚拟图像中获知应该采取的行动信息，然后用控制器来操作重达15磅（约6.75kg）的机器人手臂和抓手，精确地拆除炸弹或移走有害物质。新机器人的诞生，使得操作员可在VR环境中操纵机器人，简化了之前烦琐的操作方式。目前该系统还有声音的分辨率不够高和图像清晰度不够等不足，但其他优点可以弥补。这款机器人未来还可用于执行矿井探测等其他危险任务。

9月，比利时布鲁塞尔自由大学设计出能够自行重构以适应任务变化的模块化机器人[121]。以往的模块化机器人由多个单元组成，各个单元可以组合成预先设定的一组形状，具有有限的适应性。新型机器人由多个模块组成，每个模块都是一个独立的机器人，可以独立发挥作用；不同模块之间可以不断进行连接和拆分，重组后形成具有全新功能的新机器人；在不同任务或环境下，可自主选择模块并重构为所需形状和大小的机器人；还可以通过移除或更换故障部件实现自我修复。目前所有的模块都需要编程，才能准确实现重构。未来，这类机器人最终会取代专用机器人，以适应不断变化的任务和环境。

9月，美国加州理工学院开发出一种可自主对DNA分子进行识别和分拣的DNA机器人[122]。大部分DNA机器人只能完成一个简单的功能，少数有第二个功能，而且都不具有自主性，需要外部提供动力。研究人员开发出一种由一个简单的算法和4个模块组成的系统，四个模块包括：一个DNA折纸片，以及附着在其上的由单链DNA构成的分子机器人，货物，收件地。这种DNA机器人不需要外部驱动力，根据算法，可以自主地在DNA折纸片上随机“行走”，拾取某些分子并将其放在指定位置。即使多个分子机器人同时工作，也不会相互影响，反而能够以接近100%的准确率高效完成任务。新成果把DNA机器人的发展带到一个新阶段。这种DNA机器人未来有望用来合成带有治疗效果的分子，将药物递送到血液或细胞中的特定位置，以及回收分子垃圾。

12月，美国加州大学伯克利分校开发出可以预见未来要发生的动作的机器人[123]。传统机器人依靠人类给定的程序操作，不能预见未来并自主决定下一步行动。新机器人采用深度学习技术，利用之前的影像数据，可以预见几秒钟后的行动，并决定下一步的行动；整个过程是完全自主的，不需要人类的帮助。这项技术在未来可以有广泛的应用，如在自动驾驶领域中预测未来路上发生的事件，制造更加智能化的家庭机器人助手等。

3. 微纳加工和数字工厂

1月，美国艾奇伍德化学生物中心与北卡罗来纳州立大学等机构合作，开发出一种可破坏化学污染物的新型军队制服[124]。当前的防化服装的材料依靠碳过滤吸收有毒制剂，容易达到饱和状态，降低了防化能力；同时，穿上制服后再穿戴这种材料的防化服又很费力，再戴上防毒面具，会大大降低士兵的战斗力。新制服由金属有机框架（MOFs）制成，在空气、酸和溶剂中非常稳定，可以破坏接触到的化学毒剂。此外，它可以吸收大气中的水，提高破坏化学毒剂的能力；还可以通过增加材料结构中的柱和点，提高破坏化学毒剂的速度。未来这种材料的新制服可取代现有制服，方便穿戴，解决现有制服带来的士兵战斗力下降的问题。

4月，美国能源部布鲁克海文国家实验室，成功制造出特征尺寸为1nm的印刷设备[125]。研究人员在扫描透射电子显微镜（STEM）的帮助下，利用电子束光刻工艺，在聚甲基丙烯酸甲酯（PMMA）薄膜上，成功实施了特征尺寸为1nm、间距11nm的图形化工艺，使图形的面密度高达每平方厘米一万亿个。这项技术在特征尺寸方面创造了新纪录，是目前广泛使用的纳米加工技术和电子束光刻技术达不到的水平。所得PMMA模板，可用于在任何其他材料上印刷图案，如可使金钯合金的特征尺寸达到6个原子宽。

7月，美国芝加哥大学和阿贡国家实验室联合，开发出可以在纳米材料上精确刻画图案的新方法[126]。只有少数材料可以用传统光刻技术刻画图案。此前在纳米材料上用光刻技术制备纳米器件比较困难。新方法首先在纳米粒子层上放置精心设计的化学涂层，然后用有图案的面具对准涂层，再用光照射面具，使涂层与光发生反应，从而把图案直接印在下面的纳米粒子层上，制备出有用的器件。在刻画出的图案的质量方面，这种方法可以媲美之前的最新技术。新方法可用在所有常用的电子器件材料（如半导体、金属、氧化物、稀土和磁性材料）上，将为下一代常用电子器件的发展开辟新路径。

10月，美国能源部布鲁克海文国家实验室，开发出表面光反射几乎为零的“隐形玻璃”[127]。研究人员采用自组装技术，在玻璃表面刻蚀出纳米级结构的纹理，从而制造出“隐形玻璃”。这种纳米纹理，使通过空气进入玻璃的光的折射率逐渐发生变化，从而避免了光的反射。这种“隐形玻璃”可提高太阳能电池的能量转换效率，改善电子显示屏的用户体验，替代目前易损坏的抗反射涂层；具有优于现有涂层的抗反射能力，以及3倍于现有商业用涂层的抗激光腐蚀的能力，可用在医疗器械和航天部件中。此外，利用这种自组装技术，可在几乎任何材料上刻蚀出纳米纹理。

4. 高端装备制造

4月，英国最大、最先进的核动力攻击潜艇“大胆”号，在坎布里亚郡的巴罗因弗内斯首次下水[128]。核动力“大胆”号潜艇全长318ft（英尺）（约96.93m）、重7400t，在海底发出的声音比小海豚小，具有隐形功能。它的雷达系统可监听到3000nmi（海里）（即5556km）之外的其他舰艇。它装备有“旗鱼”鱼雷和“战斧”巡航导弹等最现代化的武器系统，可对海上和陆上目标进行精确打击。它的整体技术和战术性能已接近美国和俄罗斯海军的最先进攻击型核潜艇的水平。新潜艇海试后将正式加入英国皇家海军。

5月，俄罗斯萨利托夫州立大学（Saratov State University）开发出一种具有很好透气性的生化防护薄膜[129]。该薄膜对水、病毒、细菌、毒素以及过敏原均具有防护作用，可使穿戴者免遭生化武器的伤害。它还具有多微孔结构，保证了空气和水蒸气的渗透。新材料价格不高，可用于生产军服以及供极限运动员和极地考察员使用的衣服和装备。这类材料以往俄罗斯需要从国外进口，如今新材料的性能超过了其他国家的同类材料。

5月，西班牙MTorres公司提出了全新的方法，用于制造复合材料的飞机机身[130]。开发人员先用其他工艺制造出C型框架，然后将C型框架对接，从而制造出机身的外模线（outer mold line）表面，再用机器人将碳纤维缠绕在表面上，形成机身蒙皮。该方法无须铆钉、紧固件及模具，即可生产出完整的硬壳式构造的机身原型。新方法使原材料的成本降低50%，同时明显降低了加工和劳动力成本；使机身重量减少10%～30%，提高了飞机的燃油效率；将改变现有的飞机制造模式。

7月，俄罗斯第五代潜艇将装备由红宝石中央设计局和叶片式液压泵公司联合研制的水压鱼雷发射装置[131]。目前潜艇普遍采用压缩空气发射鱼雷，只能在水下300～400m发射，且需要提前几分钟准备，同时发射时产生的大量气泡很容易暴露潜艇的位置。新型发射装置采用能在1秒钟内压出5m^{3}水的脉冲涡轮泵，借助该泵产生的巨大水压，可以确保在0～1000m深度内，迅速、无声地发射鱼雷和无人潜水器。这种新型鱼雷发射器与射击武器的消声器相似，可使潜艇变得悄无声息，未来将装备俄海军所有先进潜艇。

8 月，美国洛克希德·马丁公司推出了下一代防空和反导雷达的演示系统[132]。对已有防空和反导系统的渐进式的升级，已经不能成功应对目前和未来面临的新威胁。因此，需要开发新一代的防空和反导系统，雷达是其重要组成部分。这款演示的新雷达是用于交战和监视的有源相控阵列（AESA）雷达。AESA 雷达以模块化和可扩缩的架构为基础，整合了氮化镓（GaN）发射器技术和先进的信号处理技术，对来自外界的威胁可以进行360度的高质量探测。美陆军拟用它取代现役的“爱国者”MPQ-65 雷达，以消除当前和未来出现的弹道导弹的威胁。

5. 生物制造

1 月，美国海军水面作战中心利用阿尔法蛋白和伽马蛋白，成功再造出天然材料“盲鳗黏液”[133]。海底动物盲鳗可分泌用于保护自己的黏液。盲鳗黏液由两种以蛋白为基础的成分组成：一个是线状物，一个是黏蛋白。线状物、黏蛋白与海水互动，可以形成一个三维的具有黏弹性的安全保护巨型网。研究人员先利用大肠杆菌等制造出鳗鱼黏液的阿尔法蛋白和伽马蛋白，然后使之结合，成功制造出鳗鱼黏液。黏液中的线状物的性能可比聚醯胺纤维（现用作橡胶制品和保护装置的增强剂）。这种黏液是已知的最重要的生物材料之一，可用于制造防弹、防火、防污、潜水保护产品等，帮助军事人员防御海洋野生动植物的攻击。

5 月，美国真菌学家 Philip Rose 开发出“真菌砖块”[134]。真菌砖块是一种由活体真菌丝生长而成的建筑材料，晒干后具有轻便、超强、防火、防水等特点，在敲碎后可分解作肥料，不会形成工业垃圾。将有活性的真菌砖放在一起，这些砖会继续生长并自行粘连。所用的真菌丝可以根据设计长成几乎任何形状。这项技术已经申请了专利，有公司感兴趣并获得了专利授权。

8 月，意大利特兰托大学与英国的大学合作，成功制备出高性能蜘蛛丝[135]。生物蛋白质基质和昆虫的硬组织中的生物矿物质，赋予了生物高硬度和强度的特性。受此启发，研究人员把三种不同的蜘蛛暴露在含有碳纳米管或石墨烯的水分散剂中，从而把纳米材料人工整合到蜘蛛丝的生物蛋白结构中，让蜘蛛纺出的丝具有超硬（强度是普通蜘蛛丝的 3 倍）和超韧性（韧性是普通蜘蛛丝的 10 倍）的优点。这是目前发现的韧性最高的纤维，具有广泛的应用前景（如制作降落伞）。新成果为利用自然有效的蜘蛛纺丝过程，开发性能加强的仿生丝纤维铺平了道路；用于其他动物和植物，将制造出新的一类仿生复合物材料。

8 月，美国加利福尼亚大学提出一种新型的人工光合作用系统[136]。目前的人工光合作用系统大部分需要固体电极，因而增加了成本。研究人员用镉和半胱氨基酸喂食非光合作用的细菌，使细菌生产出半导体材料——硫化镉（CdS）纳米粒子。这种由细菌和硫化镉纳米颗粒组成的混合系统，可以把二氧化碳、水和光变成醋酸、燃料、塑料等化学品。该系统能够进行自我复制和繁殖，可以长期稳定地进行人工光合作用，其光合作用效率超过 80%。如此高效的人工光合作用为解决人类的能源问题提供了新思路。

五、能源和环保技术

2017 年，能源和环保技术领域围绕低碳、清洁、高效、智能、安全等发展目标取得多项重要进展。在可再生能源领域，出现无线充电的新方法、自身可发电的纱线、同时高效制氢和 CO 的新技术以及将 CO_2 转化为甲烷的新系统，中国在南海成功试采可燃冰。在传统能源清洁高效利用领域，煤经二甲醚羰基化制乙醇工业示范项目一次投产成功。在核技术领域，中国的东方超环（EAST）实现了 101.2 秒稳态长脉冲高约束等离子体运行；开发出氢硼核聚变新技术。在先进储能领域，低成本液流电池、快速充电的无膜流动电池、低温运行的锂电池和超级电容器、高效分解二氧化碳的化学催化剂等均取得突破。在节能环保领域，净化水、土壤和空气的各种新材料和新技术不断出现。

1. 可再生能源

2 月，美国迪士尼研究中心开发出一种在房间内可以无线充电的新方法[137]。无线充电是人类一直以来的梦想。研究人员建造了铝制房间框架，然后把铝制的墙、顶、地板连接到铝制框架上，在房间中间放一个有裂缝的铜电极，再把分立的电容放到裂缝中。通过诱导墙、顶、地板产生电流，电流产生的一定频率的统一磁场会充满整个房间，从而可以给那些低兆赫频率的设备（如手机、电扇和电灯）同时充上电，且不会对其他日用品造成损害。试验模拟，一个 $16 \times 16ft^2$（$23.783m^2$）的房间可传输 1.9kW 的电。利用该方法充电，满足美国联邦安全指南的要求。新方法将使无线充电在未来像 WiFi 一样普及，可用于没有电池和电线的应用型机器人以及其他小型移动装置。

4 月，北京大学、中国科学院山西煤炭化学研究所、大连理工大学等几家国内机构，与美国橡树岭国家实验室（Oak Ridge National Laboratory，ORNL）、阿贡国家实验室合作，为氢燃料电池研制出高效的制氢方法[138]。以往为氢燃料电池制氢的方法使氢燃料电池在经济上无法替代汽油，采用甲醇的氢燃料电池操作温度（200 ～ 350℃）较高。新方法将铂单原子分散在面心立方结构的碳化钼（α-MoC）

上，从而制备出有效的新型催化剂。该催化剂可用于甲醇的液相重整，在较低温度（150～190℃）下表现出很高的产氢活性，其制氢效率是其他甲醇制氢技术的5倍；同时也避免了使用腐蚀性材料。新型催化剂尽管价格偏高，但可回收且用量较少，用于车用氢燃料电池（使用甲醇）经济可行。它将“把氢气存储于甲醇并在需要时重整释放”变为可能，这是氢能储存和输运体系的一个重大突破。

5月，中国在南海成功试采可燃冰[139]。在南海神狐海域水深1266m的海底以下203～277m的海床，中国地质调查局开采可燃冰，连续多天稳定生产出天然气。这是世界首次对资源量占比达90%以上、开发难度最大的泥质粉砂型天然气水合物，实现安全可控的开采。通过本次试采，实现了天然气水合物勘探开发理论的突破，以及天然气水合物全流程试采核心技术的重大突破。这表明中国天然气水合物勘查和开发的核心技术得到验证，标志着中国在该领域的综合实力达到世界顶尖水平。新成果对促进中国的能源安全、优化能源结构，甚至对改变世界能源供应格局，都具有重要意义。

8月，美国得克萨斯大学与弗吉尼亚理工学院、赖特－帕特森空军基地、韩国汉阳大学、南开大学等机构合作，开发出自身可以发电的纱线Twistron[140]。研究人员先把多根碳纳米管缠绕成高强度的轻纱线，再把纱线浸泡在电解质中，或涂抹上离子导电材料，从而使纱线带上电荷。这些纱线从根本上说就是超级电容器，当纱线被拉伸或扭转时，纱线上的电荷彼此靠近，使电压增高，从而产生电能。以往类似的设备在能量获取效率上都不如纱线Twistron。纱线Twistron未来可有广泛的应用，如为电子纺织品供电，从环境中获取多余的热能，或可放置在海水中，把采集到的海浪的机械力变为电能。

8月，美国北卡罗来纳州立大学与中国西安交通大学合作，开发出高效制备氢气和一氧化碳的新技术[141]。针对水和二氧化碳，研究者分别开发出不同的纳米颗粒并用于建造不同的填充床；当水蒸气和二氧化碳分别通过相应的填充床时，会发生高效分解，从而制备出氢气和一氧化碳，同时获得氧气（可用于制备合成气）。两项新技术提高了效率，可使氢气的转化率达到90%（以往技术通常是10%～20%），一氧化碳的转化率超过98%（以往技术低于90%）。该生产工艺利用相对便宜的材料，可以有效地从稳定资源（水）或温室气体中获取有价值的原料，在清洁能源和化学品生产领域具有较大应用价值。

10月，美国哈佛大学罗兰研究所与斯坦福大学等几个机构合作，构建出一套由廉价金属镍和钴等材料组成的人工合成系统[142]。该系统有智能手机大小，包括两个被离子薄膜隔开的充满电解液的腔。一个腔内有电极催化剂，可以把水氧化出氧气和自由质子，然后把质子注入另一个含有二氧化碳的腔。大部分催化剂会使质子结合在一起形成氢气。而此前利用质子注入二氧化碳分子产生一氧化碳的催化剂又由贵金属制成。研究人员利用原子尺度的建模，把镍金属分散放入隔离的单个原子，获得一种新催化剂，使进入另一个腔内的质子高选择性（高达 93.2%）地与二氧化碳反应，还原得到一氧化碳。该系统成功实现二氧化碳的高效固定，其转换效率是自然界叶片的 30 倍以上，未来进行规模化放大，可以净化环境中的二氧化碳，应对全球气候变化，实现碳循环。

11 月，韩国高等科学技术学院开发出一种利用太阳光和普通金属催化剂，将二氧化碳转化为甲烷的新系统[143]。该系统模仿人工光合作用。研究人员先在氧化锌微球上生长出氧化铜晶体，然后把这种颗粒放入苏打水中。当太阳光照射到这些颗粒上，会触发反应，从而把二氧化碳分解为碳和氧；碳与水中的氢结合，形成了纯度达 99% 的甲烷。类似的转化之前实现过，但需使用昂贵的催化剂，且产生的是一氧化碳，需要进一步转化为燃料。新系统还需要进一步详细了解反应机理，进一步提高效率和速度后可商业化。

2. 传统能源清洁高效利用

3 月，中国科学院大连化学物理研究所与陕西延长石油（集团）有限责任公司合作的煤经二甲醚羰基化制乙醇工业示范项目一次投产获得成功[144]。研究团队先将煤炭转化成合成气，然后利用非贵金属催化剂，经甲醇、二甲醚羰基化、加氢合成乙醇的工艺路线，直接生产出无水乙醇。这是中国采用自主知识产权技术完成的全球首套煤基乙醇工业化项目，已生产出合格的无水乙醇并实现连续平稳运行。该项目的成功投产，标志着中国将率先拥有设计和建设百万吨级大型煤基乙醇工厂的能力，对缓解中国石油供应不足，实现石油化工原料的替代、油品清洁化和煤炭的清洁利用，以及促进国家粮食安全具有战略意义。

8 月，新加坡南洋理工大学利用粉煤灰，成功制备出一种可 3D 打印的地质聚合物建筑材料[145]。开发更加绿色、高效的材料是制造业最重要的问题。研究人员将煤燃烧产生的粉煤灰在排放前用过滤器收集，使之与氢氧化钾和硅酸钾混合，从而生产出在室温凝固的地质聚合物。这是一种像混凝土一样的可 3D 打印的建筑材料，在一些性能上超过了常规混凝土，在某些性能上不如常规混凝土，但问题解决后将与传统材料同样广泛用于建筑业中。此外，新技术可回收利用废弃物，减少建筑业的碳排放。

3. 核能及安全

6 月，中国科学院在加速器驱动次临界系统（ADS）研究中取得重大成果，并在国际上首次提出一种新核能系统——加速器驱动先进核能系统（ADANES）[146]。ADS是国际公认的一种最有前景的核废料安全处理技术，至今没有建成的装置。中国科学院近代物理研究所、中国科学院高能物理研究所、中国科学技术大学等14家机构合作，突破了ADS强流超导质子直线加速器、高功率散裂靶、次临界堆装置等单向关键技术，创新性地提出ADANES核能系统。ADANES集核废料的嬗变、核燃料的增殖以及核能发电于一体，可将铀资源利用率从目前不到1%提高到95%以上，同时大大减少了处理后的核废料。目前ADANES已通过大规模并行计算模拟，完成了一系列原理实验验证，取得了突破性进展。新系统有望使核裂变能变成可持续近万年、安全、清洁的战略能源。

7月，中国科学院等离子体物理研究所宣布，国家大科学装置——世界上第一个全超导托卡马克——东方超环（EAST），实现了稳定的101.2秒稳态长脉冲高约束等离子体运行，建立了新的世界纪录[147]。国际热核聚变实验堆（International Thermonuclear Experimental Reactor，ITER）计划是当前世界上规模最大的国际科技合作项目，目的是建造并运行一个可持续燃烧的托卡马克型聚变实验堆，而实现稳态长脉冲高约束等离子体运行是其亟待解决的关键科学问题。EAST是中国第四代核聚变实验装置，俗称“人造太阳”。在攻克了一系列的关键技术和科学问题后，EAST的稳态高约束模式运行的持续时间达到百秒量级。该成果进一步提高了EAST在国际磁约束聚变实验研究中的地位，为ITER的长脉冲高约束运行提供了重要的科学和实验支持，也为中国下一代聚变装置的预研、建设、运行和人才培养奠定了基础。

12月，澳大利亚新南威尔士大学与其他国家的机构合作，开发出用两束强大的激光激起氢硼核聚变的新技术[148]。该技术利用两束高能高密度的激光，激发氢和硼11发生核聚变，直接产生电能。新技术不需要热平衡条件就实现了核聚变，所产生的能量是热平衡条件下的10亿倍。与其他核聚变技术相比，它具有以下优点：①显著简化了反应堆的建设和维修；②没有放射性，也不产生放射性废料；③释放的能量直接变成电能。如果进展顺利，利用新技术建成原型反应堆需要大概10年的时间，其专利已授权给HB11 Energy公司。

4. 先进储能

2月，美国哈佛大学开发出一种易维修、耐用的新型低成本液流电池[149]。液流电池适合储存可再生间歇性能源（如风能和太阳能），但现有的液流电池在多次充放电后存储能力会下降，因而需要定期维修电解液。研究人员通过修饰正、负极电解质的分子结构，使它们可溶于中性水，从而研制出充放电1000次只损失1%存储能力的电池。这种电池具有超过10年的使用寿命，无毒、无腐蚀作用；且因组件是由便宜的材料制造而显著降低了成本。新电池为未来长寿命、低成本电池的发展指明了方向，向与传统电厂竞争发电的方向迈进了一步。

3 月，挪威奥斯陆大学开发出将太阳光线利用率提升至 40% 的新型纳米太阳能电池板[150]。此前 99% 的太阳能电池采用硅，一般仅利用 20% 的太阳光（主要是红光，世界纪录是 25%），且含有稀有和有毒的材料。新太阳能电池可利用 40% 的太阳光，包括两个能量捕捉层：第一层由常规的硅组成，主要吸收红光；第二层由氧化铜纳米粒子组成，专门吸收蓝色光。这种新电池成本低，环境友好，即使在太阳在地平线下的地方也可高效使用，但目前还处于实验室阶段，距离真正量产商用还需一段时间。

5 月，美国普渡大学开发出车用新型无膜流动电池，成功实现了快速充电[151]。该电池采用液态电解液，当电量耗尽时，只需更换新的电池液，就可以再次使用，从而实现了快速充电。替换下来的电池液可收集起来，批量送到太阳能发电厂等发电站进行再次充电，重新变成电解液，实现循环利用。该电池没有隔膜，因而成本不高，寿命长，安全性高，且性能稳定。电动汽车或混合动力汽车装备上这种电池，不需要修建大规模的充电基础设施，充电就和普通汽车在加油站加油一样方便。新技术有望改变电动和混合动力汽车的未来，也可替代很多现有的供能系统。

6 月，美国休斯敦大学与加州大学、西北大学合作，开发出廉价的新型电池阳极复合材料[152]。当前锂离子电池采用可燃性有机电解液，存在很大的安全隐患；而铅酸电池和镍氢电池等水系电池的寿命较短。研究人员利用廉价、丰富、易回收的醌类化合物，制造出稳定的新型阳极复合材料。这种阳极复合材料，成本低廉、生产工艺简单，且不含有害重金属，既可用于酸性电池，也可用于碱性电池。用该阳极复合材料制造的充电电池，具有长寿命、适用温度范围广、安全、易处理、不用更换现有生产线等优点，可用于电动汽车、风光电储能等领域。

6 月，美国加州大学圣迭戈分校首次使用液化气取代电解液，使锂电池和超级电容器分别在 −60℃和 −80℃还能运行[153]。锂金属被公认为终极电极材料，但会与传统电解液发生反应，在电极表面形成树突并刺穿电池，从而引起短路。研究人员分别用液化氟代甲烷气体和液化二氟甲烷气体，制成锂电池和超级电容器的电解质，使得锂电池的最低工作温度从 −20℃延伸到 −60℃且保持高效运行，超级电容器的工作温度从 −40℃延伸到 −80℃；回到正常室温后，仍能保持高效工作状态。该气态电解质克服了锂电池中常见的热失控问题，更具安全优势；在经典阴极材料和锂金属上都表现出高效能，显著提高了能量密度。新技术不仅提高了电动车在寒冷气候中单次充电的行驶里程，还能为高空极冷环境下的无人机、卫星、星际探测器等提供电能。

6 月，瑞士苏黎世联邦理工学院开发出一种廉价的新型化学催化剂，可利用太阳能电池，将二氧化碳高效分解为富含能量的一氧化碳和氧气[154]。在过去 20 多年开发

出的可分解 CO_2 的催化剂中，最好的之一是氧化铜。但这种氧化铜催化剂会更多地分解水以产生氢气，而不是分解更多的 CO_2 以产生 CO。研究人员用氧化铜纳米线制成电极（以增加参加反应的表面积），再在上面覆盖一层单原子厚度的锡，从而制成新型催化剂。新催化剂可以把溶液中 90% 的 CO_2 变成 CO，太阳能电池所获取的太阳能中有 13.4% 转到 CO 的化学键中。13.4% 的转换效率是这类太阳能电池的新的世界纪录。目前利用这种新技术生产燃料，在价格上还不能与化石燃料竞争。但新技术在未来有望导致更好的方法，以从太阳、水和二氧化碳中制取重要的无限量的液体燃料。

5. 节能环保

2 月，比利时安特卫普大学和鲁汶大学合作，开发出一种可从污染空气中汲取氢气的装置[155]。该装置被一个膜层分成两个室。室内有催化剂，膜层由特定的纳米材料制成。暴露在光线下，装置中的催化剂可以分解空气中的污染物，从而净化空气；同时产生可用于燃料电池汽车的氢气。同时具备这两种能力使其成为世界上独具特色的产品。该装置目前只是概念验证的原型，规模小，下一步将进行放大试验，以实现工业应用。

4 月，美国 MIT 和加州大学伯克利分校合作，开发出一种不需要电能直接从干燥的空气中吸收水的原型装置[156]。大部分材料从空气中吸收水分，需要空气的湿度大，同时释放出吸收的水分又需要耗费较高的能量。新装置使用对水有很高亲和力的多孔晶体材料 MOF-801 从空气中吸收水分，然后利用太阳光产生的低热（不需要额外的电能）把吸收的水以水蒸气的形式释放出来，再冷凝成水收集进容器。装置中的 MOF-801 每千克每天可获取 2.8L 水，未来有望吸收更多的水，价格更便宜。该装置可用在干旱地区，还可以通过调整材料的成分以适应各种不同的微气候环境。

4 月，美国 DARPA 开发出一种新型无水净化土壤的技术[157]。在试验中，这种新型净化技术对含有沙林、芥子毒气、索曼的有毒化学模拟剂的中和率超过 99.9999%，且不会产生任何有害的废弃物，还可把分解所得的产物和酸性气体变成无毒的盐。这说明，这种无水、无害、基于土壤、可就地销毁致命化学物质的技术，在实战中也是可行的。该技术可就地中和大量的化学战剂。

7 月，中国科学院合肥物质科学研究院成功制备出一种高效抓取并去除土壤中多环芳烃的复合纳米材料[158]。多环芳烃在环境中普遍存在，具有致癌、致畸、致突变、难降解和生物累积性。现有多环芳烃的治理主要集中在水体中，而土壤中多环芳烃的去除因分离困难至今仍缺乏有效手段。研究人员以陶粒为载体，利用氯化铁和葡萄糖等，制备出一种具有高磁性、花瓣状的碳－陶粒复合纳米材料。利用这种新材料，可以高效抓取土壤中典型的多环芳烃——蒽甲醇，同时采用自主研发的磁分离系统，可实现对蒽甲醇的分离回收。这项研究为修复有机物污染土壤提供一种新思路。此外，该材料具有成本低、效率高、环境友好等优点，未来有较显著的应用前景。

7 月，美国莱斯大学与英国斯旺西大学（Swansea University）合作，利用碳纳米管和石英纤维，开发出一种用于清除水中有毒重金属的可重复使用的新型过滤器[159]。研究人员以石英纤维作为衬底，在其上放置碳纳米管并进行环氧化处理，从而制造出新型过滤器。它可将水中 99% 的有毒重金属（镉、钴、铜、水银、镍和铅）去除掉，在不到 1 分钟内可处理 5L 的水，饱和后可在 90 秒钟内用家庭常用化学品（如醋）清洗，然后重复使用；处理后的水符合世界卫生组织定的标准，可供人使用；有毒金属可收集再用或变成易处置的固态。过滤器的原材料不贵，利用它可帮助偏远地区遭受水污染的人们获取健康的饮用水。这种过滤器也可以规模化放大，用于处理矿井废水。

8 月，澳大利亚伊迪斯考恩大学成功制备出一种可以高效处理污水的新型“金属玻璃”[160]。研究人员采用纳米技术，把铁的原子结构改成“长程无序、短程有序”的新结构，从而制造出新型铁基金属玻璃。这种金属玻璃透明，具有与玻璃类似的原子结构，可以在几分钟内吸走废水中的染料和重金属等杂质。常用的铁粉催化剂昂贵且只能使用一次，还会留下大量的含铁污泥。新金属玻璃可用 20 次，不会产生含铁的污泥，且价格便宜。未来，这种金属玻璃可用于采矿、纺织和其他产生大量废水的行业。

10 月，英国萨里大学开发出一种具有高性价比的超级催化剂，可同时回收导致全球气候变暖的两大温室气体——CH_4 和 CO_2[161]。现有碳捕获技术不仅成本高昂，同时大多还需要满足各种极端和苛刻的条件。研究人员通过向功能强大的镍基催化剂加入锡和二氧化铈，获得了一种新的超级催化剂。利用这种新催化剂，可一次性轻易地将二氧化碳和甲烷转变成一种合成气，具有低成本的优势；而这种合成气可用于制造可再生燃料和一些有价值的化学品。新催化剂未来有望取代现有碳捕获技术，广泛用于各行业，为抑制全球碳排放带来实际效果。

11 月，中国中广核核技术发展股份有限公司与清华大学联合开发的世界领先的“电子束处理工业废水技术”，正式完成了由中国核能行业协会组织的科技成果鉴定[162]。该技术用经高压电场加速的电子束，对污水进行照射，使污水中分解生成的强氧化物质与水中的污染物、细菌等发生相互作用，以达到氧化分解和消毒的目的。相比于传统废水处理方法，新技术的长处在于可处理难降解的有机废水、抗生素废水、含致病菌废水等。该技术可广泛用于印染、造纸、化工、制药等各行业的废水处理，以及水质复杂的工业园区的废水处理，还可用于医疗废弃物、抗生素菌渣等特殊危险废物的无害化处理。

12 月，美国能源部爱达荷国家实验室开发出一种新方法，可在低温低压下将捕获的 CO_2 有效地转化为一种由氢和 CO 组成的合成气[163]。从 CO_2 中回收碳的传统方法需要高温高压，因为 CO_2 在较低温度下不会长时间溶于水，以供利用。研究人员用一种专门的液体材料作为溶剂，这种溶剂可以在暴露于化学试剂中时改变电极的极性，使 CO_2 更容易被溶解，从而有效地解决了低温度下 CO_2 不会长时间溶于水的问题。再通过在电解液中添加硫酸钾，使电解液的导电性增加 47%，从而可以有效地生成合成气。这种方法在温度为 25℃和压力为 40psi（磅 / 平方英寸）时，生成合成气的效果最佳。新方法整合了碳捕捉分离技术和 CO_2 利用技术，对于推广碳捕集封存技术、降低 CO_2 排放水平具有重要意义。

六、航空航天和海洋技术

2017 年，空天海洋领域蓬勃发展，取得多项重大技术成果。在航空领域，导航技术、有人机与无人僚机协同、飞机的自动驾驶与着陆等方面取得新进展。在空间探测领域，美国空军 X-37B、“朱诺”号木星探测器、MINI 版太空飞机都有突出表现；中国天眼和暗物质粒子探测卫星“悟空”取得重大成果。在运载技术领域，美国太空探索 SpaceX 公司在发射卫星和货运飞船上又创佳绩。在人造卫星领域，国际空间站完成“超级集成小卫星”的首次在轨组装。在海洋探测与开发领域，开发出“深海定位导航系统”、水中大容量光通信技术和水下声学隐身毯；中国的“海翼”号水下滑翔机、“向阳红 03”科考船、“深海勇士”号 4500m 载人潜水器取得多项成果。在先进船舶领域，全球最大浮式液化天然气装置、“西伯利亚”（Siberia）号 LK-60 核动力破冰船、“弗吉尼亚”级攻击型核潜艇“南达科他”取得重要进展；中国的世界首艘智能船舶和自主设计制造的造岛神器“天鲲号”成功下水。

1. 先进飞机

3 月，美国 Draper 公司和 MIT 合作，为无人机研发出一种先进的视觉辅助导航技术，使无人机可以不依赖全球导航定位系统（GPS）、环境的详细地图以及动作捕捉系统等外部基础设施，就能完成复杂任务[164]。为无人机寻求在没有 GPS 的情况下也能够导航的方法，是科研人员一直以来的追求。此前开发的技术并不成功。新辅助导航技术利用独特的传感器和算法配置，以及以惯性测量单元（IMU）为中心的单目摄像机，使无人机在没有外部的通信系统或 GPS 的环境中能够自主感知和机动，提高了它的可靠性和安全性。新技术已经在许多环境中成功进行了试验，未来可用于地面、海洋和水下系统中。

4 月，美国空军研究实验室、空军试飞学校和 Calspan 公司合作，在爱德华兹空军基地顺利完成了有人机 / 无人僚机编组演示试验[165]。有人机与无人僚机协同作战，可大幅提升作战效率和效果。此次演示是检验有人机与无人机编队实施空对地打击所需综合技术的重要里程碑，不仅展示了无人机如何在预定情况下自主规划并执行对地攻击的能力，还演示了无人机面对突发情况的自主应变能力。有人机与无人僚机协同作战，正成为美军积极探索的新型作战形式，形成作战能力后，将对未来作战模式和装备发展产生重大影响。

5 月，美国 DARPA 在波音 737 飞机模拟的驾驶舱内测试了机组驾驶舱内自动化系统 Alias，成功实现了飞机的自动驾驶与着陆[166]。一直以来，自动化软件和电子设备在辅助飞机进行驾驶和着陆。与以往不同，在极光飞行科学公司这次开发的 Alias 中，具有语音识别和机器学习功能的机器人坐在副驾驶的位置，使用各种突起操作模拟器；先透过镜头监控飞行仪表的数据，然后将信息输入系统，判断和执行下一步动作；同时还可以利用搭载于平板装置上的显示屏与飞行员进行交互。新系统可以“解放”人类飞行员，缓解人力资源短缺的压力。

12 月，英国 BAE 公司与曼彻斯特大学合作研制的新型无人机 MAGMA 正式完成首次试飞[167]。MAGMA 的最大特点是采用了独一无二的气流喷射控制系统，没有任何控制面，取消了传统飞机的襟翼、副翼等活动结构。为达到取消所有操纵翼面的目的，气流喷射控制系统采用了传统飞机没有的两项先进的关键技术：“机翼流量控制”（wing circulation control）技术和“射流推力矢量”（fluidic thrust vectoring）技术。后续的飞行试验将继续验证这种气流喷射系统的实用性和先进性。新控制系统将使设计更便宜、更轻、更快、更高效、更隐秘的下一代飞机成为可能。这款飞机的首飞成功是航空史上的里程碑，标志着未来航空器设计可能发生颠覆性变革。

2. 空间探测

5 月，执行“轨道试验飞行器”（OTV-4）任务的美国空军 X-37B 无人在轨飞行器在轨飞行 717 天后，于 7 日成功降落在佛罗里达州肯尼迪航天中心[168]。X-37B 采用垂直发射和跑道水平着陆方式，其外形酷似退役航天飞机的迷你版。它的动向和有效载荷大都保密。它的这次飞行打破了 OTV-3 任务创下的 674 天 22 小时的留轨时间纪录。据美国空军透露，X-37B 用于测试先进引航、导航和控制技术，热防护系统、航空电子、高温结构和密封技术、轻质电动机械飞行系统、先进推进系统、先进材料等。

7 月，美国 NASA 的“朱诺”号木星探测器到达此前飞船从未探索过的区域，对著名的木星风暴漩涡——大红斑进行探测[169]。大红斑是木星表面最著名的特征性标志，在木星的南半球，是一团沿逆时针方向快速运动的下沉气流，即一个巨大风暴。观测发现，木星表面的温度差导致气体旋转，进而形成了温度极高的大旋涡，即木星的椭圆形大红斑。大旋涡有地球宽的 1.3 倍，向木星内部“植入”深度达 300km，是地球海洋深度的 50 ～ 100 倍，且底部比顶部温暖。“朱诺”号此次探测还发现两个未标识的辐射区，区域内的粒子以近光速移动。

8 月，“中国天眼”——500m 口径球面射电望远镜（FAST）发现 2 颗距离地球分别约 4100 光年和 1.6 万光年的新脉冲星，这是中国射电望远镜首次发现脉冲星[170]。宇宙中有大量脉冲星（自转周期极其稳定），但由于其信号暗弱，易被人造电磁波干扰淹没，目前只有一小部分被观测到。具有极高灵敏度的 FAST 是世界射电望远镜中的翘楚，也是发现脉冲星的理想设备。利用 FAST，不仅可以发现脉冲星，还可以观察星际互动的信息，测定黑洞质量，观测暗物质，甚至搜寻可能存在的星外文明的信号。

9 月，美国 NASA 的“卡西尼”号土星探测器终结了使命，坠入土星大气层[171]。“卡西尼”号土星探测器由 NASA、欧洲航天局及意大利太空署共同研制，旨在探测土星的大气、光环和卫星组成。经过多年的探测，“卡西尼”号积累了巨量数据，发现土星和土星环（主要由冰和岩石颗粒组成）之间 2000km 几乎不存在任何尘埃，土卫六和土卫二上都存在海洋世界。这些成果改变了人类对太阳系和土星的认识。未来将从这些巨量数据中获得更多的研究成果。

11 月，美国 MINI 版太空飞机逐梦者（Dream Chaser），成功完成了一次无人驾驶的滑翔飞行着陆，顺利返回加州爱德华兹空军基地[172]。Dream Chaser 是一款可重复使用的货运 / 载人太空飞机，由美国内华达公司研制。这是一次里程碑式的着陆，验证了 Dream Chaser 的性能，证明它能完成未来从空间站返回陆地的着陆任务。后续试验将继续验证其空气动力学特性、飞行软件和控制系统的性能。

11 月，中国暗物质粒子探测卫星“悟空”取得首批重大探测成果[173]。“悟空”不仅获得了目前国际上最精确的 TeV 电子宇宙射线能谱，而且首次直接测量到该能谱在 1TeV（1 万亿电子伏特）处的拐折。更为令人惊奇的是，“悟空”发现了太空中的反常电子信号，即测量到电子宇宙射线能谱在 1.4TeV 处的异常波动。这意味着中国科学家取得了一项开创性发现。如果后续研究证实这一发现与暗物质相关，这将是一项具有划时代意义的科学成果，人类可以跟随“悟空”去找寻宇宙中 5% 以外的未知；如与暗物质无关，也可能实现对现有科学理论的突破。

12 月，瑞士、意大利、西班牙、葡萄牙与欧洲南方天文台共同研制的世界史上最强行星“捕手”——岩石态系外行星和稳定光谱观测的阶梯光栅光谱仪（ESPRESSO）成功完成首次观测[174]。ESPRESSO 是第三代阶梯光栅光谱仪，欧洲南方天文台高精度径向速度行星搜索器（HARPS）的“继任者”。它安放在欧洲南方天文台位于智利的甚大望远镜上，可把甚大望远镜上 4 台 8.2m 口径望远镜的光线同时组合起来，获得 16m 口径望远镜的集光能力。与 HARPS 相比，ESPRESSO 拥有更高的精度（每秒几厘米）和分辨率，更短的获得同样质量数据的时间。它能通过系外行星母恒星发光的微小变化，以前所未有的精度“捕捉”系外行星。它还可以发现并厘清小质量行星及其大气的属性，检验某些物理学常量从宇宙年幼时到现在是否发生了改变，未来也许可以帮助天文学家找到智慧生命。

3. 运载技术

3 月，美国太空探索 SpaceX 公司在人类太空史上第一次利用“猎鹰”-9 的“二手”火箭，把欧洲卫星公司的 SES-10 通信卫星送至地球同步静止轨道[175]。传统火箭都是一次性使用。回收火箭第一级的目的是研制可重复使用的运载火箭，以降低发射成本。SpaceX 公司此前在回复火箭第一级的行动中，有成功也有失败。此次发射用的“猎鹰”-9 火箭（有 9 个发动机）的第一级是人类从海上成功回收的第一个火箭的第一级。

5 月，印度国防研究与发展组织（DRDO）终端弹道学研究实验室（TBRL）正在研发一种多管多循环吸气式脉冲爆震发动机[176]。脉冲爆震发动机是一种基于爆震燃烧的新概念发动机，直接利用燃烧室内爆震燃烧产生的爆震波来压缩气体，进而产生动力；与传统发动机相比，它具有结构简单、燃烧的热循环效率高、推力大、成本明显降低等优势，显著提高了推进系统的性能。TBRL 已经在单个 PDS 管中完成了 8Hz 的多循环，正在努力缩短发动机的长度。未来新型脉冲爆震发动机可为巡航导弹、反坦克导弹及无人机提供动力，有望用于火箭、空天飞机等领域，是 21 世纪很有潜力的空天动力装置。

6 月，美国 SpaceX 公司在肯尼迪航天中心使用“猎鹰”-9 运载火箭发射了一艘重复使用的“龙”货运飞船，并成功在陆地回收了火箭的第一级[177]。重复使用的火箭和飞船对于降低访问太空的成本和加快发射频率至关重要。此前，仅有美国的航天飞机和苏联 VA 飞船等少数航天器执行过多次轨道飞行任务。该飞船曾于 2014 年往返于国际太空站（ISS），此次飞行更换了新的防热罩与降落伞。发射后火箭第一级很快在着陆场垂直着陆。这是 SpaceX 第五次成功实现陆地火箭回收。7 月，SpaceX 公司成功回收了溅落在太平洋的“龙”货运飞船。至此，该飞船成为首个成功发射并回收的重复使用飞船。SpaceX 公司创造了商业航天工业的历史，向着最终重复使用载人飞船的目标迈出了一大步。

4. 人造地球卫星

1 月，美国联合发射联盟（ULA）在空军卡纳维拉尔角基地利用“宇宙神”-5（401）型运载火箭，成功发射“天基红外系统”第三颗导弹预警卫星（SBIRS GEO-3）[178]。“天基红外系统”由 4 颗地球同步轨道卫星和 2 个大椭圆轨道探测载荷组成，是美国空军下一代导弹预警卫星，将替代早期的“国防支援计划”（DSP）系统。SBIRS 将为美军提供全球范围内的战略和战术弹道导弹预警，对弹道导弹从助推段开始进行可靠稳定的跟踪，并为反导系统提供关键的目标指示。

6 月，全球导航卫星系统技术开发商 Tersus GNSS 公司开发出辅助 GNSS 的惯性导航系统 INS-T-306[179]。INS-T-306 内置了机载传感滤波器、导航算法和校准软件，并把 GPSL1/L2、GLONASS、北斗导航系统（BDS）和一个高效的捷联系统结合起来，无论 GNSS 信号是否有遮挡，都可为安装它的设备提供位置、速度、方向信息。INS-T-306 也支持差分全球定位系统（DGPS）和实时动态测量（RTK）技术，还可集成到激光雷达系统中，为需要高精度的动态应用（如船舶、直升机和其他飞机、无人机和无人地面车辆等）提供导航功能。

7 月，美国空军技术学院（AFIT）和澳大利亚 Locata 公司合作，开发出一套可在由电子战导致的大面积 GPS 受干扰环境下使用的高精度导航系统[180]。这套系统由美国空军第 746 测试中队测试其对抗 GPS 受干扰或电子战的效果。此前 Locata 曾开发出一款商业上可用的网络系统，可在 GPS 或有或无的环境下进行精确定位，在此次合作中，Locata 公司负责提供大面积有 / 无 GPS 环境下的高精准、地形定位、导航和授时（PNT）系统；而 AFIT 具有大型网络调制误差和大气延迟方面的经验，负责对系统进行升级，以适应美国空军的要求。升级后的系统提高了准确性，有望提高美国空军飞机在电子战环境下的作战能力。

10 月，美国 NanoRacks 公司利用 Kaber 微卫星发射器，在国际空间站将 NovaWurks 公司的“超级集成小卫星”（Hyper-Integrated Satlets，HISats）发射出去并成功完成了首次在轨组装[181]。与普通发射器不同，Kaber 可重复使用，能向从国际空间站发射的卫星发布指令并进行控制。而 HISats 代表了一种全新的卫星设计及制造理念，即将大小为 20cm × 20cm × 10cm、重约 7kg 的独立卫星模块，像搭建积木玩具一样组合成一个更大的完整的卫星系统；这些模块共享动力、数据和其他资源，但完成不同的任务；每个模块具备卫星运作的各个功能（包括通信、指向、功率、数据处理以及推进力等），模块功能由软件来确定；如其中一个子系统出现故障，其他子系统也能替补，从而不影响整体的功能。它可在地面或太空组合。这次发射成功展示了空间站在太空的微卫星在轨组装能力。这是通往由宇航员和机器人在轨建造卫星的一个里程碑。

5. 海洋探测与开发

2 月，美国 DARPA 与英国 BAE 公司等机构合作，开发出“深海定位导航系统”（POSYDON）[182]。以往水下平台需要定期浮上水面来接收 GPS 信号，以获得连续、高精度的导航信息。这样很容易暴露水下平台。五角大楼和 BAE 公司正在联合开发下一代海底无人机通信技术，以帮助定位矿藏和敌人的潜艇，以及监视各种与作战任务相关的目标；开发出 POSYDON 是这个项目第一阶段的任务。POSYDON 可综合运用水下声波信号、水面浮标、水下信标或节点以及 GPS 信号，准确快速确定水下平台的位置，并将数据传回水面舰或潜艇的指挥控制系统。这就降低了暴露自身的概率，增加了安全性。下一阶段将开发能捕捉和加工水下声学信号的设备，最后将建造一个完整的定位导航系统的原型产品。

3 月，中国科学院沈阳自动化研究所自主研发的“海翼”号水下滑翔机，在马里亚纳海沟完成了大深度下潜观测任务并安全回收；滑翔机的最大下潜深度为 6329m，打破了水下滑翔机最大下潜深度的世界纪录[183]。水下滑翔机具有低功耗、高静音的特点，可以通过调节自身浮力和姿态，实现在水中滑行并收集水体信息，是现有水下观测手段的补充。利用它可对特定海域进行高精度大范围的水体观测，有效提高海洋环境的空间和时间测量密度。作为新型水下智能观测平台，“海翼”号此次收集了大量高分辨率的深渊区域的水体信息，有助于研究该区域的水文特性。

4 月，中国科学院声学研究所首次制备出水下声学隐身毯样品，并验证了隐身的有效性[184]。近些年以控制声传播路径为手段的新型声学隐身器件得到极大的关注，声学隐身毯包括在其中。由于材料的特殊要求，之前水下声学隐身毯一直停留在理论仿真阶段。研究人员通过在变换声学中引入参数弱化因子，并以牺牲一定阻抗匹配为代价，成功制备出水下声学隐身毯样品。这种隐身毯结构十分简单，工作效率高，成功实现了对目标的声隐藏，为其未来走向实际应用打下了坚实的基础，在水下反探测中具有十分重要的应用前景。

10 月，日本海洋地球科学与技术研究机构（Japan Agency for Marine-Earth Science and Technology）成功开发出水中大容量光通信技术[185]。目前水中无线通信主要采用声学通信技术，传输速度较慢，每秒只有约 10Kb，因此不能实现大容量无线数据的传输。这次开发出的水中光通信设备，在海中水深 700 ～ 800m 的区域，以每秒 20Mb 的传输速度，成功实现了距离 120m 的双向光通信；这种速度可实时传输视频画面。新技术未来有望用于海底探测等水下作业，海底观测仪器与船舶及无人机之间的通信，以及潜水艇通信等军事领域。

10月，以色列本·古里安大学成功开发出以色列首个自主水下潜航器（AUV）“HydroCamel II”[186]。目前远距离操纵的水下机器人利用脐带缆线与主船（host ship）连接，以获得动力和空气资源。HydroCamel II整合了最前沿的技术，具有六自由度的高机动性和几乎垂直下潜的能力，以及完全的自主性。它可以快速配备声呐、摄像机、传感器和样本采集臂等特殊载荷，用于环境监测和海洋研究。以色列已成立BG Robotics公司，来商业化新潜航器。未来新潜航器将供军方、国防和海洋部门使用。

11月，中国“向阳红03”科考船结束了首次大洋科学调查任务[187]。“向阳红03”科考船为中国自主设计与建造，具有国际一流水平的综合观测技术。此次调查是国家海洋局组织的首个海洋环境全要素综合考察，历时130天，航程1.5万余海里，具有作业站位多、空间跨度大、调查时间长、科考装备新等特点。这次航行采用多学科立体观测与实验手段，重点围绕深海生态环境调查和保护、多金属结核勘探合同区资源调查、水文和气象环境调查、公海环境污染状况调查、鸟类和哺乳动物观测等内容，在西太平洋海山及邻近海域、东太平洋中国大洋协会多金属结核勘探合同区以及中东太平洋深海区域开展了三个航段的科学考察，创下了中国多个“首次”：首次在中东太平洋开展多要素大尺度海洋生物多样性和环境调查；首次在西太平洋中部和中东太平洋区域开展海洋放射性调查；首次在西太平洋海山布放综合生态深水锚系潜标；首次在东太平洋中国大洋协会多金属结核勘探合同区开展具有自主知识产权的水下滑翔机的测试和海上试验。这次调查还实现了深海大洋海洋生态环境的组网观测，为立体海洋生态环境监测网络的建设提供了硬件保障；进一步验证了船载技术装备和后勤保障水平。这次考察说明，中国具备开展高难度、大强度、远洋深海科考的能力。

12月，中国“深海勇士”号4500m载人潜水器完成入级检验，获得入级证书并交付用户[188]。“深海勇士”号由中船重工第七〇二研究所牵头、国内94家单位共同参与研制，具备更优的水动力布局、更快的潜浮速度、更长的作业时间、更高的作业效能、更好的系统可靠性，是中国载人深潜谱系化发展的又一力作，继“蛟龙”号之后中国深海装备领域的又一里程碑。“深海勇士”号不仅突破了钛合金载人舱、超高压海水泵、低噪声推进器、液压源、充油锂电池、浮力材料、控制与声学等关键技术，还成功实现了核心关键部件的国产化。在圆满完成设计、检测、调试、总装集成、联调试验、水池试验基础上，“深海勇士”号于8～10月在南海开展了28个潜次的下潜试验（最大下潜深度4534m）。这标志着中国全面具备了自主研发和制造深海载人潜水器的能力，为深海高端装备的中国制造探索了一条切实可行的路径。

6. 先进船舶

6月，韩国三星重工巨济船厂为壳牌建造的全球最大浮式液化天然气装置

（FLNG）Prelude FLNG 正式起航，由三星重工巨济船厂前往距离澳大利亚西海岸线 125km 左右的 Prelude 油气田[189]。Prelude FLNG 的外形像船，但它不是严格意义的船，因此需要动力把它拖到使用目的地。Prelude FLNG 重 25.6 万 t，大小相当于 4 个足球场，满载排水量约 60 万 t（是华盛顿号航空母舰的排水量的 6 倍）。它不用额外建立陆基的液化天然气加工厂，因此不用建设长长的输送天然气的管道。它的建造成本累计超过 125 亿美元，设计可承受 5 级飓风。Prelude FLNG 预计每年可生产 360 万 t 液化天然气、130 万 t 冷凝水和 40 万 t 液化石油气。

9 月，俄罗斯联合造船集团波罗的海造船厂（Baltiysky Zavod）建造的"西伯利亚"（SIBIR）号 LK-60 核动力破冰船船体下水[190]。该核动力破冰船长 173.3m，宽 34m，排水量 3.35 万 t；配备两台功率为 175MW 的 RITM-200 核反应堆（总共提供最大 60MW 的动力），每 7 ～ 10 年更新一次核燃料；预计 2020 年底交付使用，使用寿命 40 年。这艘技术最先进的核动力破冰船建成后，将成为世界上第一艘破冰能力达 3m 的破冰船，以及世界上最大的核动力破冰船之一。"西伯利亚"号的建成将大幅提高俄罗斯核动力舰队的潜力，确保其在北极的领先地位，巩固其海上强国地位。

10 月，中国中船集团建造的世界首艘智能船舶——中船 Idolphin 38 800t 智能散货船起程试航[191]。该船是第一艘按照中国船级社（CCS）智能船舶规范建造并申请 CCS 智能船符号 I-SHIP（NMEI）的船舶，还是全球第一艘申请英国劳氏船级社（LR）智能船符号 CYBER-SAFE、CYBER-PERFORM、CYBER-MAINTAIN 的船舶。它具有世界领先水平的技术性能，以"大数据"为基础，运用实时数据传输和汇集、大容量计算、数字建模、远程控制等先进的信息化技术，实现了船舶智能化的感知、判断分析以及决策和控制，使船舶运营更加安全、环保、经济。它的建造成功，标志着智能船舶、智能航运时代的到来。

10 月，美国海军最先进的"弗吉尼亚"级攻击型核潜艇"南达科他"号在格罗顿市的一家船厂下水并举行了命名仪式[192]。这是第三批"弗吉尼亚"级核动力攻击潜艇中的第 7 艘，采用更难被探测到的轮机舱静音技术，新的大型垂直声呐阵列，以及静音艇体涂层材料等很多新技术。不让敌方发现的静音效果是它优先追求的目标。该系列潜艇此前一直采用主动声呐技术来探测敌方的活动，易于被敌方发现；新潜艇采用新的无源声学传感器，在探测敌方的同时不易被发现。这艘潜艇的研制经验将用于以后潜艇的制造。美国通过研制该系列潜艇，以保持其未来几十年的海底优势。

11 月，中国自主设计制造的 6600kW 绞刀功率的造岛和河海疏浚工程装备"天鲲号"成功下水[193]。"天鲲号"是中国新一代的全球无限航区的重型自航绞吸船，也是亚洲最大、最先进的绞吸挖泥船。它采用全电力驱动、双定位系统，装备了亚洲最强大的挖掘系统（泥泵输送功率为国际上最高的17 000kW），以及国际最先进的自动控制系统。“天鲲号”实现了自动智能挖泥和监控，其最大挖掘深度达到35m，可在一小时内将6000m^{3}的海水、碎石、泥沙混合物运到15km远，适用于沿海及深远海港口航道疏浚及围海造地。它的成功研制，说明中国掌握了重型自航绞吸船的关键技术，标志着中国疏浚装备研发建造能力的进一步升级以及疏浚产业达到世界先进水平。

参考文献

[1] Cole M.NASA Glenn researchers develop electronics for longer Venus surface missions. http://www.spaceflightinsider.com/space-centers/glenn-research-center/nasa-glenn-researchers-develop-electronics-longer-venus-surface-missions/[2017-02-15].

[2] Erlich Y，Zielinski D. DNA Fountain enables a robust and efficient storage architecture. Science 03，2017，355（6328）：950-954. DOI：10.1126/science.aaj2038.

[3] Takahashi D. IBM Research creates a groundbreaking 5-nanometer chip. https://venturebeat.com/2017/06/04/ibm-research-creates-a-groundbreaking-5-nanometer-chip/[2017-06-04].

[4] Massachusetts Institute of Technology. Three-dimensional chip combines computing and data storage：Advance points toward a new generation of energy-efficient electronics for data-intensive applications. “ScienceDaily. www.sciencedaily.com/releases/2017/07/170705133037.htm[2017-07-05].

[5] ETH Zurich. Fast magnetic writing of data. Science Daily. www.sciencedaily.com/releases/2017/09/170907102410.htm[2017-09-07].

[6] 索珊娜·所罗门.英特尔第八代酷睿处理器芯片由海法团队设计. http://cn.timesofisrael.com/%E8%8B%B1%E7%89%B9%E5%B0%94%E7%AC%AC%E5%85%AB%E4%BB%A3%E9%85%B7%E7%9D%BF%E5%A4%84%E7%90%86%E5%99%A8%E8%8A%AF%E7%89%87%E7%94%B1%E6%B5%B7%E6%B3%95%E5%9B%A2%E9%98%9F%E8%AE%BE%E8%AE%A1/[2017-09-26].

[7] Martin N.Air Force develops encryption tech to secure communication devices. http://www.executivegov.com/2017/10/air-force-develops-encryption-tech-to-secure-communication-devices/[2017-10-09].

[8] Microsoft blog editor.Researchers build nanoscale computational circuit boards with DNA. https://www.microsoft.com/en-us/research/blog/researchers-build-nanoscale-computational-circuit-boards-dna/[2017-07-24].

[9] Fan S.Biocomputers made from cells can now handle more complex logic. https://singularityhub.com/2017/08/08/scientists-turn-cells-into-biocomputers-with-new-method/#sm.0000cwzip9pe2ey7pmn2ic1wgyrm3[2017-08-08].

[10] Wang B.IBM simulates 56 qubit quantum computer which is beyond 49 qubit limit. https://www.nextbigfuture.com/2017/10/ibm-simulates-56-qubit-quantum-computer-which-is-beyond-49-qubit-limit.html[2017-10-21].

[11] McCormick School of Engineering, Northwestern University.Making A.I. Systems that see the world as humans do. https://www.mccormick.northwestern.edu/eecs/news/articles/2017/making-ai-systems-see-the-world-as-humans-do.html[2017-01-20].

[12] Galeon D, Houser K. Google's Artificial Intelligence Built an AI That Outperforms Any Made by Humans. https://futurism.com/google-artificial-intelligence-built-ai/[2017-12-01].

[13] Borean D. NEC's video face recognition technology ranks first in NIST testing. https://www.nec.com.au/solutions/media/necs-video-face-recognition-technology-ranks-first-nist-test[2017-05-09].

[14] David. Intel Loihi AI chip can learn 1 million times faster than the current technology. https://optocrypto.com/intel-ai-chip-intel-loihi-1-million-times-faster/[2017-09-26].

[15] Gershgorn D. DeepMind has a bigger plan for its newest Go-playing AI. https://qz.com/1105509/deepminds-new-alphago-zero-artificial-intelligence-is-ready-for-more-than-board-games/[2017-10-19].

[16] Allen G C. Project Maven brings AI to the fight against ISIS. https://thebulletin.org/2017/12/project-maven-brings-ai-to-the-fight-against-isis/[2017-12-21].

[17] 宋茜文.北京航空航天大学与微电子所联合成功制备国内首个 80 纳米 STT-MRAM 器件. http://www.ime.ac.cn/xwzt/kyzt/201705/t20170505_4784108.html[2017-05-05].

[18] cnBeta. 俄罗斯研发"永久光盘"能将数据存储逾 100 万年. https://www.cnbeta.com/articles/tech/665915.htm[2017-10-31].

[19] National University of Singapore.Research team led by NUS scientists breaks new ground in memory technology. https://www.eurekalert.org/pub_releases/2017-10/nuos-rtl102417.php [2017-10-24].

[20] 周铸.地质云 1.0,开启地质工作智能化模式. http://www.mlr.gov.cn/xwdt/jrxw/201711/t20171110_1671600.htm[2017-11-10].

[21] Tung L. Google breaks SHA-1 web crypto for good but Torvalds plays down impact on Git. https://www.zdnet.com/article/google-breaks-sha-1-web-crypto-for-good-but-torvalds-plays-down-impact-on-git/[2017-02-24].

[22] ISP News.TeraHertz Transmitter Delivers 105Gbps Wireless Speeds via Single Channel. https://www.ispreview.co.uk/index.php/2017/02/terahertz-transmitter-delivers-105gbps-wireless-speeds-via-single-channel.html[2017-02-07].

[23] Yang S. Could this strategy bring high-speed communications to the deep sea? http://newscenter.lbl.gov/2017/06/27/high-speed-underwater-communications/[2017-06-27].

[24] Semiconductor Today.Qorvo launches first high-power BAW filter for migration to 5G. http://www.semiconductor-today.com/news_items/2017/jun/qorvo_070617.shtml[2017-06-07].

[25] Madden S K. Johns Hopkins team trials free-space optical communications at sea. https://www.lightwaveonline.com/articles/2017/08/johns-hopkins-team-trials-free-space-optical-communications-at-sea.html[2017-08-28].

[26] Space Newsfeed.NASA laser communication payload undergoing integration and testing. http://www.spacenewsfeed.com/index.php/news/505-nasa-laser-communication-payload-undergoing-integration-and-testing[2017-12-15].

[27] Alleven M. 3GPP declares first 5G NR spec complete. https://www.fiercewireless.com/wireless/3gpp-declares-first-5g-nr-spec-complete[2017-12-20].

[28] 中国科学院．世界首台超越早期经典计算机的光量子计算机在我国诞生．http://www.cas.cn/tt/201705/t20170503_4598998.shtml[2017-05-03].

[29] Black D. Russian researchers claim first quantum-safe blockchain. https://www.hpcwire.com/2017/05/25/russian-researchers-claim-first-quantum-safe-blockchain/[2017-05-25].

[30] Ji L J，Gao J G，Jin X M，et al. Towards quantum communications in free-space seawater.Optics Express，2017，25（17）：19795-19806.

[31] 吴月辉．“墨子号”，抢占量子科技创新制高点．http://scitech.people.com.cn/n1/2017/0810/c1007-29461008.html[2017-08-10].

[32] Trader T. Intel delivers 17-qubit quantum chip to European research partner. https://www.enterprisetech.com/2017/10/11/intel-delivers-17-qubit-quantum-chip-european-research-partner/[2017-10-11].

[33] World Industrial Reporter. NTT helps Japan enter the global quantum computing race. https://worldindustrialreporter.com/ntt-helps-japan-enter-the-global-quantum-computing-race/[2017-11-21].

[34] Reuell P. Researchers create quantum calculator. https://news.harvard.edu/gazette/story/2017/11/researchers-create-new-type-of-quantum-computer/[2017-11-30].

[35] Oberhaus D. Physicists made an unprecedented 53 qubit quantum Simulator. https://motherboard.vice.com/en_us/article/7xwz7b/53-qubit-quantum-simulator-computer[2017-11-30].

[36] Universität Konstanz.Stable quantum bits. https://www.uni-konstanz.de/en/university/news-and-media/current-announcements/news/news-in-detail/stabile-quantenbits/[2017-12-07].

[37] Carlos N. Scientists create first organism with expanded genetic code. https://www.natureworldnews.com/articles/35188/20170124/scientists-create-first-organism-expanded-genetic-code.htm[2017-01-24].

[38] Kreeger K. First cell culture of live adult human neurons shows potential of brain cell types. https://www.pennmedicine.org/news/news-releases/2017/january/first-cell-culture-of-live-adult-human-

neurons-shows-potential-of-brain-cell-types[2017-01-17].

[39] Huaxia. Chinese scientists create 4 synthetic yeast chromosomes. http://www.xinhuanet.com/english/2017-03/10/c_136118931.htm[2017-03-10].

[40] Alexander B. Biological teleporter could seed life through galaxy. https://www.technologyreview.com/s/608388/biological-teleporter-could-seed-life-through-galaxy/[2017-08-02].

[41] Reuell P.Technique has potential to help reverse the most common type of disease-associated mutations. https://news.harvard.edu/gazette/story/2017/10/a-step-forward-in-dna-base-editing/[2017-10-25].

[42] Connor S. The cell atlas：Biology's next mega-project will find out what we're really made of. https://www.technologyreview.com/s/603499/10-breakthrough-technologies-2017-the-cell-atlas/[2018-07-06].

[43] Chin S Y，Poh Y C，Sia S K，et al. Additive manufacturing of hydrogel-based materials for next-generation implantable medical devices. Science Robotics，2017，2(2)：eaah6451. DOI：10.1126/scirobotics.aah6451.

[44] Kaiser J. Personalized tumor vaccines keep cancer in check. http://www.sciencemag.org/news/2017/04/personalized-tumor-vaccines-keep-cancer-check[2017-04-12].

[45] American Association for the Advancement of Science.Smartphone-controlled cells help keep diabetes in check. https://www.sciencedaily.com/releases/2017/04/170426142019.htm[2017-04-26].

[46] FDA.FDA approves first cancer treatment for any solid tumor with a specific genetic feature. https://www.fda.gov/NewsEvents/Newsroom/PressAnnouncements/ucm560167.htm[2017-05-23].

[47] KTH，Royal Institute of Technology.New pathology atlas maps genes in cancer to accelerate progress in personalized medicine. https://www.sciencedaily.com/releases/2017/08/170817141728.htm[2017-08-17].

[48] Miromatrix Medical Inc. Miromatrix presents progress on engineering a transplantable liver at the Liver Meeting® in Washington D C. http://www.miromatrix.com/newsroom/2017/10/20/miromatrix-presents-progress-on-engineering-a-transplantable-liver-at-the-liver-meeting-in-washington-dc[2017-10-20].

[49] Trust W. "Mini liver tumors" created in a dish for the first time. https://medicalxpress.com/news/2017-11-mini-liver-tumors-dish.html[2017-11-13].

[50] Stanton D. A new frontier：US FDA approves Novartis' $475 000 CAR-T cell cancer therapy. https://www.biopharma-reporter.com/Article/2017/08/31/US-FDA-approves-Novartis-475-000-CAR-T-cell-cancer-therapy[2017-08-30].

[51] Mukherjee S Y. The FDA just approved a second revolutionary gene therapy. A third is probably on

the way. http://fortune.com/2017/10/19/fda-gilead-yescarta-cancer-gene-therapy/[2017-10-19].

[52] Sanofi.Sanofi and NIH researchers develop “three-in-one” antibodies as a potential breakthrough intervention for HIV/AIDS. http://www.news.sanofi.us/2017-09-20-Sanofi-and-NIH-researchers-develop-three-in-one-antibodies-as-a-potential-breakthrough-intervention-for-HIV-AIDS[2017-09-20].

[53] 董子畅 . 中国首个重组埃博拉病毒病疫苗获得新药注册批准 . http://www.chinanews.com/gn/2017/10-20/8356888.shtml[2017-10-20].

[54] FDA.FDA approves pill with sensor that digitally tracks if patients have ingested their medication. https://www.fda.gov/NewsEvents/Newsroom/PressAnnouncements/ucm584933.htm[2017-11-13].

[55] Gootenberg J S，Abudayyeh O O，Lee J W，et al. Nucleic acid detection with CRISPR-Cas13a/C2c2.Science，2017，356（6336）：438-442. DOI：10.1126/science.aam9321.

[56] Colorado State University. Researchers advance low-cost，low-tech Zika virus surveillance tool. https://www.sciencedaily.com/releases/2017/05/170503151913.htm[2017-05-03].

[57] University of North Carolina Health Care.Stem cell therapy for lung fibrosis conditions. https://www.sciencedaily.com/releases/2017/08/170803091928.htm[2017-08-03].

[58] The Lancet.Long-acting antiretroviral injection safe and as effective as daily oral medication for HIV. https://www.sciencedaily.com/releases/2017/07/170724090832.htm[2017-07-24].

[59] Ohio State University Wexner Medical Center.Breakthrough device heals organs with a single touch. https://medicalxpress.com/news/2017-08-breakthrough-device.html[2017-08-07].

[60] Ledford H. CRISPR fixes disease gene in viable human embryos. https://www.nature.com/news/crispr-fixes-disease-gene-in-viable-human-embryos-1.22382?WT.ec_id=NATURE-20170803&spMailingID=54624039&spUserID=MTI0NzgyNDMwMjAyS0&spJobID=1220321744&spReportId=MTIyMDMyMTc0NAS2[2017-08-02].

[61] Kaiser J. Gene therapy’s new hope：A neuron-targeting virus is saving infant lives. http://www.sciencemag.org/news/2017/11/gene-therapy-s-new-hope-neuron-targeting-virus-saving-infant-lives[2017-11-01].

[62] Chen A.Scientists save child’s life by growing him new skin. https://www.theverge.com/2017/11/8/16623002/genetic-engineering-gene-therapy-regenerative-medicine-skin-junctional-epidermolysis-bullosa[2017-11-08].

[63] Imperial College London.Prosthetic arm technology detects spinal nerve signals. https://www.sciencedaily.com/releases/2017/02/170206111903.htm[2017-02-06].

[64] University of Bern.Researchers develop high-precision surgical robot for cochlear implantation. https://www.ecnmag.com/news/2017/03/researchers-develop-high-precision-surgical-robot-cochlear-implantation[2017-03-16].

［65］Zong W J，Wu R L，Li M L，et al. Fast high-resolution miniature two-photon microscopy for brain imaging in freely behaving mice.Nature Methods，2017（14）：713-719.

［66］Radowitz J V. Light-driven spinning molecules could be used as cancer killers. https://www.mirror.co.uk/science/light-driven-molecules-could-become-11083127［2017-08-30］.

［67］Loeb S. Prellis Biologics raises $1.8M to 3D print human organs. http://vator.tv/news/2017-09-13-prellis-biologics-raises-18m-to-3d-print-human-organs［2017-09-13］.

［68］李夏君．日媒：日本研发超级微型胶囊 药效或可放大 100 倍．http://www.chinanews.com/gj/2017/10-30/8363464.shtml［2017-10-30］.

［69］Lawrence Livermore National Laboratory. “Brain-on-a-chip” to test effects of biological and chemical agents，develop countermeasures. https://www.sciencedaily.com/releases/2017/12/171218092556.htm［2017-12-18］.

［70］Kats M A. Near-perfect broadband absorption from hyperbolic metamaterial nanoparticles. http://www.pnas.org/content/114/6/1264［2017-02-07］.

［71］Tess.Deakin researchers to unveil world’s first 3D printed BNNT-Titanium composite. http://www.3ders.org/articles/20170302-deakin-researchers-to-unveil-worlds-first-3d-printed-bnnt-titanium-composite.html［2017-03-02］.

［72］Williams M. “Fuzzy” fibers can take rockets’ heat. http://news.rice.edu/2017/03/30/fuzzy-fibers-can-take-rockets-heat-2/［2017-03-30］.

［73］Saarland University. Physicists develop ultrathin superconducting film. https://www.eurekalert.org/pub_releases/2017-04/su-pdu040617.php［2017-04-06］.

［74］Milberg E. NASA conducts game-changing test of carbon nanotubes. http://compositesmanufacturingmagazine.com/2017/05/nasa-conducts-game-changing-test-carbon-nanotubes/［2017-05-30］.

［75］Australian National University. ANU invention may help to protect astronauts from radiation in space. https://www.eurekalert.org/pub_releases/2017-07/anu-aim070217.php［2017-7-3］.

［76］Stony Brook University.Scientists use machine learning to reveal chemical reactions in real time. http://www.labmanager.com/news/2017/10/scientists-use-machine-learning-to-reveal-chemical-reactions-in-real-time#.W3CwuVPOmtA［2017-10-13］.

［77］Qin Z，Jung G S，Kang M J，et al. The mechanics and design of a lightweight three-dimensional graphene assembly. http://advances.sciencemag.org/content/3/1/e1601536.full［2017-01-06］.

［78］AZoM.New ultrastrong，lightweight carbon is elastic and electrically conductive. https://www.azom.com/news.aspx?newsID=47792［2017-06-12］.

［79］Irving M. Making graphene out of wood for degradable electronics. https://newatlas.com/laser-wood-graphene/50705/［2017-08-01］.

［80］ Mertens R.First graphene ISO standard published. https://www.graphene-info.com/first-graphene-iso-standard-published［2017-10-16］.

［81］ Columbia University School of Engineering and Applied Science. Columbia engineers create artificial graphene in a nanofabricated semiconductor structure. https://eurekalert.org/pub_releases/2017-12/cuso-cec121217.php［2017-12-12］.

［82］ Sputnik. Russian scientists obtain unique material to make combat vehicles invisible. https://sputniknews.com/russia/201701101049439289-russia-metamaterial-stealth/［2017-1-10］.

［83］ Chandler D L. Conquering metal fatigue. http://news.mit.edu/2017/metal-fatigue-laminated-nanostructure-resistance-fracturing-0309［2017-03-09］.

［84］ Nature.Ultrastrong steel via minimal lattice misfit and high-density nanoprecipitation. https://www.nature.com/articles/nature22032［2017-04-10］.

［85］ 科技部．俄罗斯研发出热电转换新材料．http://www.most.gov.cn/gnwkjdt/201707/t20170703_133886.htm［2017-07-03］.

［86］ Utah State University.Ultra-light aluminum：Chemist reports breakthrough in material design. https://www.sciencedaily.com/releases/2017/09/170922090942.htm［2017-09-22］.

［87］ University of Bayreuth.A revolutionary atom-thin semiconductor for electronics. https://www.ecnmag.com/news/2017/02/revolutionary-atom-thin-semiconductor-electronics［2017-02-24］.

［88］ News Staff.Supersolid：Physicists create new state of matter. http://www.sci-news.com/physics/supersolid-state-matter-04671.html［2017-03-04］.

［89］ University of Utah.A new spin on electronics. https://www.eurekalert.org/pub_releases/2017-05/uou-ans052517.php［2017-05-29］.

［90］ Knight H. Light-Emitting Diode and Photodetector for Silicon CMOS Chips. https://scitechdaily.com/light-emitting-diode-and-photodetector-for-silicon-cmos-chips/［2017-10-23］.

［91］ 房琳琳．量子点有助太阳能电池更便宜．http://digitalpaper.stdaily.com/http_www.kjrb.com/kjrb/html/2017-10/31/content_380755.htm?div=-1［2017-10-31］.

［92］ Pothecary S. Sunflare unveils sticky，flexible solar panels at CES 2017. https://www.pv-magazine.com/2017/01/05/sunflare-unveils-sticky-flexible-solar-panels-at-ces-2017/［2017-01-05］.

［93］ Zhang C，Sun C G，Hu B C，et al. Synthesis and characterization of the pentazolate anion cyclo-$N5^-$ in（N_5）6（H_3O）3（NH_4）4Cl.Science，2017，355（6323）：374-376. DOI：10.1126/science.aah3840.

［94］ Lawrence Berkeley National Laboratory.New materials could turn water into the fuel of the future. https://www.laboratoryequipment.com/news/2017/03/new-materials-could-turn-water-fuel-future［2017-03-07］.

[95] University of Cambridge.Non-toxic alternative for next-generation solar cells. https://techxplore.com/news/2017-07-non-toxic-alternative-next-generation-solar-cells.html[2017-07-18].

[96] Mills A. From greenhouse gas to 3-D surface-microporous graphene. http://www.mtu.edu/news/stories/2017/august/greenhouse-gas-3-d-surface-microporous-graphene.html[2017-08-02].

[97] Chao J. New studies on disordered cathodes may provide much-needed jolt to lithium batteries. http://newscenter.lbl.gov/2017/10/30/new-studies-disordered-cathodes-may-provide-much-needed-jolt-lithium-batteries/[2017-10-30].

[98] National Institute for Materials Science.Nerve wrapping nanofiber mesh promoting regeneration. https://phys.org/news/2017-02-nerve-nanofiber-mesh-regeneration.html[2017-02-28].

[99] IANS.Mini human heart from rat may revolutionise transplants. https://www.business-standard.com/article/news-ians/mini-human-heart-from-rat-may-revolutionise-transplants-117071300971_1.html[2017-07-13].

[100] Paul M. "Origami organs" can potentially regenerate tissues. https://news.northwestern.edu/stories/2017/august/origami-organs-can-potentially-regenerate-tissues/[2017-08-07].

[101] 日本产经新闻．日本利用 iPS 细胞将量产血小板．http://news.bioon.com/article/6710784.html[2017-09-29].

[102] AAP.Injectable，stretchy glue that heals wounds in 60 seconds could save lives. https://www.news.com.au/technology/science/human-body/injectable-stretchy-glue-that-heals-wounds-in-60-seconds-could-save-lives/news-story/f00161d15e7ae014d01380e5dba40ffc[2017-10-05].

[103] Zakharchenko A，Guz N，Laradji A M，et al. Magnetic field remotely controlled selective biocatalysis.Nature Catalysis，2018，1：73-81.

[104] Sharma U，Concagh D，Core L，et al. The development of bioresorbable composite polymeric implants with high mechanical strength.Nature Materials，2018，17：96-103.

[105] Haerbinshirenminzheng.Domestic T800 carbon fiber break the blockade cost. http://www.chinesemicronews.cc/a/114420.html[2017-01-17].

[106] 董姗姗，丁宏．俄罗斯开发出可对抗高精度武器的变色材料．http://www.dsti.net/Information/News/103443[2017-02-27].

[107] 科技部．瑞士应用 3D 打印技术开发新型声阻尼材料．http://www.most.gov.cn/gnwkjdt/201705/t20170512_132749.htm[2017-05-12].

[108] O'Neal B B. Russia：Scientists create new polymers for 3D printing with robotics & more. https://3dprint.com/172869/russia-new-polymers-3d-printing/[2017-05-01].

[109] University of Liverpool.Scientists develop computer-guided strategy to accelerate materials discovery. https://news.liverpool.ac.uk/2017/06/08/scientists-develop-algorithm-to-accelerate-new-

materials-discovery/[2017-06-08].

[110] University of Manchester.Chances of hypersonic travel heat up with new materials discovery. http://www.scienceandtechnologyresearchnews.com/chances-hypersonic-travel-heat-new-materials-discovery/[2017-07-06].

[111] Space. In Russia，the military created a “invisibility cloak”. http://earth-chronicles.com/science/in-russia-the-military-created-a-invisibility-cloak.html[2017-08-24].

[112] Zhang J Y，Wang R，Zhu X，et al. Pseudo-topotactic conversion of carbon nanotubes to T-carbon nanowires under picosecond laser irradiation in methanol.Nature Communications，2017，8：683.

[113] Rocketcrafters. U S patent awarded to design and 3D print rocket fuel for safe，affordable，high-performance rocket engines. https://www.prnewswire.com/news-releases/us-patent-awarded-to-design-and-3d-print-rocket-fuel-for-safe-affordable-high-performance-rocket-engines-300388024.html[2017-01-04].

[114] Oxfordpm Com. OPM awarded Boeing contract to supply OXFAB® parts for the CST-100 Starliner. http://oxfordpm.com/news-events/opm-press-releases?id=339733/opm-awarded-boeing-contract-to-supply-oxfab-parts-for-the-cst-100-starliner[2017-01-05].

[115] Matthews M J，Guss G，Drachenberg D R，et al. Diode-based additive manufacturing of metals using an optically-addressable light valve. Optics Express，2017，25（10）：11788-11800.

[116] 科技部．瑞士 4D 打印技术研发取得进展．http://www.most.gov.cn/gnwkjdt/201706/t20170615_133561.htm[2017-07-15].

[117] Martin J H，Yahata B D，Hundley J M，et al. 3D printing of high-strength aluminium alloys. Nature，2017，549（7672）：365.

[118] Seffers G I. I spy with my cyborg dragonfly. https://www.afcea.org/content/?q=Article-i-spy-my-cyborg-dragonfly[2017-05-01].

[119] Groenhuis V，Siepel F J，Veltman J，et al. Stormram 4：An MR safe robotic system for breast biopsy. Annals of Biomedical Engineering，2018，46（10）：1686-1696.

[120] Vrscout Com.This robot disarms bombs through virtual reality. https://vrscout.com/news/taurus-bomb-robot-virtual-reality[2017-09-13].

[121] Mathews N，Christensen A L，O’Grady R，et al. Mergeable nervous systems for robots. Nature Communications，2017，8（1）：439.

[122] Thubagere A J，Li W，Johnson R F，et al. A cargo-sorting DNA robot. Science，2017，357（6356）：eaan6558.

[123] Berkeley News.New robots can see into their future. http://news.berkeley.edu/2017/12/04/robots-see-into-their-future[2017-12-04].

[124] Apg News. ECBC works to weave chemical agent protection into army uniform. http://apgnews.com/inside-the-innovation/chem-bio/ecbc-works-weave-chemical-agent-protection-army-uniform[2017-01-26].

[125] Manfrinato V R，Stein A，Zhang L，et al. Aberration-corrected electron beam lithography at the one nanometer length scale. Nano letters，2017，17（8）：4562-4567.

[126] Wang Y，Fedin I，Zhang H，et al. Direct optical lithography of functional inorganic nanomaterials. Science，2017，357（6349）：385-388.

[127] Brookhaven National Lab. Making glass invisible：A nanoscience-based disappearing. https://www.bnl.gov/newsroom/news.php?a=112569[2017-10-31].

[128] Express UK. HMS Audacious：UK's nuclear submarine capable of striking targets 745 MILES away. https://www.express.co.uk/news/uk/797775/HMS-Audacious-Royal-Navy-nuclear-submarine-first-trip-water[2017-04-28].

[129] Fibre2Fashion Com. Russia's protective fabric against biochemical weapons. https://www.fibre2fashion.com/news/textile-news/russia-s-protective-fabric-against-bio-chemical-weapon-205911-newsdetails.htm[2017-05-21].

[130] Composites World. Revolutionary fuselage concept unveiled by MTorres. http://www.compositesworld.com/news/revolutionary-fuselage-concept-unveiled-by-mtorres[2017-05-06].

[131] 参考消息 . 俄媒：俄潜艇采用水压发射器 将静悄悄发射鱼雷 http://www.cankaoxiaoxi.com/mil/20170709/2176370.shtml[2017-07-09].

[132] Lockheed Martin. Lockheed Martin unveils next generation missile defense sensor technology. https://news.lockheedmartin.com/2017-08-07-Lockheed-Martin-Unveils-Next-Generation-Missile-Defense-Sensor-Technology[2017-08-07].

[133] Navaltoday Com. US Navy might replace Kevlar with eel slime. https://navaltoday.com/2017/01/25/us-navy-might-replace-kevlar-with-eel-slime/[2017-01-25].

[134] Boyer M. Philip Ross Molds fast-growing fungi into mushroom building bricks that are stronger than concrete. https://inhabitat.com/phillip-ross-molds-fast-growing-fungi-into-mushroom-building-bricks-that-are-stronger-than-concrete/[2017-06-25].

[135] Davies S. Nanomaterials help spiders spin the toughest stuff. http://ioppublishing.org/nanomaterials-help-spiders-spin-the-toughest-stuff/[2017-08-15].

[136] Zmescience. Cyborg bacteria equipped with tiny solar panels outperform photosynthesis. https://www.zmescience.com/ecology/bacteria-photosynthesis-09432[2017-08-24].

[137] Chabalko M J，Shahmohammadi M，Sample A P. Quasistatic cavity resonance for ubiquitous wireless power transfer. PloS one，2017，12（2）：e0169045.

[138] Lin L，Zhou W，Gao R，et al. Low-temperature hydrogen production from water and methanol using Pt/ α -MoC catalysts. Nature，2017，544（7648）：80.

[139] 中国地质调查局 . 历史性突破！南海可燃冰试采成功 . http://www.cgs.gov.cn/xwl/ddyw/201705/t20170518_429904.html[2017-05-18].

[140] Kim S H，Haines C S，Li N，et al. Harvesting electrical energy from carbon nanotube yarn twist. Science，2017，357（6353）：773-778.

[141] Science News.New bar set for water-splitting，CO2-splitting techniques. https://www.sciencedaily.com/releases/2017/08/170830141302.htm[2017-08-30].

[142] Science News.Catalyzing carbon dioxide System can transform CO2 into CO for use in industry. https://www.sciencedaily.com/releases/2017/12/171205155418.htm[2017-12-05].

[143] Bae K L，Kim J，Lim C K，et al. Colloidal zinc oxide-copper（I）oxide nanocatalysts for selective aqueous photocatalytic carbon dioxide conversion into methane. Nature communications，2017，8（1）：1156.

[144] 中国科学院大连化学物理研究院 . 全球首套煤基乙醇工业示范项目投产成功 . http://www.dicp.cas.cn/xwzx/kjdt/201703/t20170317_4760162.html[2017-03-17].

[145] Panda B，Paul S C，Hui L J，et al. Additive manufacturing of geopolymer for sustainable built environment. Journal of Cleaner Production，2017，167：281-288.

[146] 光明日报 . 我国在国际上首次提出新核能系统 . http://epaper.gmw.cn/gmrb/html/2017-06/10/nw.D110000gmrb_20170610_8-06.htm?div=-1[2017-06-10].

[147] 新华社 . 我国“人造太阳”装置创造世界新纪录 . http://home.xinhua-news.com/rss/newsdetail/fec14fe6338f3d62a88587df2a24f820/1499235382358[2017-07-05].

[148] Alexandru Mic. Functional hydrogen-boron fusion could be here“within the next decade”，powered by huge lasers. https://www.zmescience.com/science/hydrogen-boron-laser-fusion-15122017/[2017-12-15].

[149] Burrows L. New，long-lasting flow battery could run for more than a decade with minimum upkeep. https://www.eurekalert.org/pub_releases/2017-02/hjap-nlf020917.php[2017-02-09].

[150] Energy Live News. Nanotechnology professor says solar efficiency could double. https://www.energylivenews.com/2017/03/27/nanotechnology-professor-says-solar-efficiency-could-double/[2017-04-07].

[151] Purdueedu.“Instantly rechargeable”battery could change the future of electric and hybrid automobiles. https://www.purdue.edu/newsroom/releases/2017/Q2/instantly-rechargeable-battery-could-change-the-future-of-electric-and-hybrid-automobiles.html[2017-06-01].

[152] Kever J. Inexpensive organic material gives safe batteries a longer life. http://www.uh.edu/news-

events/stories/2017/June/06192017Yao-Quinone-Electrode-Battery.php[2017-06-19].

[153] Labios L. Electrolytes made from liquefied gas enable batteries to run at ultra-low temperatures. http://jacobsschool.ucsd.edu/news/news_releases/release.sfe?id=2235[2017-06-15].

[154] Sciences.Cheap catalysts turn sunlight and carbon dioxide into fuel. http://www.sciencemag.org/news/2017/06/cheap-catalysts-turn-sunlight-and-carbon-dioxide-fuel[2017-06-06].

[155] Leuven K U. New technology generates power from polluted air. https://www.sciencedaily.com/releases/2017/05/170508083219.htm[2017-05-08].

[156] Service R F. This new solar-powered device can pull water straight from the desert air. http://www.sciencemag.org/news/2017/04/new-solar-powered-device-can-pull-water-straight-desert-air[2017-04-13].

[157] Defense World Net. DARPA's field deployable system for destruction of chemical warfare agents. http://www.defenseworld.net/news/19049/DARPA_s_Field_Deployable_System_For_Destruction_Of_Chemical_Warfare_Agents#.W4KkWPn72yw[2017-04-17].

[158] Zhou L L. A facile and systematic approach to remove anthracenemethanol from soil. http://english.hf.cas.cn/new/news/rn/201707/t20170720_180728.html[2017-07-20].

[159] Williams M. Heavy metals in water meet their match. http://news.rice.edu/2017/07/27/heavy-metals-in-water-meet-their-match/[2017-07-27].

[160] Edith Cowan University.Small technology promises to clean huge volumes of wastewater. https://www.wateronline.com/doc/small-technology-promises-to-clean-huge-volumes-of-wastewater-0001[2017-08-16].

[161] University of Surrey. Transforming greenhouse gases：New "supercatalyst" to recycle carbon dioxide and methane. https://www.sciencedaily.com/releases/2017/11/171117085156.htm[2017-11-17].

[162] 澎湃新闻．除了核电，民用核技术还有哪些？电子束处理工业废水已产业化．https://www.thepaper.cn/newsDetail_forward_1873860[2017-11-21].

[163] DOE/Idaho National Laboratory.New technique could make captured carbon more valuable. https://www.sciencedaily.com/releases/2017/12/171215094446.htm[2017-12-15].

[164] Rees M. New UAS technology provides vision for GPS-denied navigation. http://www.unmannedsystemstechnology.com/2017/08/new-uas-technology-provides-vision-gps-denied-navigation/[2017-08-07].

[165] Lockheed Martin Corporation.U S Air Force，Lockheed Martin Demonstrate Manned/unmanned Teaming. https://news.lockheedmartin.com/2017-04-10-U-S-Air-Force-Lockheed-Martin-Demonstrate-Manned-Unmanned-Teaming[2017-04-10].

[166] Sharwood S. Robot lands a 737 by hand，on a dare from DARPA. https://www.theregister.co.uk/2017/05/17/robot_lands_a_737_iby_handi_on_a_dare_from_darpa/[2017-05-17].
[167] UAS Weekly.BAE systems successfully completed first phase of magma UAS flight trials. http://uasweekly.com/2017/12/13/bae-systems-successfully-completed-first-phase-magma-uas-flight-trials/[2017-12-13].
[168] Gebhardt C. Air Force's X-37B lands at KSC's Shuttle Landing Facility. https://www.nasaspaceflight.com/2017/05/air-forces-x-37b-landing-kscs-slf/[2017-05-07].
[169] JPL.NASA's Juno probes the depths of Jupiter's Great Red Spot. https://www.jpl.nasa.gov/news/news.php?release=2017-316[2017-12-11].
[170] 董瑞丰，齐健 ．“中国天眼”发现脉冲星 实现我国该领域“零的突破”．http://www.xinhuanet.com/politics/2017-10/10/c_1121780112.htm[2017-10-10].
[171] JPL.NASA's Cassini spacecraft ends its historic exploration of Saturn. https://saturn.jpl.nasa.gov/news/3121/nasas-cassini-spacecraft-ends-its-historic-exploration-of-saturn/[2017-09-15].
[172] Malik T. Sierra Nevada's Dream Chaser space plane aces free-flight drop Test. https://www.space.com/38756-dream-chaser-space-plane-free-flight-test.html[2017-11-12].
[173] Xinhua.Chinese satellite detects mysterious signals in search for dark matter. http://www.globaltimes.cn/content/1077935.shtml[2017-11-30].
[174] ESO.First light for ESPRESSO-the next generation planet hunter. http://www.spacenewsfeed.com/index.php/news/451-first-light-for-espresso-the-next-generation-planet-hunter[2017-12-06].
[175] Graham W. SpaceX conducts historic Falcon 9 re-flight with SES-10 - Lands booster again. https://www.nasaspaceflight.com/2017/03/spacex-historic-falcon-9-re-flight-ses-10/[2017-03-30].
[176] Our Bureau.India develops pulse detonation engine for cruise，anti-tank missiles. http://www.defenseworld.net/news/19350/India_Develops_Pulse_Detonation_Engine_For_Cruise__Anti_Tank_Missiles#.W3IPTlPOmtA[2017-05-20].
[177] Wattles J. SpaceX nails another historic launch by sending used spacecraft to orbit. https://money.cnn.com/2017/06/03/technology/future/spacex-launch-dragon-reuse-crs-11-launch/index.html[2017-06-03].
[178] Jelen B. ULA launches SBIRS GEO-3 to orbit. http://wereportspace.com/2017/01/22/ula-launches-sbirs-geo-3-to-orbit/[2017-01-22].
[179] GPS World Staff.Tersus GNSS releases inertial navigation system. http://gpsworld.com/tersus-gnss-releases-inertial-navigation-system/[2017-06-05].
[180] Howard C E. Locata and Air Force develop advanced navigation system impervious to GPS jamming，electronic warfare. https://www.intelligent-aerospace.com/articles/2017/07/locata-and-

air-force-develop-advanced-navigation-system-impervious-to-gps-jamming-electronic-warfare.html[2017-07-28].

[181] NanoRacks.NanoRacks deploys second Kaber-class microsatellite this week, first on-orbit assembly. http://nanoracks.com/second-kaber-microsatellite-deployed/[2017-10-27].

[182] DSIAC.POSYDON：DARPA working to develop robust undersea navigation system. https://www.dsiac.org/resources/news/posydon-darpa-working-develop-robust-undersea-navigation-system[2017-03-13].

[183] 赵永新 . 海翼”号深海滑翔机破下潜深度世界纪录 . http://scitech.people.com.cn/n1/2017/0321/c1007-29157363.html[2017-03-20].

[184] CAS.First underwater carpet cloak realized, with metamaterial. http://english.cas.cn/newsroom/news/201705/t20170503_176610.shtml[2017-05-05].

[185] 华义 . 日本开发出水中大容量光通信技术 . http://www.xinhuanet.com/world/2017-10/31/c_1121883777.htm[2017-10-31].

[186] Coxworth B. Israel's first AUV could make a splash. https://newatlas.com/hydrocamel-ii-uav/51841/[2017-10-21].

[187] 刘诗瑶 . 向阳红 03 凯旋 创多个科考“首次”. http://paper.people.com.cn/rmrb/html/2017-11/19/nw.D110000renmrb_20171119_6-01.htm[2017-11-19].

[188] 澎湃新闻 . 国产化率 95%！中船重工深海勇士号载人潜水器交付 . https://military.china.com/news/568/20171202/31751753.html[2017-12-02].

[189] Subsea World News. Shell's prelude vessel reaches its destination. https://subseaworldnews.com/2017/07/25/shells-prelude-vessel-reaches-its-destination/[2017-06-29].

[190] Port News. Baltiysky Zavod launches SIBIR, first serial nuclear-powered icebreaker of Project 22220 (photo). http://www.en.portnews.ru/news/246043/[2017-09-22].

[191] 中国船舶工业集团公司 . 中船集团建造全球首艘智能船起程试航 . http://www.sastind.gov.cn/n137/n13098/c6797742/content.html[2017-11-02].

[192] Lurye R. USS South Dakota, Navy's newest attack submarine, Christened In Groton. http://www.ct.gov/oma/cwp/view.asp?q=597012[2017-10-15].

[193] 倪伟 . 亚洲最强“造岛神器”天鲲号下水 . http://www.xinhuanet.com/world/2017-11/05/c_129733017.htm[2017-11-05].

Overview of High Technology Development in 2017

Zhang Jiuchun, *Ren Zhipeng*, *Fan Yonggang*
(Institutes of Science and Development, Chinese Academy of Sciences)

In 2017, the economic growth rate of major developed economies generally increased, while emerging markets and developing economies recovered steadily. The global economic growth rate reached 3.0%, which is the highest level since 2011. Major countries continued to strengthen their investment in innovation in fields of information technology, life and health, advanced manufacturing, advanced materials, energy resources, etc. Taking the "America first" strategy, the Trump administration focused heavily on strategic high technology and disruptive technologies such as cloud computing, big data, artificial intelligence, quantum computing, virtual reality and machine learning, as well as energy technologies such as nuclear power, offshore oil and clean coal. The European Union released Beyond the Horizon: Foresight in Support of Future EU Research and Innovation Policy, exploring possible new themes, approaches and priority areas of science and technology innovation, which lay the foundation for the development of the next phase of the research and development framework plan. To meet the challenge of Brexit, the UK actively promoted reform of scientific research and innovation system, and issued reports on digitization strategy, 5G strategy, clean growth strategy, national defense technology strategy, machine learning and artificial intelligence. Japan launched the Comprehensive Innovation Strategy 2017, and continued to push forward the construction of "Society 5.0". The 19th CPC National Congress stressed that innovation is the first driving force for development and the strategic support for building a modernized economic system. It was made clear that China will thoroughly implement the innovation driven development strategy, accelerate the building of an innovative country and a major science and technology power, and provide strong support to build a strong modern socialist country.

The 2018 High Technology Development Report summarizes and presents the major achievements and progress of high technologies in both China and the world in 2017 from the following 6 parts.

Information and communication technologies (ICT). Several major breakthroughs had been achieved in ICT sector. In the field of integrated circuit, many technologies have made breakthroughs, such as silicon carbide (SiC) semiconductor integrated circuits, large-capacity information storage, 5-nanometer chip, fast magnetic data storage, and low energy mini crypto chips, etc. In the field of high performance computing, "DNA domino" circuits and RNA biocomputers have been developed. The great progress in artificial intelligence attracted a lot of attentions, such as the new computational model based on understand sketches, AutoML artificial intelligence, face recognition technology, artificial neural network chip and AlphaGo Zero. In the field of cloud computing and big data, first 80nm STT-MRAM in China, stable optical storage technology, novel organic film memory device was impressive. In the field of network and communications, scientists have successfully cracked SHA-1, and TeraHertz (THz) transmitter, the smallest bulk acoustic wave (BAW) filter, NASA's laser communications relay demonstration, 5G New Radio (NR) specification had made concrete progresses. In the field of quantum computing and communication, China has made a great breakthrough in optical quantum computer, quantum entanglement distribution, quantum key distribution and quantum teleportation. And it is the first time to confirm the feasibility of a seawater quantum channel. Other achievements such as quantum-safe blockchain, quantum computer, quantum chips, quantum neural network prototype were particularly prominent.

Health care and biotech. Significant progress had been made in the field of health care and biotech field in 2017. In the field of synthetic life, semisynthetic organism, adult human neurons, synthetic saccharomyces cerevisiae chromosomes, digital-to-biological converter, DNA base editor have made the breakthrough and the Human Cell Atlas has been launched. In the field of personalized therapy, implantable microdevices, personalized tumor vaccines, new Pathology Atlas, latest transplantable liver technologies left a deep impression. In the field of new drugs and major diseases research, autologous CAR-T cell therapy, the drug with digital ingestion tracking system, trispecific antibodies, tissue nanotransfection technology, CRISPR-Cas9 gene editing have made the great achievement. In the field of medical device, the sensor technology for a robotic prosthetic arm, motorised spinning molecules used to kill cancer cells, the fast 3D print human organs technology, brain-on-a-chip, high-precision surgical robot for cochlear implantation have been developed.

New material technologies. New material technology is developing towards integration of structure and function, intellectualization of device and greening of preparation process. In the field of nano-materials, transferrable hyperbolic metamaterial particles, 3D printed Boron Nitride Nanotube-Titanium, "fuzzy fibers" of silicon carbide, thin nanomaterial with superconducting properties were developed. 3D graphene, nanocrystalline diamonds, 3D graphene foam, artificial graphene were created. Invisible metamaterial, ultrastrong steel, new thermoelectric conversion material, ultra-light crystalline form of aluminum have made great progress. In the semiconductor material, a two-dimensional material "Hexagonal Boron-Carbon-Nitrogen" and supersolid were developed. The advanced energy storage materials such as 3D surface-microporous graphene, disordered cathodes emerged. And the "green element" bismuth replaces lead in solar cells. In the field of biomedical materials, bioactive "tissue papers", stretchy surgical glue and the method of platelet production using iPS cells were developed. Other materials such as the "invisible" membrane that can resist virus, discolored material that avoids high-precision weapons attacks, T-carbon have made a significant progress.

Advanced manufacturing technologies. The development of digital and green intelligence in the advanced manufacturing field has been accelerated and a series of major breakthroughs have emerged. 3D printing technology have made progress, and 4D printing technology has appeared. The new robots such as cyborg dragonfly, self-reconfiguring modular robots, and the robot which can predict their movement has emerged. In the field of micro-nano processing and intelligent factory, the uniform that destroys chemical agents, invisible glasses, and the new method for characterizing patterns on nanomaterials have been developed. In the fields of high-end equipment manufacturing, the UK's HMS Audacious floated out, while protective fabric which can against chemical weapons, new hydraulic torpedo launcher, next generation missile defense sensor technology were emerged. In the fields of biological manufacturing, new artificial photosynthesis, mushroom building bricks, high performance spider silk have been created.

Energy and environmental technologies. The innovative development of this field was featured by low carbon, clean, efficiency intelligent and security. The renewable energy sector had made significant breakthroughs in terms of wireless power delivery, carbon nanotube yarn that can generate power, and the nanocatalysts converting carbon dioxide into methane. In the field of clean and efficient use of traditional energy, the world's first set of coal through dimethyl ether carbonylation ethanol industry demonstration project was successfully put into operation. In the field of nuclear technology, China's EAST created a new world record with achieving a stable 101.2 second steady-state long pulse high constraint plasma. In the field of advanced energy storage, the new low-cost flow battery, 'Instantly rechargeable' battery, and lithium batteries that run at ultra-low temperatures have made the breakthrough. In the field of energy conservation and environmental protection, new materials and technologies for purifying water, soil and air were constantly emerging.

Aeronautics, space and marine technologies. In the field of aeronautics, new progress had been made in navigation technology, collaboration between manned vehicle and UAV, and automatic flight. In the field of space exploration, the US Air Force's X-37B mini-spaceplane, NASA's Juno spacecraft and miniature space shuttle performed well. China's FAST and dark matter particle explorer satellite "Wukong" made significant achievements. In the field of space delivery technology, SpaceX launched satellites and cargo ships successfully. In the field of ocean exploration and development, underwater acoustic carpet cloak "Xiangyanghong 03" vessel, "Haiyi" underwater gliders were achieved. In the field of advanced ships, first serial nuclear-powered icebreaker SIBIR and USS South Dakota have made a significance improvement. China's first intelligent ship "Tiankun" was successfully launched.

第二章

材料技术新进展

Progress in Material Technology

2.1　金属材料技术新进展

刘　林　甘　斌　杨文超

（西北工业大学）

金属材料按功能和应用领域可划分为金属结构材料和金属功能材料。金属结构材料是以力学性能为基础，制造受力构件所用的材料；金属功能材料指具有辅助实现光、电、磁或其他物理、化学或生物功能的材料。金属材料虽然历史悠远，但在科学和高技术领域依然非常活跃，并不断出现新的生长点。下面将重点介绍近几年金属材料技术的重大新进展，并展望其未来发展趋势。

一、国际重大进展

尽管无机非金属材料和有机高分子材料技术发展很快，但金属材料依然受到世界各国的重视，近几年取得了一些重大新进展。

（一）金属结构材料

世界科技及经济的快速发展，对金属结构材料的性能，特别是其强韧性等力学性能提出了更高的要求。金属结构材料的发展趋势是开发出具有超高强度、良好的韧性及可实现零部件精确成型的材料，同时要防止材料和部件的意外失效。

1. 钢铁材料

钢铁材料是目前使用量最大的金属材料。日本为维持其在相关领域的技术领先优势，启动了“革新性新结构材料等研究开发”项目，由新日铁住金株式会社、JFE 钢铁株式会社和神户制钢株式会社联合攻关研发超高强钢。该项目中期目标是在 2015 年研发出抗拉强度 1.2GPa、延伸率为 15% 的钢板，远期目标是在 2020 年开发出能同时实现抗拉强度 1.5GPa 和延伸率 20% 的超高强钢板。1.5GPa 级的超高强钢与传统的 590MPa 级钢相比，可使汽车部件的重量减轻 30%。2018 年初，上述项目团队通过在高碳钢中适当添加轻质元素，实现了抗拉强度 1.5GPa、延伸率 15% 的中期目标[1]。

海洋级不锈钢因其可以在腐蚀环境下工作，已成为输油管、焊接、厨房用具、化学设备、医疗植入物、发动机零部件及核废料储存等领域更佳的选择。然而，利用常规技术增加这类不锈钢的结构强度通常需要牺牲其延展性。2017 年，美国劳伦斯 · 利弗莫尔国家实验室联合佐治亚理工学院、俄勒冈州立大学及埃姆斯（Ames）国家实验室，使用一种最常见的海洋级不锈钢 316L 钢进行 3D 打印，同时实现了其高强度和高延展性[2]。

2. 轻质高强合金

增材制造（3D 打印）技术可实现难加工及复杂结构金属构件的快速制造。美国休斯研究实验室 J.H. Martin 和加州大学圣巴巴拉分校（University of California，Santa Barbara）T.M. Pollock 教授合作，在铝合金粉末中引入一种锆基纳米成核剂（相当于对前者的表面做了修饰），并将“孕育剂”（inoculants）与液体金属混合，从而孕育出晶种，实现了在温度梯度较大和固化速度较快条件下的晶体生长。这种方法能有效抑制打印过程中的热裂，并通过控制铝合金的固化方式，生长出等轴结晶，从而显著提高材料的强度和韧性[3]。

3. 多主元合金材料

美国橡树岭国家实验室的 Easo George 和加州大学伯克利分校的 Robert Ritchie 团队合作，发现 CrMnFeCoNi 多主元合金在低温下表现出非凡的强度、延展性和硬度，而形变诱发的纳米孪晶在增强增韧中起着关键性作用[4]。德国马克斯 - 普朗克钢铁研究所（Max-Planck Institute for Iron Research GmbH）的 Dierk Raabe 团队打破单相稳定高熵合金的设计思路，通过调控合金成分，降低了合金的中相稳定性，从而获得了双相高熵合金，使各相的成分完全相同且分布均匀。该新型双相高熵合金具有非常显著的应变硬化能力，同时提高了强度与塑性[5]。

（二）金属功能材料

1. 合金纳米颗粒

合金纳米颗粒是将不同的金属元素集成到一个纳米颗粒体系里形成的合金材料。在合金纳米颗粒里，不同的金属元素表现出神秘的协同作用，这使合金纳米材料在催化、储能、生物医药等诸多领域备受关注。美国西北大学 Chad Mirkin 课题组基于沾笔光刻技术[6]，以原子力显微镜的针尖为翎笔，先将其浸入含 Au、Ag、Cu、Co 和 Ni 五种元素离子的高分子墨水中；再利用高分子纳米反应器，系统制备出由 Au、Ag、Cu、Co 和 Ni 五种元素排列组合形成的 31 种全系列纳米合金样品。此外，美国马里兰大学胡良兵等人，发展出一种基于碳热震荡的合成方法，实现了含有 8 种元素的单相高熵合金纳米颗粒在形貌、尺寸、组成上的可控合成[7]。

2. 液态金属

电影《终结者》中的机器人能够任意改变形状，制造这种机器人的材料就是液态金属。金属在液态时具有流动性，剪切模量为零，而凝固后又具有高强度、高硬度和低电阻率。美国卡内基梅隆大学的 Carmel Majidi 提出了一种合成材料的体系结构，通过向柔性弹性体植入微米尺度的悬浮物和高形变能力的液态金属的液滴，使材料表现出多模式强化。与未进行填充的聚合物相比，这种材料的断裂能剧增了 50 倍，其强度远超此前报道过的柔性弹性材料的最大值[8]。

3. 形状记忆合金

形状记忆合金加热后能恢复形状，并具有超弹性。日本东北大学小川雪子等人选用的 Mg-Sc 合金，在 −150℃下产生了 4.4% 的塑性变形量，且加热后能恢复形状。这种镁合金含轻量级钪，其密度大约是 $2g/cm^3$。这一发现激发了许多企业对轻量级形状记忆合金材料的开发潜能。这种低温超弹性形状记忆合金，虽然比传统形状记忆材料更昂贵，但可以为开发轻量级功能材料提供新的视角[9]。

4. 纳米孪晶金属

纳米孪晶金属具有更为优异的力学和电学性能。美国得克萨斯大学达拉斯分校 Majid Minary-Jolandan 利用基于局部脉冲电沉积的微型 3D 打印工艺，在室温条件下制备出含有高密度共格孪晶界的纳米孪晶铜。该材料含有少量（甚至不含）杂质和缺陷，同时层与层之间没有明显的界面，具有非常优异的力学和电学性能。局部脉冲电沉积工艺可实现逐层和复杂的三维微尺寸纳米孪晶铜的直接打印，可用于制备超材料、传感器、等离子体激元以及微 / 纳机电系统[10]。

二、国内研究进展

我国非常重视金属材料的开发与应用，在结构材料和功能材料方面的投入巨大，经过努力，近几年也取得了可喜的成果。

（一）金属结构材料

1. 钢铁材料

北京科技大学吕昭平团队采用独特的合金设计理念，开发出一种高密度有序 Ni（Al，Fe）纳米颗粒强化的超高强韧马氏体时效钢。这种钢的抗拉强度达到 2.2GPa，拉伸延伸率不低于 8%。他们用价廉质轻的 Al 等合金元素代替传统马氏体时效钢中昂贵的 Co、Ti 等，从而大幅度降低了成本，简化了制备工艺[11]。香港大学黄明欣团队与北京科技大学罗海文团队和台湾大学颜鸿威团队通力合作，开发出 D&P 超级钢。该合金达到前所未有的 2.2GPa 屈服强度和 16% 的均匀延伸率，可用热轧、冷轧、热处理等常规方法低成本制备，具备直接在钢铁企业进行百吨级规模的工业化生产的潜力[12]。

2. 轻质高强合金

镁合金具有资源丰富、密度低、功能特性好等优点，但镁合金产品的高成本严重制约了其更广泛的应用。重庆大学潘复生领导的国家镁合金中心研制出多种镁合金，其中稀土超高强工业镁合金的抗拉强度达到 530MPa，延伸率高于 10%；无稀土低成本镁合金的抗拉强度达到 400MPa 以上；超高塑性镁合金延伸率已超过 50%。在发展新合金的同时，他们开发出一批低成本制备加工技术。利用这些新技术生产的镁合金重要零部件，已成功用在 2000 多万辆汽车上；一部分新技术拓展应用在超高强铝合金上，使铝合金特大关键锻件大批量成功应用在飞机上[13]。

南京理工大学陈光团队制备的 PST TiAl 单晶，室温拉伸塑性和屈服强度分别高达 6.9% 和 708MPa，抗拉强度高达 978MPa，实现了高强和高塑的优异结合，有望用于制造航空发动机热端部件[14]。

3. 纳米结构材料

提高金属的强度而不损失其他性能，是国际材料研究领域近几十年亟待解决的重大难题。中国科学院金属研究所卢柯团队提出稳定纳米结构的两个途径，以提升纳米金属的综合性能。这两个途径是：通过调控界面结构来降低界面能，以及通过调控界面空间分布来提高变形稳定性。该团队开创和引领的关于纳米孪晶结构、小角晶界纳米层片结构及梯度纳米结构等稳定纳米结构的研究，已成为国际上纳米材料领域的热点研究方向[15]。

中国科学院力学研究所的武晓雷与美国北卡罗来纳州立大学的朱运田合作，利用异步轧制技术和退火工艺，把常规金属钛变成一种“软－硬”复合的层片状微结构。这种微结构以高强度的超细晶“硬”层片为基体，基体上弥散分布着由大塑性的再结晶晶粒构成的体积分数约为25%的“软”层片。它的一个显著特点是有很大的加工硬化能力，为同时获得超细晶的高强度和粗晶塑性提供了新思路[16]。

（二）金属功能材料

1. 相变存储器材料

利用相变材料在晶态和非晶态之间相互转化时所表现出来的导电性差异，来存储数据的新兴相变存储器（phase change random access memory，PCRAM）技术，被认为是下一代非挥发性存储技术的最佳解决方案之一。而非晶态材料的晶核形核过程具有很大随机性，是制约PCRAM技术发展的关键。中国科学院上海微系统与信息技术研究所宋志棠提出了一种高速相变材料的设计思路，以减小非晶相变薄膜内成核的随机性来实现相变材料的高速晶化。据此，他们设计出具有低功耗、长寿命、高稳定性特点的Sc-Sb-Te材料，实现了0.7ns的高速可逆写擦操作，使材料的循环寿命大于1E7次。相比传统Ge-Sb-Te器件，它的操作功耗降低了90%。这种新型相变存储材料的发现，尤其是经过在高密度、高速存储器上的应用验证，对中国存储器的跨越式发展、信息安全与战略需求的满足具有重要意义[17]。

2. 高温超导材料

常规超导材料的超导转变温度一般都很低（低于25K）。铁硒（FeSe）类超导体以其诸多独特的性质，被认为是研究铁基超导机理的理想材料体系。合肥微尺度物质科学国家实验室陈仙辉研究组，首次利用水热法发现铁硒类新型高温超导材料，即一种新的铁基超导材料——锂铁氢氧铁硒化合物“($Li_{0.8}Fe_{0.2}$)OHFeSe”，其超导转变温度高达40K以上[18]。

3. 铁性智能材料

铁性智能材料是具有感知温度、力、电、磁等外界环境并产生驱动效应的一类重要功能材料。西安交通大学任晓兵团队提出了调控铁电材料性能的点缺陷短程有序对称性原理，阐明了铁电材料时效现象的微观机理，解决了60年来铁电领域的难题。他们还发现了铁电材料中40倍于传统电致应变的巨大可回复电致应变效应；提出了“纳米弹簧”新概念，发现金属纳米线高达30%的零滞后超弹性形变，为开发高性能微纳器件提供了新思路[19]。

4. 金属多孔材料

传统的多孔金属材料（如泡沫铝）大多为刚体结构，其固体多孔的内部孔隙结构一旦形成就不能再改变，这无疑阻碍了它在柔性技术领域的应用。清华大学刘静等基于镓铟合金流体中微 / 纳尺度颗粒经化学反应后产生气体并生成多孔结构的机理，发明并研制出一种全新的多功能多孔液态金属柔性材料。这种类似于动物组织肺泡结构的多孔金属软材料，具有良好的导电性和磁性，可以对外界的热刺激做出响应，极限情况下可快速膨胀至原体积的 7 倍以上，膨胀后甚至可如潜艇一般携带重物漂浮于水面。此类新材料对研发新概念型柔性智能器件与装备具有重要意义[20]。

三、未来展望

纵观世界金属材料的发展现状及对其产品的需求，可以认为金属材料的发展趋势有以下几方面：

第一，传统材料继续发挥重要作用。在金属结构材料中，钢、铝、镁和钛等材料仍然占主导地位，未来需大力发展高性能轻质高强材料，提高比强度和比刚度，优化加工性能及实现与环境的相容。

第二，功能材料发展全面加速。近20年来，每年约有1.5万种新的功能材料问世，未来除传统的形状记忆合金、磁性材料等外，储氢材料、自旋电子材料、隐身涂层新型金属功能材料将迅猛发展。

第三，发展集成计算材料工程（integrated computational materials engineering，ICME）及材料基因组技术。集成计算材料工程把计算材料科学的工具集成为一个系统，并使之与高通量的实验工具相结合，以加速材料的研发，同时也把材料设计、工艺优化和构件制造融为整体；这将成为金属材料设计与研发的新方向。

参考文献

[1] 唐闻 . 日本钢企联合推进革新性超高强钢板的开发，世界金属导报，2018-02-20，第 F01 版 .

[2] Wang Y M，Voisin T，Mckeown J T，et al. Additively manufactured hierarchical stainless steels with high strength and ductility. Nature Mater，2017，17：63-71.

[3] Martin J H，Yahata B D，Hundley J M，et al. 3D printing of high-strength aluminium alloys. Nature，2017，549：365-369.

[4] Gludovatz B，Hohenwarter A，Catoor D，et al. A fracture-resistant high-entropy alloy for cryogenic applications. Science，2014，345：1153-1158.

[5] Li Z M，Pradeep K G，Deng Y，et al. Metastable high-entropy dual-phase alloys overcome the

strength-ductility trade-off. Nature，2016，534：227-230.

［6］Chen P，Liu X，Hedrick J，et al. Poly-elemental nanoparticle libraries. Science，2016，24：1565-1569.

［7］Yao Y G，Huang Z N，Xie P F，et al. Carbothermal shock synthesis of high-entropy-alloy nanoparticles. Science，2018，30：1489-1494.

［8］Kazem N，Bartlett M D，Majidi C. Extreme toughening of soft materials with liquid metal. Adv Mater，2018，30：1706594.

［9］Ogawa Y，Ando D，Sutou Y，et al. A lightweight shape-memory magnesium Alloy，Science，2016，22：368-370.

［10］Behroozfar A，Daryadel S，Morsaliet S R，et al. Microscale 3D printing of nanotwinned copper. Adv Mater，2018，30：1705107.

［11］Jiang S H，Wang H，Wu Y，et al. Ultrastrong steel via minimal lattice misfit and high-density nanoprecipitation. Nature，2017，544：460-464.

［12］He B B，Hu B，Yen H W，et al. High dislocation density-induced large ductility in deformed and partitioned steels. Science，2017，357：1029-1032.

［13］潘复生 . 镁合金及制备加工技术的新进展 // 国家仪表功能材料工程技术研究中心，厦门大学，台湾材料科学学会 . 第二届海峡两岸功能材料科技与产业峰会摘要集，厦门，2015：126.

［14］Chen G，Peng Y B，Zheng G，et al. Polysynthetic twinned TiAl single crystals for high-temperature applications. Nature Mater，2016，15：876-881.

［15］Lu K. Making strong nanomaterials ductile with gradients. Science，2016，345：1455-1456.

［16］Wu X L，Yang M X，Yuan F P，et al. Heterogeneous lamella structure unites ultrafine-grain strength with coarse-grain ductility. PNAS，2015，112：14501.

［17］Rao F，Ding K Y，Zhou Y X，et al. Reducing the stochasticity of crystal nucleation to enable subnanosecond memory writing. Science，2017，358：1423-1427.

［18］Lu X F，Wang N Z，Wu H，et al. Coexistence of superconductivity and antiferromagnetism in ($Li_{0.8}Fe_{0.2}$) OHFeSe. Nature Mater，2015，14：325-329.

［19］Ji Y C，Wang D，Ding X D，et al. Origin of an isothermal R-martensite formation in Ni-rich Ti-Ni solid solution：Crystallization of strain glass. Phys Rev Lett，2015，114：055701.

［20］Wang H Z，Yuan B，Liang S T，et al. PLUS-M：A Porous Liquid-metal enabled Ubiquitous Soft Material. Mater Horiz，2018，5：222-229.

Metallic Materials

Liu Lin, *Gan Bin*, *Yang Wenchao*
(Northwestern Polytechnical University)

Although metallic materials have a long history, they are still very active in science and high tech fields, and new growth points are constantly emerging. Based on the main properties and the relevant application fields, metallic materials could be categorized into two classes, metallic structural and functional materials, respectively. In the present review, the recent advances in metallic materials technology are reviewed. The advances in mainland China have been highlighted in a global context. For metallic structural materials, overcoming the conflict between the strength and ductility remains the main theme of research and development, and some significant breakthrough has been made in steel, 3D printed materials, multi-principle elements alloys, light-weighted materials and nanostructured materials. For metallic functional materials, novel physical and chemical properties have been revealed in high entropy nanoparticles, shape memory alloys, phase change materials and smart materials. This review is concluded with the future prospects, which suggest that traditional metallic structural materials will still play a key role and there is a sustained interest in raising strength and ductility simultaneously, and the progress in metallic functional materials will be accelerated significantly, with the integration of computational materials engineering (ICME) and materials genome Initiative (MGI).

2.2 增材制造材料技术新进展

周 廉[1, 2*]

（1. 西北有色金属研究院；2. 南京工业大学）

与传统构件成型技术不同，增材制造（亦称 3D 打印）技术是基于数字化模型，利用计算机控制技术，将低维材料在三维方向上逐渐堆积并制造出实体构件的一种技术。它已问世 30 多年，将为航空航天、汽车等领域先进制造业带来革命性影响。但它的发展和普及远没有达到预期，其中打印用的材料是制约其发展的瓶颈。目前实际用于 3D 打印的材料不到已有材料种类的 1%，因此，世界各制造强国都非常重视 3D 打印材料的开发。全球 3D 打印权威报告——《沃勒斯报告 2018》指出：2017 年，全球 3D 打印材料总销售为 11.3 亿美元，与 2016 年相比增长 25.5%[1]。下面将重点介绍几类 3D 打印材料的国内外研究现状并展望其未来。

一、国际重大进展

近年来，德国电子光学系统公司（Electro-Optical Systems，EOS）、美国三维系统公司（3D Systems）、斯川塔斯（Stratasys）等 3D 打印开拓型公司维持了其在装备生产和材料开发上的领先地位。波音（Boing）、空客（Air Bus）、通用电气（GE）、惠普（HP）、霍尼韦尔（Honeywell）等国际知名公司纷纷布局相关产业，加快 3D 打印产业发展的同时，也极大地推动了全球对 3D 打印材料的开发。吉凯恩集团（GKN）、荷兰帝斯曼集团（DSM）等传统材料的生产企业也纷纷在 3D 打印材料的研发上投入巨大的力量。

1. 金属材料

近十多年，金属材料一直是 3D 打印材料的研究热点。金属 3D 打印主要应用在航空航天、核电、兵器、生物医疗、化工、汽车等领域，用于制造结构复杂、制造周期长、成本高的核心器件和模具。随着 3D 打印铺粉、送粉、送丝、黏结剂烧结等技术的不断革新，其材料体系、制品形式也得到扩展，钛合金、高温合金、铝合金、不

---

* 中国工程院院士。

锈钢等的粉末和丝材逐渐实现了工业化。体系的扩展和种类的丰富对材料的制备方法提出了更高的要求，其关键是提高精度、性能和生产效率。目前，3D 打印的金属部件的综合性能仍无法满足承力构件的需求，用它替代传统锻件还有一定的距离。

深入研究材料的成分、组织、工艺和性能之间的关系，有助于找到消除打印过程带来的残余应力大、晶粒尺寸大等缺陷的方法，从而实现对金属微观结构的精确调控。2017 年，美国劳伦斯·利弗莫尔国家实验室从降低孔隙度角度出发，通过控制 316L 不锈钢零部件底层的显微组织，生产出强度是传统方法三倍的零部件[2]；休斯研究实验室开发出一种基于纳米形核剂的 3D 打印技术，有效解决了打印过程中铝合金开裂的技术难题，使制备的铝合金的强度接近锻造铝合金的水平[3]。这些研究表明，从材料端实现最终性能的改善是未来 3D 打印材料需要重点解决的问题。

2. 聚合物材料

3D 打印聚合物材料，根据其适用的不同 3D 打印技术，主要分为以下四种：①适用于熔融沉积成形技术的丝状材料（简称丝材）；②适用于激光选区烧结技术的粉状材料（简称粉材）；③适用于光固化技术的光敏树脂；④适用于其他 3D 打印技术的聚合物材料（天然 / 合成）、弹性体材料、凝胶材料等。

现有的 3D 打印聚合物材料普遍存在打印温度偏高、高温流动性差和稳定性不足等缺点，使其制品的强度和精度常常不如以传统方式加工出来的产品。在热塑性线材方面，美国专业生产 3D 打印线材的公司（3D-Fuel）推出一款聚乳酸（PLA）丝材；他们通过改善聚合物熔体的流动性，提高了打印的分辨率和底板的附着力，改善了层间附着力，从而减少了翘曲和卷曲，克服了以往 PLA 的脆性和不耐高温的缺陷。在 3D 打印用光敏树脂方面，荷兰帝斯曼集团最近推出两款丙烯酸酯 / 环氧树脂混杂体系的产品；新产品具有工艺性能良好、收缩率低、力学性能优良等特点，代表着光固化快速成型用光敏树脂的国际先进水平。

3. 无机非金属材料

根据材料的矿物组成，3D 打印无机非金属材料可分为三大类：① 3D 打印陶瓷材料；② 3D 打印玻璃材料；③ 3D 打印胶凝材料。无机非金属材料 3D 打印的重点和难点在于控制表面的粗糙度和零部件的致密度。

德国弗雷德里克·科茨（Frederik Kotz）等使用分辨率达数十微米的立体光刻（SLA）3D 打印机，将可光固化的二氧化硅纳米复合材料打印成高质量的石英玻璃。所打印的石英玻璃制品没有气孔，具有与商业化生产的石英玻璃同样光学透明度；其表面十分光滑，粗糙度仅有几纳米。在掺杂金属盐之后，利用这种材料还可以 3D 打印出有色玻璃制品[4]。休斯研究实验室开发出一种预制陶瓷－树脂系统；他们利用紫外线把材料固化成形状复杂的聚合物结构，然后将其热解成收缩均匀、几乎无孔隙的陶瓷。用这种方法可以制造出具有高强度和耐1700℃高温的碳化硅结构材料[5,6]。

4. 其他材料

在生物医学领域，3D打印初期用于器官模型的制造及帮助医生进行手术分析等；近年来发展迅速，主要用于制造个性化的组织工程支架和假体。3D打印在生物医学领域应用的难点是：在实现材料形状与患者病变部位完美匹配的同时，如何诱导携带的细胞在缺损部位生长与分化，最终获得理想的组织修复效果。未来将实现直接打印出具有生物活性并与病患融为一体的组织和器官，使这些组织和器官长期、稳定、健康地发挥作用[7]。

美国维克森林大学康玄旭（Hyun-wook Kang）教授团队，利用类似于塑料的可降解生物材料和优化的水性凝胶，采用最新的"组织和器官集成打印系统"（Integrated Tissue-Organ Printer，ITOP）技术，构建出结构稳定且具备功能的人耳器官、骨骼和肌肉组织；这些器官和组织能够持续生长并形成血管、软骨等系统，同时发挥其功能[8]。美国东北大学机械和工业工程系副教授兰德尔·厄尔布（Randal Erb）开发出一款医疗打印设备，可以通过改变磁场来改变合成材料的尺寸和形状，从而为病人提供定制化的服务[9]。

二、国内研发现状

近年来，国内3D打印技术在多方的支持和研究人员的努力下，取得了长足的进步，处于跟跑和领跑并存的阶段。然而，在3D打印材料的制备和研究上，存在关键技术滞后、核心工艺及专用材料基础薄弱、零部件质量可靠性有待提高等问题。

1. 金属材料

目前，3D打印金属材料普遍以丝材和粉材为原材料。国产粉材中杂质的含量控制不佳，导致产品质量的稳定性普遍不高。从材料体系上看，国内在新型合金研发方面起步较晚，开发的3D打印合金材料的种类偏少。中国航空制造技术研究院（原北京航空制造工程研究所）针对钛合金、超高强度钢开展了研究，目前已开发出多种专用钛合金材料，其中TC4（Ti-6Al-4V）合金的研究较为成熟[10]。西安欧中材料科技有限公司采用超高转速等离子旋转电极技术，成功制备出无空心粉和极少卫星粉的合金粉末。在制粉设备方面，无锡飞尔康精铸工程有限公司、上海材料研究所、北京航空材料研究院等单位引进了德国真空工业股份公司（ALD）成熟的高端制粉设备，设备的缺点是价格高昂、制粉成本高；中航迈特粉冶科技（北京）有限公司、河北敬业钢铁有限公司、湖南顶立科技有限公司等自主开发出一批国产的制粉设备，但在粉末的稳定性、化学成分的控制上还有待提高。为此，需要不断研制和发展新型 3D 打印合金材料，开发国产高端制粉设备，以推动国内 3D 打印技术的发展。

2. 聚合物材料

与国外相比，我国聚合物材料的研发起步晚，研究不够全面，市面上的聚合物丝材、工程塑料粉材、光敏树脂等的性能优势不明显。

华中科技大学与广东银禧科技股份有限公司合作研制的尼龙及其复合粉末材料已实现产业化，建成了年产 200t 的生产装置。湖南华曙高科技有限责任公司相继研发出 6 款激光烧结材料，包括尼龙粉末、玻璃微珠复合材料、碳纤维复合材料、矿物纤维复合材料等。西安交通大学李涤尘团队，采用“控性冷沉积”技术，将 3D 打印聚醚醚酮成功运用到医疗上[11]。聚合物材料的制备常以石油等不可再生资源为原料，因此，需要提高聚合物材料的性能和功能，同时发展可降解的聚合物材料，以实现环保和绿色发展的目的。

3. 无机非金属材料

我国 3D 打印无机非金属材料与国外相比还有一定差距，在行业发展方面还存在缺乏关注、研究不足、先导性和原创性成果欠缺等问题。

广东工业大学伍尚华教授团队采用数字光源处理（digital light processing，DLP）工艺，制备出致密氧化锆增韧氧化铝陶瓷（氧化铝 / 氧化锆重量比为 4 : 1），使陶瓷的致密度高达 99.5%[12]。南京工业大学沈晓冬教授团队，在原材料的制备、3D 打印石膏粉末的组成设计及制品的后处理等方面进行了比较系统的研究，其产品基本达到国际水平。华中科技大学史玉升教授团队采用 SLS/CIP 复合成形技术，成功制备出性能高、结构复杂的 Al_2O_3、ZrO_2 和 SiC 等致密陶瓷零部件，并在宏观和微观尺度上构建出高度透明、耐温和耐化学腐蚀的形状复杂的石英玻璃，从而拓展了 3D 打印材料的种类[13]。

4. 其他材料

多数国内 3D 打印材料研发团队开展了原材料改性或者增强处理的研究，并在医学应用领域开发出数款具有高显示度的产品。广州迈普再生医学科技股份有限公司采用可降解的生物材料，研发出一款名为“睿膜”的产品。睿膜贴在患者的脑膜破损处，在与患者的自体细胞连接并生成新生组织后，会自动降解为无害的水和二氧化碳，从而取得良好的伤口缝合的效果。四川蓝光英诺生物科技股份有限公司利用3D生物打印技术，实现了人工血管的内皮化。他们先利用恒河猴自体的脂肪间充质干细胞，制备出3D生物打印墨汁；然后利用这种墨汁打印出一段具有生物活性的人工血管，并用它成功地置换了恒河猴的一段腹主动脉。目前这种人工血管已进入临床推广阶段。

目前，我国在增材制造领域有国内专利约2万件；近几年有国际专利的申请，但数量稀少。从专利分布来看，主要集中在设备制造及打印工艺上。成型材料的专利不足1000件，国内高校、科研院所占据主导地位。这一方面反映关键材料技术研究的基础薄弱；另一方面也说明生产企业的研发投入不足，国内体量大的材料生产公司对此重视不够。

三、发展趋势

目前，全世界3D打印材料的开发仍处在起步阶段，未来3D打印材料将呈现如下的发展趋势。

1. 3D打印专用材料不断发展

（1）发展高性能高强度材料，控制材料成本。

对已有的先进高性能钛合金粉末、先进工程塑料、先进陶瓷材料等而言，材料的制备普遍存在稳定性差、一致性低和成本居高不下等缺点。深入理解并有效解决这些基本问题，对3D打印材料的发展和应用具有决定性作用，有助于研制高端装备，进一步缩短从材料制备到构件制造的流程。

（2）促使多种材料的融合，不断发展复合材料。

采用3D打印技术，有利于优化不同材料的配比。因此，应大力开展复合材料、智能材料、细胞组织材料、多材料复合打印技术的研究。最终实现这些材料的应用，还需要解决金属基复合材料增强相在基体中的分布和界面反应，智能材料微结构的调控，凝胶材料的控制生长，多材料组分和功能在不同尺度上的分区控制，以及材料性能的提高等许多问题。

2. 基础研究与产品的开发应用相结合

从3D打印的个性化定制的特点来看，其发展重点是可应用在能源、医疗和重大工程领域的前瞻性材料技术。未来，需要把新材料和新结构的研究与应用紧密结合，采用工艺改进或材料优化等有效手段，开展零部件应用验证和技术定型等工作；注重开展“一材多用”和“一用多选”的工作。

3. 材料计算模拟手段将被广泛应用

在深刻理解 3D 打印材料的设计理念的基础上，需要突破现有的设计体系，把材料计算、模拟手段应用到 3D 打印材料的设计、打印过程的监控和零部件缺陷的检测中。利用计算和模拟手段，建立熔池凝固或微反应的模型，有助于更好地理解 3D 打印过程，并预测凝固基体中的元素分布，以及宏微观组织的形态和分布特征。研究和揭示缺陷的种类及形成机制，可以指导实际加工工艺，控制 3D 打印后的缺陷并最终控制结构件的性能。利用仿真手段，发展高精度检测技术，可以实现在线和离线的全方位检测。

在增材制造领域，未来市场巨大且竞争会非常激烈，我国必须加强国内相关单位在该领域的专利布局，引导国内大型材料生产公司申请专利，形成并重点保护特殊领域的专利池。需要以重大工程、生物医用等关键材料的应用为突破口，对现有材料进行功能改性，以及研发结合打印设备和工艺的特性材料，积极申请国内和国际专利保护。这方面有很多工作需要开展，也有很大的发展空间。

参考文献

[1] Wohlers Associates. Wohlers Report 2018. Wohlers Associates，2018：154-158.

[2] Wang Y M，Voisin T，Mckeown J T，et al. Additively manufactured hierarchical stainless steels with high strength and ductility. Nature Materials，2018，(17)：63-73.

[3] Martin J H，Yahata B D，Hundley J M，et al. 3D printing of high-strength aluminium alloys. Nature，2017，(549)：365-369.

[4] Kotz F，Arnold K，Bauer W，et al. Three-dimensional printing of transparent fused silica glass. Nature，2017，544 (20)：337-342.

[5] Eckel Z C，Zhou C Y，Martin J H，et al. Additive manufacturing of polymer-derived ceramics. Science，2016，(351)：58-62.

[6] Hundley J M，Eckel Z C，Schueller E，et al. Geometric characterization of additively manufactured polymer derived ceramics. Additive Manufacturing，2017，(18)：95-102.

[7] 张靓，赵宁，徐坚. 仿生材料 3D 打印. 中国材料进展，2018，37 (6)：419-427.

[8] Kang H W，Lee S J，Ko I K，et al. A 3D bioprinting system to produce human-scale tissue constructs with structural integrity. Nature Biotechnology，2016，(34)：312-319.

[9] Kim Y，Yuk H，Zhao R，et al. Printing ferromagnetic domains for untethered fast-transforming soft materials. Nature，2018，(558)：274-279.

[10] 黄志涛，巩水利，锁红波，等. 电子束熔丝成形的TC4钛合金的组织与性能研究. 钛工业进展，2016，33（05）：33-36.

[11] 杨春成，曹毅，石长全，等. 一种面向PEEK材料的控性冷沉积3D打印方法. 中国：CN201710495685.5，2017-09-15.

[12] Wu H D，Wu S H，Huang R J，et al. Fabrication of high-performance Al_2O_3-ZrO_2 composite by a novel approach that integrates stereolithography-based 3D printing and liquid precursor infiltration，Materials Chemistry and Physics，2018，209：31-37.

[13] 吴甲民，史玉升. 激光选区烧结用陶瓷材料的制备及其成型技术. 中国材料进展，2017，36（8）：575-582.

Additive Manufacturing of Materials

Zhou Lian[1, 2]

（1. Northwest Institute for Nonferrous Metal Research；2. Nanjing Tech University）

Additive manufacturing（3D printing）is quite unlike the traditional workpieces forming technology；it is based on digital control technology and fabricates three-dimensional components gradually from the low-dimensional materials. It had been created in 1980s，but 3D printing is not moving as fast as had been expected. At present，the bottleneck of 3D printing is the printing materials，accounting for it less than 1% of all materials in existence today.Therefore，the developed country all pays attention to improving in research and development for 3D printing materials. According to "Wolhers Report 2018"，the authoritative global 3D printing report，the total sales of 3D printing materials was $1.13 billion in 2017，an increase of 25.5% compared with 2016. Finally，some current 3D printing materials research at home and abroad were pointed，and a future outlook has been mentioned as well.

2.3 陶瓷材料技术新进展

陈立东[1, 2]

（1. 高性能陶瓷和超微结构国家重点实验室；2. 中国科学院上海硅酸盐研究所）

陶瓷材料在能源与环境、航空航天、电子信息、化学化工、人体健康等领域获得广泛应用。随着高新技术和现代制造业的快速发展，世界对高性能陶瓷材料的需求愈加迫切。下面介绍几类重要陶瓷材料的研究现状并展望其未来。

一、国际重大进展与技术水平

1. 碳化硅陶瓷[1-2]

碳化硅是陶瓷大家族的重要成员，具有超硬、耐磨、高强度、高热导率、低热膨胀系数、低密度、高比刚度等特点。目前，国际上碳化硅陶瓷的研发重点和竞争焦点主要集中在：面向航空航天、先进制造业等的大尺寸复杂形状陶瓷构件的近净尺寸制备与高精密加工技术。美国和日本在碳化硅陶瓷的研制与应用方面一直处在领先地位。目前，航空航天、半导体制造等领域的高精密碳化硅陶瓷部件基本被日美企业垄断，例如，应用于集成电路制造关键装备中的大尺寸、异形中空结构的精密碳化硅构件被日本京瓷公司（KYOCERA Corporation）和美国阔斯泰公司（CoorsTek Inc.）等垄断。日本在高纯度碳化硅（纯度达99.9995%）化学气相制备技术和碳化硅纤维的研发和应用方面一直处于领先地位。另外，制备高致密度碳化硅陶瓷不可缺少的高纯度碳化硅超细粉体技术也一直被日本和美国垄断。欧洲美尔森（MERSEN GmbH）生产的Boostec® 系列 SiC 陶瓷制品在航空航天遥感、天文观测、深空探测用碳化硅光学部件制造领域处于国际领先地位。碳化硅陶瓷装甲已用在 Bell 212、EC 155、NH-90 和 Puma AS 330 等军用直升机上。

2. 陶瓷基复合材料[3-5]

碳纤维或碳化硅纤维补强陶瓷基复合材料在比强度、高温抗氧化、非脆性断裂等方面比陶瓷基体材料有更显著的优势，在航空发动机热端结构、空间轻量化光机结构和交通工具制动部件等方面具有不可替代的价值。美国、法国等开发的多种连续碳化硅纤维增强碳化硅陶瓷基复合材料（SiC_f/SiC）已用于 F100 航空发动机等热端部件，与传统高温合金相比，可使部件工作温度提高 200℃以上、减重 50%～70%，实现了发动机的大推力、高推重比和低污染物排放。法国赛峰集团（Safran Aircraft Engines）、美国通用电气公司（General Electric Company，GE）和美国 NASA 研制的 SiC_f/SiC 复合材料密封片和涡轮罩环已实现商业化，并用于 M88-2、F119 和 LEAP-X 等高推重比 / 大涵道比航空发动机。2015 年，世界首个陶瓷基复合材料非静子组件－旋转低压涡轮叶片通过 F414 涡扇验证机的验证，标志着陶瓷基复合材料开始应用于航空发动机子部件。

碳纤维增强碳化硅基（C_f/SiC）复合材料以其优异的物理性能和良好的工艺性能成为新一代空间遥感系统理想的光机结构材料。目前国际上已经商业化的空间光学系统用 C_f/SiC 复合材料主要有德国工程陶瓷公司（Engineered Ceramic Materials GmbH，ECM）生产的 Cesic® 和 HB-Cesic®，均为短切碳纤维增强 SiC 复合材料。德国用 Cesic® 制造的光学架和光具座在 30～450K 的工作温区可保持很高的光学性能，能在空间环境下正常工作。日本和德国采用 HB-Cesic® 制造了超轻反射镜。法国采用 Cesic® 设计制造了詹姆斯·韦伯空间望远镜（James Webb Space Telescope，JWST）上的近红外线声谱仪的光具座。在连续碳纤维增强陶瓷基复合材料方面，德国研制的 C/C-SiC 复合材料（碳陶）镜筒已用于 TerraSAR-X 卫星，其低的热膨胀系数可确保主镜和次镜的精确位置，使数据能够在 −50℃～70℃的范围内安全传输。碳陶以其优异的摩擦性能和耐高温、抗氧化等特点成为高速列车、飞机等的高速制动摩擦片的材料。德国 IABG 公司和美国古德里奇、霍尼韦尔和派克汉尼汾等公司相继研制出碳陶刹车片，并在一些大型客机和战斗机中开始应用。保时捷公司推出了碳陶制动器，已用在赛车中。

3. 透明陶瓷[6-8]

以多晶结构为特征的陶瓷材料，当其致密度、晶相和微观结构满足光学透明条件时也可以像玻璃或单晶一样在特定波段内是透明的。由于兼具优异的力学、热物性和透光性，透明陶瓷在照明、透明装甲、红外窗口 / 整流罩、固体激光、高能物理和医学影像诊断等领域不断拓展其应用。微结构均匀的大尺寸透明陶瓷的制备是制约其应用的关键。近几年美国在高纯度高烧结活性陶瓷粉体的制备、复杂构件成型及大尺寸陶瓷差分烧结抑制技术上获得突破，实现了多种体系透明陶瓷的重要应用。例如，苏迈特公司（Surmet Corporation）实现了 Φ300mm 口径半球罩和 457mm × 889mm 大尺寸 AlON 透明陶瓷平板的批量制备，其强度达到 380MPa，可用于直升机前窗、侧窗等；2017 年在 SPIE 会议上报道了热等静压法制备的 1000mm × 1000mm AlON 陶瓷样件。

在透明陶瓷基质中掺杂稀土或过渡金属元素，可以实现特定波长发光，获得具有诸如激光、闪烁、上转换、电光、磁光和荧光等多种功能的透明光功能陶瓷。日本神岛化学公司（Konoshima Chemicals Corporation）是国际上唯一实现 $Y_3Al_5O_{12}$（简称 YAG）基透明陶瓷商业化的机构，其制备的 Nd：YAG 激光透明陶瓷的光学质量和尺寸达到 / 超过相应单晶水平，实现了最高 105kW 的激光输出，在激光聚变、定向能武器方面显示出巨大应用潜力。

4. 结构功能一体化多孔陶瓷[9-10]

多孔陶瓷具有气孔率高、体积密度小、比表面积大等特点，同时兼具陶瓷材料的耐磨损、耐高温和良好的化学稳定性，广泛应用在净化分离、气液体过滤、吸声减震、隔热 - 吸声 - 防火、化工催化、耐高温透波等方面。多孔陶瓷制备方法除传统的颗粒堆积成型、造孔剂法、发泡法外，国际上还发展出凝胶 - 注模、冷冻 - 干燥、自蔓延烧结和 3D 打印等多种新的制备方法。研究重点主要集中在利用多孔显微结构（包括气孔形貌、气孔尺寸及其分布等）的设计和调控来满足结构和功能的双重需求。近年来，国际上在轻质、高强度多孔氧化铝、氧化锆吸声（降噪系数 0.6 左右）和隔热（气孔率≥ 95%，抗压强度≥ 1MPa）材料方面都有重要突破；面向过滤催化等领域的高韧性、高比表面的三维编织多级孔材料发展迅速。

5. 功能陶瓷材料与器件[11-13]

多层陶瓷电容器（Multi-layer Ceramic Capacitors，MLCC）是功能陶瓷应用的重要代表，铁电 $BaTiO_3$ 体系是 MLCC 的主流材料。MLCC 的发展趋势主要是微型化和用碱金属 Ni、Cu 等取代电极中的 Ag、Pd 等贵金属。它的大容量化和微型化，要求电容器层数不断增加和层厚不断减薄；一直处于领先地位的日本企业已普遍实现上千层 MLCC，层厚达 1μm，村田制作所的最薄可达 0.5μm 量级。现代移动通信中广泛使用的微波元器件是功能陶瓷的另一类重要应用。理想的微波介质陶瓷需要尽可能低的介电损耗和谐振频率温度系数，以保证良好的通信质量和稳定性；同时在工作波段内具有尽可能大的介电常数，以利于器件小型化。但大介电常数往往会导致损耗增大。不同波段的微波介质陶瓷主要有 $BaTiO_3$、（Zr，Sn）TiO_4、Ba（Mg，Ta）O_3、（Ca，Mg）TiO_3 等体系；随着微波通信向高频波段逼近，以及小型化和频率可调化的需要，微波介质陶瓷向超低损耗、低温烧结和介电可调方向发展。高储能密度电介质陶瓷主要包括铁电介质、线性介质及反铁电介质陶瓷。反铁电介质陶瓷的介电常数随电压呈正电压系数，从而具有更高的储能密度，近年来受到广泛关注。美国宾夕法尼亚州立大学开发的反铁电介质陶瓷的储能密度达到 $10J/cm^3$，日本、德国、法国也开展了高储能密度介质陶瓷材料的研究。

6. 生物陶瓷材料[14-16]

生物陶瓷根据其生物活性可分为惰性、活性和可降解生物陶瓷三大类。生物陶瓷的发展经历了三个代表性时期：惰性生物陶瓷为第一代；第二代能够释放生物活性成分，同时在生理环境下能够诱发反应；第三代是目前生物陶瓷的研究重点，即具有“主动修复功能”和“可调控生物响应特性”的新型可降解生物活性材料。将生物陶瓷与其他活性物质相结合来实现生物陶瓷多功能化，是国际上的重要发展方向。西班牙巴塞罗那科技学院（The Barcelona Institute of Science and Technology）的 Claudia Navarro-Requen 等，将生物玻璃陶瓷颗粒与人体间充质干细胞共同包裹在 PEG-MAL 水凝胶中，发现生物玻璃陶瓷颗粒能够促进包裹的人体间充质干细胞增殖，以及促使其分泌血管因子，最终促进体内血管的形成和成熟。为促进骨再生，韩国庆北国立大学（Kyungpook National University）牙科学院的 Ju Ang Kim 等，将一种新颖的茚化合物 KR-34893 与三维打印的磷化镁（MgP）陶瓷支架结合，发现 KR-34893 能够引诱矿物质的沉积，以及人体骨间充质干细胞和老鼠成骨 MC3T3-E1 细胞系的成骨基因表达。罗马尼亚国家光电子学研究所（National Institute of Research and Development for Optoelectronics）的 Alina Vladescu 等，利用 RF 磁控溅射的方法，将添加了 Si 和 Mg 的羟基磷灰石（HAP）涂层沉积在 Ti_6Al_4V 合金的表面，发现在模拟体液中添加了 Si 和 Mg 的羟基磷灰石可提高 Ti_6Al_4V 合金的抗腐蚀性能，同时此涂层展示出良好的生物相容性，可很好地支持 Saos-2 细胞的黏附和生长。最近，韩国浦项科技大学（Pohang University of Science and Technology）的 Yun Kee Jo 等，在钛植入体表面成功修饰了二氧化硅纳米颗粒涂层（连接剂为具有优良黏性的贻贝胶蛋白）；该涂层可以调整表面的微观粗糙度，调控前成骨细胞向成骨细胞转化的行为；将此复合材料植入颅骨缺损位置，可以很好地促进体内新骨的形成。

此外，在纤维陶瓷方面，连续纤维增强陶瓷基复合材料能有效地克服传统陶瓷脆性及对裂纹和热震的敏感性，在航天航空、军事技术等领域具有不可替代的应用价值，而耐高温连续陶瓷纤维的制备成为抢占该研究领域制高点的核心技术。欧美国家和日本等对碳化硅（SiC）纤维、氮化硅（Si_3N_4）纤维、氮化硼（BN）纤维、氧化铝（Al_2O_3）纤维和氧化锆（ZrO_2）纤维等都开展了大量的研究，部分已经达到实用化水平。

二、国内研发现状

1. 碳化硅陶瓷

国内碳化硅陶瓷的研发起步较早，正处于较快发展阶段，但在高纯碳化硅超细粉体、近净尺寸成型与烧结技术、大尺寸部件高精度加工技术、CVD 制备技术和碳化硅纤维制备及应用技术等方面与美日差距较大。目前，国内碳化硅陶瓷产品主要集中在坩埚、窑炉棍棒等耐火材料，以及碳化硅机械密封件等附加价值和制造难度均较低的产品上，而在高端产业如光刻机、半导体制造、大功率激光加工设备用高精密碳化硅部件的市场占有率则处于极低水平。我国在大口径空间轻量化光学部件研制方面处于国际先进水平，中国科学院上海硅酸盐研究所（简称上海硅酸盐所）是目前国际上具有 1m 以上口径碳化硅光学部件研制能力并实现型号应用的三家机构之一，自 2009 年以来已提供 15 颗卫星的 20 台航天遥感成像相机的组件并实现高可靠在轨运行，其 1.6m 以内单体式光学部件制备技术与研制能力处于国际领先水平，并在 3m 口径拼接镜取得重要突破，预计将为我国 0.1m 分辨率遥感成像相机的研制提供核心部件。

2. 陶瓷基复合材料

我国陶瓷基复合材料的研究起步较晚。2001 年后，中南大学、西北工业大学等单位先后开展了面向汽车、直升机、高铁、坦克等应用的碳陶刹车制动材料的开发。西北工业大学研制的碳陶刹车盘已在两个型号飞机上定型，进入批量生产阶段，在多个型号上进行了试飞验证。深圳勒迈科技有限公司、山东国晶新材料有限公司等生产的碳陶刹车片也已投放市场。2006 年，高分辨率对地观测系统重大专项（简称高分专项）列入我国中长期发展规划，对大型轻质高稳定光机结构提出重大需求。上海硅酸盐所突破了加强筋设计与一体化成型等技术，研制成功大尺寸 C_f/SiC 复合材料支撑架并应用于高分二号和高景一号光学遥感卫星；与传统材料相比，新材料使支撑架减重 50%、相机稳定性提高 1 倍，支撑了我国空间光学遥感卫星分辨率跨入亚米级。受我国 SiC 纤维发展水平的限制，与 C_f/SiC 陶瓷基复合材料相比，SiC_f/SiC 复合材料的研究更滞后。国内开展这方面研究的单位主要有西北工业大学、中航复合材料有限责任公司和上海硅酸盐所等，研究主要集中在 SiC_f/SiC 复合材料结构设计、制备技术及材料基础性能评价等方面；目前研制的材料的性能已接近美国 GE 公司和 NASA 的水平，但在工程化能力方面存在较大差距。

3. 透明陶瓷

我国透明陶瓷的研究能力与美日的差距主要体现在工程化能力上，如最大可制备尺寸、强度及光学质量（散射损耗与光学均匀性）等。北京中材人工晶体研究院有限公司、上海硅酸盐所、中国科学院福建物质结构研究所等是国内最早从事透明陶瓷研究的单位，涉及的材料体系比较全。其中，AlON 及 $MgAl_2O_4$ 透明陶瓷小尺寸样品的整体性能接近美国 Surmet 公司的水平；$MgAl_2O_4$ 透明陶瓷实现了稳定制备，抗弯强度达 354MPa，并应用于整流罩等。YAG 基透明陶瓷已建立 Φ293mm 球罩和 Φ300mm 平板的制备能力；上海硅酸盐所制备的 Nd:YAG 在国内率先实现了激光输出，使中国成为继日本之后第二个掌握 Nd:YAG 透明陶瓷制备工艺并实现激光输出的国家。目前，单块单一掺杂浓度 Nd:YAG 陶瓷板条和梯度掺杂复合结构 Nd:YAG 陶瓷板条的激光输出功率分别达 4.35kW 和 7.08kW，处于国际最好水平。Ce:LuAG 陶瓷的闪烁性能在国际公开报道中最佳。中国科学院宁波材料技术与工程研究所研制成功 Ce:GGAG 闪烁陶瓷并应用于 X-CT 检测装备中。

4. 结构功能一体化多孔陶瓷

我国在多孔陶瓷的结构控制、制备方法及性能等方面的研究水平与国际最高水平基本同步。哈尔滨工业大学研制的 BCN 轻质吸波材料，其密度达 15mg/cm^3，可用于高马赫数隐身飞行器的涂层；上海硅酸盐所研制的热管理用多孔氮化硅陶瓷的气孔率在 80% ～ 50% 连续可调，孔径在 0.1 ～ 1μm 可调，强度在 60 ～ 150MPa 可控；利用该多孔陶瓷制备的环路热管与传统镍基合金环路热管相比，不仅启动功耗低（0.1W/cm^2），且传热能力提高 3 倍，达到 1000W，控温精度提高 10 倍，开辟了多孔陶瓷材料在环路热管领域应用的先河。面向高温、高压、酸碱或盐雾等苛刻环境应用的高端多孔陶瓷产品，以及电池隔膜、超级电容器用多孔材料的研制和推广应用亟待加速。

5. 功能陶瓷材料与器件

我国在 MLCC 技术方面与日本相比差距甚大。国内 MLCC 产品层数普遍在 300 层，厚度 3μm 左右。近几年，在微波介质陶瓷方面我国取得一些重要进展。上海硅酸盐所发展了介电常数系列化的微波介质陶瓷。浙江大学发展了低损耗微波介质陶瓷新体系 $MRAlO_4$（M=Sr，Ca，R=La，Nd，Sm，Y），其介电常数为约 20，Q*f 为约 105GHz，温度系数约 ± 5ppm/K。西安交通大学在 Bi_2O_3-MoO_3 基体系中发现新的超低温烧结体系，该体系不仅具有较大的 Q*f 值，还能与 Ag 或 Al 实现共烧。我国目前在铁电、压电、热释电陶瓷方面的研究还很不充分，一直在瞄准开发大应变、高 d_{33} 和机电耦合系数、高居里温度的压电陶瓷。大应变、大压电系数和大机电耦合系数的体系以 PMN-PT 为代表，我国 PMN-PT 弛豫铁电单晶的性能处于国际前列水平。

6. 生物陶瓷

我国在生物陶瓷方面的研究主要聚焦在纳米介孔生物玻璃及纤维、介孔生物玻璃多孔支架和硅酸盐生物陶瓷等材料体系，在硅酸盐生物陶瓷方面的研究水平与日本基本保持同步。硅酸盐陶瓷属于第三代生物材料，近年来在硬生物组织修复等方面的应用得到广泛关注。从硅酸盐生物陶瓷中释放的硅离子产物，能够促进组织细胞的成骨分化和成血管分化；硅酸盐陶瓷优异的成磷灰石矿化能力，有助于提高它们的体内生物活性，从而进一步提高其成骨能力。采用 3D 打印技术制备多孔生物支架是当前组织工程的热点研究方向。3D 打印制备的生物支架的内部孔道是相通的且孔径可调，这种孔道结构可用作为生物组织提供营养物质的运输通道，促进细胞和血管向支架内部扩展；且多孔支架与生物活性因子或其他功能材料结合，能提高生物陶瓷的生物相容性和生物活性，或赋予生物陶瓷更多的理化性能。国内经生物活性因子修饰的 3D 打印生物陶瓷支架，已成功用于骨-软骨一体化修复，以及骨肿瘤治疗和骨缺损修复。例如，上海硅酸盐所利用热溶剂法，将半导体纳米颗粒 $CuFeSe_2$ 原位生长在具有成骨活性的生物玻璃陶瓷表面，成功研制出可用于骨肿瘤消融和骨缺损修复的双功能支架材料；其中，含锰（Mn）的磷酸三钙（β-TCP）双功能陶瓷支架，已用于骨-软骨组织的同步修复。

此外，国内在连续陶瓷纤维的研发方面滞后。虽然小批量制备的氧化铝连续纤维的主要技术指标已与国外相当，但尚未实现工程化生产。解决连续陶瓷纤维工程化关键制备技术及卡脖子工艺设备是实现系列纤维低成本和自主可控产业化的关键。

三、发展趋势

面向未来苛刻环境和多功能应用的需求，陶瓷材料将向结构功能一体化和多功能化方向发展，同时超大尺寸、复杂结构与复杂形状陶瓷材料的制备技术仍然是陶瓷应用技术面临的巨大挑战。其主要关键技术包括：高成型密度和烧结活性的陶瓷粉体的制备技术，微观结构均匀、成型应力小的成型新技术与装备，超大尺寸陶瓷构件的低应力烧结技术与装备，陶瓷材料精密加工技术，高纯度陶瓷材料的非烧结制备技术（化学气相沉积、溶液法、3D 打印等）等。另外，第四代核反应堆、聚变堆等核能技术的发展，对耐高温、耐腐蚀、耐辐照结构陶瓷及陶瓷基复合材料提出重大需求，硼化物中子吸收材料、堆芯结构材料、燃料包壳材料、射线屏蔽材料的研发是今后相当长时期的国际竞争热点。

随着电子元器件的小型化，功能陶瓷材料与器件将向薄膜化、微型化方向发展。铁电薄膜是许多微型功能器件的核心材料，国际上基于铁电薄膜的微型传感器、驱动器和电容器已逐步发展起来，我国目前还停留在铁电薄膜材料及其原型器件的基础研究上。多铁性材料也是功能陶瓷领域的重要发展方向之一。

无机材料与生命体的相互作用与融合技术是生物陶瓷的重要发展方向。生物陶瓷材料在多层次、多尺度上，需要与人体组织的力学性质、生物电系统的生物化学过程相匹配，参与到生命过程的物理化学反应中，并通过能量和物质交换来介入并调控人体代谢的非平衡与平衡状态。例如，制造 3D 组织或器官是组织工程的目标，而模仿人体真实生物环境（细胞环境和生物微环境）是人造组织或器官的核心技术。

参考文献

[1] Raju K，Yoon D-H. Sintering additives for SiC based on the reactivity：A review. Ceram Inter，2016，42（16）：17947.

[2] Kotani M，Imai T，Katayama H，et al. Quality evaluation of space borne SiC mirrors：The effects on mirror accuracy by variation in the thermal expansion property of the mirror surface. Proceedings of SPIE，2017（10372）：103720F. DOI：10.1117/12.2273703.

[3] 邹豪，王宇，刘刚，等 . 碳化硅纤维增韧碳化硅陶瓷基复合材料的发展现状及其在航空发动机上的应用 . 航空制造技术，2017，（60）：76.

[4] Kellner T.GE develops jet engines made from ceramic matric composites. https://www.ge.com/reports/post/112705004705/ge-develops-jet-engines-made-from-ceramic-matrix/[2015-03-04].

[5] Ruggles-Wrenn M B，Lee M D.Fatigue behavior of an advanced SiC/SiC ceramic composite with a self-healing matrix at 1300°C in air and in steam. Mater Sci Eng：A，2016，（677）：438.

[6] Kong L B，Huang Y Z，Que W X，et al. Transparent Ceramics.Springer，2015.

[7] Goldman L M，Kashalikar U，Ramisetty M，et al.Scale up of large AlON and spinel windows. Proceeding of SPIE，2017，10179J.

[8] Kong L B，Huang Y，Zhang T，et al. Processing and Applications of Transparent Ceramics，Encyclopedia of Inorganic and Bioinorganic Chemistry. John Wiley & Sons，2015.

[9] Hwa L C，Rajoo S，Noor A M，et al. Recent advances in 3D printing of porous ceramics：A review，Current Opinion in Solid State and Materials. Science，2017，21（6）：323.

[10] Li B，Jiang P，Yan M W，et al. Characterization and properties of rapid fabrication of network porous Si_3N_4 ceramics. J Alloys Comp，2017，709（30）：717.

[11] 李永祥 . 信息功能陶瓷研究的几个热点 . 无机材料学报，2014，29（1）：1-5.

[12] Yao Z H，Song Z，Hao H，et al.Homogeneous / inhomogeneous-structured dielectrics and their energy-storage performances. Adv Mater，2017，29（20）：1601727.

[13] Liu Z，Lu T，Ye J M，et al. Anti-ferroelectrics for energy storage applications：A review. Adv

Mater Tech，2018，(3)：1800111.

[14] Jo Y-K，Choi B-H，Kim C-S，et al.Diatom-inspired silica nanostructure coatings with controllable microroughness using an engineered mussel protein glue to accelerate bone growth on titanium-based implants. Adv Mater，2017，(29)：1704906.

[15] Deng C J，Yao Q Q，Feng C，et al. 3D printing of bilineage constructive biomaterials for bone and cartilage regeneration. Adv Func Mater，2017，(27)：1703117.

[16] Dang W T，Li T，Li B，et al.A bifunctional scaffold with $CuFeSe_2$ nanocrystals for tumor therapy and bone reconstruction. Biomaterials，2018，(160)：92.

Advanced Ceramics

Chen Lidong[1, 2]

(1. State Key Laboratory of High Performance Ceramics and Superfine Microstructure;
2. Shanghai Institute of Ceramics，Chinese Academy of Sciences)

Advanced ceramics have been widely used in various fields，such as chemical industry，semiconductor and information technology，energy and environment technology，aeronautics and space technology，defense，biotechnology. We are facing a lot of serious challenges in both the design and fabrication of ceramics，especially the scale up of ceramic components with controlled microstructure and properties. Developing new ceramics with multiple functions or synergetic properties is of the most demands for exploring applications. In this paper，the recent progress and research trends in advanced ceramics technology are briefly reviewed，focusing on silicon carbide，fiber reinforced ceramic composites，transparent ceramics，porous ceramics，functional ceramics and devices，and bio-ceramics.

2.4　纳米材料研究新进展

曹昌燕　宋卫国

（中国科学院化学研究所）

纳米科技是21世纪前沿科技的核心领域之一，极大地影响着经济和社会的发展，已成为全球关注的焦点。国际纯粹与应用化学联合会（International Union of Pure and Applied Chemistry，IUPAC）会刊在2006年12月发表评论认为，发达国家如果不发展纳米科技，今后必将沦为发展中国家。因此世界各国，尤其是科技强国，都将发展纳米科技作为国家战略。《国家中长期科学和技术发展规划纲要（2006—2020年）》已将纳米科技作为中国“有望实现跨越式发展的领域之一”。纳米科技的发展离不开纳米材料的进步。纳米材料具有独特的尺寸效应、量子效应和表界面效应等特点，在机械性能、磁、光、电、热等方面都显示出与传统材料不同的特性和功能，因而在能源、环境、生物等诸多领域有着十分广阔的应用前景。下面将简要介绍纳米材料在几个重要应用领域的研究新进展并展望其未来。

一、重大国际进展

近几年纳米材料的国际重大新进展主要体现在纳米能源材料、纳米催化材料、纳米生物医药材料及纳米材料的安全性等几个方面。

1. 纳米能源材料

纳米能源材料在锂电池、太阳能电池、燃料电池等的研究和应用中发挥着重要作用。近年来，锂离子电池正负极关键材料均得到显著发展。硅基负极材料具有比容量高、充放电平台低及储量丰富等优点，是目前负极材料的研究热点之一。斯坦福大学崔屹团队设计制备了空心硅纳米球、中空硅纳米管、硅纳米线阵列等不同纳米结构的材料[1]。最具代表性的正极材料包括磷酸铁锂（$LiFePO_4$）和三元材料等[2]。此外，锂硫电池、锂空气电池具有巨大的理论容量和能量密度等优势，极具发展潜力，但未来需要解决实际应用中的安全性和稳定性等问题[3]。

在太阳能电池方面，2013年以来，以钙钛矿相有机金属卤化物［CHNHPbX（X=CI，Br，I）］作为吸光材料的薄膜太阳能电池（简称钙钛矿太阳能电池，PSCs），因兼具较高的光电转换效率和低的制备成本等优点，引起了学术界的高度关注[4]。PSCs 光电转化效率的快速提高使得它被 *Science* 评为 2013 年十大科学突破之一。瑞士苏黎世联邦理工学院 M. Gratzel 和牛津大学 H.J. Snaith 等的研究团队，在钙钛矿太阳能电池领域取得一系列重大成果。基于有机小分子和聚合物的柔性太阳能电池材料也取得明显进展，能量转换效率逐渐接近多晶硅基系统。

2. 纳米催化材料

纳米催化介于均相催化和非均相催化之间。纳米催化的反应类型包括传统催化、电催化和光催化三类。在传统催化中，C1 化学占据重要位置，包括费托合成、甲烷转化、一氧化碳氧化等。在电催化中，燃料电池和金属－空气电池的阴极氧化还原反应是研究重点之一。铂是重要的氧化还原反应电催化剂。铂成本高，受其缺点的影响，催化剂一方面朝着减少铂的用量方向发展，采用二元或三元合金的形式（如 Pt-Fe、Pt-Co 等）[5]；另一方面朝着非铂催化剂方向发展，开发如氮掺杂的碳材料（石墨烯、碳纳米管），以及过渡金属氮化物、单原子过渡金属催化剂等[6]。在光催化中，水和空气中污染物的降解是研究重点之一，近年来具有比较高效率的纳米催化剂包括 BiOX（X=CI，Br，I）、Ag_3PO_4、石墨相 C_3N_4 和黑磷等[7]。

3. 纳米生物医用材料

纳米生物医用材料包括纳米药物、纳米生物检测等。纳米药物的研究主要围绕纳米药物载体与药物传递、肿瘤治疗纳米药物等进行。近年来，纳米材料和纳米技术越来越多进入临床应用阶段。临床证实，针对纳米材料对肿瘤细胞和肿瘤组织的靶向性的特性设计出的纳米药物能明显改善肿瘤治疗的效果。其中，肿瘤光热治疗技术作为一种新型的治疗策略，在肿瘤治疗方面已经引起高度关注。近年来很多研究者发现，这些纳米材料产生的热，除具有直接杀伤肿瘤细胞的作用外，还可通过抑制肿瘤转移、克服化疗耐药性来发挥抗肿瘤作用。日前研究较多的光热材料以金纳米材料为主，主要围绕金纳米棒、金纳米笼等材料的肿瘤光热治疗，以及光声成像－光控释放－光热治疗化疗等金纳米多手段、多功能的诊疗一体化开展研究[8]。此外，基于富勒烯的纳米材料在癌症治疗上显示出特别优异的性能，在射频作用下，利用其相变过程及肿瘤组织血管与正常血管的差别，可直接破坏肿瘤血管，从而达到治疗肿瘤的作用[9]。

纳米药物载体与药物传递近年发展迅速。用于药物载体的纳米材料主要包括纳米脂质体、聚合物胶束、纳米囊和纳米球、纳米磁性颗粒、氧化石墨烯、介孔二氧化硅等。氧化石墨烯具有良好的生物相容性，易于表面功能化；巨大的比表面使它具有超高载药率。

在纳米生物检测方面，纳米生物和医学检测技术的热点主要集中在用于分子影像诊断的纳米探针技术。纳米探针具有影像信号强度大、靶向效果好、代谢动力可控等显著的优点。近年来，基于贵金属纳米材料（金、银等纳米颗粒）、量子点、上转换荧光纳米颗粒的荧光纳米探针发展迅速，已成为纳米生物医学检测领域的前沿热点。

4. 纳米材料安全性

随着越来越多纳米材料应用于生物、环境等方面，纳米材料的安全性研究愈发重要。纳米安全性领域的研究前沿主要包括：纳米材料对人体健康的风险研究和纳米材料的环境风险研究。健康风险研究主要围绕肺毒性、皮肤毒性、细胞毒性、生物相容性等进行，关注的纳米物质主要包括碳纳米管、纳米银、石墨烯、纳米二氧化硅、纳米金等。环境风险研究主要围绕纳米材料释放后对人居住生活环境的估算与环境影响的评价进行，包括纳米材料在环境多介质中的分布、生态毒理学、生物降解等。

除上述方面外，纳米材料在热电、压电、纳米发电机、纳米电子学、纳米仿生孔材料、纳米标准等方面的研究近些年也取得长足发展，涉及材料、化学、物理、生物等多学科的相互交叉。

二、国内研究现状

得益于国家的高度重视和大力投入，纳米科技在我国的发展不断加速，与国际基本同步。近几年，在科技部、国家自然科学基金委员会、中国科学院等的项目支持下，纳米材料的相关研究不仅跟踪、甚至在某些领域引领国际纳米材料的研究方向，已取得一批具有原创性的重要成果。

中国科学院大连化学物理研究所张涛院士团队 2011 年首次提出多相催化剂上的单原子催化概念，并发现其具有与均相催化剂相当的活性，从实验上证明了单原子可能成为沟通均相催化与多相催化的桥梁[10]。此后几年，该研究在国际上引领了单原子催化的研究热潮。近年来，我国 C1 化学取得一系列重大突破。中国科学院大连化学物理研究所包信和院士团队构建了硅化物晶格限域的“单中心铁催化剂”，成功实现了甲烷在无氧条件下的选择活化，可以一步高效生产乙烯、芳烃和氢气等高值化学品[11]。包信和团队还利用自主研发的新型复合催化剂，创造性地将煤气化产生的合成气高选择性地直接转化为低碳烯烃，使乙烯、丙烯和丁烯的选择性大于 80%，突破了费托合成低碳烯烃选择性最高 58% 的极限[12]。中国科学院上海高等研究院研发出暴露面为 {101} 和 {020} 晶面的 Co_2C 纳米平行六面体结构催化剂，实现了温和条件下（250ºC，1 ～ 5 个大气压）由合成气高选择性直接制备烯烃，使低碳烯烃选择性达60%，总烯烃选择性高达 80% 以上，烯 / 烷比值高达 30 以上[13]。北京大学马丁等利用单原子 Pt 分散于 α-MoC 催化剂中，实现了温和条件下甲醇重整制氢[14]。清华大学李亚栋院士、厦门大学郑南峰教授等研究团队在贵金属单原子催化加氢反应等方面，取得非常好的研究成果[15-16]。

中国科学院 2013 年启动了“变革性纳米产业制造技术聚焦”战略性先导科技专项（简称“纳米先导专项”），瞄准世界科技前沿，从基础研究重大突破开始，加强原创性材料体系研发、关键技术攻关、工艺装备和系统集成，以最终实现规模化生产和产业应用；并通过一系列核心技术创新，来成立高新技术初创企业或与行业领先企业合作，助力我国新能源、新材料、先进制造等战略性新兴产业向创新、绿色、节能、环保、可持续方向发展。纳米先导专项支持科学家将实验室小试技术推向中试，让更多的纳米科技成果走向实际应用。

在长续航动力锂电池研发方面，我国开发的多款动力电池单体电芯的能量密度已达到 300Wh/kg 以上，居世界先进水平。开发的锂电池关键纳米材料进入中试阶段，已供货 30 多家电池与电动汽车等企业并形成合作关系，初步产生了产业影响。在高能量密度锂离子电池新一代正负极材料、固态电池、锂硫电池、钠离子电池、高水平动力电池失效分析技术方面，已取得大量原创成果，形成了多家有实力的初创企业，并与国内多家领先的企业合作，牵头构建了新型高能量密度电池的产业链，为我国发展下一代动力电池，增强产业核心竞争力和可持续发展奠定了重要基础。

在纳米绿色印刷制造技术方面，面向国家和行业可持续发展的重大需求，我国围绕印刷产业链的关键污染环节开展系统的创新研究，引领了印刷业的绿色可持续发展。已取得的成绩如下：突破国际上通行的感光制版技术思路，发展了纳米绿色印刷制版技术；突破传统版材电解氧化的工艺路线，建成世界上首条无电解氧化工艺的600 万 m^2 纳米绿色版基示范线；突破水性油墨难以用于塑料包装印刷的国际难题，实现了绿色水性塑料印刷油墨的关键技术突破；从源头解决了制版工艺高危废水、版基生产电解废液 / 废渣 /VOC 等排放的历史性难题，形成了包括“绿色版材、绿色制版、绿色油墨”在内的完整的绿色印刷的产业链，产品出口多个国家和地区，产生了广泛的行业和国际影响。

在纳米健康技术方面，我国将纳米健康技术成功应用到体外诊断产品和纳米药物制剂开发领域中。在体外诊断方面，研发出多项具有完全自主知识产权的体外诊断关键技术。例如，①将纳米技术与微流控技术结合，开发出纳米微流控免疫芯片体外诊断技术，并把它用于对多项指标进行联合检测；目前已有多款相关产品获得国家医疗器械注册证书；同时开发的配套检测仪器，具有便携、成本低、操作方便等优点，适用于现场检测。②研发出的具有高特异性的新型结核病诊断技术，其产品性能高于进口试剂盒。③基于高亲合力磁颗粒，开发出“肿瘤捕手”技术，实现了对循环肿瘤细胞的高效富集和检测，其产品性能显著高于国内外同类型产品。在纳米药物研发方面，基于富勒烯的纳米材料在癌症治疗方面显示出光明前景。我国已完成多项纳米药物制剂的初期研发工作，部分样品已进入临床审批环节。其中 1 个纳米新药——环孢素眼用乳剂已完成临床试验，处于新药证书审批环节；多个针对肿瘤类重大恶性疾病的纳米制剂已获得临床批件。

在能源环境纳米技术方面，我国科研人员在水处理、原油运输、特高压电网安全等方面发展出有特色的纳米技术，帮助偏远牧区居民喝到洁净水，降低了高蜡原油管道的输运成本，减少了电网污闪损失。

三、纳米材料的发展趋势

世界各国在纳米材料和纳米技术的基础研究方面，甚至在应用研究和产业化方面已经取得巨大进展。根据目前的技术发展状况判断，未来纳米材料的发展将呈现出如下的趋势：

（1）不断加强纳米材料研究中新原理、新方法和新技术的研究。研究纳米材料独特的物理化学性质，需要更精确、快速、实时、原位的表征手段；发掘和实现纳米材料的优异性能，需要适当的仪器设备。

（2）不断加强和尽快实现纳米材料的应用和产业化。例如，在环境治理、化学电源、太阳能、健康等领域，若干高性能纳米材料的制备技术已日益成熟；进一步应用和产业化这些纳米材料，不仅能为国家经济提供新的增长点，而且还可以促进基础研究，推动纳米材料的进一步发展。

（3）不断加强纳米相关材料和技术标准的制定，以统一标准，并为规范和合理应用纳米材料保驾护航。

参考文献

[1] Sun Y M，Liu N A，Cui Y. Promises and challenges of nanomaterials for lithium-based rechargeable batteries. Nat Energy，2016，1（7）：16071.

[2] Li W D，Song B H，Manthiram A. High-voltage positive electrode materials for lithium-ion batteries. Chem Soc Rev，2017，46（10）：3006-3059.

[3] Zhang H，Eshetu G G，Judez X，et al. Electrolyte additives for lithium metal anodes and rechargeable lithium metal batteries：Progresses and perspectives. Angew Chem Int Ed，2018，57：

2-28.

[4] Burschka J，Pellet N，Moon S J，et al. Sequential deposition as a route to high-performance perovskite-sensitized solar cells. Nature，2013，499（7458）：316-320.

[5] Nie Y，Li L，Wei Z D. Recent advancements in Pt and Pt-free catalysts for oxygen reduction reaction. Chem Soc Rev，2015，44（8）：2168-2201.

[6] Zhu C Z，Fu S F，Shi Q R，et al. Single-atom electrocatalysts. Angew Chem Int Ed，2017，56（45）：13944-13960.

[7] Martin D J，Liu G G，Moniz S J A，et al. Efficient visible driven photocatalyst，silver phosphate：Performance，understanding and perspective. Chem Soc Rev，2015，44（21）：7808-7828.

[8] Chen X，Zhang Q，Li J，et al. Rattle-structured rough nanocapsules with in-situ-formed gold nanorod cores for complementary gene/chemo/photothermal therapy. ACS Nano，2018，12（6）：5646-5656.

[9] Zhen M M，Shu C Y，Li J，et al. A highly efficient and tumor vascular-targeting therapeutic technique with size-expansible gadofullerene nanocrystals. Sci China-Mater，2015，58（10）：799-810.

[10] Qiao B T，Wang A Q，Yang X F，et al. Single-atom catalysis of CO oxidation using Pt_1/FeOx. Nat Chem，2011，3（8）：634-641.

[11] Guo X G，Fang G Z，Li G，et al. Direct，nonoxidative conversion of methane to ethylene，aromatics，and hydrogen. Science，2014，344（6184）：616-619.

[12] Jiao F，Li J J，Pan X L，et al. Selective conversion of syngas to light olefins. Science，2016，351（6277）：1065-1068.

[13] Zhong L S，Yu F，An Y L，et al. Cobalt carbide nanoprisms for direct production of lower olefins from syngas. Nature，2016，538（7623）：84-87.

[14] Lin L，Zhou W，Gao R，et al. Low-temperature hydrogen production from water and methanol using Pt/α-MoC catalysts. Nature，2017，544（7648）：80-83.

[15] Wei S，Li A，Liu J-C，et al. Direct observation of noble metal nanoparticles transforming to thermally stable single atoms. Nature Nanotechnology，2018，13（9）：856-861.

[16] Liu P，Zhao Y，Qin R，et al. Photochemical route for synthesizing atomically dispersed palladium catalysts. Science，2016，352（6287）：797-800.

Nanomaterial Research

Cao Changyan，*Song Weiguo*
（Institute of Chemistry，Chinese Academy of Sciences）

Nanotechnology has become the frontier in science and technology of the world，and has significant effect on the economy and society development. In December 2006，the Journal of IUPAC pointed out that the developed countries would become developing countries of the third world in the future without nanotechnology. Many countries，especially those leading in science and technology，list the developing nanotechnology as a national strategy. Nanotechnology also receives highly attention in China，which considers nanotechnology as "one of the areas in achieving leapfrog developments" in *The Outline of the National Medium-and Long-term Plan for Scientific and Technological Development*.

The development of nanotechnology is closely tied with the progress of nanomaterials. Compared with traditional bulk materials，nanomaterials usually show better properties in the mechanical performance，magnetism，light，electricity and thermal due to their size，quantum and surface effects. All these features make nanomaterials to be promising materials in various applications，including energy，environment，catalysis，biology，etc. In this paper，the new research progresses of nanomaterials in several important application fields are introduced and the prospect is forecasted.

2.5　有机－无机杂化钙钛矿材料研究新进展

陈永华[1]　王建浦[1]　黄　维[1，2*]

（1. 南京工业大学；2. 西北工业大学）

有机－无机杂化钙钛矿材料（如 $CH_3NH_3PbI_3$，简称"钙钛矿"）是目前最受研究

* 中国科学院院士。

者关注的材料体系之一，极具产业化前景。钙钛矿材料具有许多优异的光电物理化学性质，包括高吸光系数、高载流子迁移率、长的激子扩散距离及可用溶液法低温加工制备等，在光电器件领域占有重要的地位。近年来，为了贯彻资源节约型、环境友好型社会的发展理念，基于钙钛矿材料的光电器件的相关研究越来越多，也越来越深入。下面将重点介绍钙钛矿材料在光电器件领域的研究现状并对其未来做出展望。

一、钙钛矿光电器件国际重大进展

近年来，经过各国科学家的不断努力，以下几类钙钛矿光电器件取得了重大进展。

1. 钙钛矿太阳能电池

随着社会的发展，能源污染问题已变得日益严重。目前世界各地大规模使用的煤炭、石油类能源在其燃烧过程中会产生大量的环境污染物质（如硫氧化合物、氮氧化合物及有机污染物等）。因此，寻找并利用清洁可再生能源已迫在眉睫。

利用太阳能是解决能源问题的最有效途径之一。钙钛矿太阳能电池（图 1）是一种以有机 - 无机杂化钙钛矿材料作为光吸收层的新型光伏器件，因制备工具简单且光电转化效率（power conversion efficiency，PCE）得到了飞速提升，被 *Science* 评选为 2013 年十大科学突破之一。在 2017 年美国材料研究学会（Materials Research Society，MRS）的国际大会上，钙钛矿太阳能电池被认为是未来硅基太阳能电池的取代者。

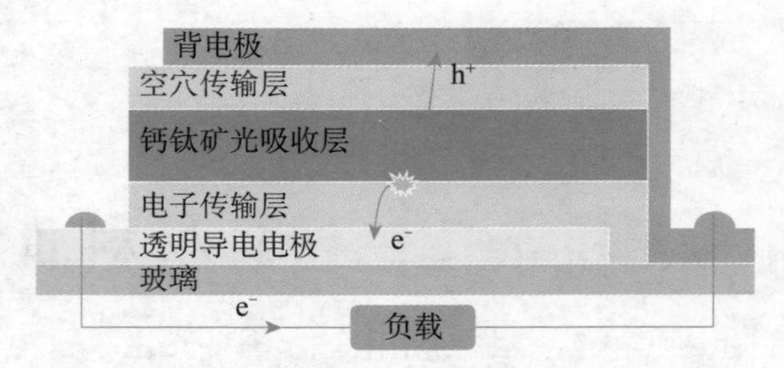

图 1　钙钛矿太阳能电池结构与工作原理示意图 [1]

2009 年，日本科学家 Miyasaka 首次报道了器件效率为 3.8% 的钙钛矿太阳能电池。钙钛矿材料由于易溶于极性的液体电解质中，故其器件稳定性极差 [2]。2012 年，英国 Snaith 小组用固态空穴传输材料代替液体电解质，将器件效率提高到 9%，并且发现这种杂化钙钛矿材料同时具有光吸收和电子传输性质；在利用绝缘的 Al_2O_3 代替传统的 TiO_2 后，器件效率进一步提高到 10.9%[3]。与此同时，瑞士 Grätzel 小组和韩国 Park 小组合作，利用固态空穴传输材料制备出 PCE 达 10% 的钙钛矿太阳能电池[4]。2013 年，瑞士 Grätzel 小组利用序列沉积方法，将器件效率提高到 15%[5]。同年，英国 Snaith 小组基于前期发现的钙钛矿双极输运性质，利用高真空沉积的方法，首次实现了 PCE 为 15.4% 的平面异质结钙钛矿太阳电池[6]。2014 年，美国 Yang 小组通过调控界面及电子传输层，将器件效率提高到 19.3%[7]。2015 年，韩国 Seok 等利用分子内交换的方法，制备出 PCE 达 20.1% 的钙钛矿太阳能电池[8]。2016 年，瑞士 Grätzel 团队通过引入铷离子，将钙钛矿太阳能电池效率提高到 21.6%[9]。2017 年，韩国 Seok 等通过向前驱液加入过量的碘离子，实现了 22.1% 的钙钛矿太阳能电池[10]。目前钙钛矿太阳能电池的认证 PCE 已达到 23.3%[11]，接近目前市场上的晶硅太阳能电池。2018 年 6 月，牛津光伏公司（Oxford Photovoltaics）研发的串联钙钛矿太阳能电池的 PCE 已达到 27.3%，超过了单结硅基电池 26.7% 的效率，进一步推进了其产业化发展[12]。

2. 钙钛矿发光二极管（LED）

钙钛矿发光二极管作为新一代的显示与照明工具，相较于现有的传统发光二极管具有诸多优势。与无机发光二极管相比，它可采用低温溶液进行处理，易于实现大面积柔性器件。此外，钙钛矿材料在高激发强度下具有高荧光量子效率，有望克服有机发光二极管及量子点发光二极管在高亮度条件下的低效率和短寿命的问题。因此，钙钛矿发光二极管兼具无机和有机 LED 的优势，在低成本、高亮度、大面积、柔性显示与照明领域展现出很大的应用潜力。

2014 年，剑桥大学 R. H. Friend 等[13]首次报道了基于三维钙钛矿的发光二极管；他们利用钙钛矿中卤素位置的调节，成功制备出外量子效率（external quantum efficiency，EQE）为 0.76% 的近红外钙钛矿发光二极管和 EQE 为 0.1% 的绿光钙钛矿发光二极管，掀起了钙钛矿发光二极管的研究热潮。随后，韩国 Tae-Woo Lee 等[14]采用反溶剂法来提高 $CH_3NH_3PbBr_3$ 薄膜的成膜质量，获得了 EQE 为 8.53%、电流效率（current efficiency，CE）达到 42.9cd A^{-1} 的绿光钙钛矿发光二极管。瑞士苏黎世联邦理工学院研究团队最近通过制备基于胶体钙钛矿的发光二极管[15]，获得了超纯“最绿色”的发光，并在此基础上制备出大面积（$3cm^2$）和可弯曲的柔性 LED。这些研究均显示了钙钛矿 LED 在照明与显示领域的巨大潜力。

3. 其他基于钙钛矿的光电器件

钙钛矿由于具有优异的半导体性质，除可用于上述的太阳能电池和发光二极管中，还可用于许多新一代人工智能光电器件（包括光电探测器、传感器等）中。光电探测器可通过电子过程检测光信号，在成像和生物传感中有很大的应用。美国加州大学洛杉矶分校的 Yang Yang 在 2014 年首次制备出基于钙钛矿的高检测灵敏度的光电探测器[16]。2016 年，美国内布拉斯加大学林肯分校黄劲松教授团队报道了超灵敏且价格低廉的钙钛矿 X 射线和伽马射线光电探测器[17]，这类钙钛矿探测器和传感器未来可广泛用于人工智能产业，具有非常好的应用前景。

二、钙钛矿光电器件国内发展现状

我国学者在钙钛矿光电领域几乎与国际同步，在多个方向做出了开创性研究，取得了世界领先的地位以及令人瞩目的成就。

1. 钙钛矿太阳能电池

我国在钙钛矿太阳能电池领域的研究处于国际一流水平，尤其是在稳定性、柔性、大面积钙钛矿光伏组件方面更是处于国际领先地位。

北京大学龚旗煌院士和朱瑞团队首次采用“胍盐辅助二次生长”技术调控钙钛矿半导体特性，将反式结构钙钛矿太阳能电池器件效率提高到 21%，创下了该类结构太阳能电池器件效率的最高纪录[18]。稳定性一直是制约钙钛矿电池发展的关键因素。华中科技大学韩宏伟开发出可印刷的介观钙钛矿太阳能电池，成功实现了稳定的钙钛矿光伏器件；重要的是该电池已达到严格的硅基电池检测的标准，为钙钛矿太阳能电池的产业化铺平了道路。我国在大面积钙钛矿模块的研究方面也取得重大突破[19, 20]。上海交通大学的韩礼元教授发现依赖于胺络合物前驱体向钙钛矿薄膜的快速转化过程，并在薄膜制备过程中通过施加一定的压力得到了致密均匀的钙钛矿薄膜；该技术可以在低温的空气中进行；通过优化工艺，利用该技术已成功制备出面积为 36.1cm^2、认证 PCE 达到 12.1% 的大面积钙钛矿太阳能电池，创造了这类电池新的世界纪录[21]。武汉理工大学程一兵院士团队在 5cm × 5cm 的柔性基板上，成功实现了由国家太阳能光伏产品质量监督检验中心认证的 11.4% 的 PCE，超过了 2017 年 9 月 25 日日本宣布的 10.5% 的 PCE。该团队还在 10cm × 10cm 玻璃基板钙钛矿太阳能电池制备方面实现了第三方（国家太阳能光伏产品质量监督检验中心）质检验证的 13.98% 的 PCE，其 PCE 为经过认证的最高效率[22]。

2. 钙钛矿发光二极管（LED）

我国钙钛矿 LED 的研究在国际上长期处于领跑地位。2014 年，西北工业大学黄维院士、南京工业大学王建浦教授团队在国内率先开展了钙钛矿发光器件的研究，通过界面调控与器件结构设计获得高质量钙钛矿薄膜，实现了 EQE 为 3.5% 的近红外光钙钛矿 LED 和亮度为 20 000cd m^{-2} 的绿光器件，性能均为当时钙钛矿 LED 的世界纪录，并且是最早一批报道的钙钛矿 LED 之一[23]。随后，他们在近红外钙钛矿 LED 方面取得突破性进展，构筑成功具有多量子阱结构的钙钛矿，将钙钛矿 LED 的 EQE 提高至 11.7%，创造了当时近红外钙钛矿 LED 效率的新的世界纪录[24]。在此基础上，他们进一步研究了钙钛矿 LED 中效率滚降的机制，将近红外钙钛矿 LED 的 EQE 进一步提高至 12.7%[25]。2018 年，他们利用添加剂自组装形成低缺陷、亚微米结构钙钛矿薄膜，实现了 EQE 超过 20% 的钙钛矿 LED[26]，性能媲美已产业化的有机 LED 和量子点 LED。另外，中国科学院半导体研究所游经碧团队利用准二维钙钛矿中的晶相工程（Phase engineering）及界面工程，成功将绿光钙钛矿 LED 的 EQE 提升到 14.36%，其 CE 高达 62.4cd A^{-1}[27]。随后，华侨大学魏展画团队将绿光钙钛矿 LED 的 EQE 进一步提升至 20% 以上[28]。这些突破性的成果说明钙钛矿 LED 技术突破了性能壁垒，将推动钙钛矿 LED 的产业化发展。

3. 其他基于钙钛矿的光电器件

黄维院士团队首次制备出全无机纳米晶钙钛矿闪烁晶体，开创了全溶液、低成本、宏量制备闪烁晶体的先河；这类晶体在 X 射线医疗诊断、工业探伤和物质分析等方面具有极佳的应用前景[29]。我国首次报道了基于钙钛矿的柔性宽带光敏电阻器[30]。在此背景下，李亮团队采用溶液处理法，用低成本的碳布兼做基底和导电电极，制备出柔性钙钛矿光电探测器；该探测器在紫外到近红外范围内具有很好的灵敏度和响应速度[31]。华中科技大学唐江团队首次制备出非铅钙钛矿的 X 射线探测器，为钙钛矿的无铅光电器件的开发及应用奠定了基础[32]。

三、面临挑战与发展趋势

经过世界各国科学家的努力，钙钛矿光电材料与器件的研究取得了很大的进展，但其发展仍然面临着很大的挑战。

（1）钙钛矿材料的稳定性一直都是其产业化需要解决的一个重要问题。目前在材料、器件结构及界面优化方面已取得进步，提升了钙钛矿光电器件的稳定性，但尚未达到产业化的要求。

（2）钙钛矿材料中铅元素的毒性是其产业化道路上需要解决的另一个重大问题。目前已发现许多在钙钛矿材料中可以替代铅元素的元素（如锡、铜、锗及银等），但利用这些元素制备的器件的性能还远不及目前铅基钙钛矿光电器件。

（3）大面积模块化生产钙钛矿光电器件仍处于萌芽期，如何发展制备工艺来进行可控的大面积生产也是一个巨大的挑战。钙钛矿型材料的溶液可加工性让大面积旋涂和喷墨打印具有很大的潜能。

参考文献

［1］杨旭东，陈汉，毕恩兵，等．高效率钙钛矿太阳电池发展中的关键问题．物理学报，2015，64：038408.

［2］Miyasaka T，Kojima A，Teshima K，et al. Organometal halide perovskites as visible-light sensitizers for photovoltaic cells. Journal Of the American Chemical Society，2009，131：6050-6051.

［3］Snaith H J，Lee M M，Teuscher J，et al. Efficient hybrid solar cells based on meso-superstructured organometal halide perovskites. Science，2012，338：643-647.

［4］Grätzel M，Kim H-S，Lee C-R，et al. Lead iodide perovskite sensitized all-solid-state submicron thin film mesoscopic solar cell with efficiency exceeding 9%. Scientific Reports，2012，2：591.

［5］Grätzel M，Bwrschka J，Pellet N，et al. Sequential deposition as a route to high-performance perovskite-sensitized solar cells. Nature，2013，499：316-319.

［6］Snaith H J，Liu M Z，Johnston M B，et al. Efficient planar heterojunction perovskite solar cells by vapour deposition. Nature，2013，501：395-398.

［7］Yang Y，Zhou H P，Chen Q，et al. Interface engineering of highly efficient perovskite solar cells. Science，2014，345：542-546.

［8］Seok S I，Yang W S，Jeon N J，et al. High-performance photovoltaic perovskite layers fabricated through intramolecular exchange. Science，2015，348：1234-1237.

［9］Grätzel M，Saliba M，Matsui T，et al. Incorporation of rubidium cations into perovskite solar cells improves photovoltaic performance. Science，2016，354：206-209.

［10］Seok S I，Yang W S，Park B-W，et al. Iodide management in formamidinium-lead-halide-based perovskite layers for efficient solar cells. Science，2017，356：1376-1379.

［11］NREL. Best research-cell efficiencies. https://www.nrel.gov/pv/assets/pdfs/pv-efficiencies-07-17- 2018. pdf［2018-07-17］.

［12］能源界．牛津光伏采用创纪录的钙钛矿串联太阳能电池，转换效率达到 27.3%. http://www.nengyuanjie.net/article/11746.html［2018-06-27］.

［13］ Friend R H，Ling Y C，Yuan Z，et al. Bright light-emitting diodes based on organometal halide perovskite. Nature Nanotechnology，2014，9：687-692.

［14］ Lee T，Cho H，Jeong S-H，et. al. Overcoming the electroluminescence efficiency limitations of perovskite light-emitting diodes. Science，2015，350：1222-1225.

［15］ Kumar S，Jagielski J，Kallikounis N，et. al. Ultrapure green light-emitting diodes using two-dimensional formamidinium perovskites：Achieving recommendation 2020 color coordinates. Nano Letters，2017，17：5277-5284.

［16］ Yang Y，Dou L，You J B，et al. Solution-processed hybrid perovskite photodetectors with high detectivity. Nature Communications，2014，5：5404.

［17］ Huang J S，Wei H T，Fang Y J，et al. Sensitive X-ray detectors made of methylammonium lead tribromide perovskite single crystals. Nature Photonics，2016，10：333-339.

［18］ Gong Q H，Luo D Y，Yang W Q，et al. Enhanced photovoltage for inverted planar heterojunction perovskite solar cells. Science，2018，360：1442-1446.

［19］ Han H W，Mei A Y，Li X，et al. A hole-conductor-free，fully printable mesoscopic perovskite solar cell with high stability. Science，2014，345：295-298.

［20］ Han H W，Liu L F，Mei A Y，et al. Fully printable mesoscopic perovskite solar cells with organic silane self-assembled monolayer. Journal of the American Chemical Society，2015，137：1790-1793.

［21］ Han L Y，Chen H，Ye F，et al. A solvent-and vacuum-free route to large-area perovskite films for efficient solar modules. Nature，2017，550：92-95.

［22］ 刘志伟 . 这项“诺奖”不管颁给谁，我们已走在世界前列 . http://www.stdaily.com/index/kejixinwen/2017-09/30/content_581482.shtml［2017-09-30］.

［23］ Huang W，Wang J P，Wang N N，et al. Interfacial control toward efficient and low-voltage perovskite light-emitting diodes. Advanced Materials，2015，27：2311-2316.

［24］ Huang W，Wang N N，Cheng L，et al. Perovskite light-emitting diodes based on solution processed self-organized multiple quantum wells. Nature Photonics，2016，10：699-704.

［25］ Huang W，Zou W，Li R Z，et al. Minimising efficiency roll-off in high-brightness perovskite light-emitting diodes. Nature Communications，2018，9：608.

［26］ Huang W，Cao Y，Wang N，et al. Perovskite light-emitting diodes based on spontaneously formed submicrometre-scale structures. Nature，2018，562：249-253.

［27］ You J B，Yang X L，Zhang X W，et al. Efficient green light-emitting diodes based on quasi-two-dimensional composition and phased engineered perovskite with surface passivatior. Nature Communications，2018，9：570.

[28] Wei Z H，Lin K B，Xing J，et al. Perovskite light-emitting diodes with external quantum efficiency exceeding 20 percent. Nature，2018，562：245-248.

[29] Huang W，Chen Q，Wu J，et al. All-Inorganic perovskite nanocrystal scintillators. Nature，2018，561：88-93.

[30] Xie Y，Hu X，Zhang X D，et al. High-Performance flexible broadband photodetector based on organolead halide perovskite. Advanced Functional Materials，2014，24：7373-7380.

[31] Li L，Sun H X，Lei T Y，et al. Self-powered，flexible，and solution-processable perovskite photodetector based on low-cost carbon cloth. Small，2017，13：1701042.

[32] Tang J，Pan W C，Wu H D，et al. $Cs_2AgBiBr_6$ single-crystal X-ray detectors with a low detection limit. Nature Photonics，2017，11：726-732.

Organic-Inorganic Hybrid Perovskite Materials

Chen Yonghua[1]，*Wang Jianpu*[1]，*Huang Wei*[1，2]

(1. Nanjing Tech University；2. Northwestern Polytechnical University)

Organometal halide perovskite is one of the nominations for the 2017 Nobel Prize in Chemistry，which shows its importance in academia and industry. Through the efforts of scholars around the world，perovskites have shown promising applications in the field of photovoltaics，lighting，display，detector，and sensor. In this progress，we briefly reviewed the research progress of perovskite optoelectronics，including perovskite solar cells，perovskite light-emitting diodes，perovskite photodetectors，sensors，and transistor etc. Moreover，the challenges and development trends of perovskite optoelectronics are also demonstrated.

2.6 光电子材料与器件技术新进展

张 韵 王智杰 刘 喆

（中国科学院半导体研究所）

光电子材料与器件是信息技术的核心，体现着国家科技和国防的实力，对促进可持续发展、提高人民生活水平具有重要的意义。光电子材料与器件技术是半导体及固体物理学、材料学、光学、电子学、计算机学等多学科交叉和渗透的前沿领域，强有力地支撑和引领着5G移动通信、太赫兹、智能终端、新型显示、量子通信等新一代信息技术的迅猛发展，其进展日新月异。下面将重点介绍近几年国内外该技术的重大进展并展望其未来。

一、国际重大进展

1. 红外及太赫兹光电子材料与器件

近年来，基于化合物半导体材料及其低维结构的光电子器件受到广泛重视。分子束外延（MBE）、金属有机化学气相沉积（MOCVD）、超微细原子加工等技术的发展为实现AlGaAs/GaAs二维电子气（2DEG）等材料低维结构的生长、量子器件的研制创造了条件。这类量子器件具有超高频（>1000GHz）、超高集成度（>1010个元器件每平方厘米）、高效低功耗和极低阈值电流密度、极高量子效率、高调制速度与极窄带宽及高特征温度等优势。美国、日本、西欧等发达国家或地区集中人力和物力，建立了10多个相关研究中心或实验基地[1]。

计算表明，量子阱激光器阈值电流可低至0.1mA，而量子线激光器可低至2μA。对于零维系统，阈值电流密度可低至$14A/cm^2$[2]。垂直腔面发射微腔激光器（VCSEL），具有尺寸小、动态单纵模、窄光束、垂直于衬底出光和便于集成等优点。作为数据中心主要数据传输器，850nm VCSEL阵列模块的总体比特率已从100Gbps提升至200Gbps乃至Tbps等级，预计到2020年即有400Gbps的VCSEL光收发模块用于云端数据中心。940nm VCSEL因在便携式通信终端中可作为面部特征辨识器件而备受关注[3]。量子级联激光器[4]在中远红外夜视、光学雷达、红外通信、大气污染监测、工业烟尘分析、化学过程监控、太赫兹技术等方面有广泛的应用。英国利兹大学成功制备出最高输出功率达 1.56W 的太赫兹量子级联激光器，其激射频率为 3.4THz[5]。

2. 二维材料与光电子器件

二维材料是一类具有奇特光电子特性的材料，涵盖了石墨烯、拓扑绝缘体、过渡金属硫化物、黑磷、锑烯、铋烯等几十种不同的层状材料。二维材料在光电检测及逻辑集成器件方面具有很重要的应用价值。

二维过渡金属硫化物光电探测器在从红外到紫外的光谱范围内具有很高的响应速率。Lopez-Sanchez 等制备出单层的二硫化钼光电晶体管，其响应度在波长 561nm 达到 880A/W[6]。纽约州立大学利用机械剥离法制备出 WSe_2 薄片，用这种薄片制作的双极结晶体管具有 1000 的电流增益和 40 的光电流增益[7]。

来自英国曼彻斯特大学的 Marcelo Lozada-Hidalgo 教授和 Andre K. Geim 教授发现 Pt 纳米粒子修饰的石墨烯可以增强质子的传输能力，得到 10^4A/W 的光响应度[8]。石墨烯的费米能级可以通过外电场调节，将石墨烯转移到硅基光波导表面，可以实现波导型调制和 0.1dB/μm（分贝 / 微米）的消光，是世界上最小的宽带电光调制器。

新加坡国立大学鲍桥梁等制备出基于石墨烯的锁模激光器，其脉宽 756fs、重复频率 1.79MHz[9]。此外，石墨烯光电混频器可实现“光域”信号和“电域”信号的直接混频。2016 年，法国的研究人员基于石墨烯研制出载波频率为 30GHz 的光电混频器，其等效变频损耗约 35dB[10]。日本的研究人员实现了 120GHz 的光电混频[11]。

3. 宽禁带光电子材料与器件

宽禁带半导体材料氮化镓（GaN）和碳化硅（SiC）具有高效的光电转化能力、高温性能稳定等优势。2014 年，赤崎勇、中村修二和天野浩因“发明高效 GaN 基蓝光发光二极管，带来明亮而节能的白色光源的贡献”获得诺贝尔物理学奖[12]。2015 年，日本情报通信研究机构结合光提取技术，在 350mA 电流下实现了 90mW 的 265nm 的深紫外光输出[13]。2017 年，日本科学家首次使深紫外 LED 的 EQE 超过 20%[14]。此外，GaN 基 Micro LED 是继 OLED 之后备受关注的新型显示技术，具有每一个像素可定址、单独驱动点亮、像素点距离在微米级、全彩主动式显示、反应速度比 LCD 快 10 倍等特点。苹果公司于 2014 年 5 月收购 LuxVue Technology 公司，完成对 Micro LED 的技术储备。在新型照明领域，GaN 基激光器避免了传统 LED 大电流下效率 Droop 现象，是理想的高密度注入固态光源。德国欧司朗公司将激光照明用在宝马 i8 汽车的远光灯上[15]。2016 年阿卜杜拉国王科技大学利用蓝光激光器激发钙钛矿纳米晶，获得了白光显色指数 89、色温 3236K 的白光光源[16]。

4. 钙钛矿光电子材料与器件

钙钛矿材料具有优异的光电性能，其载流子扩散长度可达微米量级，并且具有长的载流子寿命、很高的载流子迁移率和强烈的宽带隙吸收等特点。在不到 10 年的时间内，钙钛矿太阳能电池的光电转换效率（photoelectric conversion efficiency，PCE）从 3.8% 提高到 22%[17]，稳定的大面积电池 PCE 也达到 15%[18]。

此外，钙钛矿优异的光物理性能，如高的光量子效率、缺陷态小的俘获截面及可见光区域发光波长的可调性[19]，使其在发光领域也具有很大的应用价值。2014 年 Richard H. Friend 组制备出室温下的绿光钙钛矿 LED，其 EQE 和内量子效率（internal quantum efficiency，IQE）分别为 0.1% 和 0.4%[20]。

2015 年，Haiming Zhu 采用溶液法生长出高质量的单晶钙钛矿纳米线，并制备出波长可调、低阈值和高品质因子的纳米线激光器[21]。基于钙钛矿材料的光电二极管探测器展示出高探测灵敏度和低暗电流的特性[22]。基于钙钛矿单晶的 X 射线探测器和 γ 光子集成探测器，具有敏感性高、响应速度快、信噪比高及成本低等优点[23, 24]。

5. 硅基光电子材料与器件

硅基光子技术是基于硅和硅基衬底材料［如SiGe/Si、绝缘衬底上的硅（silicon-on-insulator，SOI）等］，利用现有的互补金属氧化物半导体（complementary metal oxide semiconductor，CMOS）工艺，进行光器件开发和集成的新一代技术，包括波导、光栅、偏振分束器、混频器、滤波器、调制器、探测器和激光器等[25]。

近年来，硅基的光波导、光开关、调制器和探测器等基本光学元件已发展得比较成熟。2013 年，IBM 报道了在 90nm CMOS 工艺线上集成了电路和光路的 25Gbps 的 WDM 系统，第一次实现了真正意义上的单片光电集成[26]。2015 年，美国多所大学的合作研究证明了芯片内通信采用光互联技术的可行性。来自美国的科研队伍，成功将光子器件与最先进的纳米电子器件集成在单个硅芯片上。2016 年，混合硅基光子集成芯片已包含 400 个单元器件，整体芯片传输容量可达到 2.56Tb/s[27]。

二、国内研发现状

我国的光电子材料与器件起步虽晚，但进展迅速，与最先发展光电子技术的发达国家的差距不断缩小，已接近发达国家的水平。

1. 红外及太赫兹光电子材料与器件

杨瑞青等报道了 InAs/GaInSb/AlSb 的 II 型子带间级联激光器的成功研制[28]。这种II型结构有着低阈值、高工作温度、高量子效率和高输出功率及宽的波长范围等优点，但由于锑化物材料制备技术还不成熟，II型子带间级联激光器走向实用还有很长的路。中国科学院半导体研究所报道的宽脊高温工作二级光栅面发射量子级联激光器，其室温激射波长 4.56μm，输出功率突破 1.8W，最高工作温度达到 115℃[29]。

2. 二维材料与光电子器件

北京大学刘忠范课题组研制出旋转双层石墨烯光电探测器件，并使之与等离子激元纳米结构耦合，使光电流增强了 80 倍[30]。浙江大学硅材料国家重点实验室报道了一种基于掺杂硅量子点和石墨烯杂化结构的晶体管型光电探测器，实现了从紫外光（375nm）到中红外光（4μm）的超宽光谱探测，其性能处于国际先进水平[31]。清华大学报道了基于石墨烯的波长 / 色彩可调 LED，该 LED 在获得优异的颜色保真度的同时，还可使显示器件内的发光单元数目显著减小，从而极大地优化了驱动电路并降低了功耗[32]。

3. 宽禁带光电子材料与器件

更宽禁带半导体材料［如氮化铝（AlN）、氧化镓（Ga_2O_3）］，特别是金刚石的研发有了令人可喜的进展，国内多个大学和研究单位均研制出较大尺寸的金刚石薄膜及体材料，并得到初步应用。

4. 钙钛矿光电子材料与器件

中国科学院半导体研究所制备出 PCE 高达 21.6% 的平面异质结钙钛矿电池，这是目前世界上同类电池结构中 PCE 的最高值[33]；同时制备出 $MAPb(I_{1-x}Cl_x)_3$ 基平面钙钛矿太阳能电池，其最高 PCE 达到 20.5%，是当时同类材料电池 PCE 的最高纪录[34]。上海交通大学的韩礼元团队开发出面积为 $36.1cm^2$ 的钙钛矿电池模块，在国际认证机构首次获得了 12.1% 的认证效率[35]。

5. 硅基光电子材料及器件

中国科学院半导体研究所制备出含隧道结构的大功率量子阱激光器宽谱光源，其中心波长为 1060nm，脉冲激射功率 50mW，光谱宽度为 38nm[36]；同时实现了在低温缓冲层上生长锗材料，以及 12 路锗 - 硅光电探测器阵列的制造，其性能在探测带宽为 20GHz 以上时表现良好[37]。北京大学开发的硅基相干发射及传输系统的单路发射与接收可达到 30Gbps，并在 80km 传输情况下显示出比其他技术更好的能耗效率[38]。中山大学与英国伦敦大学合作，制备出国际上首例硅基外延生长电抽运室温连续工作分布反馈式（distributed-feedback，DFB）激光器阵列芯片，其阈值电流为

12mA，边模抑制比为 50dB[39]。

三、发展趋势

根据国内外光电子材料与器件技术的发展现状及其应用价值判断，未来该技术将表现出如下的发展趋势。

（1）低维量子材料及器件的研发将引领光电子技术的发展。

量子器件已成为引领器件研制前沿的重要领域，与信息技术的迅速发展密切相关。追求高性价比、高运转速度和高可靠性，是器件实现高度集成化的驱动力。低维量子结构中载流子的输运、复合、跃迁及其调控规律将成为重要的研究课题。实用化的低维器件首先可能在量子点激光器和量子点红外探测器上实现突破，进而研制出基于单电子器件的高密度存储芯片。而量子干涉器件和分子电子学器件要实现真正的实用化，还有较长的路要走。

（2）便携式低成本的光电子器件将是实现光电子技术新应用的重要方向。

研发出既清洁环保又能够高效利用的新能源，已成为当今世界能源研究的主要议题。基于有机及钙钛矿材料的光伏器件，可制备成柔软可弯曲且重量非常轻的装置，尤其适合制备便携式设备，是绿色可再生能源领域的一个重要研究方向。利用可溶液加工的半导体材料，可以制备出大面积、光照柔和、轻便可弯曲的照明器件，其形状可任意剪裁，色彩可随意选择。这不仅可以满足传统的照明需求，而且还能引领生活的艺术品位。

（3）满足特定需求的高性能光电子材料与器件日益受到重视。

宽禁带半导体是未来高科技发展的重要方向之一，基于 GaN 等材料的照明材料及器件需满足超高能效、高品质、全光谱的要求；同时需开发大尺寸衬底、核心配套材料与关键装备。围绕“宽带中国”、“三网融合”、“中国制造 2025”及 5G 移动通信，高密、高速、可调等高端光电子器件的研制及封装工艺技术、异质材料光波导间的阵列耦合设计与工艺技术、异质材料间的高速电信号匹配与高速封装工艺技术、III-V 族器件与硅基器件的高性能集成、光波导间低损耗、低回损耦合技术等都是中国亟待突破的关键技术。

参考文献

[1] 郑伟 . 半导体量子电子和光电子器件分析 . 无线互联科技，2017，（14）：65-66.

[2] Miyamoto Y，Miyake Y，Asada M，et al. Threshold current density of GaInAsP/InP quantum-box lasers. IEEE Journal of Quantum Electronics，1989，25（9）：2001-2006.

［3］Cheng C H，Shen C C，Kao H Y，et al. 850/940-nm VCSEL for optical communication and 3D sensing. Opto-Electronic Advances，2018，1：180005.

［4］Faist J，Capasso F，Sivco1 D L，et al. Quantum cascade laser. Science，1994，264（5158）：553.

［5］Li L H，Zhu J X，Chen L，et al. The MBE growth and optimization of high performance terahertz frequency quantum cascade lasers. Opt Express，2015，23（3）：2720-2729.

［6］Lopez-Sanchez O，Lembke D，Kayci M，et al. Ultrasensitive photodetectors based on monolayer MoS_2. Nature Nanotechnology，2013，8（7）：497.

［7］Agnihotri P，Dhakras P，Lee J U. Bipolar junction transistors in two-dimensional WSe_2 with large current and photocurrent gains. Nano Letters，2016，16（7）：4355-4360.

［8］Lozada-Hidalgo M，Zhang S，Hu S，et al. Giant photoeffect in proton transport through graphene membranes. Nature Nanotechnology，2018，13（4）：300-303.

［9］Bao Q L，Zhang H，Wang Y，et al. Atomic-layer graphene as a saturable absorber for ultrafast pulsed lasers. Advanced Functional Materials，2010，19（19）：3077-3083.

［10］Montanaro A，Mzali S，Mazellier J-P，et al. Thirty gigahertz optoelectronic mixing in chemical vapor deposited graphene. Nano Lett，2016，16（5）：2988-2993.

［11］Zhu H O，Xu X T，Tian X Q，et al. A thresholdless tunable raman nanolaser using a ZnO-graphene superlattice. Advanced Materials，2016，29（2）：1604351.

［12］屠海令 . 加强宽禁带半导体材料的研发与应用 . 科技导报，2017，35（23）：1.

［13］Inoue S-i，Naoki T，Kinoshita T，et al. Light extraction enhancement of 265 nm deep-ultraviolet light-emitting diodes with over 90 mW output power via an AlN hybrid nanostructure. Applied Physics Letters，2015，106（13）：131104.

［14］Takano T，Mino T，Sakai J，et al. Deep-ultraviolet light-emitting diodes with external quantum efficiency higher than 20% at 275 nm achieved by improving light-extraction efficiency. Applied Physics Express，2017，10（3）：031002.

［15］陈乌兰 . 德国宝马表示正致力高亮度激光车灯研发 . http://news.cheshi.com/20110905/401150.shtml［2011-09-05］.

［16］Dursun I，Shen C，Parida M R，et al. Perovskite nanocrystals as a color converter for visible light communication. Acs Photonics，2016，3（7）：1150-1156.

［17］Yang W S，Park B-W，Jung E H，et al. Iodide management in formamidinium-lead-halide-based perovskite layers for efficient solar cells. Science，2017，356（6345）：1376-1379.

［18］Chen W，Wu Y Z，Yue Y F，et al. Efficient and stable large-area perovskite solar cells with inorganic charge extraction layers. Science，2015，350（6263）：944-948.

[19] Priante D，Dursun I，Alias M S，et al. The recombination mechanism and true green amplified spontaneous emission in $CH_3NH_3PbBr_3$ perovskite. Appl Phys Lett，2015，106（8）：081902.

[20] Tan Z-K，Moghaddam R S，Lai M L，et al. Bright light-emitting diodes based on organometal halide perovskite. Nat Nanotechnol，2014，9（9）：687-692.

[21] Zhu H M，Fu Y P，Meng F，et al. Lead halide perovskite nanowire lasers with low lasing thresholds and high quality factors. Nat Mater，2015，14（6）：636-642.

[22] Dou L T，Yang Y，You J B，et al. Solution-processed hybrid perovskite photodetectors with high detectivity. Nat Commun，2014，5：5404.

[23] Wei H T，Fang Y J，Mulligan P，et al. Sensitive X-ray detectors made of methylammonium lead tribromide perovskite single crystals. Nature Photonics，2016，10（5）：333-339.

[24] Yakunin S，Dirin D N，Shynkarenko Y，et al. Detection of gamma photons using solution-grown single crystals of hybrid lead halide perovskites. Nat Photonics，2016，10（9）：585-589.

[25] 王兴军，苏昭棠，周治平 . 硅基光电子学的最新进展 . 中国科学：物理学 力学 天文学，2015，45（1）：014201.

[26] Assefa S，Shank S，Green W，et al. A 90nm CMOS integrated nano-photonics technology for 25Gbps WDM optical communications applications// Electron Devices Meeting. IEEE，2012：33.8.1-33.8.3.

[27] Fang A W，Lively E，Kuo Y H，et al. A distributed feedback silicon evanescent laser. Optics Express，2008，16（7）：4413.

[28] Yang R Q，Yang B H，Zhang D，et al. High power mid-infrared interband cascade lasers based on type-II quantum wells. Applied Physics Letters，1997，71（17）：2409-2411.

[29] Yao D Y，Zhang J C，Cathabard O，et al. 10-W pulsed operation of substrate emitting photonic-crystal quantum cascade laser with very small divergence. Nanoscale Research Letters，2015，10（117）：1-6.

[30] Yin J B，Wang H，Peng H，et al. Selectively enhanced photocurrent generation in twisted bilayer graphene with van Hove singularity. Nature Communications，2016，7：10699.

[31] Ni Z Y，Ma L L，Du S C，et al. Plasmonic silicon quantum dots enabled high-sensitivity ultrabroadband photodetection of graphene-based hybrid phototransistors. ACS Nano 2017，11（10）：9854-9862.

[32] Wang X M，Tian H，Mohammad M A，et al. A spectrally tunable all-graphene-based flexible field-effect light-emitting device. Nature Communications，2015，6：7767.

[33] Jiang Q，Zhang L Q，Wang H L，et al. Enhanced electron extraction using SnO_2 for high-efficiency planar-structure HC（NH_2）$2PbI_3$-based perovskite solar cells. Nature Energy，2016，2（1）：

16177.

[34] Yue S Z，Liu K，Xu R，et al. Efficacious engineering on charge extraction for realizing highly efficient perovskite solar cells. Energy Environ Sci，2017，10（12）：2570-2578.

[35] Chen H，Ye F，Tang W T，et al. A solvent-and vacuum-free route to large-area perovskite films for efficient solar modules. Nature，2017，550（7674）：92-95.

[36] Wang H L，Zhou X L，Yu H Y，et al. Ultrabroad stimulated emission from quantum well laser. Appl Phys Lett，2014，104（25）：251101.

[37] Xue C，Xue H，Cheng B，et al. Ge-on-SOI PIN photodetector array for parallel optical interconnects. J Light wave Technol，2009，27（24）：5687-5689.

[38] Li T，Zhang J，Yi H，et al. Low-voltage，high speed，compact silicon modulator for BPSK modulation. Opt Express，2013，21（20）：23410-23415.

[39] Wang Y，Chen S，Yu Y，et al. Monolithic quantum-dot distributed feedback laser array on silicon. Optica，2018，5（5）：528-533.

Optoelectronic Materials and Devices

Zhang Yun，*Wang Zhijie*，*Liu Zhe*

（Institute of Semiconductors，Chinese Academy of Sciences）

Optoelectronic materials and devices is the core of information technology，which reflects the national science and technology and national defense capability，promotes sustainable development and improves people's living standards. The development of optoelectronic materials and devices advances with each passing day. It is the forefront field of cross-disciplinary penetration of semiconductors physics，solid state physics，materials science，optics，electronics，computer science，micro-nano processing，and so on. Optoelectronic materials and devices has led the rapid development of next-generation information technologies such as 5G mobile communications，terahertz，smart terminals，new displays，and quantum communications. In this paper，we summarize the advances in optoelectronic materials and prospected its future.

2.7　材料计算设计技术新进展

杜　强[1]　谢建新[2*]

（1. 挪威科技工业研究所；2. 北京科技大学）

材料科学与工程是物理、化学、计算机和信息技术等多学科交叉与融合发展形成的一门学科[1]。材料计算设计技术是材料科学与工程的共性关键技术，是 21 世纪以来发展最快、作用和重要性日益突显的学科分支之一，有力地支撑了新材料的研发和应用，促进了材料科学技术自身的发展。下面重点介绍近几年该技术的发展现状并展望其未来。

一、国际重大进展

自 2011 年美国提出作为先进制造业伙伴关系的重要组成部分的“材料基因组计划”（Materials Genome Initiative，MGI）以来，欧盟、日本、中国和印度等地区和国家相继启动了各自的“材料基因组计划”。材料基因组计划的重点是构建计算 - 实验 - 数据三大创新平台，发展高效计算、高通量实验和大数据等关键技术，并通过“理性设计 - 高效实验 - 大数据技术”的深度融合，以及全过程的协同创新，来加速新材料的发展。近年来，以并发式自动流程高效计算、集成计算材料工程（Integrated Computational Materials Engineering，ICME）、材料大数据与机器学习等为代表的材料计算设计新技术得到快速发展。

1. 基于多尺度物理模型集成的新材料新工艺计算设计

基于多尺度物理模型集成的新材料新工艺计算设计，已经历数十年的发展。它的快速发展催生了集成计算材料工程领域[2, 3]。集成（或多尺度）计算材料工程以连续介质力学、计算相图与扩散 / 界面动力学为基石[4]，可以跨越时空尺度来研究工程材料的微观组织演化，并预测其重要的力学、电化学、电磁等性能[5]。

多尺度模拟涉及一系列微观 - 介观 - 宏观尺度的模型方法和计算工具，包括有限元方法、相场方法、蒙特卡罗（Monte Carlo）方法、元胞自动机、晶体塑形有限

* 中国工程院院士。

元、弹黏塑性 自洽模型等。这些模型可分为三大类：直接精细建模法（direct detailed modeling approach）、物理内部变量法和频率分布函数法。相场方法[6, 7]是典型的直接精细建模法，可以准确描述（甚至达到原子尺度）形核[8]、凝固[9]、固态相变[10]与再结晶[11]现象。相场方法在核辐射材料[12]、聚合物纳米复合材料[13]设计方面得到了应用。但这类方法计算时间长，对工业合金或材料在复杂服役条件下仅能做定性预测，限制了它在工业界的进一步推广。

与直接精细建模法完全相反，物理内部变量法[14, 15]计算量小，容易运行。典型的物理内部变量法是已广泛应用的 Johnson-Mehl-Avrami-Kohnogorov（JMAK）唯象模型、Scheil-Gulliver 模型和联系晶粒尺寸与材料强度关系的 Hall-Petch 等简单甚至半经验模型。这类模型通常被用作子模型，嵌入工艺过程模拟中，以计算潜热释放、强化析出相颗粒的平均尺寸及分数，或再结晶分数，以及材料的本征性能等。物理内部变量法尽管可在一定程度上描述工艺 / 材料模拟的复杂度，并用最小的计算资源取得不错的模拟精度，但预测能力并不高。随着高性能计算和软件技术的快速发展，非常有必要填补直接精细建模法与物理内部变量法之间的空当。

填补空当的是频率分布函数法；它以 Kampmann-Wagner Numerical（KWN）模型[16]和 Maxwell-Hellawell 晶粒尺寸预测模型为代表[17]，可以使计算效率、模型精度与预测能力取得很好平衡。在国际上该领域已取得众多研究结果，在铝合金方面的应用最为成功，已被成功应用到预测 AA3xxx[18-20]与 AA6xxx 铝合金[21]均质化热处理过程中的无沉淀析出区的形成、枝晶间二次相转变，AA6060 铝合金的 up-quenching[22, 23]，以及工业合金的时间 - 温度 - 沉淀析出曲线图[24]。

如文献[25]所述，这三类方法是互补的。直接精细建模法可看作是计算实验，用来验证物理内部变量法和频率分布函数法；而内部变量法和频率分布函数法在面向工业应用的多尺度模拟方面具有优势；频率分布函数法是以应用为导向的材料基因工程研究的重点方向之一。

总之，基于多尺度物理模型的集成模拟可实现对材料、制备加工工艺的快速优化与设计，突破了以大量经验积累和简单循环试错为特征的“经验寻优”的传统研究模式，为材料设计提供了一个新的范式。

2. 基于第一原理的材料计算设计

最初的基于第一原理的材料计算设计研究，可追溯到计算量子力学及分子动力学。这方面研究催生的美国材料基因组计划，把其在新材料设计及性能预测方面的应用推向了新高度[26, 27]。Peter Rogl 等指出基于密度泛函理论的第一原理计算及分子动力学计算在材料设计中的强大作用[28]。这方面的成功案例很多，许多具备优异性能的材料现在可以先于实验室在电脑上合成[29, 30]。在结构材料中，Sandlöbes 与其合作者，基于第一原理计算设计，在实验中合成了基于固溶体提高塑形的新型镁合金[31]；证实把第一原理计算与先进实验结合，可以鉴定与解释复杂工业合金的关键微观组织特征，进而实现合金设计。在功能材料中，Yim 等采用自动流程第一原理计算，扫描大约 1800 种二元及三元演化物，成功筛选出可用于新一代电子设备（包括电脑的处理器、闪存等）的高阈值电介质材料[32]。第一原理计算也用在石墨烯等新兴材料的探索中，Nath 等用第一原理计算了掺杂硼和氮的石墨烯引起的电子和光学特性的改变[33]。Huber 等采用量子力学与分子动力学结合的方法，来研究溶质原子在晶界处的偏析；Huber 的工作对晶界结构等理论框架的搭建有重要指导意义[34]。基于第一原理的模拟计算，可以显著节约研究费用，缩短研究时间，并取得投入与产出比为 7 ∶ 1 的良好回报[35]。

3. 基于大数据及人工智能的材料与制备加工工艺计算设计

人工智能及大数据技术在新材料新工艺计算设计方面已得到越来越多的应用。如何从海量材料数据中挖掘、分析出有关机理与模型，是一个非常具有挑战性的任务。科学家们一直在不断开发新的数据挖掘方法与技术。一个很重要的趋势是：材料学家将一些已广泛普及到在线购物、数字照片脸部识别等领域的算法，应用到材料大数据研究中。美国的 Materials Project[36] 与欧洲的 Novel Materials Discovery Laboratory（NOMAD）[37] 是目前世界上两个重要的材料数据中心的建设项目。NOMAD 研究中心的 Bryan Goldsmith 与其合作者，最近报道了一个非常有意义的研究结果[38]。他们使用分子动力学模拟，在 −173 ～ 541℃计算了 24 400 种独立的含有 5 ～ 14 个原子的金原子团簇的电离势及电子亲和力等性质；此后，采用“subgroup discovery”数据分析技术，研究了金原子团簇所含的原子数目与其物理化学性质之间的关联。这种基于数据挖掘的创新性研究，不但重新发现了这类材料已知的物理规律，而且还做出了一些意想不到的预测。美国西北大学的研究人员，利用人工智能技术来加速金属玻璃材料的开发与研制；用已经发表的实验数据与物理化学模拟计算结果，训练电脑，以实现机器学习[39]。这种方法与高通量实验手段的结合，使三元 Co-V-Zr 金属玻璃合金的研发速度提高 200 倍。以上这些研究工作，证实了人工智能辅助的材料基因工程的巨大潜力。

二、国内研发现状

改革开放 40 年来，我国科学家在材料计算设计、制备加工工艺模拟仿真、材料数据整合与平台建设等方面开展了大量卓有成效的研究，取得一系列重要的进展。例如，利用大规模第一原理计算，创立了以虚拟结构和数论方法为基础的晶格反演方法，建立了近 1000 种有效的原子间相互作用的势库，使之成为在原子尺度上进行材料计算模拟的有力工具，在国际上具有独特的地位；基于热力学原理的相图预测计算等大量研究在国际上具有重要影响。

“十二五”以来，国家 973 计划、863 计划先后设立 10 多个与材料计算设计相关的项目，包括：2014 年 1 月启动的我国第一个有关材料基因工程的 973 计划项目“集成高通量实验与计算的钛合金快速设计的基础研究”；863 计划有关“多组分材料跨尺度集成设计”、“基于材料基因工程的高通量设计技术”等项目。国家自然科学基金委员会对材料计算设计研究给予长期支持，大大促进了相关基础研究的发展[40，41]。

2016 年我国启动“十三五”重点专项“材料基因工程关键技术与支撑平台”，目的是在我国推广“材料基因工程”（Materials Genome Engineering，MGE）的理念和方法，以变革传统材料的研发模式，发展“理性设计指导下的高效实验”新模式，以提高新材料的研发效率，降低研发成本。该专项的主要方向之一是发展高效计算模拟技术，以实现新材料、新性能的高效筛选和快速发现。该方向重点布局三个任务：①多尺度集成化高通量计算模型、算法和软件；②高通量并发式材料计算算法和软件；③高通量自动流程材料集成计算算法和软件。目前，高通量材料计算理论与方法、计算技术与软件，依托国家超级计算平台的大规模并发式计算环境的建设，面向材料性能预测与工程应用的多尺度集成化计算等，已取得一些进展[42-44]。

在德国工业 4.0 和中国制造 2025 等有关计划的驱动下，智能制造技术的开发应用受到广泛重视。基于材料大数据技术与机器学习来发现新知识、新规律，以及材料设计与工艺优化等材料研究的“第四范式”，已成为研究热点。目前北京科技大学、西北工业大学、上海大学、北京航空航天大学等单位，已在高温合金、高强高导铜合金、铁电等功能材料的成分与组织性能设计方面开展了一些研究工作，取得较多进展[45，46]。

三、发展趋势

微观组织及其控制是材料科学与工程学科的核心和关键问题。微观组织演化涉及多个复杂的非线性过程[47]，研究者们希望能找到一个数学工具，可以直接描述如扩散 / 位移相变、晶粒粗化、空穴位错动力学等相互纠缠的现象。这个方向最值得关注的研究是热力学变分准则及其应用。热力学极值变分准则是对材料科学学科中传输理论、相变等数学模型的高度概括，是相场等数值模拟方法的理论基石。该准则的应用可保证对任何复杂现象都能给出精度可调的数值解，这对实现多尺度耦合非常重要。

基于 Cahn、Cocks 及 Suo 等的开创性理论工作[47-51]，Du 等将热力学极值准则应用于沉淀相长大模拟，从而推导出沉淀相颗粒周围溶质扩散层厚度演化控制的方程，建立了新的沉淀相长大模型，并用该模型成功模拟了镍基高温合金的沉淀相析出[52]。这个工作指明了一条开发简捷有效微观组织数学模型的途径，为开发微观组织模型奠定了理论基础。该方向的研究会极大提高材料模拟的预测能力，为未来的工业合金设计与工艺优化打下坚实的基础。

此外，任何有实用意义的材料计算设计研究都应充分考虑在企业应用过程中遇到的瓶颈。分析欧盟在其预算经费为 800 亿欧元的科研框架计划“地平线 2020”中两个与材料基因组计划相关的研究主题，可以提供一些借鉴意义。一个是加速材料模拟在企业中的应用（Accelerating the uptake of materials modelling software），另一个是采用模拟仿真来解决材料生产中的问题（Adopting materials modelling to challenges in manufacturing processes）。这两个主题包括开发模型链接方法及降低执行材料模拟的复杂度等研究。这两个主题分别从 2018 年和 2019 年起实施，欧盟希望借此把现有的材料模拟软件推广到企业，并为企业解决生产中的实际问题。这两个主题的重点是提高模拟软件预测的精度，确保用户界面友好，模拟结果处理简单，从而方便企业研发中心、科研院所等机构用户对材料计算模拟的使用。在企业研发中心、科研院所等机构推广该平台，可帮助这些机构用较少的资金与时间投入，实现新材料、新工艺的开发及现有工艺的优化，并最终帮助金属材料加工企业实现产业升级与智能制造。

同时，材料计算设计需要集成大数据技术、人工智能技术、高性能计算技术等的最新进展。在确保集成模拟计算的准确性基础之上，促进多学科交叉；而提高模拟平台的可扩展性与智能属性，是现在迫切需要解决的问题。需要强调人工智能对发展材料计算设计技术的重要作用。人工智能增强的材料计算设计技术，可极大提高材料研究者对海量数据与复杂的工艺－成分－结构－性能关系的处理能力。

材料计算设计技术的主要发展方向为：①创新传统的第一原理计算、热力学计算和动力学计算、相场模拟等方法，以期在材料成分设计、组织性能预测等方面取得突破性进展；②发展基于材料基因工程理念和关键技术的高效计算设计技术，包括基于并发式计算和自动流程计算的高通量筛选技术、基于 ICME 的多层次和跨尺度计算，以及组织性能与工艺优化技术、基于大数据与机器学习的新效能发现、新材料设计、组织性能与工艺优化技术等。

参考文献

[1] Cahn R W. The coming of materials. Science，2001：New York.

［2］ Council N R. Integrated Computational Materials Engineering：A Transformational Discipline for Improved Competitiveness and National Security. Washington，DC：The National Academies Press，2008：152.

［3］ Allison J. Integrated computational materials engineering：A perspective on progress and future steps. Jom，2011，63（4）：15-18.

［4］ Ågren J. Thermodynamics and diffusion coupling in alloys——application-driven science. Metallurgical and Materials Transactions A，2012，43（10）：3453-3461.

［5］ Taylor C D，Lu P，Saal J，et al. Integrated computational materials engineering of corrosion resistant alloys. npj Materials Degradation，2018，2（1）：6.

［6］ Chen L Q. Phase-field Models for microstructure evolution. Annual Review of Materials Research，2002，32（1）：113-140.

［7］ Asadi E，Zaeem M A. A review of quantitative phase-field crystal modeling of solid-liquid structures. Jom，2015，67（1）：186-201.

［8］ Gránásy L，Tegze G，Pusztai T，et al. Phase-field crystal modelling of crystal nucleation，heteroepitaxy and patterning. Philosophical Magazine，2011，91（1）：123-149.

［9］ Yu F Y，Wei Y H，Ji Y Z，et al. Phase field modeling of solidification microstructure evolution during welding. Journal of Materials Processing Technology，2018，255：285-293.

［10］ Zhu B，Chen H，Militzer M. Phase-field modeling of cyclic phase transformations in low-carbon steels. Computational Materials Science，2015，108：333-341.

［11］ Takaki T，Yamanaka A，Tomita Y，et al. Multi-phase-field simulations for dynamic recrystallization. Computational Materials Science，2009，45（4）：881-888.

［12］ Li Y，Hu S Y，Sun X，et al. A review：Applications of the phase field method in predicting microstructure and property evolution of irradiated nuclear materials. npj Computational Materials，2017，3（1）：16.

［13］ Shen Z-H，Wang J J，Lin Y H，et al. High-throughput phase-field design of high-energy-density polymer nanocomposites. Advanced Materials，2018，30（2）：1704380.

［14］ Rappaz M. Modelling of microstructure formation in solidification processes. International Materials Reviews，1989，34（1）：93-124.

［15］ Grong O，Shercliff H R. Microstructural modelling in metals processing. Progress in Materials Science，2002，47（2）：163-282.

［16］ Wagner R，Kampmann R. Homogeneous second phase precipitation//Cahn R W，Haasen P，Kramer E J. Materials science and technology：A comprehensive treatment. Weinheim：VCH，1991：213-303.

[17] Maxwell I，Hellawell A. A simple model for grain refinement during solidification. Acta Metallurgica，1975，23（2）：229-237.

[18] Du Q，Poole W J，Wells M A，et al. Microstructure evolution during homogenization of Al-Mn-Fe-Si alloys：Modeling and experimental results. Acta Materialia，2013，61（13）：4961-4973.

[19] Gandin C A，Jacot A. Modeling of precipitate-free zone formed upon homogenization in a multi-component alloy. Acta Materialia，2007，55（7）：2539-2553.

[20] Håkonsen A，Mortensen D，Benum S，et al. Modelling the metallurgical reactions during homogenisation of an AA3103 alloy//Grandfield J F，Eskin D G. Essential Readings in Light Metals. Cham：Springer International Publishing，2016：1028-1035.

[21] Liu C L，et al. Microstructure evolution during homogenization of Al-Mg-Si-Mn-Fe alloys：Modelling and experimental results. Transactions of Nonferrous Metals Society of China，2017，27（4）：747-753.

[22] Myhr O R，Grong Ø. Modelling of non-isothermal transformations in alloys containing a particle distribution. Acta Materialia，2000，48（7）：1605-1615.

[23] Myhr O R，Grong Ø，Schäfer C. An extended age-hardening model for Al-Mg-Si alloys incorporating the room-temperature storage and cold deformation process stages. Metallurgical and Materials Transactions A，2015，46（12）：6018-6039.

[24] Robson J D，Jones M J，Prangnell P B. Extension of the N-model to predict competing homogeneous and heterogeneous precipitation in Al-Sc alloys. Acta Materialia，2003，51（5）：1453-1468.

[25] Holmedal B，Osmundsen E，Du Q. Precipitation of non-spherical particles in aluminum alloys part I：Generalization of the Kampmann-Wagner Numerical Model. Metallurgical and Materials Transactions A，2016，47（1）：581-588.

[26] Jain A，Persson K A，Ceder G. Research update：The materials genome initiative：Data sharing and the impact of collaborative ab initio databases. APL Materials，2016，4（5）：053102.

[27] Curtarolo S，Setyawan W，Wanga S，et al. AFLOWLIB.ORG：A distributed materials properties repository from high-throughput ab initio calculations. Computational Materials Science，2012，58：227-235.

[28] Rogl P，Podloucky R，Wolf W. DFT calculations：A powerful tool for materials design. Journal of Phase Equilibria and Diffusion，2014，35（3）：221-222.

[29] Jain A，Shin Y，Persson K A. Computational predictions of energy materials using density functional theory. Nature Reviews Materials，2016，1：15004.

[30] Hautier G，Jain A，Ong S P. From the computer to the laboratory：Materials discovery and design using first-principles calculations. Journal of Materials Science，2012，47（21）：7317-7340.

[31] Sandlöbes S，Pei Z，Friák M，et al. Ductility improvement of Mg alloys by solid solution：Ab initio modeling，synthesis and mechanical properties. Acta Materialia，2014，70：92-104.

[32] Yim K，Yong Y，Lee J，et al. Novel high-κ dielectrics for next-generation electronic devices screened by automated ab initio calculations. Npg Asia Materials，2015，7：e190.

[33] Nath P，Chowdhury S，Sanyal D，et al. Ab-initio calculation of electronic and optical properties of nitrogen and boron doped graphene nanosheet. Carbon，2014，73：275-282.

[34] Huber L，Grabowski B，Militzer M，et al. Ab initio modelling of solute segregation energies to a general grain boundary. Acta Materialia，2017，132：138-148.

[35] Christodoulou J A. Integrated computational materials engineering and materials genome initiative：Accelerating materials innovation. Advanced Materials & Processes，2013，171（3）：28-31.

[36] Jain A，Ong S P，Hautier G，et al. Commentary：The materials project：A materials genome approach to accelerating materials innovation. APL Materials，2013，1（1）：011002.

[37] Ghiringhelli L，Christian C，Sergey V L，et al. Towards a common format for computational material science data. https://www.researchgate.net/publication/305401479_Towards_a_Common_Format_for_Computational_Material_Science_Data[2016-12-30].

[38] Bryan R G，Boley M，Vreeken J，et al. Uncovering structure-property relationships of materials by subgroup discovery. New Journal of Physics，2017，19（1）：013031.

[39] Ren F，Ward L，Williams T，et al. Accelerated discovery of metallic glasses through iteration of machine learning and high-throughput experiments. Science Advances，2018：4（4）.

[40] Wang L X，Fang G，Qian L Y. Modeling of dynamic recrystallization of magnesium alloy using cellular automata considering initial topology of grains. Materials Science and Engineering：A，2018，711：268-283.

[41] Xi B L，Fang G，Xu S W. Multiscale mechanical behavior and microstructure evolution of extruded magnesium alloy sheets：Experimental and crystal plasticity analysis. Materials Characterization，2018，135：115-123

[42] Shi S X，Zhu L G，Zhang H，et al. Mapping the relationship among composition，stacking fault energy and ductility in Nb alloys：A first-principles study. Acta Materialia，2018，144：853-861.

[43] Wang Y W，Zhang W Q，Chen L D，et al. Quantitative description on structure-property relationships of Li-ion battery materials for high-throughput computations. Sci Technol Adv Mater. 2017，18：134-146.

[44] Shi S X，Zhu L G，Zhang H，et al. Strength and ductility of niobium alloys with nonmetallic elements：A first-principles study. Materials Letters，2017，189：310-312.

[45] Lu W C，Xiao R J，Yang J，et al. Data mining-aided materials discovery and optimization. J Materiomics，2017，3：191-201.

[46] 史迅，杨炯，陈立东，等．“材料基因组”方法加速热电材料性能优化．科技导报，2015，33：60-63.

[47] Carter W C，Taylor J E，Cahn J W. Variational methods for microstructural-evolution theories. Jom，1997，49（12）：30-36.

[48] Fischer F D，Svoboda J，Petryk H. Thermodynamic extremal principles for irreversible processes in materials science. Acta Materialia，2014，67（0）：1-20.

[49] Cocks A C F，Gill S P A，Pan J Z. Modeling microstructure evolution in engineering materials. Advances in Applied Mechanics，1999，36：81-162.

[50] Suo Z，Motions of microscopic surfaces in materials. Advances in Applied Mechanics，1997，33：193-294.

[51] Hillert M，Agren J. Extremum principles for irreversible processes. Acta Materialia，2006，54（8）：2063-2066.

[52] Du Q，Friis J. Modeling precipitate growth in multicomponent alloy systems by a variational principle. Acta Materialia，2014，64：411-418.

Materials Design and Simulation Technology

Du Qiang[1]，*Xie Jianxin*[2]

［1. SINTEF Research Institute（Norway）；2. University of Science and Technology Beijing］

In this paper the state-of-art in the three research fronts of modeling approaches and tools for materials design and processing optimization，i.e. multi-scale multi-physics models，ab-initio calculation，big data and artificial intelligence，has been highlighted. The vital role of these modeling approaches in materials research is revealed. We also point out that the future direction is to deepen the integration of these multi-disciplinary approaches. It is expected that materials modeling，built on the first principle calculation，molecular dynamics，vast amount of thermodynamic/thermophysical database，classical theories on phase transformation，recrystallization，texture，microstructure-property relations（mechanical，electrochemical，electrical and magnetics）and big data，Artificial intelligence and high-performance computing，will be arising as the key enabler for any research break-through. The core of materials science and engineering, i.e., alloy chemistry-microstructure-properties will remain to be the main theme in the coming new era while the predictive powers of these numerical efficient and reliable modeling approaches will be brought to such a level that they would be the first choice for novel materials design and processing optimization.

第三章

能源技术新进展

Progress in Energy Technology

3.1 天然气水合物开采技术新进展

李小森

（中国科学院广州能源研究所）

天然气水合物（natural gas hydrate，NGH）是一种在低温高压状态下由天然气和水生成的一种笼形结晶化合物，外形如冰雪，遇火即燃，俗称“可燃冰”。标准状态下 $1m^3$NGH 可释放出 164 ～ $200m^3$ 的天然气。NGH 具有极高的能量密度，单位体积燃烧热值为煤的 10 倍，传统天然气的 2 ～ 5 倍。自然界中的 NGH 主要存在于海洋大陆架的沉积物层和陆地冻土带，且分布十分广泛，迄今至少在 116 个地区发现了 NGH[1, 2]。目前全球天然气水合物矿藏中天然气总储量为 10^{15} ～ 10^{18} 标准立方米，其有机碳约占全球有机碳的 53.3%，约为现有地球常规化石燃料（石油、天然气和煤）总碳量的 2 倍，储量巨大。因此，NGH 作为未来非常有潜力的战略替代能源，已成为当代能源科学研究的一大热点[3]。世界各国尤其是发达国家及能源短缺国家高度重视 NGH 的开采研究，如美国、日本、加拿大、德国、韩国、印度、中国等都制定了 NGH 研究开发计划，美国和日本甚至提出 2020 年前后实现 NGH 商业性开发的目标[4]。中国也提出 2030 年实现商业开采 NGH 的宏伟目标。下面将着重介绍天然气水合物开采技术的最新进展并展望其未来。

一、国际重大进展

与常规油气藏资源不同的是，NGH 以固体形式胶结在沉积物中。开采 NGH 的基本思路是通过改变 NGH 稳定存在的温 - 压环境（即 NGH 相平衡条件），来激发固体 NGH 在储层原位分解成天然气和水后，再将天然气采出。据此原理提出的几种常规 NGH 分解方法包括：降压法、注热法、注化学试剂法、二氧化碳置换及联合开采法[5]。NGH 的开采是一项复杂的系统工程，涉及的关键物理化学过程包括：水合物形成分解、相态变化，分解气体和液体从分解界面向开采井的渗流、热质传递，以及由于水合物分解而导致的沉积层结构变化、储层变形、产砂等过程。这些过程相互影响和制约，导致 NGH 开采难度大、成本高，地层稳定和产砂安全控制难度也大。

全球目前开展 NGH 试开采的地区有四处：加拿大、美国分别于 2002 ～ 2008 年、2012 年开展了冻土区 NGH 试采，日本分别于 2013 年及 2017 年完成了日本南海海槽

NGH 的两次试采，中国 2017 年在中国南海神狐海域成功开展了 NGH 试采。

1. 美国

2016 年 4 月 13 日，美国国家能源技术实验室（National Energy Technology Laboratory，NETL）开展相关工作，来表征自然界中的天然气水合物矿床及评估它们在自然环境中起到的作用，以支持有关水合物储层对潜在生产活动的响应的基础性实验室和数值模拟研究，水合物系统的形成和演化的研究，以及系统对不同时空尺度下自然扰动的响应的现场、实验室和数值模拟研究。这项工作主要开展两方面的专题研究：①水合物系统对潜在生产活动的响应；②水合物系统对自然环境变化的响应。

2017 年 5 月，美国开展 UT-GOM2-1 航次的天然气水合物钻探，进行两口井的钻探和取心，以评估墨西哥湾深水区砂质储层中的天然气水合物的性质和赋存情况。钻井位于 2009 年墨西哥湾天然气水合物联合工业计划中第二航次（JIP Leg II）的 GC955-H 井附近，即洛杉矶 Fourchon 港以南约 145mi[①] 的 Green Canyon 区域，水深约 2000m。

2. 日本

2013 年 3 月 12 日，为了证实降压法开采深水海洋 NGH 的可行性，在日本经济产业省（Ministry of Economy，Trade and Industry，METI）资助下，日本石油天然气和金属国家公司（Japan Oil，Gas and Metals National Corporation，JOGMEC）在日本南海海槽东部进行了海洋水合物的试开采。试采方案包括钻探一口产出井和两口监测井，获得了大量的井底压力、温度、岩心样品等数据资料。在试采过程中，井底压力从 13.5MPa 降至 4.5MPa。此次产气持续 6 天，总共产甲烷气 12 万 m^3。试采过程由于大量产砂，于 3 月 18 日被迫中止。

2017 年 4 月 7 日，日本“地球”号驶往第二渥美海丘，开始实施第二次海域 NGH 试采的准备工作。针对第一次海域试采中存在的主要技术问题（出砂、井下气水分离、长期生产的稳定性等），日本制定了解决方案，并在实际场地进行验证，以获取更长期试采和未来商业化所需的储层响应数据。

第二次海域试采的目的之一是验证第一次海域试采中遇到的主要技术问题的解决方案，因此选择了与第一次海域试采的实施站位和条件相近的场地（第二渥美海丘附近）。这次试采从距离渥美半岛西南约 80km 海域的两处候选站位中选定了一处，作为最终的试采站位；利用采取不同防砂措施的 2 口生产井，进行阶段性降压产气试验

① 1mi=1609.344m。

（13.5MP—7MP—5MP—3MP）。首先利用安装有预先膨胀的 GeoFORM 防砂系统的生产井，实现了为期 3 ～ 4 周的持续产气；然后利用安装有在井下才膨胀的 GeoFORM 防砂系统的生产井，实现了为期 1 周的持续产气。据日本经济产业省官方网站 2017 年 5 月 15 日的报道[6]，由于大量砂流入生产井内（出砂堵塞），日本决定当天稍早时候临时中断产气试验；在为期 12 天的产气试验中累计产气量为 3.5 万 m^3，日均产气量显著低于第一次海域试采。

3. 印度

印度在水合物开发方面雄心勃勃，其国家水合物项目 NGHP-01 航次的首要目标之一就是对印度半岛东部的克里希纳—戈达瓦里（Krishna Godavari，KG）盆地进行科学钻探和取心、测井和分析，以评估水合物赋存的区域地质构造、分布概况和水合物产状特征；其长期目标是达到在代价合理和安全模式下开采作为潜在能源的天然气水合物。

2015 年 3 ～ 7 月，印度在其东部海域的 KG 盆地和默哈讷迪（Mahanadi）盆地实施了 NGHP-02 航次。该航次对 25 口钻井进行了随钻测井，测井总长达 6659m；在 10 个站位取心，总作业时间长达 5 个月。本航次号称为迄今最全面的专门的天然气水合物调查，使用日本建造的全世界最先进的深水钻探船“地球”号；主要针对砂质储层中的高饱和度水合物，探索未来开采的可能性。他们使用带有球阀保压取心工具（PCTB）的保压取心系统，取心 104 次，采集保压岩心共长 156m，取得 390 个常规岩心，其中沉积剖面取心长度为 2834m。

二、国内主要进展

近年来，我国在南海北部陆坡东沙、神狐、西沙、琼东南 4 个海区，开展了 NGH 资源调查。2007 年，中国地质调查局与广州海洋地质调查局（Guangzhou Marine Geological Survey，GMGS）联合，首次在神狐海域钻获了 NGH 岩心。2013 年，中国地质调查局首次公布，在珠江口盆地钻获了大量层状、块状、脉状及分散状等多种类型的可燃冰样品，并发现超千亿方可燃冰的大型矿藏。2015 年 9 月，GMGS3 钻探航次在神狐海域的细颗粒沉积物和粗砂及碳酸盐沉积物中，发现了大量的不同饱和度的可视化 NGH，证实神狐海域具有广阔的 NGH 资源前景[7]。2016 年，GMGS4 钻探航次在神狐海域的钻探结果进一步证实了 GMGS3 次的钻探结果，即在神狐海域发现的泥质沉积物中存在大量的高饱和度 NGH，同时在该区域还发现了 II 型水合物的存在[8]。据国土资源部估算，仅南海 NGH 的总资源量就达到 643.5 亿～ 772.2 亿吨油当量，约相当于我国陆上和近海石油天然气总资源量的 1/2[9]。此外，我国还拥有丰富的冻土区 NGH 资源。2008 年 11 月，在青海省祁连山南缘永久冻土带取得了水合物实物样品；据估算 NGH 资源约 350 亿吨油当量[10]。因此，面对储量如此巨大的能源资源，如果能够进行安全可控的开采，可以使我国天然气的供给更加充足，降低能源对外依存度，保障能源安全，优化能源结构；这将对我国的能源格局产生重大影响。

我国政府非常重视 NGH 的研究，国务院颁发了《天然气发展“十三五”规划》，在规划中明确提出，要加强 NGH 基础研究工作，重点攻关开发技术等难题，做好技术储备。2016 年，祁连山冻土 NGH 试采技术与工程，完成了三井地下水合物层水平定向对接施工，并成功进行了开采试验[11]，连续试采排空试燃 23 天，采气量达 1078m^3。2017 年 5 月，中国地质调查局组织实施南海神狐海域 NGH 试采，在无成功先例、无成熟团队、无成熟平台、无成熟工艺的情况下，从水深 1266m 海底以下 203 ～ 277m 的 NGH 矿藏开采出天然气，并实现连续 60 天的稳定产气，累计产气量超过 30.9 万 m^3。这次试采全面完成了试验和科学测试的目标，取得了我国 NGH 开发的历史性突破[12]。此外，本次试采还实现了三项重大理论的自主创新：①初步建立“两期三型”成矿理论，并指导在南海准确圈定找矿靶区；②初步创建 NGH 成藏系统理论，指导试采实施方案的科学制定；③初步创立“三相控制”开采理论，指导精准确定试采降压区间和路径。

2017 年天然气水合物的试采成功是我国首次、也是世界第一次成功实现了全球资源量占比 90% 以上、开发难度最大的泥质粉砂型 NGH 的安全可控开采，为实现 NGH 的产业化储备了技术，积累了宝贵经验，取得了理论、技术、工程和装备的自主创新，打破了我国在能源勘查开发领域长期“跟跑”的局面，实现了由“跟跑”到“领跑”的历史性跨越，对保障能源安全、推动绿色发展、建设海洋强国具有重要而深远的意义。2017 年 11 月，国务院批准将 NGH 列为新矿种，这将使我国 NGH 的勘探开发工作更快地进入新阶段。可燃冰的试采虽然取得圆满成功，但其商业化开采依然任重而道远，还需要解决诸多的技术难题。因此，需要尽快深化 NGH 基础理论的研究，优化完善 NGH 开采工艺，建立适合我国资源特点的开发和利用 NGH 的技术体系。

三、未来待解决的关键技术问题

1.NGH 基础物性测量研究

国内外关于 NGH 基础物性测量方面的研究自 20 世纪 80 年代以来就已广泛开展，

从最初的纯水体系经溶液体系，已发展到21世纪进展很快的复杂多孔介质体系。从全球范围来看，在不同体系条件下，NGH的热力学、光学、电学和力学特性等均开展了一定程度的研究，预计在今后10～20年内仍需要投入大量的精力，积累和校正上述方面的基础数据。我国在这方面并不落后，起步阶段基本能够跟踪国外先进水平的研究热点和方向，在导热系数测定、相平衡条件测定等若干方面甚至走在国际的前列，取得了比较丰富的实验和数值模拟数据和结果；但在测试手段方面，跟美国等发达国家相比尚处于追踪阶段，缺乏原创性的测试手段和方法。

2. 经济、高效、安全的NGH开采技术

NGH开采方法在NGH能源利用中占有突出位置，主要有热激法、降压法、化学试剂法等，各有其优缺点；如能联合多种方式开采，将有可能提高开采效率并节约成本。基础实验与理论研究（包括NGH原位基础物性、理论模型、分子动力学模拟、数值模拟开发等），在NGH资源开采中占有重要地位，可为开采方法的发展提供有效的指导。NGH开采方法在不断探索和改进中，会变得更加经济、高效、安全。

我国在实验室内的NGH开采基本原理和方法研究方面做得比较系统和完善，各种方法的NGH分解规律的研究也开展得较为深入，在实验现象的基础上已总结出国内外比较认可的研究结论，尤其是对人造岩心中常规开采方法条件下的NGH分解过程的研究更突出。然而，我国缺乏对野外实地条件下的试验性开采过程的验证，目前的研究尚处于实验室阶段，下一步需要试开采的验证。另外，在新型开采方式的探索方面（包括天然气原位燃烧开采、利用NGH方法原位开采以及CO_2置换开采等），我国也开展了研究，创新了理论，形成了具有自主知识产权的实验室成果；这方面的成果也需要实际NGH开采过程的验证和完善。

在NGH开采方法和开采流程方面，需要针对NGH的特殊条件，参考现有深海油气田的开发经验，系统研究从钻井、NGH分解到气体产出的完整过程的各个环节。我国在这方面尚处于试验性开采的前期理论研究阶段，今后需把它作为重点突破的方向。

3. 全面、综合的NGH环境影响评估

NGH开采对环境的影响包括对地质、气候及海洋构件的影响。NGH以沉积物的胶结物形式存在，其开采将导致NGH分解，从而影响沉积物的强度，甚至会引起海底滑坡、浅层构造变动，诱发海啸、地震等地质灾害，并对NGH开采钻井平台、井筒、海底管道等海洋构件产生影响。另外，甲烷气体的温室效应明显高于CO_2，如果大量泄漏会引起温度上升，影响全球气候变化。因此，应研究水合物沉积层及开采井

周边的基础特性，分析沉积层稳定性及海底结构物的安全性，确立海底滑坡及气体泄漏的判别标准，开发相关数学模型及安全评价方法。

依靠科技进步，保护海洋生态，促进 NGH 勘查开采产业化的进程，可为推进绿色发展、保障国家能源安全做出新的更大贡献。未来我国需要继续加大 NGH 资源的勘查力度，为产业化提供资源基础；加大理论、技术、工程、装备的研究力度，为产业化提供技术储备；依靠科技进步保护海洋生态，为产业化提供绿色开发的基础；研究勘探开发管理的规范性文件和产业政策，为产业化提供相关保障。针对我国南海 NGH 的成藏特征，需要开展 NGH 开采关键技术、地质安全及环境影响评价的研究，以解决海洋 NGH 商业化开采的关键科学与技术问题，建立 NGH 商业化开采及装备技术体系。中国虽然已进入 NGH 调查研究的世界先进行列，但在开采方面还处于关键技术的攻关阶段，到 2030 年实现 NGH 的商业开发依然任重而道远。

参考文献

[1] Sloan E D，Koh C A. Clathrate Hydrates of Natural Gases. Marcel Dekker Inc，2008.

[2] 蒋国盛，王达，汤凤林 . 天然气水合物的勘探与开发 . 武汉：中国地质大学出版社，2002.

[3] Moridis G J，Collett T S，Pooladi-Darvish M，et al. Challenges，uncertainties，and issues facing gas production from gas-hydrate deposits. Spe Reserv Eval Eng，2011，14：76-112.

[4] Vedachalam N，Srinivasalu S，Rajendran G，et al. Review of unconventional hydrocarbon resources in major energy consuming countries and efforts in realizing natural gas hydrates as a future source of energy. J Nat Gas Sci Eng，2015，26：163-175.

[5] 刘乐乐，张旭辉，鲁晓兵 . 天然气水合物地层渗透率研究进展 . 地球科学进展，2012，27：733-746.

[6] Konno Y，Fujii T，Sato A，et al. Key findings of the world's first offshore methane hydrate production test off the coast of Japan：Toward future commercial production. Energ Fuel，2017，31：2607-2616.

[7] Liang J Q，Lu J A，Zhang Z J，et al. Preliminary results of China's third gas hydrate drilling expedition：A critical step from discovery to development in the South China Sea. Fire in the Ice，2015，15：1-5.

[8] Yang S，Liang J，Lei Y，et al. GMGS4 gas hydrate drilling expedition in the South China Sea. Fire in the Ice，2017，17：7-11.

[9] 付强，周守为，李清平 . 天然气水合物资源勘探与试采技术研究现状与发展战略 . 中国工程科学，2015，09：123-132.

[10] 祝有海，张永勤，文怀军，等 . 青海祁连山冻土区发现天然气水合物 . 地质学报，2009，83：

1762-1771.

[11] 张永勤，李鑫森，尹浩，等 . 祁连山天然气水合物水平试采井对接成功 . http://www.cgs.gov.cn/gzdt/zsdw/201607/t20160722_344362.html[2016-07-14].

[12] 南京市国土资源局江宁分局 . 南海深处的冰与火——聚焦我国海域天然气水合物（可燃冰）成功试采 . http://www.jsmlr.gov.cn/njjn/gtzx/ztzl/kxpj/201708/t20170823_564550.htm[2017-05-24].

Hydrate Production Technology

Li Xiaosen

(Guangzhou Institute of Energy Conversion，Chinese Academy of Sciences)

Within the framework of sustainable development，energy supply and energy security are important factors for both the developed countries and developing countries. Natural gas hydrate can be regarded as alternative energy source in future due to huge reserves of methane gas trapped in hydrate bearing formations. Although the precise estimation of the gas reserves in methane hydrate all over the world is uncertain and the estimation vary from 10^{15} to 10^{18} m^3. The gas reserves in gas hydrate is considered huge. The common perception can be expressed that gas hydrates contain most of the methane on earth and account for roughly a third of the mobile organic carbon all over the world. Growing energy demands has brought increased attention to the potentially immense quantity of methane held in natural gas hydrates，which leads to a significant acceleration of the investigation of gas hydrates over the past two decades. In this work，we will report the process in hydrate production technology from 2014 to 2018 and prospect the future.

3.2 生物质能技术新进展

蒋剑春* 孙云娟 孙 康

（中国林业科学研究院林产化学工业研究所）

生物质能是重要的新能源，技术成熟，应用广泛，在应对全球气候变化、解决能源供需矛盾、保护生态环境等方面发挥着重要作用。它也是唯一可再生的碳源，具有低污染、分布广泛等特点。据国际能源署（International Energy Agency，IEA）预测，到 2050 年全球生物质能源占能源消费比重将达到 50%[1]。而我国每年农林纤维类废弃物资源总量达 20.02 亿 t。因此，生物质能技术的发展空间巨大[2-6]。各国正在采用各种转化技术有效地开发和利用生物质能，目前技术成熟且综合效益较高的主要有生物质发电、生物燃气、生物质成型燃料和生物液体燃料等。下面将从以上四个方面重点介绍生物质能技术的现状并展望其未来。

一、国际重大新进展

生物质种类繁多且复杂，因此，生物质能的利用技术比化石燃料等其他能源更为复杂多样。生物质的利用不再局限于简单的燃烧手段，而是基于现代技术的高效利用。根据不同的生产工艺，开发和利用生物质能可形成不同类型的终端产品，提供电能、热能和交通能源等。

（一）生物质发电

生物质发电是把生物质先转化为可燃气体再利用燃烧来发电的技术，是目前世界上技术最成熟、规模最大的现代化生物质利用技术。

截至 2015 年，全球生物质发电装机容量约 1 亿 kW，其中美国 1590 万 kW、巴西 1100 万 kW[7]。美国有 350 多座生物质发电站，提供大约 6.6 万个工作岗位。芬兰没有化石燃料资源，是欧盟国家中利用生物质发电最成功的国家之一，其生物质发电量占全国发电量的 11%。奥地利成功推行了建立燃烧木材剩余物的区域供电站的计划，已拥有装机容量为 1 ～ 2MW_e 的区域供热站 80 ～ 90 座，使其生物质能在总能耗

* 中国工程院院士。

中的比例由原来的 2% ～ 3% 激增到约 25%。比利时和奥地利的生物质气化 / 外燃式燃气轮机发电技术，以及美国的史特林循环发电技术等，可在提高发电效率的前提下降低生产成本。

生物质气化联合循环发电（biomass integrated gasification combined cycle，BIGCC）的效率可达 40%，英国和美国各有 3 个 6 ～ 10MW_e 示范项目。示范工程项目见表 1。

表 1　BIGCC 示范工程

位置	技术特征	容量
Vänamo，瑞典	加压 CFB（Foster Wheeler），高温净化	6 MW_{el}+ 9 MW_{th}
Chianti，意大利	CFB（TPS 工艺），RDF 燃料	6.7 MW_{el}
Yorkshire，英国	CFB（TPS 工艺），焦油催化裂解	9 MW_{el}
McNeil，美国	双循环流化床气化炉（FERCO）	15 MW_{el}
Spremberg，德国	气流床，Lurgi 工艺	75MW

（二）生物燃气

德国是欧洲生物燃气发展最快、数量最多的国家。根据欧洲生物燃气协会估计，到 2020 年，德国生物燃气发电总装机容量将达到 9500MW。近年来，德国的生物燃气利用方式开始向制备生物天然气转变，主要是制备管道天然气和车用压缩天然气[8]。瑞典在世界上率先把生物燃气净化后用作车用燃气，是这方面发展最好的国家。瑞典生产生物燃气的主要原料是市政污泥、有机垃圾和农业废弃物。瑞典提出：到 2020 年，50% 天然气将由生物燃气代替；到 2050 年，天然气将完全被生物燃气代替。奥地利已开始木质生物质利用的商业化；在欧盟第六框架计划（VIth Framework Programme，FP6）支持下，利用 8MW 双流化床气化示范装置，把生物质变成合成气，再经过脱除焦油、脱硫 / 氮，最终生产出达到天然气品质的 Bio-SNG（可用于驱动小轿车）。全球主要生物燃气厂商近况见表 2。

表 2　全球主要生物燃气厂商最新动向

厂商名称	国别	最新动向
NIRAS	丹麦	发展中国家大型生物燃气厂建设项目顾问，概念设计
Bilgeri Environ Tec GmbH	奥地利	专注于气体发酵和处理组件的开发
GLS Tanks	澳大利亚	超级玻璃发酵罐，新型发酵罐螺栓
Eisenmann	德国	致力于高干物质浓度发酵，高有机负荷和水力停留时间体系的发酵
Vogelsang	德国	生物燃气原料的高效破碎和定量泵送进料装置

续表

厂商名称	国别	最新动向
Bal-langenau	德国	集成的服务理念，确保数据的快速访问；模块化概念适用于本地，投资成本低；预组装单位，可缩短施工时间，减少错误
Swedish Biogas International AB	瑞典	拥有和经营生物燃气厂，并提供生物燃气厂的完整设计建造过程和生产解决方案，强烈关注整个价值链上的新的和更有效的生物燃气厂的投资
ATT-biogas	奥地利	大型生物燃气发电厂的建立，采用各类不同原料
Cummins（康明斯）	美国	设计可靠的程序以混合和控制氢和生物燃气，使用氢 / 生物燃气为康明斯发电机发电
Caterpillar Energy Solutions GmbH	德国	进一步提高 MWM 发动机和系统技术的效率，在供能方面努力实现可燃气体的首次利用，包括生物燃气、工业排放可燃气体、原料生产和采矿产生的可燃气体
Bioscan	丹麦	生物燃气膜分离纯化设备中高效膜的制备
Verdesis	法国	生物燃气水洗纯化设备的高效化
Bekon	德国	生物燃气膜分离纯化设备的提升

（三）生物质成型燃料

至 2015 年，全球生物质成型燃料产量约 3000 万 t。欧洲是世界最大的生物质成型燃料消费地区，年均消费约 1600 万 t[6]。北欧国家生物质成型燃料消费比重较大，其中瑞典生物质成型燃料供热能源消费约占供热能源消费总量的 70%。国外生物质成型燃料技术及设备的研发趋于成熟，相关标准体系也比较完善，在产业链上从原料收集、预处理到生物质固体成型燃料的生产、配送、应用已形成成熟的体系和模式。生物质压块燃料生产过程流程见图 1。

（四）生物液体燃料

1. 燃料乙醇

至 2015 年，全球生物液体燃料消费量约 1 亿 t，其中燃料乙醇约 8000 万 t，生物柴油约 2000 万 t。巴西甘蔗燃料乙醇和美国玉米燃料乙醇已实现规模化应用。美国 2015 年的燃料乙醇产量近 4500 万 t，占全球产量的 57.7%；巴西的全年产量约 2150 万 t，占全球的 27.6%。巴西 Raízen Energia Participacoes S/A 公司以甘蔗渣为原料生产的纤维素乙醇的产能为 0.4 亿 L，Centro de Tecnologia Canavieira（CTC）公司生产的纤维素乙醇的产能为 0.03 亿 L[9]。近年来，生物质原料开始由粮食作物转向非粮作物。美国及欧洲等大量投入，开展以纤维素和木质素等为原料的生产技术路线

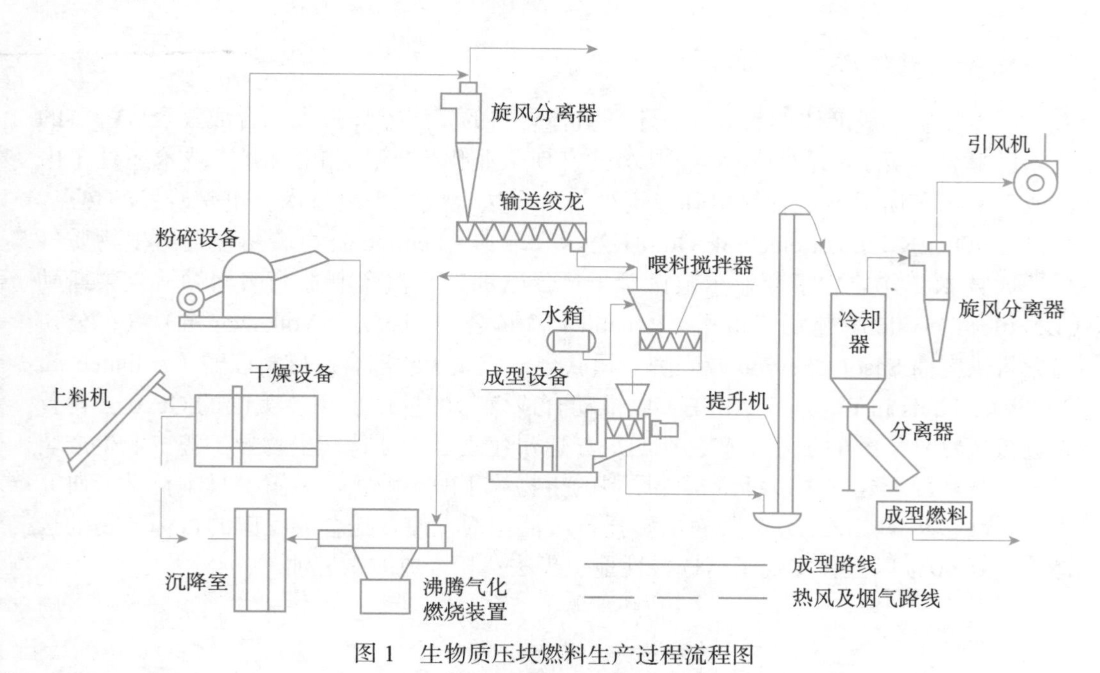

图 1　生物质压块燃料生产过程流程图

和工业的实践。开发利用秸秆等农林废弃植物纤维为原料，并以工业微生物取代酵母的现代生物燃料乙醇的生产，将成为产业发展的必然。

2. 生物油

2016 年，瑞士苏黎世联邦理工学院在 *Science* 报道了一种在生物质精炼过程中使用甲醛阻止木质素缩合的方法，并运用传统精炼工艺，第一次提取出没有缩合的木质素，使木质素分解后的单体得率接近理论值。加拿大 Ensyn 公司和加拿大 Dynamotive 能源系统公司分别建立了日处理量为 75t 和 200t 的流化床热解示范工厂；荷兰 BTG 公司建立了处理能力为 2t/h 的旋转锥热解装置。美国太阳能研究所（Solar Energy Research Institute，SERI）的涡旋反应器（vortex reactor）的生物油产率可达 55%，加拿大 Ensyn 公司的循环流化床反应器（up-flow circulating-fluidized bed reactor）的生物油产率达到 65%。刘思阳（Liu Siyang）等[10]首次利用蓖麻油，在连续流动固定床微反应器中，通过催化加氢制取生物航空燃料，使产率达到最高（91.6wt%）。此外，通过调节加氢脱氧和加氢裂化的程度，可获得不同范围的烷烃燃料，使反应途径合理化。但受技术特征所限，国内外生物质热解技术和生物油提质及应用，均未实现完全产业化。

3. 合成液体燃料

在生物质合成液体燃料方面，不同液体燃料的发展差异较大。合成气合成醇醚的技术已非常成熟，国内外甲醇合成均已实现工业化生产；乙醇的合成技术还处于中试或工业示范阶段；流程简单和投资少的一步法合成二甲醚技术，也是研发的热点。德国 CHOREN Industrietechnik GmbH 公司和瑞典 Chemrec 公司成功开发出生物质气化合成技术，并建立了商业示范试验工厂。欧洲三大汽车制造商戴姆勒－克莱斯勒（Daimler-Chrysler）公司、雷诺（Renault）汽车公司和大众（Volkswagen）汽车公司与燃料供应商 Sasol Chevron 及壳牌公司联合，成立了欧洲合成燃料联盟（Alliance for Synthetic Fuels in Europe，ASFE）以推动合成燃料的推广使用。美国的 Gevo 公司首先进行生物异丁醇的工业生产，在明尼苏达州建立了全球首套生物异丁醇工业生产装置，在马来西亚建立了以纤维素为原料的生物异丁醇工业生产装置。日本科学家研究出分子筛包裹的 Co/SiO_2 微胶囊型费托合成催化剂，使费托合成反应的目标产物的选择性达到 90% 以上，实现了高选择性地一步法费托合成航空燃油。

4. 生物柴油

欧盟是世界上最主要的生物柴油生产地，主要以菜籽油为生产原料。欧盟提出，到 2020 年生物柴油的使用量占所有交通燃料的 10%。芬兰富敦电力公司（Fortum OYJ）提出了利用脂肪酸加氢脱氧和临氢异构化制备 C_{12}—C_{24} 烷烃的方法（NExBTL，Next Generation Biomass to Liquid）。巴西国家石油公司（Petrobras）开发出一种称为 H-BIO 的混合掺炼植物油与石化柴油的生产工艺，成功把甘油三酯转化为烷烃。近年提出的微藻生物柴油[11-12]具有原料成本高的缺点，因此其研究重点是降低微藻产油的成本。William I. Suh[13]发现了一种新的用湿生物质经乙醇脱水预处理后，直接在原位进行酯交换制成生物柴油的方法；该方法具有产率高且不受醇选择限制等优势，使溶剂和硫酸均可重复使用，在经济和能源节约方面更具吸引力。Harvind K. Reddy 等[14]提出一种环境友好的在超临界乙醇条件下，可把湿藻类生物质单步直接转换为生物柴油粗产品的方式；在最佳条件下，该方法使生物柴油样品的热值达到 43MJ/kg，产率达到 67%，比传统的酯交换方法具有更高的产率。

二、国内重大新进展

（一）生物质发电

至 2017 年 12 月 31 日，我国已投产的生物质发电项目为 744 个，其中农林生物质发电项目 270 个，垃圾焚烧发电项目 338 个，沼气发电项目 136 个；并网装机容量为 1475.77 万 kW（图 2、图 3），其中农林生物质发电装机容量达 700.77 万 kW，垃圾焚烧发电装机容量达 725.10 万 kW，沼气发电装机容量达 49.90 万 kW；年发电量为 794.57 亿 kW · h，其中农林生物质发电量 397.30 亿 kW · h，垃圾焚烧发电量 375.14 亿 kW · h，沼气发电量 22.13 亿 kW · h；年上网电量 679.47 亿 kW · h，其中农林生物质上网电量 359.50 亿 kW · h，垃圾焚烧上网电量 300.72 亿 kW · h，沼气上网电量 19.25 亿 kW · h。

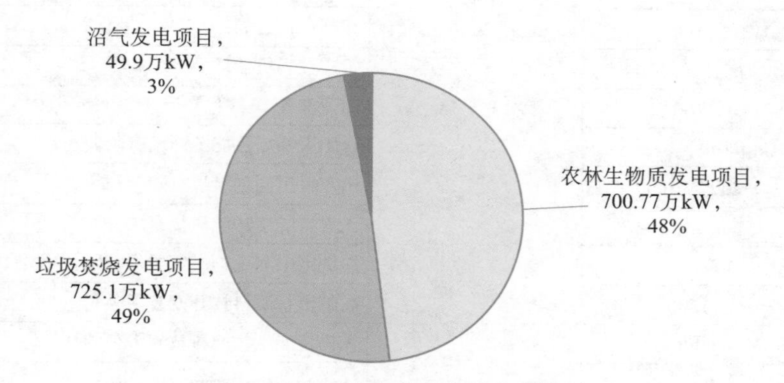

图 2 生物质发电装机容量分布情况

图 3 2013 ～ 2017 年装机容量数据对比

目前，我国生物质热解气化研究与示范应用取得很大进展，已建成兆瓦级的循环流化床生物质气化装置及其发电系统，以及近 1400 处生物质热解气化项目。中小型生物质气化发电技术应用情况见表 3。合肥德博生物能源科技有限公司开发出生物质气化耦合燃煤发电技术，并在襄阳市湖北华电襄阳发电有限公司建成了 10.8MW 的示范工程。我国进入实用阶段的生物质气化装置种类较多，已取得了良好的社会、经济效益。

表 3　我国中小型生物质气化发电技术应用概况

类型	单机容量 /kW	发电效率 /%	研建机构
固定床	2 ～ 5	10 ～ 18	中国科学院广州能源研究所
	10		中国农业机械化科学研究院
	30		辽宁省能源研究所
	60		江苏省粮食局
	60、160、200		重庆红岩机器厂
	160		商业部等
	160、200		合肥天焱绿色能源开发有限公司
	200 ～ 1000		山东百川同创能源有限公司
	400		无锡特能生物能科技有限公司
	400 ～ 600		深圳碳中和生物燃气股份有限公司
	1500		高邮市林源科技开发有限公司
流化床	400	15 ～ 22	无锡特能生物能科技有限公司
	400 ～ 800		江西必高生物质能有限公司
	200 ～ 1000		深圳碳中和生物燃气股份有限公司
	400 ～ 1000		合肥天焱绿色能源开发有限公司
	1000		中国林业科学研究院林产化学工业研究所
	200 ～ 1200		中国科学院广州能源研究所
	2000		吉林省禾佳能源开发有限公司

（二）生物燃气

经过数代科技和工程人员的不懈努力，特别在“十一五”“十二五”科技计划项目中“农林生物质工程”“生物燃气科技工程”等的推动下，我国在生物燃气工程的生产共性关键技术、工程装置与设备、工程区域化示范等方面取得一定突破，在整合产业链技术资源，建设生物质能源的产业技术创新战略联盟的基础上，已具备支撑产业商业化应用的条件，涌现出一批技术先进、运行稳定的示范工程（如山东民和牧业股份有限公司 3MW、北京德青源农业科技股份有限公司 2MW、内蒙古蒙牛澳亚示范牧场有限责任公司 1MW 生物燃气发电工程和广西武鸣安宁淀粉有限责任公司 3 万 m^3/d 车用生物天然气项目等）。中国林业科学研究院林产化学工业研究所在

"十二五"国家科技计划项目的支撑下，利用控氧控炭水蒸气气化新技术，采用回转窑式反应器，获得了燃气热值大于 10MJ/Nm^3 的生物燃气，并在青岛建立了产气量大于 800m^3/h 的示范工程，实现了生物质高值全质的综合利用。

（三）生物质成型燃料

我国主要以农业剩余物为原料生产成型燃料，已掌握成熟的成型技术；近年在固化成型燃料技术、设备、标准及配套服务体系方面都取得明显的进展，已形成一定的规模，构建出完整的生物质固体成型燃料的产业链。至 2015 年，我国生物质成型燃料年利用量约 800 万 t，在生产方面已建成 1147 处秸秆类固体成型燃料厂及加工点（主要用于城镇供暖和工业供热等领域）[15]。至 2017 年底，我国已研制成功多种型号的成型设备（主流产品包括活塞冲压式、辊模挤压式和螺旋挤压式等不同类型），对生物质压块成型过程中的工艺参数、影响因素和物理特性等均有较深入的研究。我国这方面的技术已日渐成熟，部分实现了商业化，但总体上仍与国外有很大差距。

（四）生物液体燃料

1. 燃料乙醇

我国燃料乙醇技术主要以非粮为主要原料，国家重点支持以薯类、甜高粱及纤维资源等非粮为原料的生物液体燃料产业的发展。我国已建立 20 万 t 木薯乙醇的工业化装置和 5000t 乙醇甜高粱固态和液体发酵装置，开发出薯类同步糖化发酵工艺，使乙醇浓度达 13%；在纤维素乙醇方面取得较大进展，已建成千吨级纤维素乙醇示范装置 3 套；在秸秆半纤维素发酵丁醇方面，已研制出以减压蒸馏、离子交换、电渗析等为主导的秸秆半纤维素水解液精制分离新工艺，建成年产 600t 秸秆酸水解木糖发酵燃料丁醇的产业化示范工程（中试规模总溶剂产率达到 0.30g/（h·L），总溶剂转化率为 0.41g 溶剂 /g 消耗底物），为秸秆酸水解木糖发酵 5 万 t 级丁醇的工业生产提供了工业化规模放大的参数。我国是世界上燃料乙醇的第三大生产和消费国，但 2015 年全球的产量占比仅有 3.17%，在市场方面还有极大的提升空间。

2. 生物油

生物质裂解液化技术在中国处于示范阶段，其中一些技术已走向成熟，有望实现产业化。中国科学技术大学先后开发出流化床和移动床裂解液化系统。安徽易能生物能源有限公司对流化床系统进行了产业化试运行，开展了生物油燃烧试验和测试，研制出专用的燃烧器，获得了稳定的高温火焰；共建设 2 套年产能达万吨级的装置，每年可生产 8000 ～ 10 000t 的生物油。中国科学院广州能源研究所开展生物油分相催化提质的研究工作，获得了新型催化剂，制取出多元醇和碳氢燃油。浙江大学开展生物油全成分催化提质的研究工作，在催化剂性能表征和定向产物方面进行了有意义的探索。北京林业大学用生物油替代苯酚制造酚醛胶，取得很好的效果；在胶合板的制造中使苯酚替代率达到 30%，胶合强度符合国家标准。

3. 合成液体燃料

国内在费托合成方面的研究主要集中在高校和科研院所。中国科学院广州能源研究所开发的生物质流化床气化技术，可一步制取高度洁净且 H_2、CO 质量比在 1.2 ～ 2.5 范围任意可调的合成气，满足了 1000t/a 合成二甲醚系统对原料合成气的供气质量和稳定性的要求。系统在运行过程中，用 6 ～ 7t 生物质原料可生产 1t 二甲醚产品，使生物质复合气化效率不低于 80%，二甲醚选择性不低于 90%。该技术具有原料适应性广、产品纯度和洁净度高、燃烧后无 NO_x 和 SO_x 排放等优点。费托合成也是一种制备航空煤油的重要技术。木质纤维素类生物质在气化、清洁、调整后再经过费托合成，可得到符合国家标准的航空煤油。东南大学基于生命周期评价（life cycle assessment，LCA），对生物质气化费托合成制航煤（Bio-Jet Fuel）工艺开展资源 - 环境性分析，结果表明：与化石航煤相比，生物质航煤使全球变暖潜能值（global warming potential，GWP）降低 52.6% ～ 71.9%，不可再生资源消耗减少 84.4% ～ 93.6%.[16]。

4. 生物柴油

我国生物柴油的研发和生产虽然比其他国家起步晚，但已研制出以菜籽油、大豆油、米糠下脚料和野生植物小桐籽油等为原料生产生物柴油的工艺。徐春明[17]用微藻生产生物柴油，首先从微藻中提取脂质，再利用酯交换法制备出生物柴油。曹宁等[18]采用原位超临界流体技术制备出生物柴油；在原位超临界条件下，生物质中的油脂、糖类和蛋白质都能够参与酯交换反应，最终形成热值较高的长链烷基酯。与酯交换法相比，该方法提高了生物质的利用率。在生物柴油方面，生产基地主要有龙岩（年产 5 万 t）、厦门火炬高新区（年产 5 万 t），副产品深加工有年产 5000t 的工业甘油和年产 5000t 的生物质材料。江苏强林生物能源材料有限公司等已相继建成规模超过万吨的生物柴油生产厂。油脂加氢脱氧 - 裂化异构技术与国外相比差距较小，有待在中试试验研究的基础上，进行工业化规模生产工艺与装备的放大设计；原料油脂特别是废弃油脂中的杂质对工艺过程的影响是今后重点研究的方向。

至 2015 年，燃料乙醇年产量约 210 万 t，生物柴油年产量约 80 万 t。我国生物质能利用现状见表 4。

表 4　中国生物质能利用现状

利用方式	利用规模		年产量		折标煤
	数量	单位	数量	单位	万 t/ 年
生物质发电	1030	万 kW	520	亿 kW · h	1520
户用沼气	4380	万户	190	亿 m^3	1320
大型沼气工程	10	万处			
生物质成型燃料	800	万 t	—	—	400
燃料乙醇	—	—	210	万 t	180
生物柴油	—	—	80	万 t	120
总计					3540

三、未来展望

21 世纪以来，国际能源价格基本上维持在高价位，为生物质能源产业提供了良好的发展机遇。各国政府出台一系列财政补贴、投资政策、税收优惠、用户补助等经济激励政策，以更好地支持生物质能产业的发展；同时通过制定规划和发布政府指令，以确保生物能源的长期持续发展。

未来，随着不可再生的化石能源的逐渐减少，化石能源的开发和利用成本将越来越高，而生物质能则可以依靠科技进步不断降低开发成本。发展生物质能如果不对生态环境产生不利的影响，不对粮食安全构成威胁，那么未来将大有作为。

参考文献

[1] 蒲刚清 . 森林生物质生态潜力与能源潜力研究与评价 . 重庆理工大学，2016.

[2] 国家统计局 . 中国统计年鉴 2017. 北京：中国统计出版社，2017.

[3] 国家统计局农村社会经济调查司 . 中国农村统计年鉴 2015. 北京：中国统计出版社，2016.

[4] 国家林业局 . 中国林业年鉴 2015. 北京：中国林业出版社，2016.

[5] 国家林业局 . 中国森林资源报告（2009—2013）. 北京：中国林业出版社，2014.

[6] 国务院 . 国务院关于全国“十三五”期间森林采伐限额的批复（国函〔2016〕32 号）. https://max.book118.com/html/2017/0110/81987747.shtm[2018-08-10].

[7] 国家能源局 . 国家能源局印发《生物质能发展“十三五”规划》(全文). 2016. http://www.gov.cn/xinwen/2016-12/06/content_5143612.htm[2016-10-28].

[8] 孙康泰，张辉，魏珣，等 . 生物燃气产业发展现状与商业模式创新研究 . 林产化学与工业，2014，34（5）：175-180.

[9] Nguyen Q，Bowyer J，Howe J，et al. Global production of second generation biofuels：Trends and

influences. https://www.forestbusinessnetwork.com/71658/global-production-of-second-generation-biofuels-trends-and-influences/[2017-06-20].
[10] Liu S Y，Zhu Q Q，Guan Q X，et al. Bio-aviation fuel production from hydroprocessing castor oil pmmoted by the nickel-based bifunctional catalysts. Bioresource Technology，2015，183：93-100.
[11] Tan C H，Show P L，Chang J S，et al. Novel approaches of producing bioenergies from microalgae：A recent review. Bio-technology Advances，2015，33：1219.
[12] 周广文，阮榕生 . 微藻生物固碳技术进展和发展趋势 . 中国科学：化学，2014，1：63-78.
[13] Suh W I，Mishra S K，Kim T-H，et al. Direct transesterification of wet microalgal biomass for preparation of biodiesel. AIrgal Research，2015，12：405-411.
[14] Reddy H K，Muppaneni T，Patil P D，et a1. Direct conversion ofwetalgae to crude biodiesel under supercfitical ethanol conditions. Fuel，2014，115：720-726.
[15] 李冲，蒋志坚，李俊，等 . 我国生物质成型燃料产业化现状及发展瓶颈浅析 . 工业锅炉，2017，6：11-15.
[16] 陶炜，肖军，杨凯 . 生物质气化费托合成值航煤生命周期评价 . 中国环境科学，2018，38（1）：383-391.
[17] 徐春明，焦志亮，王晓丹，等 . 微藻作原料生产生物柴油的研究现状和前景 . 现代化工，2015，35（8）：17.
[18] 曹宁，王勇，刘明磊，等 . 生物柴油的超临界流体原位制备与性能分析 . 应用基础与工程科学学报，2014，22（6）：1150-1155.

Bio-energy Technologies

Jiang Jianchun，Sun Yunjuan，Sun Kang
（Institute of Chemical Industry of Forestry Products，Chinese Academy of Forestry）

Bio-energy is an important new energy source in the world. With the growing of technology and its wide application，it plays an important role in addressing the global climate change，energy supply and demand contradiction，and protecting the ecological environment. Countries around the world are developing and utilizing biomass energy effectively through various transformation technologies. In this paper，the development of bio-energy technologies including biomass power generation，bio-gas，biomass briquettes and biomass liquid fuel are comprehensively described. It also points out the differences in the development of bio-energy technology at home and abroad.

3.3　海洋能开发利用技术新进展

游亚戈[1]　王正伟[2]　李　伟[3]

（1. 中国科学院广州能源研究所；2. 清华大学；3. 浙江大学）

海洋能不仅是储量巨大的可再生能源，也是海洋开发和海岛建设的重要能源。海洋能源有两个应用领域：一方面是将能量分布在海洋中，为人们在海洋中工作和生活提供能源；另一方面是作为可再生的清洁能源，服务于人类的可持续发展。目前海上海洋能源发电成本正在逐渐降低，实用设备不断涌现，国际市场正在发展。海洋能源开发利用技术已引起各国海洋界的重视。下面将重点介绍近年来该项技术的最新进展并展望未来。

一、国际重大研究进展

海洋能包括波浪能、潮汐能（含潮差和潮流两部分）、海流能、温差能和盐差能。其中，波浪能由风引起，分布最广，遍及整个海面；潮汐能主要在月球及太阳引潮力作用下产生，富集于河口、岛屿间狭窄水道；海流能由温差、盐差和风引起，集中于海沟；盐差能为淡水和海水之间的盐度差引起的势能，富集于河流入海口。海洋能的各种技术，除潮流能和海流能比较相似外，其余技术之间差异巨大。目前，潮差能技术已成熟，潮流能和波浪能技术已进入实用阶段，温差能和盐差能处于试验阶段。

1. 波浪能技术

波浪能遍布整个海面。波浪能技术是各海洋大国最重视的海洋能技术。波浪是由风扰动产生的水体运动。在波浪初起时，风速比波速快，风源源不绝地将能量输入波浪中，使波高和波周期逐渐变大，直到波速接近风速为止。风不仅使已形成的波浪增大，同时也会在已有的波浪表面不断地生成新的小浪，并使之叠加。故风扰动产生的波浪，是不同周期的波浪的叠加。如果风是完全稳定的，风浪内不同周期波浪的波高是确定的，可用与风速有关的波谱来描述。但实际上，风是不稳定的，风浪的波谱也是未知的，只能靠大量的实测数据来绘出波谱。因此，波浪能是海洋能中最不稳定的能源，甚至无法准确描述它。波浪能装置也成了海洋能中最难设计的一种装置。人们对如何在不规则的波浪中有效地捕获能量缺乏统一的认识，因此设计出各种各样的波浪能装置，这些装置从波浪能获得电能的总转换率低，且差异巨大。

波浪能装置由捕能系统和能量转换系统构成。捕能系统是收集波浪能的关键，也是设计思路最发散的部分，有记录的设想就有数百种之多，可分为 4 类，即振荡水柱类、振荡浮子类、越浪类、柔性结构类。捕能系统的优化是波浪能装置研究中的最大难点。从流体力学分析可知，海上传来的波浪能，一部分从装置的底部透射或边上绕射出，一部分由装置的运动辐射出，剩余部分被波浪能装置捕获。要想提高波浪能的捕获量，必须优化捕能系统的外形和负载，降低底部透射和边上绕射部分的能量损失，增大波浪力；此外，还需控制捕能系统的运动，降低捕能系统向外辐射导致的波浪能损失。

能量转换系统的形式需要与捕能系统匹配，才能将捕获的波浪能转换成电能。目前常见的能量转换系统有：与振荡水柱类和柔性结构类匹配的气动发电机，与越浪类匹配的水轮发电机，以及与振荡浮子类匹配的液压式和直驱式的能量转换系统。其中，液压式能量转换系统由液压缸、蓄能器、液压马达和发电系统组成。能量转换系统是波浪能捕获系统的负载，其特性直接影响波浪能捕获系统的性能。

波浪能装置的优劣，完全由发电成本来决定。提高波浪能到电能的转换率（简称“波 - 电转换率”）和各系统的可靠性，延长装置寿命，降低装置造价，是降低发电成本的关键。波浪能装置的工作环境比较复杂，要实现上述要求，不可能一蹴而就。欧美的波浪能密度大，波浪能装置容易被大浪打坏，故其研究更注重系统的可靠性；中国的波浪能密度较小、稳定性低，对波浪能装置的捕能系统的水动力学性能和能量转换效率提出了很高的要求。

目前国际上最出色的波浪能装置有：①丹麦的 50kW 波星装置（Wave Star），目前正在进行小功率实海况样机试验。它以固定在海底的钢架结构为基础，把两个直径 5m 的球形浮子铰接于钢架上，在波浪作用下使浮子相对于钢架运动。②英国的 750kW 海蛇装置（Pelamis）。它的捕能系统由 7 节长短相间的圆筒铰接组成，在波浪推动下，两相邻圆筒产生相对转动。③英国的 800kW 牡蛎装置（Oyster）。它的捕能系统由随波运动的摆板和固定于海底的底座铰接而成。④美国的 150kW 动力浮子装置（PowerBuoy）。它的捕能系统由随波运动的浮子和较为稳定的中心管构成。这四种装置尽管同属振荡浮子类，都采用液压发电系统，所处波浪环境也大致相似，但在捕能系统设计上存在巨大差异。目前，风能、太阳能，以及同属海洋能的潮差能、潮流能的装置，都已收敛到一两种样式，唯独波浪能装置还在不断出新样式。

装置设计的差异导致研究力量和经费的发散，以及研发速度的减慢，从而增加了投资风险，降低了投资者的信心。在 2014 年第五届国际海洋能会议（5th International Conference on Ocean Energy，ICOE2014）上，投资方给出的信息是：波浪能技术必须淘汰至两三种样式，才有可能得到投资。

目前全球波浪能最丰富海域的波浪能发电成本约 0.2 ～ 0.3 欧元 /（kW·h）。真正实现商业运行的只有日本和中国研发的航标灯用波浪能发电装置；在为航标灯供电这一特殊场合，波浪能发电是所有能源中最廉价的。

综上所述，目前波浪能利用的研究主要有：波浪能装置在不同波浪下的响应，波浪能捕获系统的优化，能量转换系统的优化，并网发电，锚泊系统及海底电缆系统的设计，波浪能装置的投放等。

2. 潮差能技术

潮汐能主要由月球及太阳引潮力引起的海水涨落产生。潮差能是潮汐能的势能部分，潮流能是潮汐能的动能部分[1]。潮位变化缓慢且可预测，故潮差能装置设计的难度不大；另外，潮差能丰富的位置通常在河口或海湾，施工难度不大；故潮差发电在海洋能利用中最为成熟。

潮差能利用最普遍的开发方式按库容和发电方式可分为 3 种，即单库单向发电、单库双向发电及双库双向发电。“单库”或“双库”指电站有一个或两个水库，其中双库双向电站是在主水库发电时用部分电能对次水库进行抽水蓄能，在主水库不发电时用次水库发电，以确保电力不间断地平稳输出。“单向”发电指采用单向水轮机组，仅利用落潮或涨潮中的一个方向发电，又细分为涨潮发电和落潮发电两种。“双向”发电指采用双向水轮机组，涨潮和落潮都能发电。此外，有些电站在用电量低的时段将海水泵入或泵出，以增加总发电量。目前全球（发电量）最大的两个潮差发电站中，韩国的始华湖潮汐电站（Sihwa Lake Tidal Power Station）为单库单向发电站，采用落潮发电，每天运行两次，每次约 5h；法国的朗斯潮汐电站（Rance Tidal Power Station）为单库双向发电站，每天运行两次，每次正、反向运行约 8h，提高了潮差的利用率。除上述常规发电手段外，近年也有多家公司提出了潟湖（lagoon）潮汐能发电的具体实行方案并申请了专利。潟湖潮汐能发电规模较小，潮差相对低，可沿海岸修建，也可在海中浅水区划区修建；相对于河口和湾区开发，它对环境的影响相对较小。

从目前全球潮汐电站的实例来看，潮差能开发利用的技术难题已基本解决，但普遍造价相对较高。潮汐电站投资约 4 万元 /kW，发电电价约 1.8 元 /（kW·h），如无政策支持，则无法进行商业开发。另外，它还存在电站建坝导致泥沙淤积和水质变坏等环境问题。2010 年，英国塞文河口的 600 ～ 8600MW 的潮汐电站计划就是因生态问题作废。而潮汐电站产生的泥沙淤积具有两面性。通过巧妙的设计，利用大自然的动力，可使潮汐电站产生良性的泥沙淤积，使泥沙淤积成满足人类需求的新造陆地。为此，下列研究将成为国内外研究的热点：采用围堰、浮运、预制沉箱等施工技术，以降低建设成本；研发低水头、大容量、变速贯流式水轮机组与全贯流式水轮机组，以提高机组的发电效率和潮汐的利用率；结合站点的潮汐预报，对电站进行优化调度，以实现电站发电量的最大化输出；深入研究建坝导致的泥沙淤积和水质问题，因地制宜设计大坝，选择发电方式，协调运行调度，可以避免或降低危害；研发防护措施以解决机组在海水中运行时的密封、腐蚀和水生物附着问题，以提高机组运行的稳定性；开展潟湖潮汐能发电、动态潮汐能（dynamic tidal power，DTP）等开放型潮汐能利用技术的研究[2]。

3. 潮流能技术

潮流能发电是将潮汐造成的海水流动转化为机械能，再利用发电机输出电能。潮流能发电装备可分为水平轴和垂直轴两种形式。近年来国际潮流能技术发展迅速，高效水平轴已成为国际主流形式，单机功率超过 1MW 的水平轴潮流能机组已进入商业化运行阶段，并开始向具有多机组列阵运行的“潮流能发电场”方向发展。由英国 ATLANTIS 公司牵头的 MeyGen 项目，已开始在苏格兰的彭特兰湾岛附近建造由 300 台机组组成的潮流能发电场，其技术包括来自美国 Lockheed Martin 公司的 AR1500、原 MCT 公司的 1.5MW Seagen U 机组，以及挪威 ANDRITZ HYDRO Hammerfest 公司的 1.5MW 机组。此外，德国 VOITH 公司及爱尔兰 OpenHydro 公司等，也完成了兆瓦级潮流能发电机组的海试。

潮流能发电技术的研究内容主要有如下四种：

（1）捕能技术。研究主要集中在翼型设计、叶轮三维流场设计、叶片的高效低载设计，以及转速控制技术等方面。对比各国潮流能发电机组的海试数据可以看出，机组捕能系数超过 40% 的技术代表着当前国际先进水平[3]。

（2）潮流能发电机组传动技术。原 MCT 公司的 SeaGen、英国 ATLANTIS 公司的 AR1000、挪威 ANDRITZ HYDRO Hammerfest 公司的 HS1000 等兆瓦级发电机组，均采用齿轮箱高速比增速传动技术，在有效减小发电机的体积和重量的同时，也增加了故障率。加拿大的 Clean Current Turbine 和爱尔兰的 Open-Centre Turbine 为直驱型机组，虽然故障率低，但转速也低且发电机的体积和重量较大。无论是齿轮箱传动还是直驱传动，都是将整个传动、发电系统置于水中，因此，水下密封技术、可靠性设计及现场可维护技术等都成为研究的重点[4]。新型传动技术也在探索中[5]。

（3）潮流能离网发电技术。潮流能发电装置在海上安装、运行，其造价和维护成本高，电价无法与常规电能相比，因此直接并网发电的经济性不佳；但与无电网供电的海岛电价相比，潮流能发电则具有相当的竞争力。因此，离网（独立）型供电技术得到中国、欧洲、美国、日本学者的关注，其研究主要包括大功率非稳定潮流能离网供电、储能技术等[6]。

（4）大型潮流能发电场的机组列阵运行设计技术。通过优化机组的空间分布，可以实现潮流能发电场的最大捕能。

二、国内技术现状

我国是海洋大国，有丰富的海洋能源可供开发和利用，在海洋能开发和利用技术方面也取得了一定的成绩。

1. 波浪能技术

我国是世界上最先开展波浪能研究的国家之一，虽然处于台风高发区，但波浪能资源与位于大洋东岸、南北纬度 35° ～ 60° 的欧洲、美洲、大洋洲的国家和地区相比，功率密度小一个量级。故我国的波浪能装置需要更高的波 - 电转换率，以及抗大浪能力；其优化需要从俘获性能开始。中国科学院广州能源研究所继日本之后，在 1984 年研发出第一台为航标灯提供电力的 10W 波浪能装置，这台装置是我国最早的波浪能产品；近期研发的鹰式波浪能装置在波 - 电转换率（已达 24%，其他国家为 16%）、可维护性，以及无故障持续发电水平上，都达到国际先进水平，总量已达到 15 万 kW · h，在大万山岛并网发电后，最近开始为三沙市供电。此外，由该所牵头的 1MW 波浪能装置也已开始研发。我国波浪能技术已开始与养殖网箱结合，正在开发由波浪能供电的开海养殖技术。

2. 潮差能技术

我国可供开发的潮汐资源储量丰富，主要集中在东海沿岸，以福建、浙江两省为最，但平均潮差较小是制约我国潮汐能大规模开发的首要不利条件。经过多年的技术研发，我国潮汐能源利用的关键技术已相对成熟，建成并成功运行多座电站（如海山潮汐电站、沙山潮汐电站、江厦潮汐电站），其中装机容量超过 200kW 的单坝址有 426 处。突出的是江厦潮汐电站，它的 4 叶片 6 号机组和 3 叶片 1 号机组的正、反向水轮机和正、反向水泵的运行效率，以及变工况控制的关键技术居国际领先水平，填补了国内潮汐电站在设计优化及多工况运行方式等方面的技术空白[7]。此外，江厦潮汐电站的建设也为目前最具开发潜力的浙江三门健跳港、福建福鼎八尺门、厦门马銮湾潮汐项目的实施，奠定了坚实的基础。

3. 潮流能技术

我国潮流能资源丰富，储量约 1400 万 kW，且开发条件好。2010 年后，国家海洋局开始推动潮流能发电装备的工程化。在国家海洋可再生能源专项资金支持下，2010 ～ 2015 年浙江大学先后开展了半直驱水平轴 60kW 机组的离网 / 并网和 120kW 机组的并网运行示范，建成由三个漂浮式平台组成的舟山摘箬山岛潮流能发电的试验电站。2017 年，浙江大学独立研制的标称功率为 650kW 的大长径比半直驱水平轴机组成功进行海试，并实现并网发电，成为国内单机功率最大的潮流能装备。该水平轴系列机组的叶轮捕获效率达到 40% 以上，部分技术指标和运行指标达到国际先进水平。2016 年下半年以来，杭州林东新能源科技股份有限公司（原 LHD 联合动能科技有限公司）研制的垂直轴百千瓦潮流能机组开始并网发电，至 2018 年已装机标称功率为 200kW 和 300kW 的机组各 2 台。2018 年，由国电联合动力技术有限公司开发的标称功率 300kW 电气变桨机组，开始在浙江大学舟山潮流发电试验基地进行海试。此外，哈尔滨电气集团公司研制的 300kW 潮流能发电机组、东北师范大学与杭州江河水电科技有限公司合作开发的 300kW 机组，计划在 2018 年进行海试。

三、发展趋势及前沿展望

海洋能利用的最大障碍是发电成本过高。为解决这个问题，大量研发集中在能量捕获、转换效率、工作寿命等方面，以提高发电量，降低造价和运行维护费，逐步降低发电成本。

海洋能是海洋环境里的可再生能源，更容易成为人类在海洋活动中首选的能源。例如，它可为远离大陆的海岛供电，为海上生产和生活平台供电，为海上或水下仪器供电等。随着我国海洋战略的实施，海洋能在海洋开发、海防建设方面的应用必然会加强，并走向实用化。

随着海洋能技术的不断发展，以及对清洁能源需求的不断增大，全球必定会出现海洋能国际市场。

根据上述趋势，预计如下的海洋能利用的新技术会出现：

（1）新型捕能、能量转换、建造、防腐、防海洋生物附着的技术。它可使海洋能装置的效率和可靠性更高，造价和维护成本更低。

（2）具有更高实用价值的组合技术。例如，①满足人类开发海洋、保卫海洋国土需要的海洋能独立供电与制淡系统，以及具有海洋能发电及海水淡化功能的人类居住平台。②用于海洋养殖的海洋能技术，即利用海洋能装置，为开放海域的海洋养殖提供基础结构、电力及循环的深海水，以提高海产品的产量和质量。③以提高开发海洋及保卫海洋能力为目的，可为海洋仪器、海上平台供电的海洋能技术。

参考文献

[1] Zhang Y L，Lin Z，Liu Q L. Marine renewable energy in China：Current status and perspectives. Water Science and Engineering，2014，7（3）：288-305.

[2] Hulsbergen K，Steijn R，Banning G，et al. Dynamic tidal power-A new approach to exploit tides. 2nd International Conference on Ocean Energy（ICOE 2008），Brest，2008.

[3] Masters I，Malki R，Williams A J，et al. The influence of flow acceleration on tidal stream turbine wake dyamics：A numerical study using a coupled BEM-CFD model. Applied Mathematical Modelling，2013，37：7905-7918.

[4] Jai N，Goundar M，Rafiuddin A. Design of a horizontal axis tidal current turbine. Applied Energy，2013，111：161-174.

[5] Liu H W，Lin Y G，Shi M S，et al. A novel hydraulic-mechanical hybrid transmission in tidal current turbines. Renewable Energy，2015，9（81）：31-42.

[6] Obara S，Morizane Y，Morel J. Study on method of electricity and heat storage planning based on energy demand and tidal flow velocity forecasts for a tidal microgrid. Applied Energy，2013，111：358-373.

[7] 张瑾，肖业祥，王正伟 . 双向潮汐机组优化选型软件设计 . 水力发电学报，2013，32（2）：265-270.

Marine Energy Resources Utilization

You Yage[1]，*Wang Zhengwei*[2]，*Li Wei*[3]

（1. Guangzhou Institute of Energy Conversion，Chinese Academy of Sciences；2. Tsinghua University；3. Zhejiang University）

Marine energy is not only a huge reserves of renewable energy，but also an important source of energy for ocean development and island construction. Marine energy technology has two application fields：one is as the energy distributed in the ocean，serving people work and live in the ocean；the other is as a renewable clean energy，serving the sustainable development of mankind. The cost of offshore marine energy generation is gradually decreasing，practical devices are emerging，and the global international market is developing. Marine energy development and utilization technology has attracted the attention of marine nations all over the world. In this paper，we will focus on the latest progress of the technology in recent years and look forward to the future.

3.4 地热能技术新进展

李克文[1, 2] 赵国翔[1, 2] 韩 昀[1, 2]

（1. 中国地质大学（北京）；2. 国土资源部页岩气资源战略评价重点实验室）

地热能作为重要的可再生能源，具有资源量巨大、能源利用效率高、节能减排、绿色环保等优点。近几年来，地热行业发展迅速。下面将简单介绍最近几年地热能技术的国内外新进展并展望其未来。

一、国际重大进展

1. 地热发电

近几年，越来越多的国家开始开发和利用地热能，有 82 个国家开展了地热发电及地热工业化和规模化利用，51 个国家涉及地热发电技术的应用。到 2015 年，世界范围内总取热量达到 0.6TJ/ 年，世界地热能的直接利用量即装机容量上升 45%，达到 70.329GW_{th}（图 1），发电总装机容量上升 16%，达到 12 635MW_e[1]；到 2017 年底，发电总装机容量已超过 13 000MW_e；至 2020 年有望达到 21 433MW_e（图 2）[1]；至 2050 年可达到 140GW_e，约占世界总装机容量的 8.3%[2]。

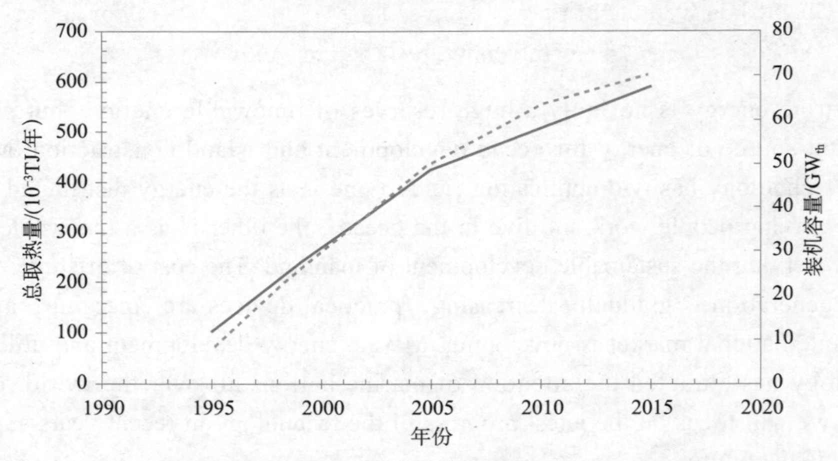

图 1 世界地热能利用量（虚线）及地热总取热量（实线）[1]

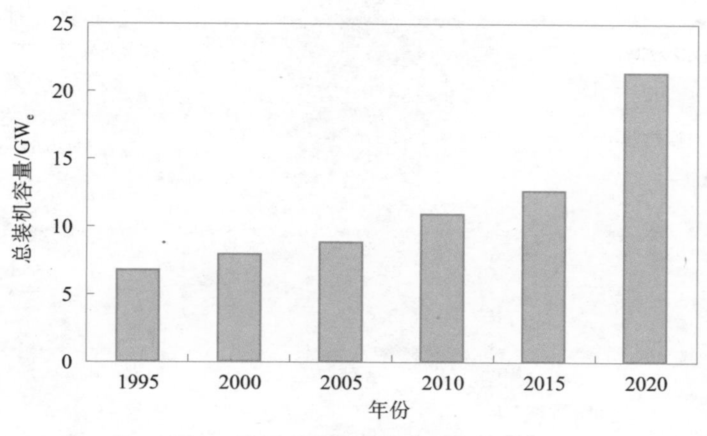

图 2　世界地热发电总装机容量[1]

至 2015 年，全世界共有 613 个地热发电系统投入运行，其中双工质循环发电系统为 286 个。近年来地热发电装机容量的上升主要得益于低温地热资源大量采用双工质循环发电系统。

Missimer 等[3]提出了地热发电与海水淡化相结合的工艺，通过将涡轮排出的热蒸汽传递至多级蒸馏系统及脱盐系统中，实现了热能的最大化利用，同时利用地热发电最大限度地进行海水淡化。Karimi 等[4]在工质干度、湿度、熵值相同的条件下，对比常规有机朗肯循环、回热式有机郎肯循环、蒸汽－有机郎肯循环三种发电方式，发现在考虑度电成本和火用效率等因素时，蒸汽－有机郎肯循环发电方式效果最好。

Setel 等[5]对比 Kalina 循环发电及有机郎肯循环发电方式后发现，Kalina 循环发电方式更具优势，并在罗马尼亚奥拉尼亚地区建立了基于 Kalina 循环的地热发电厂。Garapati 等[6]指出，与传统发电站相比，复合发电站在发电效率、环保、经济性、减少碳排放方面均具有较大优势。

澳大利亚在其南部阿德莱德地区通过钻取四口井深超过 4200m 的地热井，获得了地下 4220m 处温度达 244℃的干热岩热储，并实现了 $1MW_e$ 的 Habanero 试验机组发电（图 3）[7]。遗憾的是，该发电站由于多种原因已经关闭。

在实际应用中，部分复合型地热发电是对原有电站进行的技术升级及改造。俄罗斯在 Pauzhetsky 地区建立了装机容量 $1.1MW_e$ 的双工质循环发电站，并在 Kamchatka 地区利用二次蒸汽，将现有的 Mutnovsky 地热发电站（图 4）的发电装机容量提升至 $12MW_e$[8]。

图 3　Habanero 地热发电站[7]

图 4　俄罗斯 Mutnovsky 发电站[8]

新西兰 TeMihi 地热发电站（图 5）由两个混合压力发电单元组成，利用两台 83MW$_e$ 蒸汽轮机进行发电，并通过大型管网与 Wairakei 蒸汽田互联，达到了提升发电效率及可靠性的目的[9]。

图 5 新西兰 TeMihi 地热发电站[9]

2. 增强型地热系统

美国洛斯·阿拉莫斯国家实验室在干热岩技术的基础上提出了增强型地热系统（enhanced geothermal system，EGS），即通过人工压裂地球深部高温低渗透热岩体，形成人工地热系统，并从中提取热能进行发电等。此后，美国、英国、法国、德国、日本、瑞典、澳大利亚均开展了相关的应用研究。至今，世界上已有至少 47 个增强型地热系统项目已经或者正在进行实验。地热钻井技术、水力压裂技术、井间示踪技术等均已开始应用于增强型地热系统。这些项目提供的增强型地热系统开发利用的经验是非常宝贵的，尤其是花岗岩增强型地热系统的开发利用。

Hahn 等[10]开展了高压水射流水平井钻井技术在干热岩钻井中应用的研究，分析钻井过程中的流固耦合效应、井深、岩性等因素，提出了不同条件下地热钻井的适应性问题。澳大利亚在其中部的 Habanero 增强型地热田，采用井间示踪技术进行井间裂缝沟通性的研究，使示踪剂的采出率达到 60% 以上，显示出较好的井间连通性[11]。Arshad 等[12]开展了增强型地热系统的长期运行对地下温度场重新分布影响的研究（图 6）。

Hofmann 等[13]结合离散法及有限元法，对增强型地热系统的裂缝延伸、热效应及水力效率进行模拟计算，并将计算结果应用在北艾伯塔的地热田开发中（图 7）。

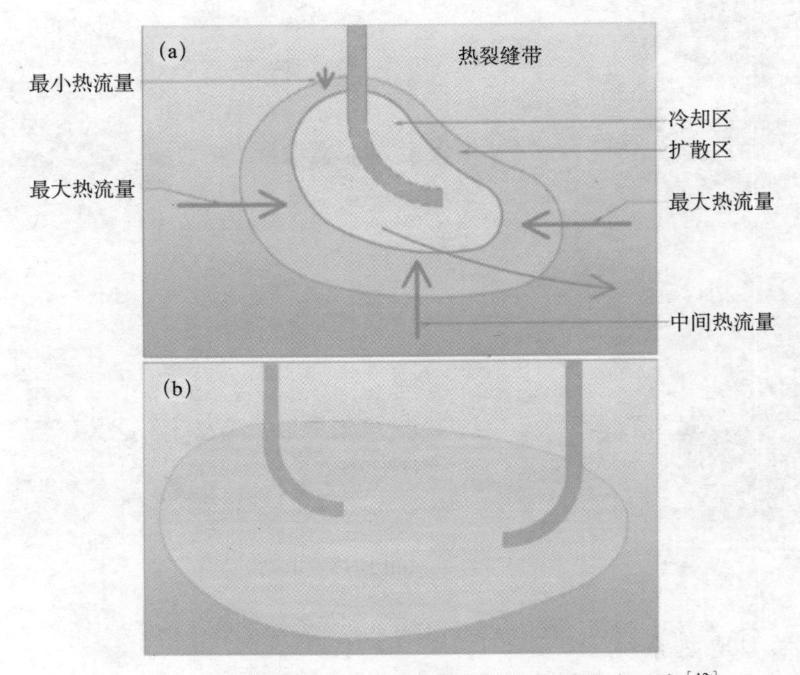

图 6　增强型地热系统中热量流动及最终温度受影响区域[12]

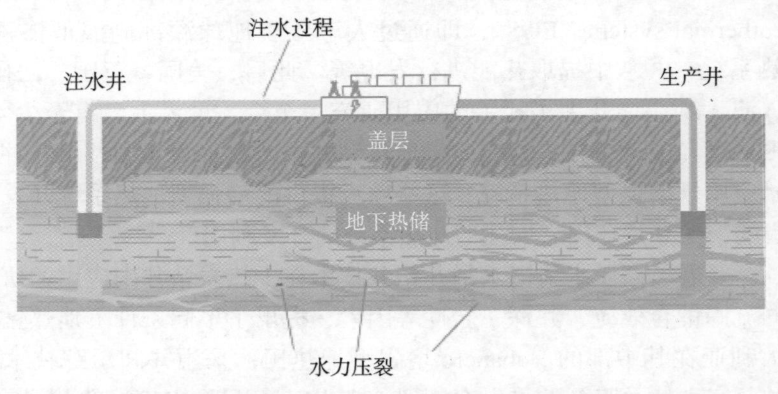

图 7　增强型地热系统压裂过程中的裂缝延伸（google 图片）

高温钻井也取得突破，世界上第一个岩浆岩增强型地热系统在冰岛完成。该井的第一阶段实际上失败了，当钻井到达 2100m 时，温度高达 900℃的岩浆岩侵入进来，导致钻井等施工不得不中断；在第二阶段，通过各种努力，最终在高温岩浆岩侵入区的接触带附近成功完井，并通过水力压裂建立起有效的地下裂缝，取得了目前世界上温度最高的地下蒸汽。该井的热储温度超过 500℃，井口温度大于 450℃，井口压力在 40 ～ 140 大气压，此外，还完成了示踪剂试验。不过，井口由于温度、压力过高，主要阀门出现一些机械问题，被迫关掉。尽管如此，该井在高温地热钻井、水力压裂、示踪剂试验等方面还是提供了宝贵的经验和教训[14]。

国际上最著名的增强型地热发电站是位于法国的苏茨地热电站，它投资大、研究时间长。该电站的地热资源温度为 180℃，第一期的设计发电功率为 $1.5MW_e$。关于该 EGS 地热电站的报道很多，这里就不再赘述。

值得注意的是，关于增强型地热系统是否会诱发地震，仍然存在争议，也是未来研究的方向之一。

3. 地热能直接利用

对于不同温度的地热流体，利用方式也不尽相同。一般来说，200 ～ 400℃可直接用于发电及综合利用；150 ～ 200℃可用于双循环发电、制冷、工业干燥及工业热加工；100 ～ 150℃可用于双循环发电、供暖、制冷、工业干燥、脱水加工、回收盐类及生产罐头食品；50 ～ 100℃可用于供暖、温室、家庭用热水、工业干燥等；20 ～ 50℃可用于沐浴、水产养殖、饲养牲畜、土壤加温、脱水加工等。目前许多国家为了提高地热能的利用率，常采用梯级开发和综合利用的办法，如热电联产联供、冷热电联产、先供暖后养殖等（图 8）[15]。相比之下，高温热流体较难获得。当前地热直接利用方式依然以地热供暖、制冷为主（图 9）[16]。

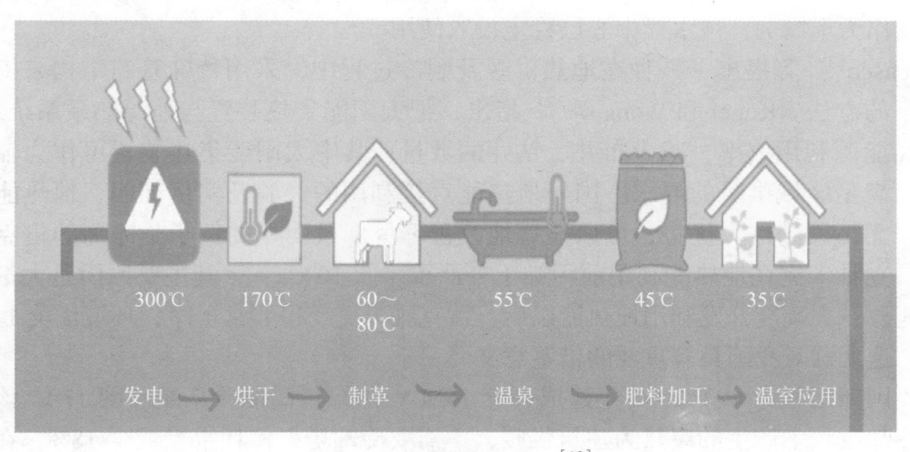

图 8　地热能梯级利用[15]

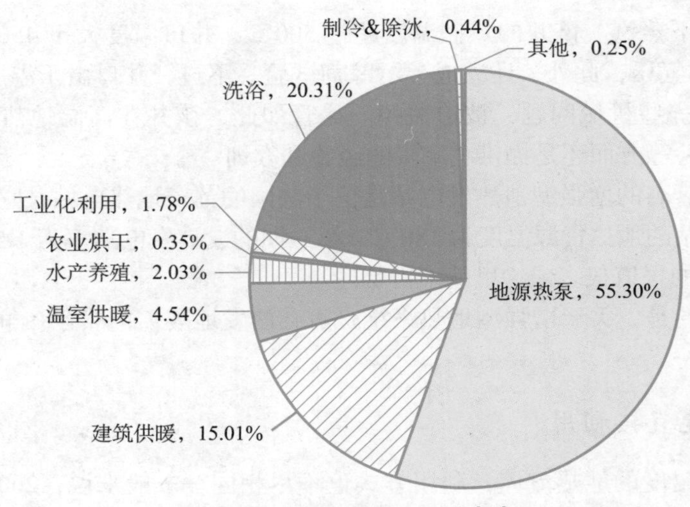

图 9 国际地热能利用方式[16]

在澳大利亚 Perth Metropolitan 地区，一批应用低焓值地热资源的区域供暖、制冷项目成功投入运营。低焓值地热流体来源于地下 750 ～ 1150m 的 Yarragadee 含水层，可利用热泵为城区中供暖、制冷，为游泳池提供能量来源[17]。东非裂谷地区蕴含大量地热资源，具有较高的地热开发潜力。肯尼亚和埃塞俄比亚利用钻井提取浅层地热能，为当地养殖、洗浴提供能量，在一定程度上替代了部分化石能源。肯尼亚把浅层地热和空调风机结合，设计完成 2800m^2 的地热水疗中心，并配备了应用地热能的粮食作物作为干燥剂；该水疗中心已稳定投入使用[18]。

Jensen[19] 等提出了一种在地热供暖及制冷过程中，采用特殊管路结构来提高换热效率的方法。Kegel 和 Wong 等[20] 指出，把太阳能集热装置与地源热泵系统结合，可提高能源利用效率，减少布井、钻井的数量；其中太阳能集热装置可作为辅助热源，以满足区域供暖的要求。国外地热能直接利用的经验及实例证明，地热能具有清洁、无污染的巨大优势，可以显著地改善环境。最明显的例子是冰岛的雷克雅未克。雷克雅未克在地热能利用前污染十分严重［图 10（a）］，其主要原因是大量使用化石能源；大幅度开发利用地热能以后，雷克雅未克变得非常干净，环境优美［图 10（b）］。这无疑对我国具有重要的借鉴意义。

美国斯坦福大学于 2015 年建成一套 15MW_e 热泵供暖制冷系统（图 11），该系统利用冷却过程中产生的废热为建筑供暖，不需要冷却塔，使耗水量减少 18%，在部分季节可基本实现废热的全部回收（图 12）。此外，还设计安装了两个圆柱形水箱，一个用来储存多余的热水，另一个用来储存多余的冷水。

（a）20世纪60年代使用化石能源的冰岛雷克雅未克，污染严重

（b）使用地热能后的冰岛雷克雅未克，蓝天白云

图 10　冰岛雷克雅未克在地热能利用前后的环境变化

图 11　斯坦福大学 15 MW_e 热泵

资料来源：http://sustainable.stanford.edu/sesi/laboratory

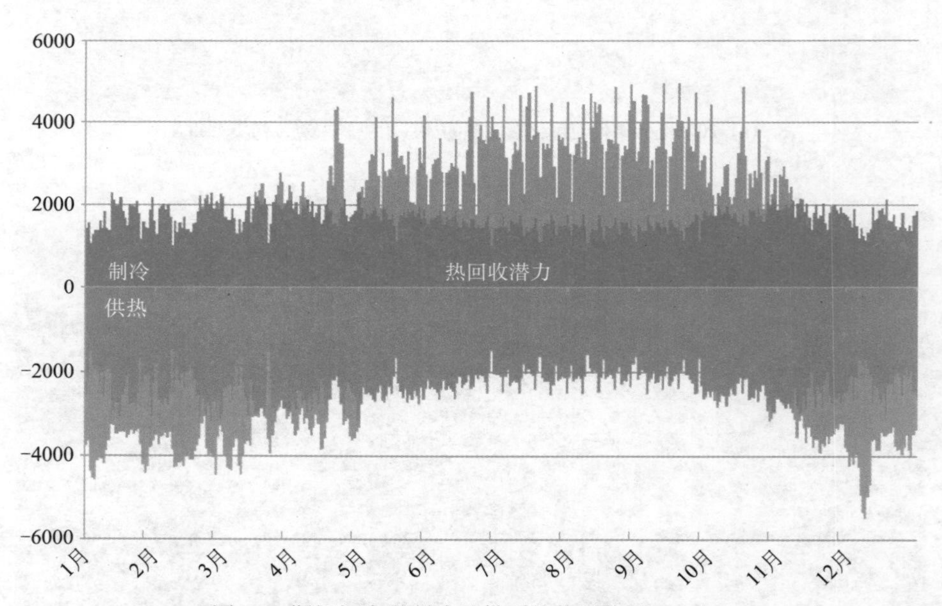

图 12　斯坦福大学制冷及供暖热能回收（2015）

资料来源：http://sustainable.stanford.edu/campus-action/energy/stanford-energy-system-innovations-sesi/cogeneration-heat-recovery

二、国内重大进展

国内地热能的开发利用已步入快车道，相关部门制定了地热能开发利用的目标：

至 2020 年，实现地热利用达到 7000 万 t 标准煤，建立 2 ～ 3 处干热岩 EGS 示范工程，迅速提升地热供暖的面积和地热发电的装机容量（图 13）。

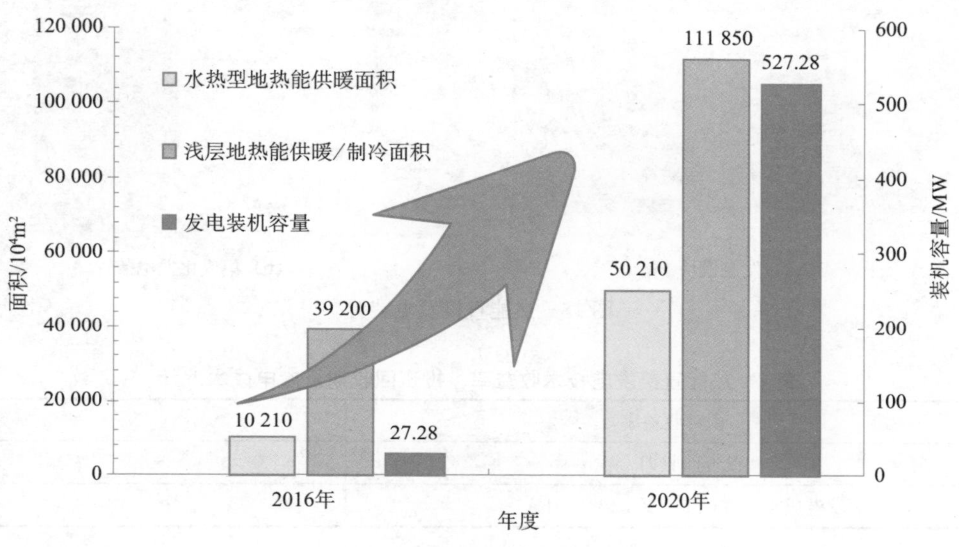

图 13　地热能开发利用目标

1. 地热发电

近年，中国地质大学李克文教授团队开发的热伏发电技术，即热能直接发电技术（图 14）已实现发电元器件的规模化生产，具有自我检测和应急补偿的功能。此外，还开发出千瓦级别的模块化生产的关键技术，解决了传统陶瓷芯片易碎、无法大面积组装的问题；开发出由多个热能直接发电模块构成的热能直接发电装置，该装置具有体积小、可多个装置串并联发电的优势（图 15，表 1）。在考虑载荷因子时（表 2），热能直接发电系统的成本将低于太阳能发电[21]（图 16）。

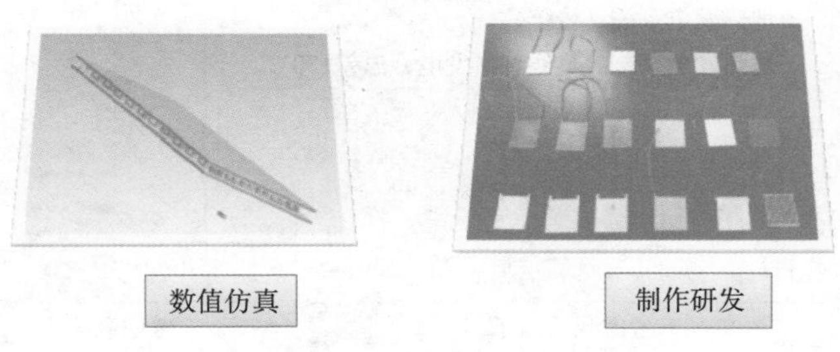

图 14　热能直接发电技术

(a) 发电模块

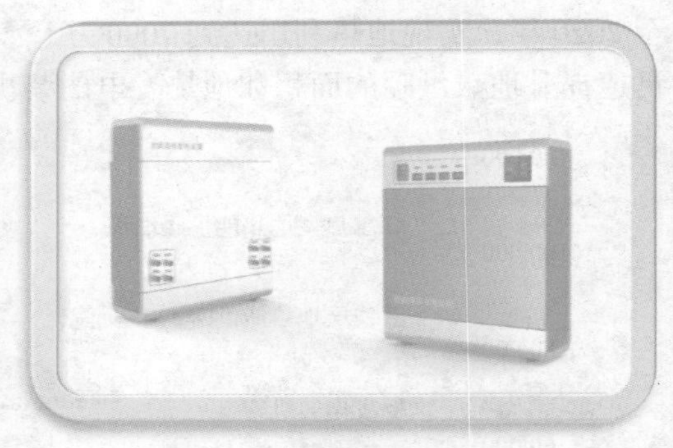

(b) 集成化发电装置

图 15　热能直接发电装置

表 1　热能直接发电技术收益率、投资回收期及度电成本 [22]

内部收益率	18.0%
投资回收期 / 年	5.4
发电成本 / [LCoE，元 / (kW · h)]	0.54

表 2　不同发电类型及其载荷因子 [21]

发电类型	载荷系数
风能发电	0.3
太阳能发电	0.17
传统地热发电	0.9
TEG 发电	0.9

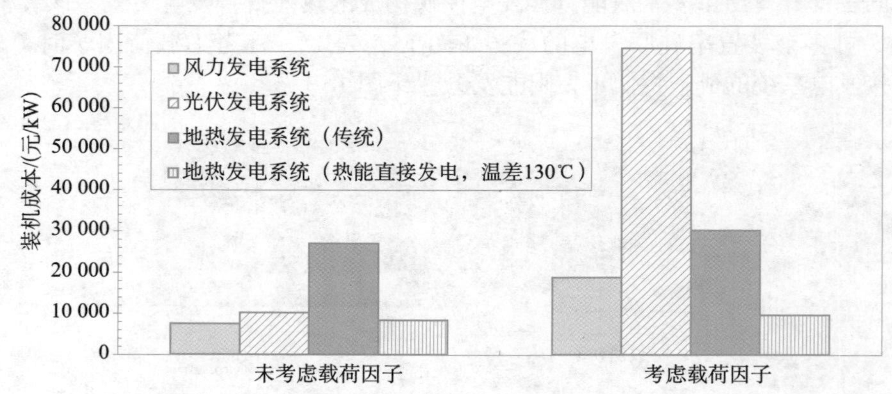

图 16　光伏发电、风能发电、热能直接发电成本对比 [22]

刘建等[22]研究了利用废弃油井进行地热发电的问题，发现混合工质比单一工质具有一定的优势。他们还研究了隔热层的厚度和热导率对发电的影响，结果表明：隔热层厚度的增加可提高发电的效率。吴方之[23]指出：将全流螺杆膨胀机发电技术用于地热电站，与常规汽轮机发电机系统相比，可把发电效率提高 20%；同时无须闪蒸分离器，使系统更简单、维护成本更低，在技术上具有一定的优势。全流螺杆膨胀机发电技术在国内外应用还不是很普遍。

根据报道①，2018 年 8 月 31 日，羊易地热发电站第一期 16$\mathrm{MW_e}$ 并网发电（图 17）；随之，我国地热发电的装机容量增长了 60%。

图 17 羊易地热发电站并网仪式（当雄县羊易地热发电站有限公司）

2. 增强型地热系统

增强型地热系统的开发利用已成为我国地热领域发展的重点。我国在资源评价与选址，高温深部钻探、储层改造、地球物理勘察技术、微地震、示踪技术、流体流动，以及储层测试评价、室内实验及示范项目等方面，均有不同程度的进展。近年来，干热岩勘察钻孔比较多，取得了可喜的科研成果，已在青海共和盆地 3705m 深处钻获温度为 236℃的干热岩体，在海南获得了 185℃的高温干热岩。

刘明亮等[24]综述了化学制裂技术在增强型地热系统领域中的应用，提出将制裂溶液溶解到无水溶液中，并引入石油工业相关技术，以增加穿透距离、增强整体热储层的孔隙度和渗透率。

① http://www.zsept.com/display.aspx?id=797，2018 年 8 月 29 日，上海招晟环保科技有限公司。

李佳琦[25]应用示踪剂技术，对松辽盆地莺深井区最优注采井的结合方案、储层渗透率与储层连通性的相关关系进行研究。在室内岩心尺度进行岩心单条裂缝连通性和裂隙 - 基质热交换实验后发现，高储层连通性可能导致生产井处过早发生热突破，且单位体积裂隙间隔的变化与储层连通性呈正相关关系。

空气钻井、螺杆钻具、气举反循环钻井、可控源音频大地电磁测深法等钻井、勘探方法，已在地热钻井、勘探领域投入应用。

3. 地热能直接利用

当前国内的地热能直接利用主要体现在供暖、制冷、旅游疗养、温室大棚种植及繁育等方面（图 18），2015 年产值达到 7500 亿元。

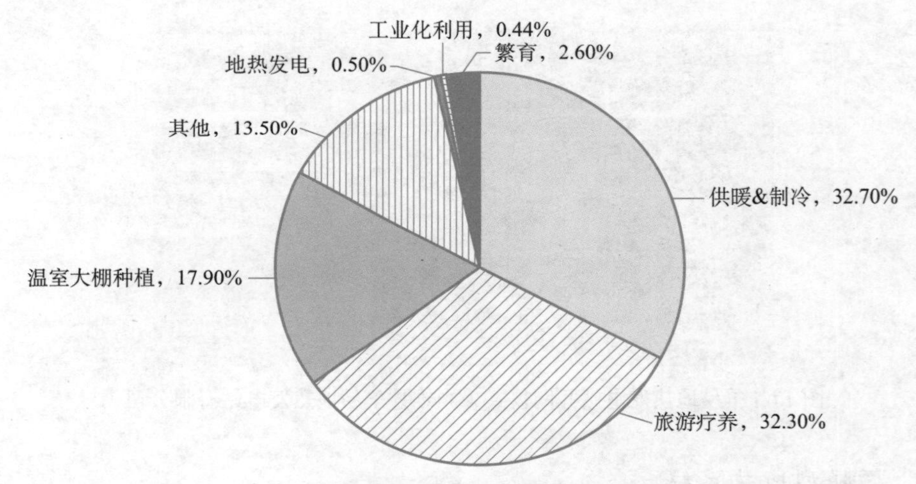

图 18　国内地热能直接利用

国内学者也提出了如“地热 +”“多能互补”一类的地热利用、管理控制的新概念。赵鹏飞等[26]针对一次热网的供回水温差相对较低、一次热网输送距离远、易发生水力失调导致的热力失调现象，开发出动力分布式供热系统，解决了冷热不均问题。在地热供暖及制冷的控制软件方面，郭会茹等[27]提出了基于 5G 网络的地热供暖计算机自动控制系统方案；该方案可根据热需求的变化，自动调节能源供给。丁岳等[28]开展了浅埋地源热泵与毛细管空调相组合的实例研究；实际运行工况表明，毛细管空调末端弥补了浅埋地源热泵换热量不足的缺点。丁永昌[28]提出了“增加梯级利用级数 + 增设混热水箱 / 增设市政热网调峰”的优化方案，并进行工程改造的现场应用，提高了供暖能力，减少了地热水的开采量，增强了采暖设备的供热能力。

三、发展趋势

根据目前的技术发展状况判断，未来地热能技术将呈现出如下的发展趋势：

（1）地热能开发技术与其他学科技术相结合。地热能开发利用技术与其他学科技术相结合，如互联网、物联网以及人工智能，可以提高利用效率及规模，是实现地热能高效开发与利用的有效手段。

（2）多能互补。将太阳能、风能等清洁能源与地热能进行耦合，以逐步实现全天候、长期高效、绿色的能源利用方式。

（3）地热能利用方式及管理控制理念革新。随着材料科学的进展及热伏发电技术的提高，中低温地热发电成为地热能利用的新兴方向，具有良好的发展前景。地热供暖、制冷及梯级利用，将摆脱粗放式的管理方式并得到大面积的推广与应用。

参考文献

[1] Tomarov G V，Shipkov A A. World Geothermal Congress WGC-2015. Thermal Engineering，2016，63（8）：601-604.

[2] Bertani R. Geothermal power generation in the world 2010-2014 update report. Geothermics，2016，60（1）：31-43.

[3] Missimer T M，Ng K C，Thuw K，et al. Geothermal electricity generation and desalination：An integrated process design to conserve latent heat with operational improvements. Desalination & Water Treatment，2016，57：48-49.

[4] Karimi S，Mansouri S. A comparative profitability study of geothermal electricity production in developed and developing countries：Exergoeconomic analysis and optimization of different ORC configurations. Renewable Energy，2018，115：600-619.

[5] Setel A，Gordan I M，Gordan C E. Use of geothermal energy to produce electricity and heating at average temperatures// Power Generation，Transmission，Distribution and Energy Conversion. Belgrade，Serbia：IET，2017：1-4.

[6] Garapati N，Adams B M，Bielicki J M，et al. A hybrid geothermal energy conversion technology：A potential solution for production of electricity from shallow geothermal resources. Energy Procedia，2017，114：14-18.

[7] Hogarth R A，Bour D. Flow Performance of the Habanero EGS Closed Loop. Australia：World Geothermal Congress，2015.

[8] Butuzov V A，Amerkhanov R A，Grigorash O V. Geothermal power supply systems around the world and in Russia：State of the art and future prospects. Thermal Engineering，2018，65（5）：282-286.

[9] Webb C. New Zealand's geothermal industry is poised for the future. Power，2015，159（3）：48-51.

[10] Hahn S，Duda M，Stoeckhert F，et al. Extended horizontal jet drilling for EGS applications in petrothermal environments. Austria：EGU General Assembly，2017.

[11] Ayling B F，Hogarth R A，Rose P E. Tracer testing at the Habanero EGS site，central Australia. Geothermics，2016，（63）：15-26.

[12] Arshad M，Nakagawa M，Jahanbakhsh K，et al. An insight in explaining the stress distribution in and around EGS. Physics，2016，（0148-6349）：1-3.

[13] Hofmann H，Babadagli T，Yoon J S，et al. A hybrid discrete/finite element modeling study of complex hydraulic fracture development for enhanced geothermal systems（EGS）in granitic basements. Geothermics，2016，（64）：362-381.

[14] Elders W A，Friðleifsson G Ó，Pálsson B. Iceland Deep Drilling Project：The first well，IDDP-1，drilled into magma. Geothermics，2014，（49）：1.

[15] Franke M H，Nakagawa M. How direct-use geothermal systems could be used to meet the United Nations sustainable development goals：A literature study of two Ethiopian communities. Forty Second Workshop Geothermal Reservoir Engineering，2017.

[16] Lund J W，Freeston D H，Boyd T L. Direct utilization of geothermal energy 2010 worldwide review. Energies，2010，3（8）：159-180.

[17] Pujol M，Ricard L P，Bolton G. 20 years of exploitation of the Yarragadee aquifer in the Perth Basin of Western Australia for direct-use of geothermal heat. Geothermics，2015，（57）：39-55.

[18] Kinyanjui S. Direct use of geothermal energy in Menengai，Kenya：Proposed geothermal spa and crop drying. United Nations University，2014：109-141.

[19] Jensen R. Twisted conduit for geothermal heating and cooling systems. United States：20110203766，2011.

[20] Kegel M，Wong S，Tamasauskas J，et al. Energy end-use and grid Interaction analysis of solar assisted ground source heat pumps in Northern Canada. Energy Procedia，2016，（91）：467-476.

[21] Liu C，Chen P，Li K. A 500W low-temperature thermoelectric generator：Design and experimental study. International Journal of Hydrogen Energy，2014，39（28）：15497-15505.

[22] 刘建，张旭，程文龙 . 工质及隔热层对废弃油井单井地热发电的影响 . 太阳能学报，2017，38（8）：2286-2291.

[23] 吴方之 . 全流地热螺杆膨胀机发电技术在地热电站的应用研究 . 地热能，2015，（5）：8-11.

[24] 刘明亮，庄亚芹，周超，等 . 化学制裂技术在增强型地热系统中的应用：理论、实践与展望 . 地球科学与环境学报，2016，38（2）：267-276.

[25] 李佳琦 . 基于示踪技术的增强型地热系统裂隙储层连通性及导热性评价 . 长春：吉林大学，2015.

[26] 赵鹏飞，吴志湘，韩惠奇，等 . 基于地热供暖工程结合动力分布式系统的分析 . 住宅与房地产，2016，(11X)：16-17.

[27] 郭会茹，陈浩 . 基于 5G-WiFi 的地热供暖计算机自动控制系统 . 齐齐哈尔大学学报（自然科学版），2017，33（5）：15-18.

[28] 丁永昌 . 中深层地热能梯级利用系统优化研究 . 济南：山东建筑大学，2016.

Geothermal Energy

Li Kewen[1, 2]，*Han Yun*[1, 2]，*Zhao Guoxiang*[1, 2]

（1. China University of Geosciences（Beijing）;

2. Key Laboratory of Marine Reservoir Evolution and Hydrocarbon Enrichment Mechanism，Ministry of Land and Resources）

Geothermal energy is an important renewable energy source，which is characteristic of huge capacity，high-efficiency，CO_2 reduction，and environment-friendly. Geothermal energy shows a trend of rapid development in recent years. The total installed capacity of geothermal power generation and direct utilization as well as the number of geothermal projects on utilization of geothermal resources increased fast. Internet plus and multi-energy complement provide new ideas for the development of geothermal energy. It is foreseen that geothermal energy will be another important clean energy in China in the near future. This paper presents some of the new progress in geothermal energy industry from the perspectives of power generation，enhanced geothermal systems，and direct utilization of geothermal energy in recent years. Finally we analysis and discuss the prospect of geothermal energy.

3.5　先进磁约束核聚变技术新进展

万宝年

（中国科学院等离子体物理研究所）

18 世纪以来，经济发展在很大程度上依赖于煤、石油和天然气等化石燃料，这些不可再生的化石燃料综合平均仅供消耗 85 年[1]。因此，改变能源结构、探索新能源成为人类面临的一项紧迫的战略任务。相对于太阳能、风能、水能、潮汐能、地热能等各种新能源而言，核裂变能可在一定程度上满足人们对能源的大规模需求，但裂变核电站产生的废物具有放射性，且乏燃料处理比较困难，同时主要核燃料铀的储量并不十分丰富。与核裂变相对应的是核聚变，太阳发光、发热和氢弹爆炸就是基于核聚变的原理。核聚变能由于其固有的安全性、环境的友好性、燃料资源的丰富性，被认为是人类最理想的洁净能源。然而，实现可控热核聚变反应的条件非常苛刻，工程技术的挑战也很大。实现可控热核聚变一直是人类的梦想，目前的方案有磁约束和惯性约束两种途径；磁约束途径是公认最有可能建成聚变堆的方案。下面将重点介绍磁约束聚变能近几年的重要进展并展望其未来。

一、国际重要进展

核聚变的特点是：①单位质量释放出的聚变反应能量高（最易实现的核聚变反应为氢的同位素氘和氚，1L 海水中的氘通过聚变反应可释放出相当于 300L 汽油燃烧的能量）；②资源丰富（地球上海水中所含的氘，用于聚变反应可供人类使用上亿年，产生氚的锂储量非常丰富）；③反应产物是比较稳定的氦。有鉴于此，自 20 个世纪 50 年代以来，很多国家都在大力开展核聚变能的研究，并希望通过国际热核聚变实验堆（ITER）计划①，共同合作，早日实现聚变能的应用。

自 20 世纪 60 年代起，国际聚变界先后建造了多种类型的磁约束聚变装置（如托卡马克、磁镜、仿星器、箍缩类装置等），并在此基础上开展了大量的高温等离子体基础问题的研究，已取得一系列突破性的认识，极大地推动了等离子体物理学的发展。托卡马克以其优越的约束性能及位形的对称性，引起了国际聚变界的重点关注，

① http：//www.iter.org。

已成为磁约束聚变研究的主流。

到20世纪80年代，托卡马克实验研究取得重大突破。德国在ASDEX装置上首次发现了高约束放电模式[2]，欧洲在JET装置上将3.7MA等离子体电流维持了数秒[3]，美国在普林斯顿TFTR装置上取得了中心离子2亿度、聚变中子产额$10^{16}cm^{-3} \cdot s^{-1}$的成果[4]，这些显著进展激励人们尝试获取氘－氚（D-T）聚变能。20世纪90年代，在JET和TFTR装置上均成功地进行了氘－氚放电实验，特别是在JET上利用25MW辅助加热手段，获得了聚变功率16.1MW、聚变能21.7MJ的世界最高纪录[3]。随后，日本在JT-60U上利用氘－氘放电实验，使折算到氘－氚反应等效能量增益因子Q（聚变功率与注入功率之比）值超过1.25，这说明可以有净能量输出。日本在JT-60U装置还获得了最高聚变反应堆级的等离子体参数：峰值离子温度约45keV（已满足更先进的D-He3聚变反应条件），聚变三乘积约$1.5 \times 10^{21}keV \cdot s \cdot m^{-3}$，$Q$值大于1.3[5]。这些里程碑验证了托卡马克作为未来聚变反应堆的科学性和可行性，推动了ITER计划的诞生和发展。

在设计、建造ITER托卡马克的同时，国际聚变界还尝试各种新的磁场位形，以期建造更为经济、稳态的磁约束聚变堆。在托卡马克方面，通过尝试更小纵横比的球形位形（spherical tokamak）（美国的NSTX和英国的MAST）和增强磁场的方式（美国的Alcator C-MOD和意大利的FTU），为聚变堆小型化提供了可能性。而仿星器位形以其天然的稳态和稳定特性，成为聚变界备受关注的另一种磁约束位形，其中日本的LHD螺旋形仿星器装置实现了稳态高参数运行[7]，德国利用模块化线圈优化的先进仿星器装置W7-X于2015年开始第一次放电[8]。这些重要进展为将来的磁约束聚变堆指明了进一步优化的方向。

最近十年来，以国际托卡马克物理活动组织（International Tokamak Physics Activity，ITPA）为核心，各大托卡马克装置的研究，重点围绕解决未来ITER面临的关键科学技术问题开展。在偏滤器靶板热负荷控制及等离子体与材料相互作用方面，利用共振磁扰动、加料与杂质注入等技术，开展了大量的边界不稳定性引起的靶板瞬态热负荷控制的研究。在稳态运行方面，美国DIII-D托卡马克利用离轴加热和电流驱动，实现了高比压（$\beta_N = 3 \sim 4$）、高自举电流份额（60%～85%）的完全非感应电流高约束等离子体[9]。韩国的KSTAR全超导托卡马克装置，在高约束、长脉冲等离子体的获得和性能研究方面取得可喜的进展[10]。这些突破性成果进一步证实了以托卡马克为代表的磁约束核聚变途径的科学可行性，将促进ITER和未来聚变实验堆的设计和建造。

ITER的建造对技术的要求，在很多方面已达到甚至超越了目前所掌握的材料性能和工程技术的极限。在研发过程中，一大批关键的、瓶颈性的工程技术问题的研究取得了突破。目前 ITER 的绝大部分部件都已进入批量生产阶段，装置总装的工作也进入招标阶段，预计 2025 年建成并获得首次等离子体放电。

二、国内研发现状

我国核聚变能的研究始于 20 世纪 60 年代初，经历了长时间非常困难的环境，但始终能保持稳定、渐进的发展。我国已建成两个发展中国家最大的、理工结合的大型现代化专业研究院所，即中国科学院等离子体物理研究所和核工业西南物理研究院。此外，中国科学技术大学、华中科技大学、大连理工大学、北京大学、清华大学等高等院校设立了核聚变及等离子体物理专业或研究室。

自 20 世纪 90 年代以来，我国已开展大中型托卡马克发展计划，以探索先进托卡马克的经济运行模式和托卡马克的稳态运行等问题。1994 年，核工业西南物理研究院通过引进和改造，建成了中国环流器一号 M（HL-1M）装置，中国科学院等离子体物理研究所同时建成并运行了世界第二大超导装置 HT-7；2002 年，核工业西南物理研究院在引进 ASDEX 装置的基础上，通过改造建成了中国环流器二号 A（HL-2A）常规磁体托卡马克，开始一系列物理实验并取得了丰硕的科研成果。

在 HT-7 成功运行的基础上，大型非圆截面全超导托卡马克核聚变实验装置 EAST（Experimental Advanced Superconducting Tokamak），由中国科学院等离子体物理研究所于 2000 年 10 月开工建设，于 2006 年完成建造并获得初始等离子体[11]。EAST 装置主要对稳态先进托卡马克核聚变堆的前沿性物理和技术问题开展探索性研究，自运行后一直不断刷新稳态研究的世界纪录，并于 2017 年获得了长达 100s 量级 5000 万度电子温度，以及稳态高约束等离子体[12]，这标志着国际聚变研究上升到一个新台阶，有力推动了托卡马克稳态运行的物理和技术发展。EAST 是达到国际领先水平的新一代磁约束核聚变实验装置。作为国家重大科学工程之一，EAST 的成功建设和开展的物理实验使中国在磁约束聚变研究领域进入世界前沿[13-15]，成为世界上最重要的聚变研究中心之一。

HL-2A 装置自 2002 年运行以来，取得很多突出成果。它除了在电子回旋加热实验中获得 4.9keV 的电子温度，以及在中性束加热条件下得到 2.5keV 的离子温度等高参数外，还成功实现了高约束模（H 模）放电[16]。此外，核工业西南物理研究院新建的中国环流器二号 M（HL-2M）托卡马克，瞄准近堆芯等离子体物理及聚变堆关键工程技术，特别是高约束和偏滤器物理方向开展研究，为下一步建造聚变堆奠定科学技术的基础。

近年来多个高校也加入发展小型聚变装置的行列。华中科技大学通过国际合作，于2008年完成了TEXT-U托卡马克装置（2007年更名为J-TEXT）的重建工作，中国科学技术大学设计建造了反场箍缩磁约束聚变实验（Keda Torus eXperiment，KTX）装置等；这些装置用于探索各种新思想、新诊断、新技术，以及培养聚变人才。

2008年，中国正式加入ITER计划，承担了12个采购包制造任务。这些任务占ITER装置的9%，覆盖了托卡马克聚变反应堆主机的大部分关键技术，其主要承担单位是中国科学院等离子体物理研究所和核工业西南物理研究院。

在ITER最核心的超导技术方面，我国独立自主发展了低温超导、结构、绝缘等材料；攻克了多个大型铠装超导导体的关键技术难题，使生产导体的核心技术跻身国际前列；创新性地提出了新型高温超导电流引线的技术路线和设计方法，发展了一系列关键技术，使研发的68kA高温超导电流引线创下了最大运行电流90kA的世界最高纪录；在磁体方面开发出三维曲面高精度绕制成型技术等。ITER超导磁体电源是世界上最大的、最复杂的非常规电源系统，我国自主完成了其设备的设计、生产、测试和集成，纠正了原ITER电源设计方案存在的重大缺陷，创新性提出并研制出世界上最大容量的一体化设计的晶闸管四象限变流器单元。这些技术突破，使我国掌握了大型应用超导相关的全部关键技术，并形成了完整的研发能力和技术体系。

凭借我国具有大型超导磁体研发经验及质量的优势，中国科学院等离子体物理研究所通过国际竞标承接了原欧盟承担的ITER PF6超导线圈的制造任务。PF6超导线圈是目前国际上在建的重量最大、难度最高的超导磁体，中国在研制过程中发展的绕制、接头、绝缘等相关工艺处于国际领先水平。它的成功研制为中国未来聚变堆大型超导磁体的研发奠定了基础。

包层第一壁是聚变反应堆的核心部件，将直接面对上亿度高温等离子体，用于保护反应容器。我国研制的增强热负荷半原型全尺寸手指对部件，在国际上率先通过了ITER国际组的认证，这标志着中国规模化制作ITER第一壁的关键技术已日趋成熟。此外，我国屏蔽模块也已完成全尺寸屏蔽包层模块的研制并通过ITER国际组织的认证。

自参加ITER计划以来，我国开发出一批具有自主知识产权的核心技术，建立了国际一流的专业研发和测试实验平台；培养了一批极具竞争力的科研队伍，大幅提升了我国科技创新能力、国际项目管理能力和专业技术人才培养能力[17]。这为我国积极筹划设计、建造下一代的聚变工程实验堆（China Fusion Engineering Test Reactor，CFETR）[18]，奠定了充分的人才队伍和工程技术的基础，并提供了丰富的科学管理经验。

三、发展趋势和展望

经过半个多世纪的研究和探索，托卡马克途径的热核聚变研究已逐步趋于成熟。ITER 计划将全面验证聚变能和平利用的科学性和工程可行性。为了最终建成商用聚变堆，还需要进一步优化等离子体约束性能和稳定性，解决建造聚变堆关键的材料、聚变核科学技术和聚变能量的提取等一系列重大难题。目前国际上参与 ITER 计划的七方，都提出了各自的热核聚变堆的中长期发展规划，积极筹划下一代 DEMO 装置的概念 / 工程设计和建设。

我国未来聚变的发展战略是：瞄准国际前沿，通过加强国内研究和国际合作，夯实我国磁约束核聚变能源开发的基础，加速人才培养；以现有中、大型托卡马克装置为依托，开展核聚变前沿问题研究，探索未来稳定、高效、安全、实用的聚变工程堆的物理和工程技术基础；通过建立近堆芯级稳态等离子体实验平台，消化吸收、发展与储备聚变工程实验堆关键技术，为我国独立自主地开发和利用聚变能奠定坚实的科学技术与工程基础，实现能源的跨越式发展[19]。我国以聚变工程实验堆设计和关键部件预研等为近期目标（2015 ～ 2020 年）；以建设、运行中国聚变工程试验堆，开展稳态、高效、安全聚变堆的科学研究为中期目标（2020 ～ 2040 年）；以探索聚变商用示范电站的工程、安全、经济性为长远目标（2040 ～ 2050 年）。

未来十余年，我国磁约束聚变等离子体科学将重点依托国内两大装置 EAST、HL-2M，开展高水平的实验研究：将通过进一步提升装置的研究能力和实验条件，聚焦未来 ITER 和下一代聚变工程堆的稳态高性能等离子体的关键科学技术问题，探索先进托卡马克运行模式，以实现近堆芯等离子体稳态运行的科学目标。此外，我国也将以两大实验装置为基础，形成国际公认并共同参与的、能为 ITER 和 CFETR 提供重要科学基础的、国际化的研究基地。

预计在 2030 年前后，我国能够建成 20 万～ 50 万 kW 聚变功率的 CFETR，以解决稳态和氚自持两大科学技术问题；并与 ITER 燃烧等离子体形成互补，加速推动聚变能的发展进程；使我国磁约束聚变研究实现跨越式发展，全面进入世界核聚变能研究开发的先进行列。通过升级 CFETR，开展商用示范堆关键科学技术的研究，预计到 2050 年前后我国将引领国际聚变领域的发展。为了实现这一目标，需要加大一系列关键技术的研发，这些关键技术包括：大型超导磁体、中能高流强粒子束、连续大功率微波源、大型低温、先进诊断、大型电源、复杂环境下的智能远程操控技术，以及反应堆材料、实验包层、氚工艺和核聚变安全等。这些技术不但是未来聚变电站所必需的，而且对我国工业、社会经济发展也能起到重大促进作用。可以预见，随着我国核聚变战略的实施，世界第一个能够演示并具有商用前景的核聚变堆将在我国实现。

参考文献

[1] BP. BP世界能源统计年鉴2017. https://www.bp.com/zh_cn/china/reports-and-publications/_bp_2017-_.html [2017-07-05].

[2] Wagner F, Becker G, Behringer K, et al. Regime of improved confinement and high beta in neutral-beam-heated divertor discharges of the ASDEX tokamak. Phys Rev Lett, 1982, 49 (19): 1408-1412.

[3] Keilhacker M, the JET team. Fusion physics progress on the Joint European Torus (JET). Plasma Physics and Controlled Fusion, 1999, B1: 41.

[4] Bell M G, McGuire K M, Arunasalam V, et al. Overview of DT results from TFTR. Nuclear Fusion 1995, 35: 1429-1436.

[5] Keilhacker M, Gibson A, Gormezano C, et al. High fusion performance from deuterium-tritium plasmas in JET. Nuclear Fusion, 1999, 39 (2): 209-234.

[6] Mori M, Ishida S, Ando T, et al. Achievement of high fusion triple product in the JT-60U high βpH mode. Nuclear Fusion, 1994, 34 (7): 1045-1053.

[7] Fujiwara M, Takeiri Y, Shimozuma T, et al. Overview of long pulse operation in the Large Helical Device. Nuclear Fusion, 2000, 40 (6): 1157-1166.

[8] Wolf R C, Ali A, Alonso A, et al. Major results from the first plasma campaign of the Wendelstein 7-X stellarator. Nuclear Fusion, 2017, 57 (10): 102020.

[9] Solomon W M, Burrell K H, Fenstermacher M E, et al. Advancing the physics basis of quiescent H-mode through exploration of ITER relevant parameters. https://fusion.gat.com/pubs-ext/IAEA14/A27939.pdf[2018-09-26].

[10] Yoon S, Ahn J-W, Jeon Y M, et al. Characteristics of the first H-mode discharges in KSTAR. Nuclear Fusion, 2011, 51 (11): 113009.

[11] Wan Y X, Li J G, Weng P D, et al. Overview progress and future plan of EAST Project. https://www-pub.iaea.org/MTCD/Meetings/FEC2006/ov_1-1.pdf[2018-09-26].

[12] Wan B N, Liang Y F, Gong X Z, et al. Overview of EAST experiments on the development of high-performance steady-state scenario. Nuclear Fusion, 2017, 57 (10): 102019.

[13] Normile D. Waiting for ITER, fusion jocks look EAST. Science, 2006, 312 (5776): 992.

[14] Fuyuno I. China set to make fusion history. Nature, 2006, 442: 853.

[15] Li J, Guo H Y, Wan B N, et al. A long-pulse high-confinement plasma regime in the Experimental

Advanced Superconducting Tokamak. Nature Physics，2013，9：817-821.
[16] Yang Q W，Liu Y，Ding X T，et al. Overview of HL-2A experiment results. Nuclear Fusion，2007，47（10）：S12.
[17] Zhang Y M. ITER Program and the future of nuclear fusion research. Vacuum & Cryogenics，2006，12（4）：231-237.
[18] Wan Y X，Li J G，Liu Y，et al. Overview of the present progress and activities on the CFETR. Nuclear Fusion，2017，57（10）：102009.
[19] Li J G. The status and progress of tokamak research. Physics，2016，45（2）：88-97.

Magnetically Confined Fusion Technology

Wan Baonian
（Institute of Plasma Physics，Chinese Academy of Sciences）

For peaceful use of fusion energy，seven partners including China are working together to build the world's largest fusion device，International Thermonuclear Experimental Reactor（ITER）. Achievement of fusion research in magnetically confined tokamak approach is tremendous both on key physics and technologies around demand of ITER construction and future operation in recent years，which gives more confidence for success of ITER. China has made great contribution to the ITER project on both fusion science and technologies. Recently，Chinese fusion community has proposed China Fusion Engineering Test Reactor（CFETR）in the roadmap，while similar plan is also made by other partners in ITER project. Since aggressive progress achieved in last decade，the first demonstration of fusion energy application could be expected to be realized before 2050 in China，if CFETR project can be launched on the roadmap schedule with appropriate arrangement of more challenging R&D activities.

3.6 制氢技术新进展

刘茂昌 金 辉 郭烈锦*

（西安交通大学动力工程多相流国家重点实验室）

氢是除核燃料外发热量最大的燃料，其高位发热量为 142.35kJ/kg，是汽油发热值的 3 倍。氢在转化为电和热等终端能源的过程中的产物仅有水。因此，氢气是理想的能源载体，以氢能为核心的能源供给模式是未来可再生能源供给模式的理想方案。氢能的相关研究包括：通过氢能实现化石能源体系向可再生能源体系的平稳过渡，以及通过氢能实现可再生能源的转化、存储与利用的研究。氢能技术涵盖制氢、储氢、用氢（燃料电池）及氢安全技术。氢能的制取方法包括：电解水制氢、矿物燃料制氢、生物质制氢、太阳能光催化制氢、其他含氢物质制氢。太阳能、生物质、风能、海洋能、地热能等可再生能源，也可通过发电来间接获取氢。储氢技术包括气态储氢、液态储氢及固态储氢。利用一次能源获取氢气是氢能技术的关键和应用的先决条件。下面将重点介绍以氢气为能源载体的一次能源直接转化利用技术的最新进展并展望其未来。

一、国际重大新进展

氢能技术的发展关乎全球可再生能源的变革，其研究一直是各国能源研究领域的热点。2014 年，日本丰田公司正式宣布氢能燃料电池汽车 MIRAI 进入市场。2010 年，美国能源部出资 1.22 亿美元，在加利福尼亚州成立了由加州理工学院和劳伦斯·伯克利国家实验室主导的人工光合作用联合中心，并于 2015 年追加了 0.75 亿美元。美国前总统奥巴马也在不同场合多次提到“将太阳光变成燃料”。2017 年初，宝马集团、戴姆勒集团、本田汽车、现代汽车和丰田汽车等车企，与其他 8 家全球知名企业在达沃斯倡议并成立了“氢能委员会”（Hydrogen Council），致力于推动氢能的发展和商业化运作，确保政府、车企、基础设施提供商和消费者之间的通力合作。欧盟在 2017 年发布的“地平线 2020”计划中明确表示[1]，将继续支持“燃料电池与氢能联合执行体”（FCHJU）战略目标：到 2020 年，氢燃料电池汽车的保有量将达到 50 万辆，加

* 中国科学院院士。

氢站达到1000座，氢气的50%来自非化石能源。抢占氢能技术领域的前沿，已成为各大国可持续发展能源战略中的关键。

1. 化石能源制氢

以煤、石油及天然气为原料，采用高温催化分解的方式，将化石能源直接裂解制取氢气，是目前大型制氢系统采用的主要方式。但该方法在制取氢气的过程中会产生大量的CO_2。2016年，美国俄亥俄州立大学的Liang-Shih Fan等，对铁基化学循环过程由CH_4制取H_2的反应进行热力学模拟并系统分析其过程，发现其冷煤气效率比天然气重整制氢反应高5%，净热效率高6%[2]。2017年，美国斯坦福大学的Simona Liguori等，研究了钯/多孔不锈钢膜反应器中天然气制氢的特性，在400 ℃、300kPa的反应条件下，测得84%的甲烷转化率和82%的氢气回收率[3]。2017年，韩国首尔大学的In Kyu Song等，研究了Ni-B-Al_2O_3催化剂在天然气重整中的性能，发现氢气的产率会随吸附甲烷和表面Ni含量的增加而增加[4]。

2. 可再生能源制氢

目前可再生能源直接制氢技术主要包括：光催化直接分解水制氢、光电化学直接分解水制氢、生物质气化制氢、微生物制氢及太阳能热化学分解水制氢等。光催化直接分解水制氢研究是近年来国际研究的热点。

光催化直接分解水制氢是利用太阳光在半导体光催化剂中形成具有氧化还原反应能力的电子和空穴对，进而在光催化剂表面利用化学反应合成氢气。该技术可避免光电化学体系中的外电路及其电压降造成的能量损失。2017年，澳大利亚阿德莱德大学Jingrun Ran等，把助催化剂（二维层状Ti_3C_2）与硫化镉光催化剂耦合，在420nm位置处使量子效率达到40.1%，并获得了14342μmol · h^{-1} · g^{-1}的产氢速率[5]。

光电化学直接分解水制氢与光催化直接分解水制氢在基本原理上相近，主要区别是光电化学反应中的氧化反应和还原反应分别发生在两个宏观尺度的电极表面。与太阳能光伏电解水相比，光电化学直接分解水制氢去掉了多个金属－半导体接触面，使氢氧产物自然分离，并尽可能避免了外电路中的能量损失；它还具有结构简单、低成本等优势。此外，外置偏压的引入，大大降低了反应体系对半导体能带结构的硬性要求，使一些导带位置稍低于产氢反应电位的半导体（如WO_3、Fe_2O_3、$BiVO_4$）也能参与制氢。CuO、TiO_2、ZnO、CdS、CdSe、C_3N_4也是研究较为广泛的电极材料。2018年，美国威斯康星大学麦迪逊分校Kyoung-Shin Choi等发现，在电解液中V^{5+}离子可显著提高$BiVO_4$/FeOOH/NiOOH光阳极的光电化学制氢的稳定性[6]。

生物质气化制氢是利用生物质的气化反应裂解制得氢气，主要涵盖如下物料：果浆、废果蔬、甘蔗渣、粗甘油、微藻、硬壳坚果残渣、禽畜排泄物、玉米芯、生物乙醇、橄榄油厂废水、食品加工废物、藻类、粗藻生物油、松木、花生壳和竹炭等。生物质气化制氢用的生物质往往集中于农业废弃物、畜产品工业或生物质深加工废弃物，而非有价值的水果或蔬菜，因此更具现实意义。2015 年，Joseph A. Rollin 等利用新模型研究玉米秸秆制氢，使用超过 10 种的纯化酶，实现了从葡萄糖和木糖到氢的高产率，大大降低了产品分离成本，避免再浓缩糖溶液[7]。

微生物制氢是利用某些微生物的代谢过程来生产氢气。光合细菌在厌氧光照的条件下，利用三羧酸（TCA）循环氧化，可把有机底物分解成 CO_2、质子（H^+）和还原性电子（e^-）。这种光合系统可将光能转化为生物化学能，先用一系列载体将电子传递到固氮酶；在电子传递的过程中，H^+ 的跨膜运输会产生质子驱动力，驱动 F_0F_1-ATPase 合成 ATP；最后，固氮酶在 ATP 和还原性电子的帮助下，把 H^+ 还原成氢气（H_2）。2016 年，日本大阪大学 Jun Miyake 等对暗光细菌 Clostridium butyricum MIYAIRI 和光合细菌 Rhodobacter sphaeroides RV 做的研究表明，细菌在明暗交替变化的光照环境比单一环境（暗光或有光）中会产生更多的氢气[8]。

太阳能热化学分解水制氢是以水为原料，利用光热转化和热化学循环分解水来制取氢气。在光热技术与热化学反应的耦合体系中，太阳能聚光系统是重要的组成部分，包括多碟式太阳能聚光系统、轮胎面定日镜聚光系统、抛物面槽式聚光系统、线性菲涅尔聚光系统，以及塔式聚光系统等类型。热化学循环总体反应的理论吉布斯自由能变化，等于水分解反应，可以通过控制反应温度等参数，使某一步反应的吉布斯自由能变化为零，进而降低其他步骤反应所需的温度。2017 年，C. N. R. Rao 和 Sunita Dey 合作，开发出一种基于 Mn（II）/Mn（III）氧化物循环反应的太阳能热化学分解水制氢系统，实现了在 700℃或 750℃下的稳定运行[9]。

3. 多种一次能源耦合制氢

在多种一次能源耦合制氢方面，目前研究比较多的是光热技术耦合化石能源制氢和光热技术耦合生物质气化制氢等。

与太阳能热化学分解水制氢类似，含有光热转化技术的多种一次能源耦合制氢反应体系，也采用类似的聚光器。此外，高温高压的反应装置，因允许复杂物料的流入、流出，其技术要求比太阳能热化学分解水制氢更高。目前研究较多的耦合反应器的设计主要包括高压釜、连续管流和超临界水流化床反应器。高压釜式反应器可为超临界水气化的反应机理、气化动力学及催化剂的筛选提供信息，但直接用于太阳能聚热系统的可能性非常有限。2016 年，Vostrikov 发明了一种两级立式管式反应器，并安装了移动式刀具，以确保连续进浆料[10]。

二、国内重大新进展

氢能系统的构建，对于我国未来可再生能源供给模式的建立，具有极其重要的作用。中国工程院顾大钊院士在“2017 中国电动汽车百人会论坛”中表示：能源发展的方向是清洁低碳，氢能是最低碳的清洁能源，将促进产业革命。我国制氢技术发展迅速，在某些领域已处于世界前列。

1. 化石能源制氢

近年来，我国在化石能源制氢方面比较突出的成果主要是超临界水煤制氢技术。超临界水作为一种新型气化介质，具有巨大的优势：①超临界水为煤炭等含碳一次能源的洁净气化提供了均匀快速的反应介质，降低了热质传递和化学反应的相界面阻力。②苯酚或 PAH（多环芳烃）是热化学过程中阻止完全转化的最终障碍。酚类化合物或 PAH 的开环反应是整个热化学过程中的限速步骤。水处于超临界状态时会形成超临界水分子团簇，可明显降低酚类或 PAH 开环过程的能垒。因此，超临界水中的气化转化过程，可在较低温度下进行，更易实现完全转化。③超临界水对焦油具有良好的溶解性和扩散能力，因此，超临界水中的催化剂由于积碳而失活的可能性较小。良好的溶解性和扩散性可防止结焦副反应的发生，确保完全气化。④当超临界水参数降低后，气体产物和气化介质易于分离。此外，CO_2 和 H_2 是典型产物，在超临界水中的溶解度有很大差别，可以通过调控下游操作条件，实现 CO_2 的富集，无须特殊昂贵的设备。⑤超临界水的物理化学特性在大的温度和压力范围内会发生转变，这为产物分布和反应路径的调控提供了可能。⑥在传统的热化学转化过程（如气化、热解）中，当煤炭的含水量增加时，干燥过程的能耗较大，会导致总的能量效率降低。然而，超临界水中的煤炭及生物质气化反应，在水相中进行，无干燥过程。⑦超临界混合工质具有发电能力。

2015 年 10 月，西安交通大学经过 20 年的系列基础理论的研究和关键技术的研发，成功构建出一套五模块并联的煤炭超临界水气化制氢反应器，将加料、气化、除渣工艺集成一体，形成连续生产的小型示范试验样机（图 1），以及以超临界水相完全还原气化煤为核心的新型高效气化制氢完整流程工艺（已运行万余小时，完成了长时间连续稳定生产的实验）；进一步的基础和产业化技术还在持续研发中。2016 年，陈秋玲等报道在 $10cm^3$ 的 316 不锈钢小型反应物中，开展了褐煤超临界水气化实验研究[11]，采用系列 CeO_2-ZrO_2 负载 Ru 催化剂，在 500℃条件下使质量分数为 2% 的褐煤的碳气化率达到 86%，氢气产量达到 $29.24mol/kg^3$。

图 1　五模块并联的煤炭超临界水气化制氢反应器小型示范试验样机

2. 可再生能源制氢

在光催化直接分解水制氢方面，西安交通大学的团队发现：$Cd_{0.5}Zn_{0.5}S$ 纳米孪晶光催化剂，在与 NiS_x 助催化剂耦合之后，使 425nm 处的量子效率接近 100%[12]。该团队还研制并搭建了新一代的规模化直接太阳能连续制氢系统（图 2）。该系统包含 4×19 阵列放置的光路，采用自然循环作为动力来源，其总采光面积达到 $103.7m^2$，有效容积达到 800L；经第三方认证，在太阳平均辐射功率为 $663W/m^2$ 的情况下，其平均日产纯度为 99.7% 的氢 765.6NL。

图 2　西安交通大学规模化直接太阳能连续制氢系统装置

在生物质气化制氢方面，2018 年，Ping Zhang 等以非粮生物质为原料，将 160℃下纤维素和半纤维素转化为甲酸的反应和 90℃下生物质水解产氢的反应串联，获得了高达 95% 的制氢产率[13]。

在微生物发酵制氢方面，2016 年，Zhang 等利用过表达 ATPase 的结构基因，提高了 ATP 含量及产氢性能[14]。他们还利用暗发酵和光发酵的有机结合，在暗－光混合比 1：600、起始 pH 7.5、磷酸盐缓冲液 50mM 及光强 10 000lx 条件下，使得暗发酵细菌 E. cloacae YA012 和光合细菌 R. sphaeroides HY01 的混合发酵取得最佳产氢量（$3.96mol_{H2}/mol_{glucose}$），比暗发酵提高 1.6 倍[15]。

针对太阳能热化学分解水制氢，中国科学院工程热物理研究所郝勇等，采用交替式透氢膜透氧膜反应器，将水蒸气转化率从传统等温反应器的 1.26% 提升至近 100%，能量利用效率从 2.9% 提升至 42.6%[16]。

3. 多种一次能源耦合制氢

在光热技术耦合化石能源制氢方面，西安交通大学的团队建立了一个具有 6 个子系统的高通量高压釜式系统，在分析单个操作参数影响的同时，确保其他工作参数不变[17-20]。2016 年，Xie 建立了一个可用于石油化工废水部分氧化的盘管式反应器[21]；该反应器可与太阳能聚热系统良好地耦合，有利于强化热质传递。

在太阳能生物质气化制氢方面，西安交通大学的团队发明了一种用于超临界水生物质气化的耦合系统[22]（图 3）。其聚光器具有典型的腔体接收器结构，以小孔径开口为太阳能接收窗口，实现了良好的隔热。腔式太阳能接收器包括两个由绝缘材料隔开的空腔，外部腔体用于布置太阳能反应器，内部腔体用于布置水的预热器，以实现物料的快速升温。太阳能反应器由 316 不锈钢螺旋管制成，内径 5mm，长 18m。聚光系统由 16 个抛物面反射镜组成，每个反射镜表面积为 $1m^2$，焦点位于太阳能聚光器的入口。实验结果表明，0.5M 的葡萄糖和质量分数为 5% 的玉米芯 +2%CMC 原料，可被连续输送并稳定气化；当太阳直接辐照度为 363 ～ $656W/m^2$ 时，完全气化温度在 525 ～ 676℃。

图 3　多碟式太阳能聚光器

上述多种一次能源耦合制氢反应体系的高效运行，离不开大型的聚光器和精准的太阳能追踪系统。依据美国能源部对含有槽式、碟式和塔式等太阳能聚光器的光热发电系统进行的经济性估算结果，太阳能聚光部分的成本占总体成本的50%以上。高追踪精度对制造、加工和精度控制提出了很高的要求，大大提高了加工成本。因此，基于非定向或低精度追踪太阳方位的太阳能聚光理论及方法，具有重要的理论和实际意义。西安交通大学的团队搭建了一种聚焦太阳能驱动的煤及生物质超临界水气化系统中试示范装置[22]（图4）。其中太阳炉由中国科学院自动化研究所设计制造，包括一个由3面面积为121m^{2}的反射镜组成的主反射镜，以及面积为300m^{2}的二级抛物面聚光器。假定太阳直接辐照度为700W/m^2，则太阳能的设计功率可达163kW，定日镜和二次冷凝器的效率均可达到90%[23-24]。这种装置的原料浆料的设计处理量为1.03t/h，设计温度为800℃，设计压力为40MPa。该示范装置探索了超临界水气化的工业化应用途径，并通过并联反应器模块，验证了放大思路；其聚光比小于500，降低了太阳能追踪系统的成本，从而大大降低了制氢成本，为较低聚光比下的太阳能热利用提供了成功的案例。

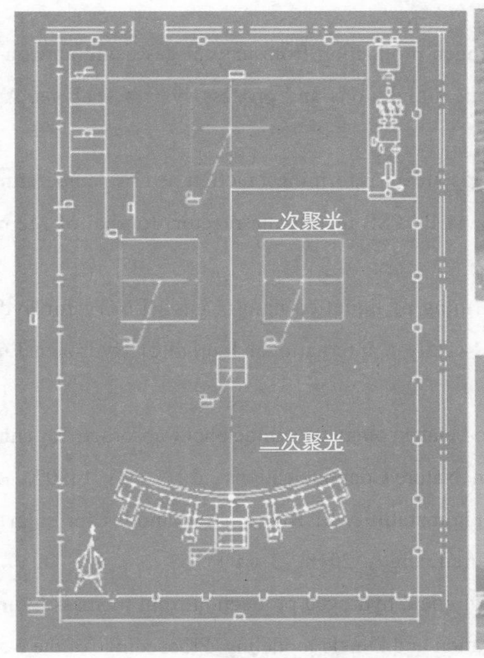

(a) 一次聚光、二次聚光和太阳能接收器的位置

(b) 二次聚光器

(c) 一次聚光器

图4　聚焦太阳能驱动的煤及生物质超临界水气化系统中试示范装置

三、未来展望

氢能技术是全球可再生能源领域研究的热点，其研究涉及多种学科。中国、美国、日本、欧盟等国家或地区在该领域各有所长。因此，加强国际交流合作，有利于氢能技术的发展。氢能技术的发展关乎我国未来能源的可持续发展战略，离不开政府、科研院所乃至全社会的大力支持，需要持续人力、物力的投入，其研究成果应该是凝聚了全社会集体智慧的结晶。

需要注意的是，氢能技术不仅需要从物理、材料及化学等角度深入探索，还要系统地从工程应用的角度开发规模化反应系统；特别是从能量传输流程的角度出发，对能源传输与转化过程中的能量损失系统进行深入研究，力争在能量转化与传输的关键点上取得突破。

参考文献

[1] Maes J，Jacobs S. Nature-based solutions for Europe’s sustainable development. Conservation Letters，2017，10：121-124.

[2] Kathe M V，Empfield A，Na J，et al. Hydrogen production from natural gas using an iron-based chemical looping technology：Thermodynamic simulations and process system analysis. Applied Energy，2016，165：183-201.

[3] Anzelmo B，Wilcox J，Liguori S. Natural gas steam reforming reaction at low temperature and pressure conditions for hydrogen production via Pd/PSS membrane reactor. Journal of Membrane Science，2017，522：343-350.

[4] Park S，Yoo J，Han S J，et al. Steam reforming of liquefied natural gas（LNG）for hydrogen production over nickel-boron-alumina xerogel catalyst. International Journal of Hydrogen Energy，2017，42（22）：15096-15106.

[5] Ran J，Gao G，Li F-T，et al. Ti_3C_2 MXene co-catalyst on metal sulfide photo-absorbers for enhanced visible-light photocatalytic hydrogen production. Nature Communications，2017，8：13907.

[6] Lee D K，Choi K-S. Enhancing long-term photostability of $BiVO_4$ photoanodes for solar water splitting by tuning electrolyte composition. Nature Energy，2018，3（1）：53.

[7] Rollin J A，Campo J M，Myung S，et al. High-yield hydrogen production from biomass by in vitro metabolic engineering：Mixed sugars co-utilization and kinetic modeling. Proceedings of the National Academy of Sciences，2015，112（16）：4964-4969.

[8] Takagi D，Okamura S，Tanaka K，et al. Characterization of hydrogen production by the co-culture

of dark-fermentative and photosynthetic bacteria. Research on Chemical Intermediates，2016，42（11）：7713-7722.

[9] Rao C，Dey S. Solar thermochemical splitting of water to generate hydrogen. Proceedings of the National Academy of Sciences，2017，114（51）：13385-13393.

[10] Vostrikov A A，Shishkin A V，Sokol M Y，et al. Conversion of brown coal continuously supplied into the reactor as coal-water slurry in a supercritical water and water-oxygen mixture. The Journal of Supercritical Fluids，2016，107：707-714.

[11] Yu J，Lu X，Shi Y，et al. Catalytic gasification of lignite in supercritical water with Ru/CeO_2-ZrO_2. International Journal of Hydrogen Energy，2016，41（8）：4579-4591.

[12] Liu M，Chen Y，Su J，et al. Photocatalytic hydrogen production using twinned nanocrystals and an unanchored NiS_x co-catalyst. Nature Energy，2016，1（11）：16151.

[13] Zhang P，Guo Y-J，Chen J，et al. Streamlined hydrogen production from biomass. Nature Catalysis，2018，1（5）：332-338.

[14] Zhang Y，Yang H，Feng J，et al. Overexpressing F0/F1 operon of ATPase in Rhodobacter sphaeroides enhanced its photo-fermentative hydrogen production. International Journal of Hydrogen Energy，2016，41（16）：6743-6751.

[15] Zhang Y，Guo L，Yang H. Enhancement of hydrogen production through a mixed culture of Enterobacter cloacae and Rhodobacter sphaeroides. Energy & Fuels，2017，31（7）：7234-7240.

[16] 王宏圣 . 基于选择性膜分离的太阳能热化学系统研究 . 北京：中国科学院工程热物理研究所，2017.

[17] Jin H，Wu Y，Guo L，et al. Molecular dynamic investigation on hydrogen production by polycyclic aromatic hydrocarbon gasification in supercritical water. International Journal of Hydrogen Energy，2016，41（6）：3837-3843.

[18] Lan R，Hui J，Guo L，et al. Hydrogen production by catalytic gasification of coal in supercritical water. Energy & Fuels，2014，28（11）：6911-6917.

[19] Jin H，Chen Y，Ge Z，et al. Hydrogen production by Zhundong coal gasification in supercritical water. International Journal of Hydrogen Energy，2015，40（46）：16096-16103.

[20] Jin H，Wu Y，Zhu C，et al. Molecular dynamic investigation on hydrogen production by furfural gasification in supercritical water. International Journal of Hydrogen Energy，2016，41（36）：16064-16069.

[21] Xie R C，Liu Y，Bu T，et al. Supercritical water gasification of petrochemical wastewater for hydrogen production. Environmental Progress & Sustainable Energy，2016，35（2）：428-432.

[22] Liao B，Guo L. Concentrating solar thermochemical hydrogen production by biomass

gasification in supercritical water. Energy Procedia，2015，69：444-450.

［23］Guo L J，Jin H，Lu Y. Supercritical water gasification research and development in China. The Journal of Supercritical Fluids，2015，96：144-150.

［24］Guo L J，Jin H，Ge Z W，et al. Industrialization prospects for hydrogen production by coal gasification in supercritical water and novel thermodynamic cycle power generation system with no pollution emission. Science China，2015，58（12）：1989-2002.

Hydrogen Production Technology

Liu Maochang，Jin Hui，Guo Liejin
（State Key Laboratory of Multiphase Flow in Power Engineering，
Xi'an Jiaotong University）

Of all the elements，hydrogen，the lightest one，is the fuel with the highest calorific power except for nuclear fuels. It has a high calorific value of 142.35kJ/kg，which is three times the calorific value of gasoline. After conversion into electricity and heat，the only product is water. Therefore，hydrogen is an ideal energy carrier in the future. The energy supply system with hydrogen as the core energy carrier is an ideal solution for the future renewable energy supply system. In this regard，the establishment of a hydrogen energy system is extremely important for building up a renewable energy supply system for China. Currently，we pay a lot of attention on the transition from fossil fuel to renewable energy system，especially on the transformation，storage and utilization of renewable energy with hydrogen as an intermedia. Relating topics include hydrogen production，storage，utilization（fuel cell），and safety technologies，etc. Among them，the methods for producing hydrogen involving water electrolysis，reformation of fossil fuels，biomass，photocatalysis，and hydrogen production from other hydrogen-containing materials，have been extremely studied. Also，renewable energies such as solar energy，biomass，wind energy，ocean energy，and geothermal energy can be used to produce hydrogen indirectly through electricity generation. Hydrogen storage technologies include gaseous hydrogen storage，liquid hydrogen storage，and solid-state hydrogen storage. As the establishment of hydrogen energy system relies on hydrogen production from primary energy source, this paper will discuss the current situation and tendency of hydrogen energy technology using hydrogen as an intermedia to convert the primary energy sources directly, and then give an overall considering on the remaining scientific and engineering challenges facing the hydrogen energy technology.

3.7　新型电网技术新进展

肖立业[1,2]　韦统振[1,2]　裴　玮[1,2]　孔　力[1,2]

（1. 中国科学院电工研究所；2. 中国科学院大学）

人类社会正在经历一场新的能源革命，可再生能源将逐渐取代化石能源成为主导能源。新的能源革命决定了新型电网技术的发展方向。为适应可再生能源发展的需求，近年来，柔性直流输电和直流电网技术、直流微网和交直流混合配电网技术、基于新材料和新器件的新型电力装备技术等得到快速的发展。下面将以上述三个方面的内容为重点，阐述新型电网技术近年来的进展并展望其未来。

一、国际重要进展

1. 柔性直流输电和直流电网技术

基于电压源型换流器的高压直流输电技术（VSC-HVDC，我国也称为“柔性直流输电”），通过灵活控制输出电压的相角和幅值，能够实现有功及无功的独立和快速调节，在可再生能源并网、大型城市联网、海洋孤岛和平台供电、异步互联和电力市场交易等领域有较大的技术优势，近年来发展较快。2010 年，世界首个基于模块化多电平换流器（modular multilevel converter，MMC）的直流输电工程——美国的 Trans Bay Cable 工程投入商业运行。此后，柔性直流输电工程绝大部分都采用 MMC 技术。目前国外柔性直流输电工程（含在建）的最高额定电压已达 ±525kV，它是欧洲的 North Sea Link 工程，其额定容量为 1400MW[1]。

基于柔性直流输电技术，可以构造多端柔性直流输电系统乃至直流输电网，即将直流传输线在直流侧彼此连接起来，这与传统的交流电网有根本性的区别。利用直流电网，可以实现一定区域内可再生能源发电的“打捆”，以充分利用可再生能源发电的时空互补性，便于可再生能源发电的大规模集中接入，减小单个可再生能源发电场的波动性对受端交流电网的扰动冲击。近年来，欧洲北海海上风电场集群和美国大西洋海上风电场集群的“打捆”并网，均采用直流电网技术，其中欧洲北海海上风电场采用的柔性直流输电换流器，其电压和输送功率达到 ±320kV/1000MW[2]。

高压直流断路器是实现故障直流输电线路或故障换流站快速隔离的必要装备，对于构建直流电网是不可或缺的。由于直流电流缺乏自然过零点、直流电网中感性元件储存着巨大能量、直流电网短路电流上升速度快等原因，开发应用于直流电网的高压直流断路器具有较高的技术难度，成为近百年来一直困扰工程界和学术界的公认技术难题。2012 年 11 月，Asea Brown Boveri（ABB）公司研制出包含 IGBT 串联阀组与快速机械开关的混合式直流断路器，其额定电压 / 电流达到 320kV/2.6kA，开断电流可达 9kA，开断时间仅为 5ms[3]。该项成果在高压直流断路器技术发展史上具有里程碑意义，被《麻省理工科技创业》评为 2012 年度最重要的十大科技进展之一。2014 年，法国阿尔斯通公司完成了基于晶闸管的混合式高压直流断路器原型产品的测试工作，其额定电压 160kV、开断电流 5.2kA、开断时间 5.5ms[4]。

2. 直流微网和交直流混合配电网技术

受分布式可再生能源、分布式储能技术及直流负荷需求发展的影响，未来配电网的角色和模式将发生重大变化，将成为分布式电源的汇聚系统，可满足电力负荷多样化、定制化的需求。为有效减少直流与交流、交流与直流间不必要的中间变换环节，需要发展直流微网与交直流混合配电网技术。

2014 年，ABB 公司在瑞士的苏黎世建立了一个用于数据中心的直流微网示范项目，该微网融合了电池储能等分布式储能技术，其直流电压为 380V。示范显示，供电系统效率提高 10%、投资减少 15%、电力设施占用空间减少 25%、安装费用减少 20%，示范效果明显。美国能源部在 2011 年发起 ZECB 联盟（零电网能量商业建筑联盟），旨在推动直流微网与分布式能源技术在商业建筑中的应用，其基本构想是采用直流微网，将外部交流电力变换为家庭内直流电力，并集成商业建筑内外的太阳能和风能等分布式发电系统、储能系统和直流负荷。当分布式能源电力不足时，可从外部交流电网获得电力；当分布式电力多余时，可向电网提供电力，并使建筑在一定周期内（如 1 年）实现发电和用电的总体平衡。ZECB 联盟于 2012 年启动了直流微网的示范项目，计划在 2030 年把直流微网用于所有新增商业建筑上。

在交直流混合配电网方面，国外学者提出了基于电力电子变压器的交直流混合系统。该系统可在多个交直流电压等级上集成分布式可再生能源，增加控制能力，同时实现系统的灵活组网；还可在更大范围内实现互联互补，以充分消纳分布式可再生能源[5]。例如，美国北卡罗来纳州立大学提出了基于高带宽数字通信、分布式控制和电力电子器件的 FREEDM（future renewable electric energy delivery and management）网络。FREEDM 可以利用电力电子变压器、故障隔离断路器和智能配电技术，来实现“即插即用”式的交直流混合配电系统，达到能源的高效利用和兼容分布式可再生能源的目的[6]。

3. 基于新材料和新器件的新型电力装备技术

材料和器件是构造电力设备的物质基础，电力设备的功能和性能特点在某种程度上是由材料和器件的物理性能决定的。因此，采用新材料和新器件以发展具有新型功能的电力设备和提升电力设备的性能，一直是电网技术发展的重要驱动力。一百多年来，材料和器件技术的进步推动着电力设备技术的显著进步。

近年来，对电力设备技术的进步产生重要影响的新材料和新器件主要包括：基于宽禁带半导体材料的新型电力电子器件和高温超导材料。基于碳化硅（SiC）和氮化镓（GaN）等宽禁带材料的新型电力电子器件，具有耐压水平高、结温高、开关频率高、损耗小等突出优点，已成为国际电力电子技术领域的研发热点，其中 1200V 以下的 SiC 功率开关及 650V 以下 GaN 功率开关已基本实现商业化批量生产[7]，15kV 以上的 SiC 电力电子器件已研制出样片[8]。15kV 以上的 SiC 等宽禁带电力电子器件用于电力系统，可简化现有电力系统中硅基电力电子装置的电路拓扑，提高其运行的可靠性、运行效率和功率密度。预计今后几年，采用 SiC 或 GaN 宽禁带电力电子器件的电力电子装置，将在光伏并网、储能系统和配电网控制装备中得到应用。

超导线的载流能力可达到 100 ～ 1000A/mm^2（是普通铜导线或铝导线的载流能力的 50 ～ 500 倍），其直流状态下的传输损耗为零，工频下仅有一定的交流损耗［为 0.1 ～ 0.3W/（kA · m），为铜导线或铝导线的 0.5% ～ 1.5%］。因此，利用超导线制备的电力设备，具有损耗低、效率高、占地小的优势。经过 20 多年的研发，高温超导带材得到很大的发展，虽然价格很高，但在临界电流密度、长度、机械性能等方面，已基本满足超导电力装备技术的应用需求。近年来，国际上高温超导直流输电取得显著进展[9]。例如，韩国在济州岛智能电网示范项目中，于 2014 年开始示范一组 500m 长、80kV/500MW 的超导直流输电电缆，并把该电缆用作可再生能源接入电网的通道[10]。2015 年 9 月，由千代田化工建设株式会社、住友电气工业株式会社、日本中部大学及樱花互联网公司组成的研究协会，成功进行了一条 500m 长、

1.5kA/100MV·A 高温超导直流电缆的测试，并把它用于连接樱花互联网公司建设的一个太阳能光伏发电系统和公司的石狩数据中心，使直流太阳能电力不需要转换就能直接被数据中心使用。俄罗斯于 2014 年在圣彼得堡建成一条长 2.5km、±20kV/2kA 的超导直流电缆，以连接两个变电站，这是世界上首次尝试用超导直流电缆连接两个交流变电站。

二、国内发展现状

近年来，我国在柔性直流输电和直流电网技术、直流微网与交直流混合配电网技术、超导输电技术等方面也取得长足的发展。

在直流输电和直流电网技术方面，我国已经走在世界前列，表 1 列出了近年来我国已经建成的柔性直流输电工程[11-14]。特别需要提到的是，国家电网公司已经于 2018 年 2 月开工建设张北可再生能源柔性直流电网试验示范工程。该工程是世界首个柔性直流电网工程，也是世界上电压等级最高、输送容量最大的柔性直流输电工程。张北可再生能源柔性直流电网为四方形电网，4 个直流换流站分别接入北京延庆及河北的张北、康保和丰宁，其中张北和康保为新能源馈入站，丰宁为抽水蓄能电站，延庆站为受端。该工程在促进河北新能源外送消纳、服务北京低碳绿色冬奥会方面具有重要意义。经过多年的技术发展和工程实践，我国目前已具备开展 ±800kV 多端柔性直流输电工程的能力，南方电网已经规划建设送端（乌东德水电站）为常规直流，两个受端（分别位于广西柳北和广东龙门）为柔性直流的 ±800kV 直流输电工程；工程建成后，将成为世界上电压等级最高的柔性直流输电工程。

表 1　中国 VSC-HVDC 输电工程一览表

工程名称	投运年份	额定电压 /kV	额定功率 /MW	备注
上海南汇风电场柔性直流输电示范工程	2011	±30	18	两端
南澳多端柔性直流输电示范工程	2013	±160	200	三端
舟山多端柔性直流工程	2014	±200	300	五端
厦门柔性直流输电工程	2015	±320	1000	两端
鲁西背靠背直流工程	2016	±350	1000	背靠背

在柔性直流电网用高压直流断路器方面，国家电网公司的全球能源互联网研究院开发出 ±200kV、分断电流 9kA、分断时间 3ms 的工程样机，并于 2016 年 12 月在浙江舟山投运。2017 年 12 月，南方电网公司联合华中科技大学、思源电气股份有限公司研发的机械式高压直流断路器，在南方电网 ±160kV 南澳多端柔性直流输电系统中

并网示范运行，这是世界上首台投入电网示范运行的机械式高压直流断路器。

在直流微网和交直流混合配电网方面，中国科学院电工研究所于2015年在北京延庆建成我国首个直流微网示范系统。该直流微网融合了分布式风力发电、光伏发电和电池储能及电动汽车充电设施等，并配置了直流负载[15]。2017年，国网浙江省电力有限公司在浙江上虞建成交直流混合微电网示范[16]。2018年，中国科学院电工研究所与国网江苏省电力有限公司等合作，采用基于电力电子变压器的交直流混合配电网方案，在多个电压等级上集成了分布式能源和交直流负荷，并在江苏同里国际能源变革论坛永久会址建设了交直流混合配网示范工程[4]。

在超导输电技术方面，中国科学院电工研究所与河南中孚铝业有限公司（简称中孚铝）合作，在中孚铝冶炼厂建成长360m、电流达10kA的高温直流超导电缆[9]。该超导电缆作为直流汇流母线，把自备电厂的变电所与电解铝车间连接起来，于2013年4月投入示范运行；示范运行显示：与同等容量的常规电缆相比，它可使输电损失减少65%以上。同时，为了解决直流断路器的开断能力不足的问题，中国科学院电工研究所提出了高温超导直流限流器的技术方案，并于2012年率先提出200kV/1.5kA高温超导直流限流器的概念设计方案[17]，于2017年研制成10kV/400A高温超导直流限流样机；该样机可将预期短路电流从12kA降低到6kA，取得了显著的限流效果。

三、发展趋势

未来电网技术的发展将进一步吸收信息与通信技术、新材料技术、自动控制技术等领域的最新成果，以不断适应新能源革命的需求，其发展趋势主要有以下四点：

（1）进一步发展高压柔性直流输电技术和直流电网技术，着力解决高压大容量柔性直流输电中的关键技术（如高压大容量柔性直流输电换流阀、直流断路器、直流限流器等），为大量可再生能源的并网奠定坚实的基础。

（2）电力电子技术、现代信息技术及自动控制技术在电网的大量应用与发展，不仅会进一步促进直流微网技术和交直流混合配网技术的发展，建立多种清洁能源和储能系统互补的分布式智慧能源系统，也会促进整个电网的电力电子化的发展水平，从而提高电网运行的安全性和可靠性，以及电网的综合效率和效益。

（3）新材料（如新型半导体材料、新型导电材料和超导材料、新型储能材料和器件、新型磁性材料、新型电介质材料、新型高压绝缘材料、新型电磁功能材料等）的发展，将大大提升电力设备技术的发展水平，并催生出一批新型电力储能系统和低功耗电力传感器等。这对未来电网的发展将起到重要的推动作用。

（4）随着现代信息与通信技术在电网中的广泛应用，电网信息安全技术、电网大数据技术、区块链技术等，将成为电网信息技术发展的重要方向，并促进电网与其他物理与信息网络的进一步融合。

参考文献

[1] Elahidoost A，Tedeschi E. Expansion of offshore HVDC grids：An overview of contributions，status，challenges and perspectives//Steiks I. 2017 IEEE 58th International Scientific Conference on Power and Electrical Engineering of Riga Technical University（RTUCON），Riga：IEEE，2017：1-7.

[2] 姚美齐，李乃湖 . 欧洲超级电网的发展及其解决方案． 电网技术，2014，38（3）：549-555.

[3] Majumder R，Auddy S，Berggren B，et al. An alternative method to build DC switchyard with hybrid DC breaker for DC grid. IEEE Transactions on Power Delivery，2017，32（2）：713-722.

[4] Alstom. Alstom confirms research findings，done with RTE，in high-voltage DC circuit-breaker technology. https://www.alstom.com/press-releases-news/2014/1/alstom-confirms-research-findings-done-with-rte-in-high-voltage-dc-circuit-breaker-technology[2014-01-13].

[5] 孔力，裴玮，叶华，等 . 交直流混合配电系统形态、控制与稳定性研究 . 电工电能新技术，2017，36（09）：1-10.

[6] Huang A Q，Crow M L，Heydt G T，et al. The future renewable electric energy delivery and management（FREEDM）system：The energy internet. Proceedings of the IEEE，2011，99（1）：133-148.

[7] Li K，Evans P，Johnson M. SiC/GaN power semiconductor devices theoretical comparison and experimental evaluation//Shen J X. 2016 IEEE Vehicle Power and Propulsion Conference（VPPC），Hangzhou：IEEE，2016：1-6.

[8] Thoma J，Kolb S，Salzmann C，et al. Characterization of high-voltage-sic-devices with 15kV blocking voltage//Yatchev I. 2016 IEEE International Power Electronics and Motion Control Conference（PEMC），Varna：IEEE，2016：946-951.

[9] 肖立业，林良真 . 超导输电技术发展现状与趋势，电工技术学报，2015，30（7）：1-9.

[10] Ryu C，Jang H，Choi C，et al. Current status of demonstration and commercialization of HTS cable system in grid in Korea//Xin Y. Proceedings of 2013 IEEE International Conference on Applied Superconductivity and Electromagnetic Devices，Beijing：IEEE，2013：539-542.

[11] 蒋晓娟，姜芸，尹毅，等 . 上海南汇风电场柔性直流输电示范工程研究 . 高电压技术，2015，41（4）：1132-1139.

[12] 张祖安，黎小林，陈名，等 . 应用于南澳多端柔性直流工程中的高压直流断路器关键技术参数研究 . 电网技术，2017，41（8）：2417-2422.

[13] 华文，凌卫家，黄晓明，等 . 舟山多端柔性直流系统在线极隔离试验 . 中国电力，2016，49（6）：78-79.

[14] 胡文旺，石吉银，唐志军，等 . 厦门柔性直流输电工程换流阀充电触发无源逆变试验研究 . 中国电力，2016，49（11）：51-56.

[15] Zhang X，Pei W，Deng W，et al. The emerging technologies of smart grid for mitigate global warming. International Journal on Energy Research，2015，39（13）：1742-1756.

[16] 王成山，周越 . 微电网示范工程综述 . 供用电，2015，1：16-21.

[17] Xiao L，Dai S，Lin L，et al. HTS power technology for future DC power grid. IEEE Trans Appl Supercond，2013，23（3）：5401506.

Power Grid Technology

Xiao Liye[1, 2]，*Wei Tongzhen*[1, 2]，*Pei Wei*[1, 2]，*Kong Li*[1, 2]

（1. Institute of Electrical Engineering，Chinese Academy of Sciences；
2. University of Chinese Academy of Sciences）

Recently，the power grid technologies have been developed in order to satisfy the requirement of connection of large-scale renewable energy into the power grid. In last few years，the significant progress of power grid technology mainly focused on following aspects：the development of voltage-source converter（VSC）HVDC power transmission system such as multiple-terminal HVDC and DC power grid based on the VSC-HVDC，this technology is a key to connect large-scale renewable power field；the development of DC micro-grid and DC/AC hybrid distribution network，this technology is critical for the development of distributed renewable energy；the application of new materials such as the new semiconductor and superconductors，can be used for improvement of the performance of power equipments，which are the base for a grid with enough safety，high efficiency and reliability. Therefore，in this paper，we review the progress of power grid technology related to VSC-HVDC，DC-micro grid and DC/AC hybrid distribution network and the application of new materials.

3.8 电池储能技术新进展

张华民

（中国科学院大连化学物理研究所）

能源是人类发展的重要资源，世界各国都非常重视能源技术的发展。促进能源的消费革命、供给革命、技术革命和体制革命，推进能源结构的战略调整，提高化石能源的利用效率，普及应用可再生能源，是实现我国社会和经济可持续发展，解决能源资源和能源安全及环境污染，落实节能减排，提高全社会绿色低碳发展的战略举措。大规模储能技术是能源技术的重要组成部分，可以有效解决可再生能源发电的随机性、间歇性和波动性等问题，突破可再生能源普及应用的瓶颈[1]。下面将重点介绍国内外具有重要市场前景的储能用液流电池、锂离子电池、铅碳电池技术的新进展，并展望其未来。

一、国际新进展

（一）液流电池技术

液流电池的种类很多，具有很好市场前景的主要是无机体系的全钒液流电池、锌基液流电池。有机体系的液流电池近年已成为国际上基础研究的热点。

1. 全钒液流电池

澳大利亚新南威尔士大学 M. Skyllas 教授于 1985 年提出了全钒液流电池的概念[2]。经过 30 多年的发展，已经开发出适用于产业化应用的液流电池技术。国外从事全钒液流电池储能技术研发和产业化的单位主要包括日本的住友电工、德国的 Fraunhofer UMSICHT、美国的西北太平洋国家实验室和 UniEnergy Technology、英国的 RedT 等企业和研究机构等。美国西北太平洋国家实验室提出用混合酸作为支持电解质的技术，已被 UET 采用。日本住友电工自 20 世纪 80 年代开始研发液流电池，已积累了丰富的工程化和产业化的经验，实施了多项应用示范项目；它建造的 15MW/60MW · h 全钒液流电池储能电站，已经运行一年多，得到北海道电力公司很高的评价。

2. 锌基液流电池技术

全钒液流电池技术存在一次性投入相对较高、易受钒价变动影响等问题。金属锌具有储量丰富、成本低、能量密度高、氧化还原反应速度快等优点，因此，以金属锌为负极活性组分衍生出的多种锌基液流电池体系，有可能开拓液流电池储能技术应用的新领域。锌基液流电池主要有：锌溴单液流电池、锌溴液流电池、锌镍单液流电池、锌铁液流电池等。锌镍单液流电池目前仍处于实验室工程放大阶段，主要通过材料、结构等关键技术的研发，来解决负极锌沉积形貌的问题[3-5]。锌溴液流电池处于产业化推广阶段，目前的主要生产商包括澳大利亚的 Red Flow，美国的 EnSync Energy Systems，韩国的乐天化学和美国的 Primus Power。Red Flow 公司于 2018 年推出了家庭用 10kW · h 锌溴液流电池模块和可用于智能电网的 600kW · h 电池系统[6]。

3. 有机体系的液流电池技术

近年来，国外许多科研工作者对液流电池新体系进行了探索。根据支持电解液的特点，液流电池新体系可分为水系和非水系[7-9]。水系液流电池是以水作为支持电解质，非水系是以有机物作为支持电解质。非水系液流电池的研究，主要是追求更高的电位；水系液流电池的研究，旨在降低储能活性物质的成本，提高电池的能量密度。非水系液流电池主要问题是电流密度低，循环性能差，活性物质浓度低；水系液流电池主要是能量密度低，成本高。虽然液流电池在新体系的研究方面有许多论文发表，但至今没有发现有产业化应用前景的体系。

（二）锂离子电池技术

近年锂离子电池技术得到了产业界和政府的大力支持，在电动车领域已经形成完整的产业链。锂离子电池的能量密度不断提高，成本不断降低，使用寿命不断延长，它在大规模储能领域获得了快速发展。用于储能的锂离子电池主要为磷酸铁锂离子电池、三元锂离子电池和钛酸锂离子电池。

1. 磷酸铁锂离子电池

磷酸铁锂离子电池用磷酸铁锂作为正极活性物质，一般用石墨作为负极，具有原料价格低、热稳定性好、循环寿命长的优点，适用于电动汽车和大规模储能领域。国际著名研发企业有美国的 A123、日本的索尼、加拿大的 Phostech 等[10]，其产能随需求的激增而逐年增加。

2. 三元锂离子电池

三元锂离子电池用“镍钴铝酸锂”或“镍钴锰酸锂”材料作为正极，一般用石墨作为负极，具有能量密度高的优点，适用于电动汽车。日本的松下与美国的特斯拉联合生产的 21700 型镍钴铝酸锂离子电池，其比能量已达到 300W · h /kg，已应用在电动汽车中。特斯拉在澳洲部署的储能容量为 100MW/129MW · h 的全球最大储能系统已并网运行。

3. 钛酸锂电池

钛酸锂电池用钛酸锂作为负极材料。钛酸锂具有优异的高低温稳定性、阻燃性和三维锂离子扩散通道，可使电池具备宽温度范围流量充放电的能力，在 −50℃到 60℃也能正常充放电。日本的 Toshiba Corporation 开发成功以钛酸锂为负极的锂离子电池，备受国际关注，但原材料的成本较高。

4. 其他锂离子电池新技术的发展

随着材料技术的进步，锂离子电池器件的综合性能有望进一步大幅提高。在低温领域，美国加利福尼亚大学的 Shirley Meng 等在《科学》杂志上报道一种气体液化的电解液，可使锂离子电池在 −60℃高效运行[11]。在高温领域，日本的 Toyota Motor Corporation 开发出可在 100℃以上正常工作的固态锂离子电池，并计划 2022 年实现量产。此外，大规模制备工艺的不断革新，使锂离子电池基本实现了智能控制，大幅提高了产品质量[10]。

（三）铅碳电池技术

铅碳电池是成本最低的化学储能技术，具有脉冲大电流充放电、寿命长（循环寿命比铅酸电池高 4 倍以上）的特点。可再生能源的大规模应用，给铅碳电池技术带来了新的发展机遇。

1. 内混型铅碳电池

内混型铅碳电池是指在铅负极中掺入少量的碳材料从而改善性能和延长寿命的铅酸蓄电池。作为添加剂的碳材料的制备、改性及作用机理，已有较多研究。为了研究在铅酸电池的负极中掺入不同碳材料的效果及其作用机理，2011 财政年度美国桑迪亚国家实验室和 East penn manufacturing company 合作，共同承担了美国能源部的 “Lead/Carbon Functionality in VRLA Batteries” 项目[12]。近年来，已有各种碳材料适合用作铅碳电池负极的添加剂，以及不同形态的石墨、炭黑和活性炭可提升铅碳电池负极性能的报道，但不同研究者得出的结论相差较大，有的甚至相互矛盾。实用化内混型铅碳电池的专用碳材料的设计和制造方法，仍属相关企业的技术秘密。

2. 内并型铅碳电池

美国桑迪亚国家实验室、国际先进铅酸蓄电池联合会、澳大利亚联邦科学与工业研究组织、澳大利亚的 Ecoult 和日本古河电池株式会社（简称古河电池）等，开展了内并型铅碳电池的研发工作。Ecoult 已经能够提供从数千瓦至数兆瓦的铅碳电池储能系统，可满足分布式及大规模储能市场的需求。2016 年，Ecoult 将铅碳电池应用于都柏林的快速响应电网储能系统。2006 年，古河电池开发出铅碳电池样品，开始用铅碳电池替代镍氢电池，作为中型 HEV 汽车的主电池，并进行了车载试验。2013 年，一些汽车生产企业开始采用古河电池生产的铅碳电池。2017 年 1 月，古河电池与泰国的 Inter Far East Wind International Co.，Ltd. 签订合同，将古河电池的 UB-1000 铅碳电池用于 1.152MW · h 风电储能系统。2017 年 8 月，古河电池宣布作为战略伙伴参与 Aquarius Marine Rewable Energy 的海试项目，计划 2018 年将由铅碳电池与太阳能发电装置构成的储能系统，用于可再生能源船舶[13]。

3. 纯碳负极铅碳电池

美国的 Axion Power Internanational Incorparation（简称 Axion Power）首先开发出用活性炭做负极，二氧化铅做正极的纯碳负极铅碳电池，目前已推出多个型号的商品。2015 年 1 月 28 日，Axion Power 宣布了一项与 Pacific Energy Ventures Limited Liability Company 签署的铅碳电池战略市场的开拓、营销与分销协议，其应用范围包括 PJM Interconnection Limited Liability Company 运营的东北地区和哥伦比亚的 13 个州的电网。2016 年，Axion Power 开发出为极寒地区灯塔供电和作为抽水储能系统备用电源的铅碳电池储能系统，以及 7kW · h 的家用储能系统[14, 15]。

二、国内研究开发现状

在国内，中国科学院大连化学物理研究所（简称大连化物所）、中南大学、中国物理研究院九院等单位是国内最早开展液流电池储能技术研究与开发的机构。国内的研究开发主要集中在具有很好产业化应用前景的全钒液流电池和锌基液流电池方面，技术水平国际领先。以下简要介绍这两种液流电池的新进展。

（一）全钒液流电池

全钒液流电池具有安全性好、生命周期内的经济性好和环境友好等优势，是大规模储能的首选技术之一[16]。在这方面，大连化物所研发团队形成了具有国际领先水平的自主知识产权体系，并以技术入股的形式创立大连融科储能技术发展有限公司（简称融科储能），以推进该技术的产业化。

近几年，大连化物所－融科储能合作团队在电池材料和电堆结构设计技术方面取得快速进步，显著提高了电堆的功率密度，使电堆的工作电流密度由原来的 80mA/cm^2 提高到 160mA/cm^2，电堆的功率密度提高一倍，从而大幅度降低了成本。融科储能建造的国电龙源卧牛石 5MW/10MW · h 储能电站，已经稳定运行近 6 年，验证了全钒液流电池技术的可靠性和耐久性。

通过电池材料的创新和电堆结构的创新，在保持电池充放电能量效率大于 80% 的条件下，大连化物所使全钒液流电池的单电池的工作电流密度提高到 300mA/cm^2，千瓦级电堆的额定工作电流密度达到 200mA/cm^2 以上。如果钒的价格在 7 万元 /t 以内，对于 1MW/5MW · h 规模的全钒液流电池储能系统，成本可以下降到 2000 ～ 2500 元 / 千瓦。电解液的成本约占储能系统总成本的 50% 左右。电解液不会降解，但其微量的副反应的常年累积，会造成价态失衡，进而导致储能容量的衰减；这可用价态调整技术进行在线或离线恢复，但残值很高。

在应用示范方面，融科储能于 2012 年实施了全球最大规模的 5MW/10MW · h 全钒液流电池储能系统建设，已完成近 30 项应用示范工程；其应用领域涉及分布式发电、智能微网、离网供电及可再生能源发电等，在全球率先实现了产业化；这标志着我国液流电池储能技术达到国际领先水平。该团队正在建设国家能源局首次批准建设的 200MW /800MW · h 国家级示范项目。

（二）锌基液流电池技术

近几年，大连化物所在锌基液流电池的基础及应用领域做了大量的工作，在锌溴液流电池、锌溴单液流电池和锌铁液流电池等方面取得研究成果。

1. 锌溴液流电池技术

通过优化正极催化材料和正负极结构，锌溴液流电池的单电池在 80mA/cm^2 运行条件下的能量效率大于 80%[17]。2017 年开发出的国际首套 5kW 锌溴单液流电池系统，其能量效率在 40mA/cm^2 运行条件下达到 78% 以上[18]。

2. 锌镍单液流电池技术

为了简化传统锌镍液流电池系统，大连化物所研究团队开发出多孔碳基高容量镍正极，以此设计组装出只有一套电解液循环系统的新结构锌镍单液流电池，其在充电面容量为 80mA・h/cm^2 时的能量效率达到 85% 以上，且在 500 次循环内无明显衰减。

大连化物所成功开发出新结构千瓦级锌镍单液流电池储能系统，并于 2017 年在大连化物所园区内，开展了百瓦级锌镍单液流电池与太阳能路灯的联用示范运行，以考察电池组的稳定性。目前联用示范的运行情况良好。

3. 锌铁液流电池储能技术

在低成本、高性能、环境友好的碱性锌铁液流电池储能技术的研究方面，通过电解液优化、隔膜结构和电池结构的设计，实现了电池在 60 ～ 200mA/cm^2 工作电流密度范围内的运行[19]；运用电化学经典多孔电极理论，结合隔膜结构设计、电解质溶液化学的研究成果，较好地解决了锌累积、锌枝晶等问题，取得了电池在 80mA/cm^2 工作电流密度下，连续稳定运行 1000 次循环以上，且能量效率无明显衰减的成绩[20]。

（三）锂离子电池技术

日本、韩国、美国的相关公司在该领域依然领先我国，但技术差距在快速缩小。在磷酸铁锂电池领域，我国的比亚迪股份有限公司等的制造技术快速发展，电芯成本已下降到约 1 元 /（W・h)，使用寿命超过 3000 次。在三元锂离子电池领域，我国宁德时代新能源科技有限公司的镍钴锰三元电池的性能与镍钴铝三元电池接近；该企业已掌握基本生产工艺，使电池的能量密度超过 300W・h /kg。

（四）铅碳电池技术

自 2010 年始，南都电源动力股份有限公司（简称南都电源）与中国人民解放军防化研究院、哈尔滨工业大学等单位合作，开展铅炭电池技术的研究并取得进展。近年来，南都电源在国内实施了多个 MW 以上的风电及光伏电站用铅碳电池储能系统的应用示范项目。2018 年 1 月，南都电源承接的无锡新加坡工业园 20MW 智能配网储能电站，得到国家电网批准，正式投入商业运行[21]。双登集团铅碳电池储能业务在 2017 年达到 80MW・h，2018 年第一季度达到 100MW・h。2014 年 6 月，山东圣阳电源股份有限公司与日本的古河电池株式会社签署战略合作协议，共同研制铅炭电池，现已完成产品开发，实现了批量化生产[22]。2018 年，大连化物所与中船重工风帆股份有限公司合作，开发出拥有自主知识产权的高性能、低成本储能用铅碳电池的专用碳材料，已完成储能用铅碳电池产品的批量试制，并开展了光伏储能的应用示范。

三、发展趋势

世界各发达国家都重视电池储能技术的开发，已经取得重要进展，未来将在以下几项技术方面展开进一步的研发。

1. 液流电池技术

开发高功率密度、运行稳定、低成本的液流电池体系是其产业化的关键。开发高性能、低成本的液流电池材料，优化电堆结构设计，降低电堆的内阻，提高电堆的功率密度即电堆的工作电流密度，是降低液流电池成本的有效途径。

全钒液流电池的电解液占其储能系统初次投资成本的比例很高。电解液可在线或离线再生，其残值很高。因此，商业模式的创新也是其产业化的关键。

2. 锂离子电池技术

提高锂离子电池的安全性是今后锂离子电池发展的重要方向。开发高安全性、高功率密度的固态锂离子电池，是推进锂离子电池在动力电池和储能电池领域应用的重要研究方向。

3. 铅碳电池技术

对我国而言，铅碳电池虽然在研究、开发、生产与示范应用方面取得了长足的进步，但生产企业使用的碳材料主要依靠进口。拥有自主知识产权的低成本、高性能铅碳电池的专用碳材料的研发与应用，是下一阶段要开展的重要工作。

参考文献

[1] Turner J A. A realizable renewable energy future. Science，1999，285：687-689.

[2] Skyllas-Kazacos M，Rychcik M，Robins R G，et al. New all-vanadium redox battery cell. J of Electrochemical Society，1986，133：1057-1058.

[3] Parker J F，Pala I R，Chervin C N，et al. Minimizing shape change at Zn sponge anodes in rechargeable Ni-Zn cells：Impact of electrolyte formulation. J Electrochem Soc，2016，163：A351-A355.

[4] Kwak B S，Kim D Y，Park S S，et al. Implementation of stable electrochemical performance using a Fe0. 01ZnO anodic material in alkaline Ni-Zn redox battery. Chem Eng J，2015，281：368-378.

[5] Wei X，Desai D，Yadav G G，et al. Impact of anode substrates on electrodeposited zinc over cycling in zinc-anode rechargeable alkaline batteries. Electrochim Acta，2016，212：603-613.

[6] Redflow. GRID-SCALE. https://redflow.com/applications/grid-scale/[2018-09-26].

[7] Beck F，Ruetschi P. Rechargeable batteries with aqueous electrolytes. Electrochimica Acta，2000，45：2467-2482.

[8] Wei X L，Xu W，Huang J H，et al. Radical compatibility with nonaqueous electrolytes and its impact on an all-organic redox flow battery. Angew Chem Int Ed，2016，54：8684-8687.

[9] Huskinson B，Marshak M P，Suh C，et al. A metal-free organic-inorganic aqueous flow battery. Nature，2014，505：195-198.

[10] 肖成伟 . 中国车用动力电池发展现状及趋势 . The 13th China International Conference on the Frontier Technology of Advanced Batteries，Shenzhen China，2018.

[11] Rustomji C S，Yang Y，Kim T K，et al. Liquefied gas electrolytes for electrochemical energy storage devices. Science，2017，356：6345.

[12] Enos D G，Hund T H，Shane R. Understanding the function and performance of carbon-enhanced lead-acid batteries. https://prod.sandia.gov/techlib-noauth/access-control.cgi/2011/113459.pdf[2018-09-26].

[13] Furukawa Battery. Furukawa Battery Report 2017. http://corp.furukawadenchi.co.jp/en/ir/library/annual/main/00/teaserItems1/0/file/report_2017.pdf[2018-07-10].

[14] Doug Speece. Axion power broadens consumer product line with addition of residential energy storage system.https://www.marketwatch.com/press-release/axion-power-broadens-consumer-product-line-with-addition-of-residential-energy-storage-system-2016-09-07[2016-09-07].

[15] GlobeNewswire. MtvSolar and RAR Engineering utilize Axion Power PbC ® Batteries in solar off-grid systems.https://www.thestreet.com/story/13900878/1/mtvsolar-and-rar-engineering-utilize-axion-power-pbc-batteries-in-solar-off-grid-systems.html[2017-11-21].

[16] 张华民，谢聪鑫，郑琼，等 . 液流电池技术的最新进展，储能科学与技术，2017，6：1050-1057.

[17] Wang C，Lai Q，Xu P，et al. Cage-Like porous carbon with superhigh activity and Br_2-complex-entrapping capability for bromine-based flow batteries. Adv Mater，2017，29（22）：1605815.

[18] DNL17. 国内首套 5kW/5kWh 锌溴单液流电池示范系统投入运行 . http://www.dicp.cas.cn/xwzx/kjdt/201711/t20171127_4899165.html[2017-11-27].

[19] Yuan Z，Duan Y，Liu T，et al. Toward a low cost alkaline zinc-iron flow battery with a

polybenzimidazole custom membrane for stationary energy storage. iScience，2018，3：40-49.

[20] Xie C X，Zhang H M，Xu W B，et al. A long cycle life，self-healing zinc-iodine flow battery with high power density. Angew Chem Int Ed，2018，130：1-7.

[21] 中国电力设备网 . 频频斩获储能电站订单 南都电源储能商用化快速推进 . http://www.tdcheml.com/article-548268.html[2018-05-16].

[22] 赵丹丹 . 铅炭电池优势“独有千秋”哪些实力企业入场“分羹”. http://newenergy.in-en.com/html/newenergy-2295472.shtml[2017-06-23].

Energy Storage Batteries

Zhang Huamin

（Dalian Institute of Chemical Physics，Chinese Academy of Sciences）

This paper reviews the latest technology & engineering application progress and future development trends & challenges of energy storage batteries such as flow batteries，lithium ion batteries and lead carbon batteries. Increasing stack power density and cutting cost are the key points to develop flow battery. Safety improvement is a significant challenge for commercial applications of lithium ion batteries. Solving the localization of carbon materials is an important issue for the industrial application of lead carbon batteries.

3.9 综合能源系统技术新进展

穆云飞[1, 2]　贾宏杰[1, 2]　王成山[1, 2]

（1. 智能电网教育部重点实验室；2. 天津大学）

构建适应人类社会需求的新一代综合能源供应系统（简称“综合能源系统”），是当前能源技术革命的重要目标。综合能源系统利用多能互补等核心技术，以实现电 / 气 / 冷 / 热各类能源形式，以及传统能源与可再生能源在生产、传输、转换和利用过程的集成优化，是实现人类能源可持续发展的重要途径。下面重点介绍该技术近几年的研究现状并展望其未来。

一、国际重大进展

综合能源系统是指在规划、建设和运行等过程中，通过协调与优化能源的生产、传输与分配（能源网络）、转换、存储、消费等环节，所形成的能源产供销一体化系统。它主要由供能网络（供电、供气、供冷/热等网络）、能源交换环节（三联供机组、发电机组、锅炉、电制氢等）、能源存储环节（储电、储气、储热/冷等）、终端综合能源供用单元和大量用户共同构成。利用多能互补，可有效提升综合能源的利用效率与再生能源的利用水平[1]。当前综合能源系统技术的研究主要集中在用户和区域两个层面：在用户侧，各类能源转换和存储单元共同构成终端综合能源系统（如微网）；在区域侧，进一步融合区域供电、供气和供热等构成能源网络（可称为“区域综合能源系统”）。同时，电动汽车的规模化应用，将交通与电力系统耦合在一起，使之成为新型的电力交通融合能源系统。在综合能源系统相关软硬件技术的支撑下，多类型能源在不同层面实现了深度耦合与互补。

1. 终端综合能源系统——微网

微网是以电为中心，通过整合供气、供热、供水等能源形式，以及风、光等分布式能源，最终形成的多能耦合、互补协同的终端综合能源系统[2]。微网涉及风、光、氢、电、气、冷、热等多种能源的相互转换，可与上游能源设施并网，也可独立运行，是非常适于作为家庭、建筑、园区电/冷/热用能的高效能综合供能系统。然而，它也需面对内部间歇性分布式能源的强不确定性，供/用能主体的行为差异性，以及多能的时空交织耦合等复杂特性[3]。

微网技术涉及组网方式、控制策略、能量管理等领域。美国在能源部支持下，先后建成众多微网示范工程（如通用电气微网、Waistfield 微网、San Ramon 微网等），并关注组网方式、运行与控制策略；劳伦斯·伯克利国家实验室微网、Santa Rita Jail 微网、Palmdale 微网等，致力于分布式能源的高效利用；OkaRidge 与 Maryland 微网等，更关注冷热电联供技术的应用[4]。

在欧盟框架众多科技项目（如 Microgrid，Microgrids and More Microgrids、Intelligent Energy 等）的资助下，欧洲各国对微网的运行、控制、保护、运营模式等开展了深入研究，相继建成包括希腊雅典国立工业大学 NTUA 微网和 Kythnos 微网、葡萄牙 EDP 微网、西班牙 Labein 微网、德国 MVV 微网、荷兰 Continuon 微网、英国 Victorian 时代宾馆冷热电微网等在内的一大批示范工程。欧盟微网将分布式清洁能源或可再生能源转换为电能后，再汇集于交流母线，重点突出电能在综合能源利用中的核心地位。欧盟还提出了相应的能量管理方法与保护方案，以体现微网的灵活性[5-10]。

日本在新能源产业技术综合开发机构 NEDO（New Energy and Industrial Technology Development Organization）的资助下，分别在 Aichi、Kyoto、Kyotango 和 Sendai 等地，建立了微网示范工程。其微网控制环节主要采用一种主从结构，通过上层能量管理系统，对分布式电源和储能装置进行调度管理。日本燃料电池 mCHP 微网技术处于世界领先地位，通过将燃料电池与蓄热、辅助电加热技术融合，实现了家庭冷热电能源的联合供应[11, 12]。韩国 K-MEG 计划在建筑体上发展微网系统，重点关注不同能源的综合高效利用，以提高建筑体的综合能效[13, 14]；已在 Guro、Gunjang 等工商业园区建立了微网示范工程。

2. 区域综合能源系统

与微网相比，区域综合能源系统适用于规模较大的园区或城市区域。它涉及多种能源网络层面的互联互济，面临的对象更多、随机性更强，在运行过程中需考虑的目标和约束更复杂多样。

欧洲的区域综合能源系统强调电、热、冷、气等能源的耦合，以提升综合能源网络的灵活性和经济效益[15]。例如，瑞典斯德哥尔摩皇家海港区域综合能源系统，它利用信息和通信技术（information and communication technology，ICT）实现了区域内不同能源网络的优化管理；利用配电网与可再生能源发电、热电联产系统的互补，以及储能与需求侧的互动，实现了区域能源供需平衡。此外，它在港口建筑体屋顶安装了 2100m^2 的光伏发电系统，可满足该建筑 16% 的电力需求；利用 Hogdalen 热电厂、Ropsten 城区供热、地热、建筑排风余热等资源，实现了热能的联合供应；主要用来自 Ropsten 的 6 台海水源热泵机组供冷，使制冷功率达到 150MW；允许系统用户主动参与终端节能和产能，形成了完善的能源计量、实时电价、阶梯式税率等机制[16]。英国华威大学区域综合能源系统，利用 6 台燃气三联供机组，经由总长为 19km 的热力管网，为区域内 60% 的建筑供应热能，同时还提供了 8.6MW 的电力供应、1.7MW 的冷能供应，集成了 500m^3 的蓄热系统。在顶层能量管理系统的协同下，该系统的年碳排放量降低了 10%，综合能源利用效率提升 40%，平均每小时可节省 340 英镑的用能费用[17, 18]。

3. 电力交通融合能源系统

以电动汽车为代表的电气化交通的广泛应用，极大提高了交通与电力系统间的能量流与信息流的双向交互水平，形成了以电动汽车为纽带，具有多目标、多约束、多需求、多时标、多动态特征的电力交通融合能源系统。Vehicle to Grid（V2G）技术是电力交通系统融合的桥梁，其核心是在信息通信的协同下，把电动汽车的储能能力用作电网和可再生能源之间的缓冲[19]。

美国Nuvve公司提供了一套完整的V2G解决方案，它包括车辆智能链接系统（vehicle smart link communication，VSL）、电动汽车供电设备（electric vehicle supply equipment，EVSE）及集成器（Aggregator）。其中，VSL可实现车辆与Nuvve主服务器之间的通信，负责测量从电网获得或反馈给电网的电量，并让车主把电动汽车向电网馈电的时间通知给Nuvve公司；EVSE是一个可实现电流双向流动的充电器；集成器是一个服务和软件系统。Nuvve的V2G仅允许电池的浅充浅放，不影响电池寿命；而车主则会在运行期间获得一定的经济收益[20]。后续还衍生出电动车向家庭（vehicle to home，V2H）或商业大楼（vehicle to building，V2B）供电等几种模式[21]，即住宅或商业大楼与电动汽车之间的电力双向流动，电动车在非高峰时充电，闲置时可作为储能单元，把家电与可再生能源串联起来，以满足建筑物高峰用电需求或作为紧急备用电源。

4. 综合能源系统软硬件支撑技术

综合能源系统软硬件支撑技术包括很多，但在近几年取得重要进展的有以下几项。

（1）能量路由器。

能量路由器可利用通信技术，合理调控系统的信息流与能量流，实现分布式能源系统的互联。能量路由器是电磁、通信、控制、电力电子、计算机等技术的集成，可实现不同能源载体的输入、输出、转换、存储，以及不同能源形式的互联互补、生产与消费环节的有机贯通。

英国提出的智能软开关技术，是配电网层级的能量路由器，旨在以可控电力电子变换器，代替传统基于断路器的馈线间联络开关，从而实现馈线间常态化的柔性“软连接”，建立灵活、快速、精确的功率交换控制与潮流优化能力[22]。

（2）端对端能量交易。

综合能源系统具备全社会的平台性、商业性和用户服务性，已催生出很多新的交易模式。在欧洲最具代表性的是端对端交易（P2P）。P2P的理念是降低能量交易的门槛，实现用户间能量的自由交易，以及能源系统的开放、对等、分享和透明。利用它可以建立更有效的能源市场，免除大量中间环节，提高能源系统的效率，最终降低用户用能的费用[15]。英国的Open Utility公司在2015年夏季，每半小时测量一次可再生能源的输出，并通过 P2P 将多余电力卖给附近用户[15]。荷兰的 Vandebron 公司负责发布分布式能源设备生产电力的信息，用户可通过 Vandebron 的 P2P 平台，选择供电电源并自由购买。德国的 Peer Energy Cloud 项目开发出基于云技术的电力交易平台，在微网内建立了基于虚拟市场的 P2P 电力交易。目前 P2P 侧重于电力交易，未来将拓展到其他能源商品和服务（如热能或氢能）。综合能源系统可为 P2P 的实现提供灵活、安全的物理平台。

（3）综合能源大数据服务。

建设综合能源大数据服务平台，集成能源供给、消费、相关技术的各类数据，可为政府、企业、学校、居民等参与方提供大数据分析和信息服务[23]。典型的案例是美国得克萨斯州奥斯汀市实施的智慧城市项目，它采集了包括智能家电、电动汽车、光伏等在内的供用电数据，以及燃气、供水数据，形成了一个能源大数据的综合服务平台。它可为居民能源消费、住宅节能、交通出行等提供优化建议；也可为企业提供电动汽车、智能家电等产品的技术测试服务。例如，将电力数据与汽车里程、分时电价、油价数据结合，提供电动汽车的性能分析、充电站的布局优化、用户最佳充电时间的确定等增值服务。

二、国内研发现状

我国同样选择以综合能源系统技术作为能源领域变革的主攻方向之一。各级政府及国家自然科学基金委员会等颁布了一系列相关政策、法规和举措，给予该领域以重点关注和支持[24]。例如，2016 年 7 月，国家发展和改革委员会和国家能源局联合发布《关于推进多能互补集成优化示范工程建设的实施意见》，明确表示要通过天然气热电冷三联供、分布式可再生能源和能源智能微网等方式，实现多能互补和能源综合梯级利用；12 月，国家能源局公布了首批 23 项多能互补集成优化示范工程入选名单[25]；由国家电网公司和国家自然科学基金委员会设立的联合基金，将综合能源系统技术列为重点资助方向之一[26]。

1. 微网

我国的微网研究，与欧美等相比起步较晚，但近年来发展迅猛，已形成广泛的市场化应用[27]。在科技部、电力企业、科研机构及高校的支持下，先后建成一大批微网工程，如天津大学滨海工业研究院以可再生能源为主的冷热电联供微网、浙江省南麂岛微网与鹿西岛微网、青海省玉树州兆瓦级水 / 光 / 储互补微网、北京延庆多能互补智能微网、协鑫苏州工业应用研究院“六位一体”微能源网等一大批形态各异的微网工程。此外，天津大学、中国电力科学研究院、中国科学院电工研究所、国网浙江省电力公司电力科学研究院、合肥工业大学、武汉大学、山东大学、上海电力学院和杭州电子科技大学等众多科研机构与高校，相继建成以教学和科研为目的的微网实验系统。这些成果从不同角度展现了我国在微网的设计、运行、管理、关键设备研发等方面的技术水平，也为后期进一步研究提供了实验环境和检验平台。

2. 区域综合能源系统

我国区域综合能源系统目前主要在园区层面开展了大量示范和应用，近几年的系统有：廊坊市新奥科技园泛能网、上海浦东国际机场综合能源系统、广州大学城分布式能源系统、国家电网客服中心园区绿色复合型能源网（天津、南京）、上海迪士尼乐园天然气分布式能源站等。

国家电网客服中心北方园区（天津）综合能源系统，拥有光伏发电系统、地源热泵、冰蓄冷、太阳能空调系统、太阳能热水和储能等 6 个子系统。依托园区综合能源系统的运行调控平台，实现了对园区冷、热、电的综合分析、统一调度和优化管理，创新出以电能为单一外购能源的综合能源供应服务模式。园区年平均可再生能源占比大于 32%，最高达到 58%[28]。

3. 电力交通融合能源系统

我国 V2G 技术的发展不乏亮点[29, 30]。青岛建成了电动汽车智能充 / 换 / 储 / 放一体化工程。上海建成“风 - 光 - 市电”混合智能化双向电动汽车充电站示范工程，每年可节电 25 000 度以上，其中风、光发电量占充电需求量的比例大于 20%。2017 年，高速光伏公路在济南南绕城高速建成，它发的电已与充电桩相连，通过与电动汽车 V2G 技术衔接，可实现车辆移动充电；该高速公路网将变成一个流动的“太阳能充电宝”。国家电网公司建设的智慧车联网平台已接入大量电桩，可为用户提供一键导航、充电优选、充电预约、便捷支付等一站式服务。

4. 综合能源系统支撑软硬件技术

（1）能量路由器与柔性直流输电。

我国众多企业关注该领域的技术和设备的开发[31]。例如，联方云天科技（北京）有限公司设计开发的“gEnergyRouter”，可支持多路电源（包含交流、直流、各类型再生能源及电池）的输入，其能源转换效率高，并具备智能输入切换能力。国内对柔性直流输电（VSC-HVDC）模块化多电平变流器（MMC）的研究已比较深入和成熟[32]，建成了上海南汇风电场柔性直流输电示范工程、广东南澳多端柔性直流输电示范工程、浙江舟山多端柔性直流工程等多项示范工程。

（2）虚拟同步发电机。

虚拟同步发电机通过模拟同步发电机组的机电暂态特性，使采用变流器的电源具有同步发电机组的惯量、阻尼、一次调频、无功调压等并网运行外特性[33]。2017 年底，具备虚拟同步机功能的新能源电站，在国家风光储输示范工程电站建成投运；该示范电站在虚拟同步机抑制系统振荡、大容量变流器低电压穿越等方面取得重要进展，完成了基于虚拟同步机的新能源电站的黑启动试验，验证了虚拟同步机的性能指标和在大规模新能源汇集地区应用的可行性。

（3）综合能源信息数据采集。

应用大数据技术可对海量的能源数据进行快速、多样化提取，利用电、气、冷、热等多种能源形式的数据平台，可综合采集各种用能信息[34]。国网天津市电力公司依托用电信息采集系统，在滨海“力高阳光海岸”等试点区域，实现了电、水、气、热四表数据的集中自动采集与数据共享。

（4）储能云。

储能云是一种共享式储能技术，可使用户随时、随地、按需使用由集中式或分布式的储能设施构成的共享储能资源，并按照使用需求支付服务费[35]。储能云依赖共享资源达到规模效益，可使用户更方便地使用低价的电网电能和自建的分布式电源电能。国家电网公司储能云依托电力系统优势，推动了储能控制策略、商业模式及储能政策机制的落地；同时，还集合了分布式储能资源，支撑了需求响应调度与绿电交易，并辅助支撑了电网的稳定、安全、可靠运行，促进了电网系统的有序发展。

三、发展趋势

根据目前的技术发展状况和对能源的需求判断，未来综合能源系统的技术发展将呈现出如下趋势。

（1）新型能源转换与传输技术。

能源转换环节对综合能源系统的耦合互补及能源综合利用的效率具有重要影响。需要进一步提高既有能源转换环节的效率（如一次能源转换效率、交流变压器、整流 / 逆变器效率等），大力推进高效能冷热电联产、P2G、直流变压器、固态变压器等新型能源转换技术，以提高综合能源利用水平。在能源传输环节，应大力开发柔性直流输电技术、超导电缆输电技术、无线输电技术、能源联合输送技术，以提升能源传输的灵活性、经济性与可靠性。

（2）综合能源系统协同规划技术。

综合能源系统规划涉及电、气、冷、热、交通不同能源环节，以及不同部门的利益诉求。需要通过多目标优化，以达到全局优化与局部优化的有机平衡；还要考虑大量随机性的影响，以及综合能源发展的长期愿景与近期利益的相对平衡。因此，综合考虑上述因素，如何协同规划综合能源系统，是亟须突破的技术瓶颈之一。

（3）多能源协同优化调控技术。

综合能源系统的“源—网—荷—储”，涉及特性各异的不同能源环节，既包含传统能源（如电、气、冷、热），也包含新型能源（如氢能、光伏发电、风电等）；既有易于控制的柔性能源，也有间歇性难以控制的随机能源；既包含集中式供能部分，也包含分布式供能环节；既包含快动态，也包含慢动态；既要考虑元件和设备级动态，也要考虑单元系统和区域系统级动态；既要关注一种能源系统的内在变化规律，也要关注不同能源系统间的交互转换。在统一框架下，剖析综合能源“源—网—荷—储”之间的多时空尺度的互补机理，实现多能源的协同优化调控，是保障综合能源系统运行效能的关键。

参考文献

[1] 余晓丹，徐宪东，陈硕翼，等．综合能源系统与能源互联网简述．电工技术学报，2016，31（1）：1-13.

[2] Ghasemi A，Banejad M，Rahimiyan M. Integrated energy scheduling under uncertainty in a micro energy grid. IET Generation. Transmission & Distribution，2018，12（12）：2887-2896.

[3] Li Z M，Xu Y. Optimal coordinated energy dispatch of a multi-energy microgrid in grid-connected and islanded modes. Applied Energy，2018，210：974-986.

[4] Hirsch A，Parag Y，Guerrero J. Microgrids：A review of technologies，key drivers，and outstanding issues. Renewable & Sustainable Energy Reviews，2018，90：402-411.

[5] European Commission. The Fifth Framework Programme. http://ec.europa.eu/research/fp5［2018-05-28］.

[6] European Commission. The Sixth Framework Programme. http://ec.europa.eu/research/fp6［2018-05-28］.

[7] European Commission. The Seventh Framework Programme. http://ec.europa.eu/research/fp7［2018-05-28］.

[8] European Commission. Horizon 2020. http://ec.europa.eu/programmes/horizon2020/［2018-05-28］.

[9] European Commission. Horizon 2020，societal challenges：Secure，clean and efficient energy. http://ec.europa.eu/programmes/horizon2020/en/h2020-section/secure-clean-and-efficient-energy/［2018-05-28］.

［10］European Commission. Horizon 2020，societal challenges：Smart，green and integrated transport. http://ec.europa.eu/programmes/horizon2020/en/h2020-section/smart-green-and-integrated-transport/［2018-05-28］.

［11］Nakanishi H. Japan's approaches to smart community. http://www.ieee-smartgridcomm.org/［2018-05-28］.

［12］Chapman A J，Itaoka K. Energy transition to a future low-carbon energy society in Japan's liberalizing electricity market：Precedents，policies and factors of successful transition. Renewable & Sustainable Energy Reviews，2018，81：2019-2027.

［13］Gunderson R，Yun S-J. South Korean green growth and the Jevons paradox：An assessment with democratic and degrowth policy recommendations. Journal of Cleaner Production，2017，144：239-247.

［14］Chung M，Park H-C. Comparison of building energy demand for hotels，hospitals，and offices in Korea. Energy，2015，92：383-393.

［15］吴建中 . 欧洲综合能源系统发展的驱动与现状 . 电力系统自动化，2016，40（5）：1-7.

［16］龙惟定 . 城区需求侧能源规划和能源微网技术（下册）. 北京：中国建筑工业出版社，2016.

［17］Wang Y，Bermukhambetova A，Wang J，et al. Dynamic modelling and simulation study of a university campus CHP power plant// International Conference on Automation & Computing，IEEE，2014.

［18］Wang Y，Bermukhambetova A，Wang J H，et al. Modelling of the whole process of a university campus CHP power plant and dynamic performance study. International Journal of Automation & Computing，2016，13（1）：53-63.

［19］Zhang H，Hu Z，Xu Z，et al. Evaluation of achievable vehicle-to-grid capacity using aggregate PEV model. IEEE Transactions on Power Systems，2017，32（1）：784-794.

［20］Nuvve. V2G Solutions and chargers. http://nuvve.com/v2g-chargers/［2018-05-28］.

［21］曹光宇，金勇，喻洁，等 . 国外 V2G 模式的发展与分析 . 上海节能，2017，3：115-120.

［22］王成山，宋关羽，李鹏，等 . 基于智能软开关的智能配电系统柔性互联技术及展望 . 电力系统自动化，2016，40（22）：168-175.

［23］薛禹胜，赖业宁 . 大能源思维与大数据思维的融合（一）大数据与电力大数据 . 电力系统自动化，2016，40（1）：1-8.

［24］中华人民共和国国务院 . 国家中长期科学和技术发展规划纲要（2006—2020 年）. http://www.most.gov.cn/kjgh/［2018-05-28］.

［25］国家能源局 . 首批多能互补集成优化示范工程评选结果公示 . http://www.nea.gov.cn/2016-12/26/c_135933772.htm［2018-05-28］.

[26] 国家自然科学基金委员会（NSFC）. 智能电网联合基金 . http：//www.nsfc.gov.cn/publish/portal0/tab442/info69677.htm[2018-11-04].
[27] 王成山，周越 . 微电网示范工程综述 . 供用电，2015（1）：16-21.
[28] 张扬，韩慎朝 . 国网客服中心北方园区：绿色能源网的成功样本 . http://www.indaa.com.cn/cj2011/jnjp/201612/t20161213_1665515.html[2018-05-28].
[29] 王明深，于汀，穆云飞，等 . 考虑用户参与度的电动汽车能效电厂模型 . 电力自动化设备，2017，37（11）：201-210.
[30] 黎灿兵 . 电动汽车对电力系统的影响与 V2G 关键技术 . 北京：科学出版社，2016.
[31] 苗键强，张宁，康重庆 . 能量路由器对于配电网运行优化的影响分析 . 中国电机工程学报，2017，37（10）：2832-2839.
[32] 张帆，许建中，赵成勇，等. 模块化多电平换流器分极控制策略. 电力系统自动化，2017，41（6）：113-121.
[33] 吕志鹏，盛万兴，刘海涛，等 . 虚拟同步机技术在电力系统中的应用与挑战 . 中国电机工程学报，2017，（2）：349-359.
[34] 徐晴，刘建，田正其，等 . 水、热、气、电四表合一数据采集系统的研究与应用 . 计算机测量与控制，2017，25（3）：217-221.
[35] 康重庆，刘静琨，张宁 . 未来电力系统储能的新形态：云储能 . 电力系统自动化，2017，41（21）：2-8.

Technique of Integrated Energy System

Mu Yunfei[1, 2]，*Jia Hongjie*[1, 2]，*Wang Chengshan*[1, 2]
（1. Key Laboratory of Smart Grid of Ministry of Education；2. Tianjin University）

Establishing a new generation of integrated energy system（IES）is one of a main target of the technological revolution around the world，which can realize the green and sustainable energy supply in the future. Based on the multi-energy complementary technology，the IES can achieve the energy integration and optimization across the energy production，transmission，conversion and utilization processes，which is a necessary step for realizing the sustainable development of energy for the human society. In this paper，the recent progress and development trend of IES technology will be introduced from both international and domestic perspectives.

第四章

材料和能源技术产业化新进展

Progress in Commercialization of Materials and Energy Technology

4.1　半导体硅材料技术产业化新进展

张果虎　肖清华

（半导体材料国家工程研究中心）

半导体硅材料，通常指用于制作半导体器件和电路的硅单晶衬底材料，是最主要的元素半导体材料，使用量占所有半导体衬底材料比例达到95%左右。半导体硅材料的形态可以是圆柱形的单晶棒，也可以是薄圆片形的硅片，一般单晶棒为初级形态，最终应用产品形态为不到1mm厚的硅片。半导体硅材料可以用于制作微处理器、逻辑电路、存储器、模拟电路以及分立器件等众多微电子器件，为通信、计算机、工业控制、汽车电子、消费电子等领域广泛使用。半导体硅材料的应用可以说开启了信息社会时代，带来了工作方式、生活方式、军事作战方式等的巨大变化。

一、半导体硅材料技术产业化国际进展

国际上半导体硅材料技术演变有两个方面：一个是直径的不断放大，一个是跟随集成电路制程技术演进的微细化发展。

最初开发的半导体硅材料直径仅0.525in[①]（约13mm），经过多代跃迁式发展，目前市面上主要为直径125mm、150mm、200mm、300mm的硅材料。进入21世纪，主要发展直径300mm（约12in）的硅材料（图1）。下一代为直径450mm（约18in）的硅材料。

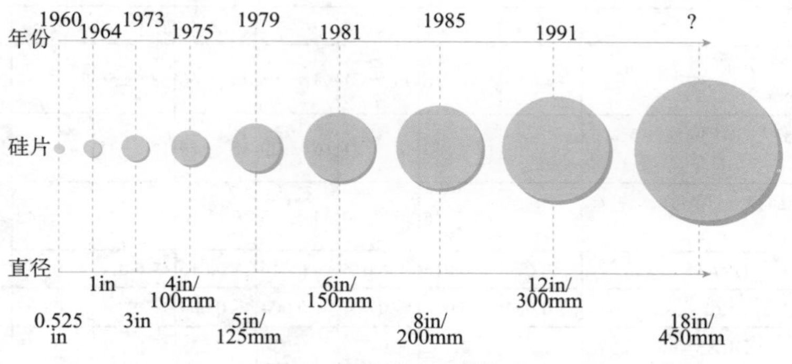

图1　半导体硅材料演变

① 1in=25.4mm。

表 1 集成电路技术和 300mm 硅材料技术的升级换代

量产年	2009	2010	2011	2012	2013	2014	2015	2016	2017
存储器（DRAM）半节距（nm）	52	45	40	36	32	28	25	23	20
微处理器（MPU）/ 专用集成电路（ASIC）半节距（nm）	54	45	38	32	27	24	21	19	17
微处理器（MPU）栅长（nm）	29	27	24	22	20	18	17	15	14
存储器（DRAM）管芯面积（mm^2）	61	47	49	39	31	49	39	31	49
存储器（DRAM）有源晶体管面积（mm^2）	19.2	14.5	21.2	16.8	13.3	21.2	16.8	13.3	21.2
微处理器（MPU）管芯面积（mm^2）	260	184	260	184	260	206	164	260	206
微处理器（MPU）有源晶体管面积（mm^2）	34.7	25.4	37.2	27.3	40.2	32.3	25.9	41.7	33.5
一般特性（99% 管芯良率）									
量产最大衬底直径（mm）	300	300	300	300	300	450	450	450	450
边缘去除（mm）	2	2	2	2	2	2	2	2	2
正面颗粒尺寸（nm）	≥ 65	≥ 45	≥ 45	≥ 45	≥ 32	≥ 32	≥ 32	≥ 22	≥ 22
颗粒数（cm^{-3}）	≤ 0.18	≤ 0.18	≤ 0.18	≤ 0.18	≤ 0.18	≤ 0.18	≤ 0.18	≤ 0.18	≤ 0.18
颗粒数（#/wf）	≤ 126	≤ 126	≤ 126	≤ 126	≤ 126	≤ 286	≤ 286	≤ 286	≤ 286
局部平整度（SFQR）（26mm × 8mm）（nm）	≤ 52	≤ 45	≤ 40	≤ 36	≤ 32	≤ 28	≤ 25	≤ 23	≤ 20
纳米形貌，p-v（nm），2mm × 2mm 分析区域	≤ 13	≤ 11	≤ 10	≤ 9	≤ 8	≤ 7	≤ 6	≤ 6	≤ 5
外延片（99% 管芯成品率）									
大结构缺陷（DRAM）（cm^{-2}）	≤ 0.016	≤ 0.016	≤ 0.016	≤ 0.016	≤ 0.016	≤ 0.016	≤ 0.016	≤ 0.016	≤ 0.016
大结构缺陷（MPU）（cm^{-2}）	≤ 0.004	≤ 0.004	≤ 0.004	≤ 0.004	≤ 0.004	≤ 0.004	≤ 0.004	≤ 0.004	≤ 0.004
小结构缺陷（DRAM）（cm^{-2}）	≤ 0.033	≤ 0.033	≤ 0.033	≤ 0.033	≤ 0.033	≤ 0.033	≤ 0.033	≤ 0.033	≤ 0.033
小结构缺陷（MPU）（cm^{-2}）	≤ 0.008	≤ 0.008	≤ 0.008	≤ 0.008	≤ 0.008	≤ 0.008	≤ 0.008	≤ 0.008	≤ 0.008
绝缘体上硅（SOI）片（99% 良率）									
边缘去除（mm）	2	2	2	2	2	2	2	2	2
初始层厚度（部分耗尽）（偏差 ± 5%，3σ）（nm）	54 ～ 83	50 ～ 76	46 ～ 71	43 ～ 65	40 ～ 60	38 ～ 56	35 ～ 52	33 ～ 48	31 ～ 45
初始层厚度（全耗尽）（偏差 ± 5%，3σ）（nm）		17 ～ 32	16 ～ 21	16 ～ 20	15 ～ 19	14 ～ 17	14 ～ 16	13 ～ 16	13 ～ 15
隐瞒氧化层（BOX）厚度（偏差 ± 5%，3σ）（nm）		40 ～ 66	36 ～ 60	34 ～ 56	30 ～ 50	28 ～ 46	26 ～ 42	24 ～ 38	22 ～ 36
大面积 SOI 片缺陷（DRAM）（cm^{-2}）	≤ 0.016	≤ 0.016	≤ 0.016	≤ 0.016	≤ 0.016	≤ 0.016	≤ 0.016	≤ 0.016	≤ 0.016
大面积 SOI 片缺陷（MPU）（cm^{-2}）	≤ 0.004	≤ 0.004	≤ 0.004	≤ 0.004	≤ 0.004	≤ 0.004	≤ 0.004	≤ 0.004	≤ 0.004
小面积 SOI 片缺陷（DRAM）（cm^{-2}）	≤ 0.262	≤ 0.262	≤ 0.238	≤ 0.238	≤ 0.238	≤ 0.238	≤ 0.238	≤ 0.238	≤ 0.238
小面积 SOI 片缺陷（MPU）（cm^{-2}）	≤ 0.145	≤ 0.145	≤ 0.135	≤ 0.135	≤ 0.125	≤ 0.125	≤ 0.125	≤ 0.121	≤ 0.121

资料来源：ITRS（国际半导体技术路线图）[1]

21 世纪 300mm 硅材料跟随不断微细化的一代代集成电路工艺制程技术不断升级换代（表 1，图 2），材料的晶体完整性、几何参数、化学纯度等各项技术指标不断严格。最初的 300mm 硅材料技术水平对应 130nm 线宽集成电路应用，目前国际上主流的 300mm 硅材料技术为 45nm/28nm/14nm 水平，最先进的 300mm 硅材料技术水平已达到 8nm 水平，5nm 水平的 300mm 硅材料也在研发当中[2]。

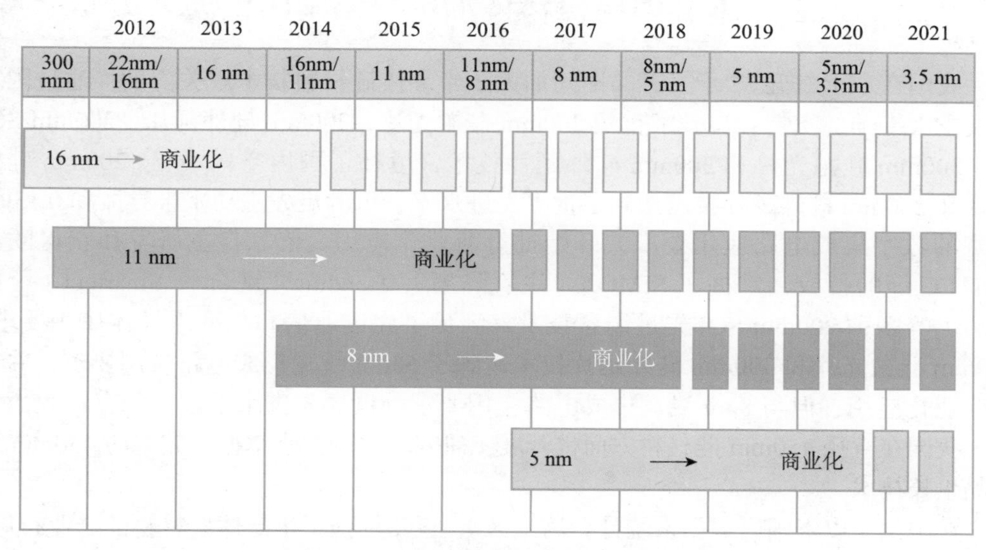

图 2 国际先进 300mm 硅材料技术状态

资料来源：德国世创公司年报

对未来的半导体而言，直径 450mm 硅片是必需的[3]。国际上已展开 450mm 硅材料技术研发[4]，并有样片试用，建立了 19 项国际标准，但近年因集成电路制造的深紫外光刻等技术尚不成熟，450mm 硅材料商业化应用时间比 ITRS 原估计推迟。

全球半导体硅材料产业布局比较集中，垄断特性明显。按公司总部所在地，全球半导体硅材料产业集中在日本、德国、韩国及我国台湾地区，在这 4 个地区的几家厂商信越（Shinetsu）、胜高（SUMCO）、环球晶圆（Globalwafer）、世创（Siltronic）和 SK Siltron 占有全球硅材料产出的 92% 左右。按制造厂所在地，全球半导体硅材料产业集中在日本、美国、德国、韩国、中国台湾、马来西亚、新加坡等地。中国大陆产量占全球比例甚少，所需大部分依赖进口。

全球 300mm 和 200mm 半导体硅材料产业规模分别达到月 540 万片和月 520 万片左右，相比于月 580 万片 300mm 硅材料和月 550 万片 200mm 硅材料的需求，总体呈现供应紧张局面。中国半导体硅材料对外依存度高，这种供应紧缺对中国半导体产业发展影响很大。

出于谨慎考虑，国际大厂无显著扩产半导体硅材料产能的计划，主要利用现有厂房空间，添加部分设备，适当扩大 300mm 硅材料产能，不增加 200mm 硅材料产能。近几年，中国是 300mm 硅材料和 200mm 硅材料产业投资的最活跃地区。

二、半导体硅材料技术产业化国内进展

我国在“十二五”“十三五”期间加大了半导体硅材料技术攻关力度，通过国家科技重大专项的支持，突破了直径 200mm 硅抛光片、200mm 硅外延片、200mm SOI 片、300mm 硅抛光片和 300mm 硅外延片技术，填补了国内空白[5, 6]。200mm 硅抛光片和 200mm 硅外延片技术达到了世界先进水平，可满足先进功率半导体和 0.13μm 线宽的数字集成电路应用要求，开始批量商业化应用。依靠自主研发和获得欧洲 SOITEC 等的授权，掌握了 SIMOX（注氧隔离）、Bonding（键合）、Smartcut（智能剥离）等多种 200mm SOI 先进制备技术，满足了先进通信和功率半导体应用要求。300mm 硅抛光片和 300mm 硅外延片技术达到了 55nm 线宽集成电路应用要求，并初步商业化应用，但与 8nm 线宽集成电路应用要求的世界先进水平相比仍存在较大差距。我国在直径 450mm 硅材料方面也开展了研究攻关，初步掌握了完整的 450mm 硅单晶生长技术。

在中国（以下国内数据未统计台湾地区），近年加强了半导体硅材料的产业布局，重点集中在环渤海地区、长江三角洲地区，郑州、重庆、西安和宁夏等中西部地区。据表 2，我国 200mm 硅抛光片和 200mm 硅外延片产业已初具规模，月产能力各自达到了 15 万片左右，可满足国内需求的 20% 左右，并得到美国、日本、韩国等国知名半导体厂商的应用认可，具备一定国际竞争能力。未来几年在建和规划的 200mm 硅片生产线建成后，200mm 硅片供应能力将突破月产百万片，可完全满足国内需要，硅片供应将在全球占据较大比例。300mm 硅抛光片和 300mm 硅外延片仍只有小规模的试验线，月产出有限，国内需求基本依赖进口。国内虽然有多条 300mm 硅片生产线正建和规划，但在技术或实际产出方面要满足国内需求还需较长的时间和更大的努力。

表 2　国内半导体硅材料企业产品和建设动态

地区	所在城市	单位	主要产品	建设动态
环渤海地区	北京	有研半导体材料有限公司	150 ～ 300mm 硅抛光片； 100 ～ 150mm 区熔硅片； 300 ～ 450mm 硅单晶	正规划建设月产 40 万片 200mm 硅片生产线和月产 30 万片 300mm 硅片生产线
	天津	中环半导体股份有限公司	150 ～ 200mm 硅抛光片； 100 ～ 200mm 区熔硅片	在建月产 25 万片 200mm 硅抛光片生产线

续表

地区	所在城市	单位	主要产品	建设动态
环渤海地区	石家庄	河北普兴电子科技股份有限公司	150～200mm 硅外延片	
长江三角洲地区	上海	上海新昇半导体科技有限公司	300mm 硅片（正研发）	在建月产 15 万片 300mm 硅片生产线
	上海	上海新傲科技股份有限公司	150～200mm 硅外延片、SOI	
	上海	上海合晶硅材料有限公司（台资合晶旗下公司）	100～150mm 硅抛光片	正在郑州建月产 20 万片 200mm 硅片生产线
	上海	上海晶盟硅材料有限公司（台资合晶旗下公司）	150～200mm 硅外延片	
	浙江宁波	浙江金瑞泓科技股份有限公司	150～200mm CZ 硅抛光片和外延片	正在浙江衢州建设月产 20 万片 200mm 硅片生产线，规划月产 30 万片 300mm 硅片生产线
	浙江杭州	Ferrotec（日资企业）		在建月产 40 万片 200mm 硅片生产线和月产 15 万片 300mm 硅片生产线
	江苏昆山	昆山中辰矽晶有限公司（台资环球晶圆旗下公司）	100～200mm 硅抛光片	
	江苏南京	南京国盛电子有限公司	150～200mm 硅外延片	
	江苏徐州	协鑫集团	200mm、300mm 硅片（计划）	
	江苏无锡	中环半导体（宜兴）	200mm、300mm 硅片（计划）	规划建设月产 70 万片 200mm 硅片生产线和月产 15 万片 300mm 硅片生产线
中西部地区	河南洛阳	洛阳单晶硅集团有限责任公司	100～200mm 硅片	
	重庆	重庆超硅半导体有限公司	200mm 硅片，300mm 硅片	
	陕西西安	京东方	200mm、300mm 硅片（计划）	正规划建设月产 5 万片 300mm 硅片生产线
	宁夏银川	宁夏银和半导体科技有限公司	200mm 硅单晶、300mm 硅单晶片（计划）	在建 200mm 硅单晶和 300mm 硅单晶生产线。

三、我国半导体硅材料技术发展和产业化的建议

随着我国将半导体产业作为战略性产业大力推进，《国家集成电路产业发展推进

纲要》等政策文件纷纷出台，国家集成电路产业投资基金建立并完成千亿元以上的资金募集，半导体硅材料的上下游环境、产业融资环境、价格趋势等均获得显著改善，国内迎来了半导体硅材料技术和产业发展的最佳时机，但同时也面临着重大挑战。为此，我国半导体硅材料技术发展和产业化的相关建议如下：

国际上，半导体硅材料技术主要发展直径 300mm 硅材料技术，其领先水平已达到 8nm 水平。相比而言，我国与世界领先水平差距较大，国内所需基本依赖进口。建议国家以重大工程任务模式面向 14 ～ 5nm 技术要求跨越式布局攻关集成电路用 300mm 硅片技术。

300mm 硅片技术因为国内布局晚，导致技术和产业发展艰难，与国外始终保持较大差距。直径 450mm 硅片将是下一代硅材料，当前国内与国外差距不大，我国应该吸取 300mm 硅片技术发展的教训，适时设立专项，超前布局攻关直径 450mm 硅片技术，这是我国在重点关键战略材料方面实现与国外半导体硅材料并跑的重要契机。

近年，因为市场好转、半导体硅材料的战略地位高，以及各地传统产业转型的迫切性，我国各地半导体硅材料的产业投资蜂起，一些欠缺市场、技术、团队的项目纷纷出现，建议国家对此类乱象适当关注，加强半导体硅材料产业投资的引导和重点支持，避免前些年多晶硅产业的问题再次出现。

参考文献

[1] ESIA，JEITA，KSIA，et al. ITRS 2015. http://www.itrs2.net/itrs-reports.html[2018-05-25].

[2] Hu H L. 450 mm silicon wafers are imperative for Moore's Law but maybe postponed. Engineering，2015，1（2）：162-163.

[3] Siltronic.Siltronic—A leading producer of silicon wafers. https://www.siltronic.com/fileadmin/investorrelations/Siltronic_Fact_Book_2018.pdf[2018-05-25].

[4] 有研科技集团有限公司 . 有研半导体承担的国家重大科技专项“200mm 硅片产品技术开发与产业化能力提升”项目通过验收 . http://www.grinm.com/499-1246-14438.aspx[2018-05-25].

[5] Soitec.Soitec 在华合作工厂——上海新傲科技股份有限公司已开始向 Soitec 关键客户批量供应 8 英寸 SOI 晶圆 . https://www.soitec.com/media/pressreleasedocuments/73/file/10032017chinese_pr_200mm_soi_volume_production_in_china.pdf[2018-05-25].

[6] 有研科技集团有限公司 . 02 专项“90nm/300mm 硅片产品竞争力提升与产业化”项目顺利通过内部验收 . http://www.grinm.com/499-865-14634.aspx[2018-05-25].

Commercialization of Semiconductor Silicon Materials Technology

Zhang Guohu, *Xiao Qinghua*
(National Engineering Research Center for Semiconductor Materials)

In this paper, the latest technical progress and industrial status about worldwide semiconductor silicon materials were demonstrated. The technical breakthrough our country made in this area was described. Meanwhile, the domestic industrial development of silicon materials was shown. There is a large gap between overseas technical level of semiconductor silicon and China mainland's. It was suggested that our country should plan major key science projects about 300mm and 450mm silicon.

4.2　低维碳材料产业化新进展

任红轩[1]　刘鸣华[1*]　张超星[2]　冷伏海[2]
（1. 国家纳米科学中心；2. 中国科学院科技战略咨询研究院）

碳具有 sp^3、sp^2 和 sp^1 三种杂化态，通过不同杂化可以形成多种碳的同素异形体。自然界中主要存在 sp^3 杂化态的金刚石和 sp^2 杂化态的石墨两种碳的同素异形体[1]，而人工制备的碳的同素异形体则丰富多彩，有无定形碳、碳纤维、石墨层间化合物、柔性石墨、富勒烯、碳纳米管、石墨烯和石墨炔等[2-11]。

低维碳材料主要包括富勒烯、碳纳米管、石墨烯和石墨炔等。低维碳材料具有独特的物理和化学性质，引起了国内外研究人员广泛而深入的研究，是纳米科学技术中不可或缺的材料。低维碳材料成为过去 30 年来材料科学领域最重要的科学发现，具有极其重要的科学价值和应用前景。国内外对该领域都非常重视，在全世界 60 多个国家纳米计划中，包括我国的“纳米研究”国家重大科学研究计划、国家重点研发计划纳米科技专项等都对低维碳材料进行了相应部署。

* 通讯作者。

一、低维碳材料产业化国际进展

低维碳材料的研究，与纳米科技的诞生与发展几乎是同步展开的。从纳米材料的合成与表征到功能发现与应用，从实验室小规模制备到宏量制备过程中，低维碳材料的研究都是纳米科技的重要发展方向之一。

从世界（WO）专利角度来看（图 1 ～图 3），碳纳米管保持了平稳的态势；富勒烯 2008 年之前快速增长，而后进入平台期；石墨烯保持了快速增长的态势。

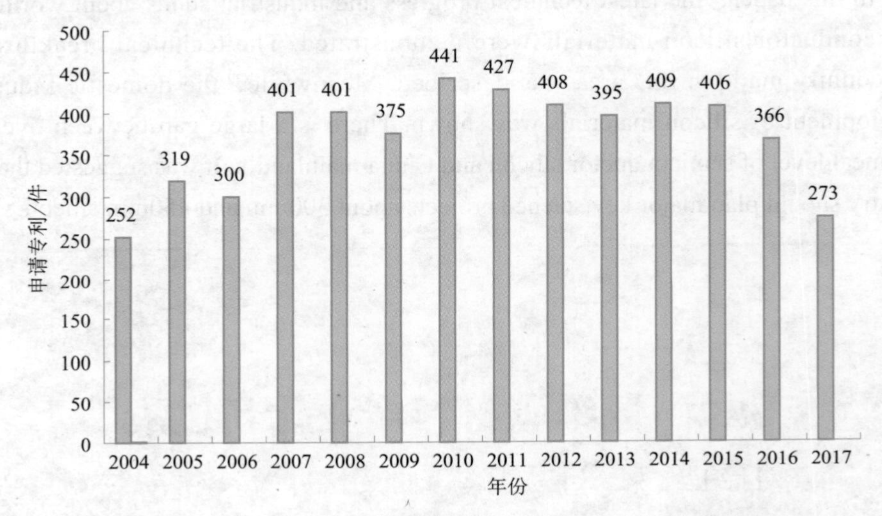

图 1　2004 ～ 2017 年碳纳米管领域世界（WO）专利申请数量年度分布

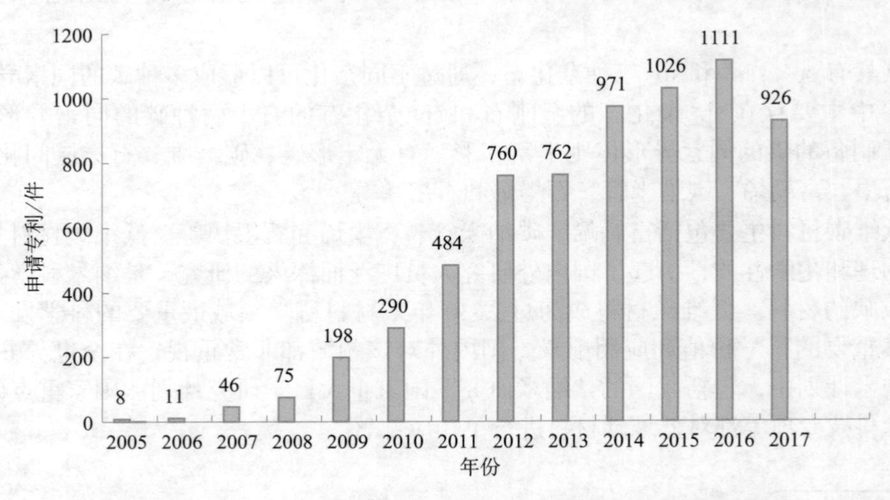

图 2　2005 ～ 2017 年石墨烯领域世界（WO）专利申请数量年度分布

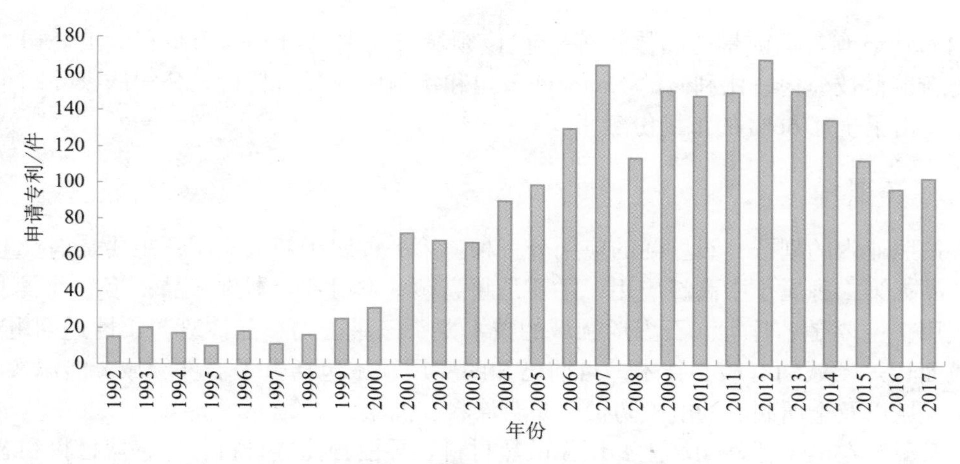

图 3　1992～2017 年富勒烯领域世界（WO）专利申请数量年度分布

1. 碳纳米管

碳纳米管因其导电性能良好并具有极大的长径比，将极少量（1.5%～4%）碳纳米管添加到聚合物中就能形成导电网络，获得高性能导电复合物。日本东丽公司发明了一种在单层碳纳米管表面涂布一层半导体聚合物的技术，制备的半导体聚合物能使单层碳纳米管均一分散，对其进一步加工可得到电荷迁移度达 $81cm^2/Vs$ 的薄膜晶体管（约为目前常用非晶硅显示器材料的 80 倍），该公司正在积极将其商业化[12]。日本瑞翁（ZEON）公司采用超速成长法（SG）实现了碳纳米管的批量生产[13]。

因为纳米碳管导热的效果极佳，管子很小，且能在聚合物或涂层中悬浮，通过纳米碳管可以解决个人计算机内部的散热问题。美国 UTAS 航空航天系统公司成功研发出应用于飞机电热防冰系统的碳纳米管加热器技术（CNT 加热器），有望在三到四年内获得应用[14]。日本富士通公司采用垂直排列的纯碳纳米管制备出世界上散热性能最高的散热片，其导热率是现有以铟为原料高导热率的散热材料的 3 倍，熔点也由原来不到 200℃提高到 700℃以上[15]。

碳纳米管是制造超级电容器电极的理想材料。硝酸改性处理的碳纳米管制作电极所得超级电极电容器的质量比电容达到 69F/g，而且这种电容器具有良好的频率响应特性。超级电容是目前已知的最大容量的电容器，开发并利用碳纳米管作超级电容的电极材料存在巨大的商业价值。法国 NAWA 技术公司研发出一种基于碳纳米管技术的车载超级电容，该电容能保证在电动车动力电池性能不变的情况下，较锂离子电池组减重 30%，且具有更快的充放电速率[16]。

目前，部分碳纳米管产品已经进入市场，如透明导体（TCs）、电池添加剂，以及碳纳米管最有市场前景的晶体管等[17]。该领域市场主要由日本的昭和电工公司、美国的新纳科技公司、比利时的 Nanocyl 公司和德国的拜耳材料科学公司四家外国企业垄断，占了全球 66% 的市场份额[18]。

2. *石墨烯*

按照业内的划分，石墨烯的应用分三种。第一种属于初级应用，主要是消费电子类产品；第二种属于中高级应用，主要是超高频率发射器等器件产品；第三种属于高级应用，主要是芯片等。石墨烯领域的技术龙头三星公司在晶体管、柔性透明电极、触摸面板等领域均有核心技术。目前已知的应用领域包括电子器件领域、能源领域、环保领域以及金属制品的电磁防护、防腐涂料、油墨，等等。

石墨烯在电子器件领域主要用作散热材料、柔性触控屏材料、传感器材料和芯片材料等，是各个企业积极研发的重点领域。美国的蓝石全球科技公司、韩国的三星及石墨烯方程式公司、西班牙的 Graphenea、日本的索尼等公司均在此领域有研发布局。英国石墨烯 3D 打印线材的领先开发商之一展缔科技公司采用其专有的低温电浆表面改性技术制备出功能化石墨烯纳米片，经由这种材料制备的油墨适用于传感器、显示器、大面积印刷电子等领域[19]。2016 年该公司与德国弗劳恩霍夫生物医学研究所合作致力于石墨烯和黏附蛋白凹版印刷制备生物传感器的相关研究[20]。

石墨烯在能源领域的应用主要在电池方面。在锂电池方面，一是基于石墨烯优良的电学和化学特性对锂电池材料进行改进，通过使用石墨烯或石墨烯复合材料提升电池的能量密度、功率密度或缩短充电时间。二是利用石墨烯的力学性能制作柔性基体，使锂电池具备弯折、拉伸、甚至扭曲、折叠等功能。韩国三星与韩国多家大学研究人员采用将硅纳米颗粒涂布在石墨烯层上的相关技术成功研发出使用硅阳极的电池，能量容量几乎是现今锂电池的 2 倍，同时可保持尺寸、体积和安全性[21]。美国石墨烯厂商 Vorbeck Materials 推出了采用石墨烯技术的 Vor-Power 背带，该背带可连接到任何现有的背带上，以实现移动充电站。美国公司 Angstron Materials 推出了系列用于锂离子电池的石墨烯增强型阳极材料，通过将该材料与高容量硅结合，能够支持数百次充电 / 放电循环[22]。

石墨烯的二维结构赋予其特殊的声子扩散模式，是已知的导热系数最高的物质（单层理论热导率高达 5300W · m^{-1} · K^{-1}），使其成为极佳的散热材料，有潜力用于智能手机、平板电脑、大功率节能 LED 照明、超薄 LCD 电视等散热。瑞典查尔姆斯理工大学与瑞典智能高科技公司（SHT）、中国上海同济大学等多机构合作研发出热导率比石墨膜高 60% 以上（3200W/mK）的石墨烯组装膜[23]，SHT 负责将该技术商业化。

石墨烯的单原子厚度和二维的平面结构赋予其非常高的比表面积（$2630m^2/g$），使其非常高的吸附容量，可用来负载大量的各类分子。另外，由于具有独特的面吸附特性及π-π吸附特性，石墨烯对含有芳香苯环物质（有机污染物）具有高吸附速度和大容量。同时，石墨烯经过表面改性可具有的亲/疏水性、疏/亲油性，使石墨烯具有广泛的适用性，在水体净化（重金属离子吸附、有机物吸附等）、有毒气体吸附、海水淡化技术等方面极具应用前景。英国石墨烯纳米化学公司与HWV Technologies公司合作，使用含有石墨烯增强的水处理系统，低成本解决了石油和天然气工业混合废水的处理分离问题[24]。

石墨烯结构材料几乎占据了目前所有的石墨烯技术市场。截止到2018年初，结构材料将仍然占市场领先地位［25.9%（市场份额）］，随后是石墨烯显示器（25.7%）、石墨烯电容器（18.0%）、高性能计算应用（13.4%）。韩国三星、LG及美国IBM等国外企业在该领域具有较多专利。

3. 富勒烯

富勒烯具有十分丰富的生物、物理和化学内涵，富勒烯及其衍生物在信息、生物医药、能源等方面也具有应用潜力。

富勒烯具有特殊的圆球形状，是所有分子中最接近球形的分子，就像轴承中的滚珠，也被称为“分子滚珠”。在分子水平上，单个富勒烯分子异常坚硬，这使得富勒烯可能成为高级润滑剂的核心材料。将富勒烯完全氟化得到的氟化富勒烯是一种超级耐高温材料，是比富勒烯更好的优良润滑剂。

富勒烯特殊的球笼状结构使它特别容易吸收电子，还同时保持稳定性，因此可以作为有机太阳能电池的电子受体材料，制作光敏电子器件。自富勒烯及其衍生物用于本体异质结有机太阳能电池以来，有机太阳能电池得到了长足的发展。

内嵌富勒烯是将一些原子——如碳、钪、氮等，嵌入富勒烯碳笼而形成的一类新型富勒烯，大部分是在电弧法制造富勒烯的过程中形成的。如果这些被嵌入的原子是一些已知具有催化性能的金属，如铂（Pt）、钯（Pd）等，就可以制成一类新的催化剂，在这种催化剂中，催化性原子被碳笼保护起来，就像给催化剂穿了一身铠甲，使催化效率和使用寿命都得到大幅度提高。含钆稀土金属内嵌富勒烯被认为是一种重要的造影剂和肿瘤治疗材料，正在被深入研究。

2015年日本新能源产业技术综合研究所与日本昭和电工公司合作联合开发混合富勒烯的分离技术，并对其进行实证研究[25]。目前世界上仅有为数不多的国家实现富勒烯量产。其中，美国有少数几家公司生产，产量为公斤级，售价非常昂贵；俄罗斯有2家公司生产，产量为公斤级，成本很高；日本三菱公司的富勒烯产量在国际上首次达到吨级，但主要用于国内军工，并不外售[26]。富勒烯未来可能会在超导、医疗健康、原子钟、精密定位等领域取得重大突破，但目前的工业化制造技术仍然处于初期，下游应用开发也不成熟[27]。

4. 石墨炔

石墨炔是由二炔键将6个苯环共轭连接形成的具有二维平面网络结构的全碳分子，其 sp 与 sp^2 杂化态的成键方式决定了它的独特分子构型，使其具有优异的电学、光学和光电性能，在信息技术、电子、能源、催化以及光电等领域具有重要的潜在应用前景[28]。

石墨炔在费米能级上下附近具有两个不同的狄拉克锥，这表示石墨炔为自掺杂（self-doped）半导体，原本就具有电荷载流子，不像石墨烯需要额外掺杂，为石墨炔未来在光电子领域的各种应用奠定了基础。

石墨炔的高电荷传输能力及优良的半导体性能和独特结构在太阳能电池中也获得了重要进展。石墨炔的引入显著提高了电池器件的空穴分离和传输特性。由于空穴传输性能的提高及部分石墨炔额外提供的散射性质，基于 P3HT/ 石墨炔复合钙钛矿电池的平均光电转换效率提高了 20%，最高效率达到 14.58%。

石墨炔兼具二维材料和三维多孔材料的特征，并具有优良的电子传输性能，其大比表面积和多孔通道可以容纳大量的离子如锂离子等，因此可以作为锂离子相关储能器件的材料，也是一类优良的催化剂。

目前，已经有美国、加拿大、日本、澳大利亚、德国等国外课题组开展了石墨炔的相关研究，其基础研究和应用受到广泛期待。

二、低维碳材料产业化国内进展

经过近 30 年特别是近 10 年来的快速发展，我国（以下均未统计港澳台数据）在低维碳材料领域已逐步形成自己的特色和优势，论文发表无论是数量还是质量均名列前茅，在低维碳材料的制备方法和规模生产方面具有显著优势，尤其在碳纳米管和石墨烯的精细结构控制、性能调控以及宏量制备方面，做出了一系列原创性和引领性工作[29]。

我国有关低维碳材料的研究在国际上起步较早且拥有庞大的研究队伍，经过 30 年来的发展，在显示、储能、散热、复合材料等领域实现了产业化，部分领域处于国际领先水平。从专利角度来看，富勒烯、碳纳米管、石墨烯、石墨炔等低维碳纳米材料均保持了快速增长的态势（图 4 ～图 7），我国拥有的专利数量全球最多。

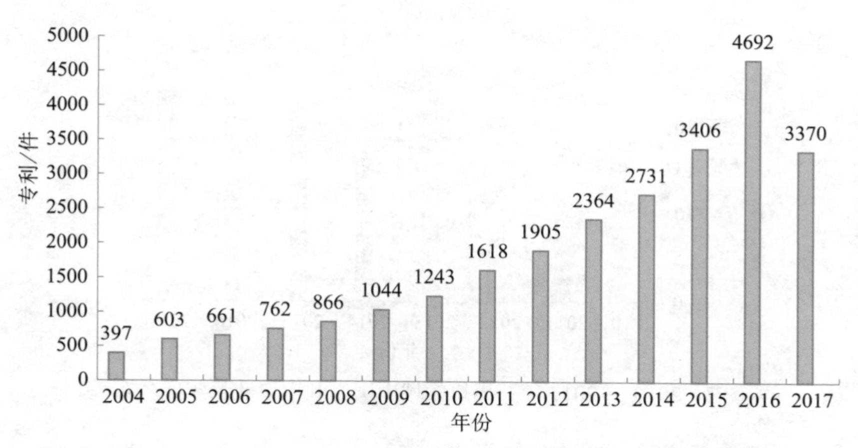

图 4 2004 ～ 2017 年碳纳米管领域中国专利申请数量年度分布

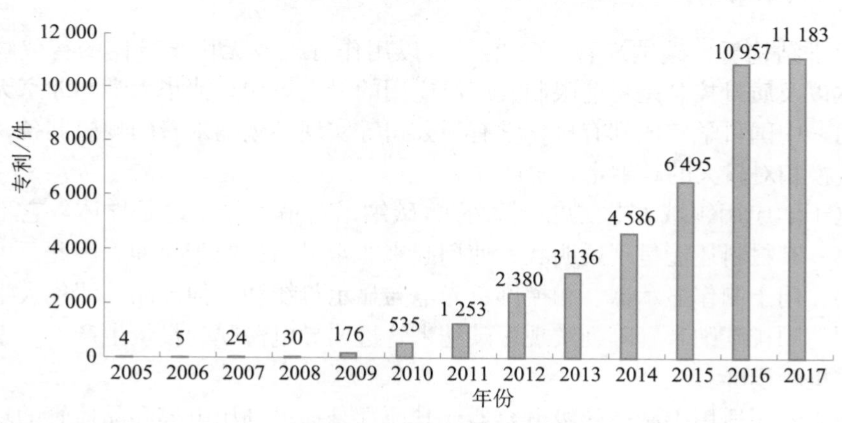

图 5 2004 ～ 2017 年石墨烯领域中国专利申请数量年度分布

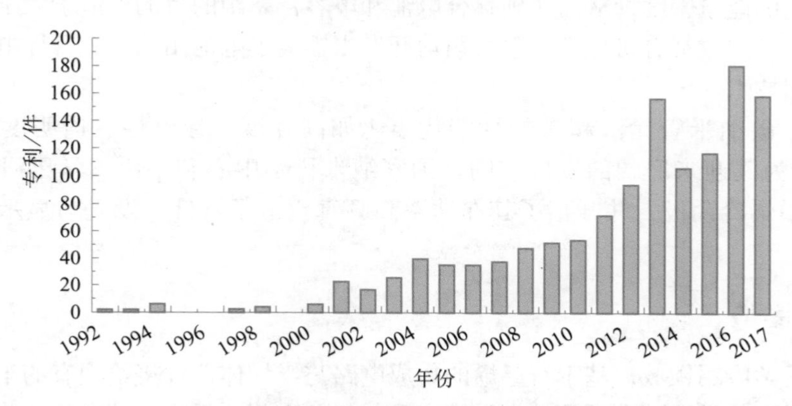

图 6 1992 ～ 2017 年富勒烯领域中国专利申请数量年度分布

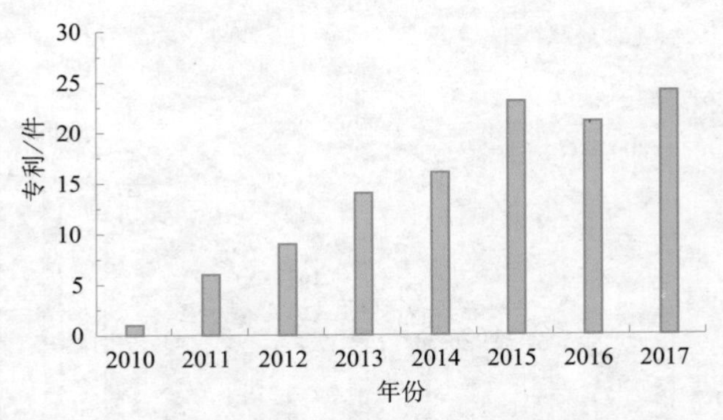

图 7　2010 ～ 2017 年石墨炔领域中国专利申请数量年度分布

1. 碳纳米管

从化学结构看，碳纳米管（CNTs）可以用作有机或无机半导体的替代物，但高昂的成本以及质量控制是目前限制其广泛应用的最大难题。清华大学与北京天奈科技有限公司、中国科学院成都有机化学有限公司等实现了碳纳米管的规模制备，建成了世界上规模相对较大的碳纳米管生产线。

在电子学应用领域（电磁屏蔽除外），碳纳米管最大的用途是导体。它不仅具有高电导率，其材料还能呈现透明状，使用起来非常灵活，便于拉伸。因此，可以取代氧化铟锡，用于制作显示器、触摸屏、光电与显示母线和其他产品。清华大学与富纳公司利用超顺排碳纳米管阵列实现了碳纳米管透明导电薄膜的批量生产，并大量应用于智能手机触摸屏。

碳纳米管还适用于制造超级电容器，其原理是通过利用电容和晶体管的功率密度来平衡电池的能量密度，从而达到弥合电池和电容器差距的目的。清华大学与天奈公司、中国科学院成都有机化学有限公司均开发出锂离子电池用碳纳米管导电添加剂的规模化应用技术。

此外，碳纳米管无法超越的性能优点（如高强度、导电性、透明度和可印刷性），将会为其迎来广阔的发展空间。国家纳米科学中心和中山大学已研制出碳纳米管和石墨烯冷阴极，并开拓了其在功率高频真空电子器件、发光与显示器件中的应用。

2. 石墨烯

在电子学应用领域，基于石墨烯的集成电路与半导体器件将给现有的半导体工业注入新的活力，供给社会更多的高技术产品与想象空间。无锡格菲电子薄膜、常州二维碳素和重庆墨希科技等公司已开发出石墨烯透明导电薄膜的连续生产技术，并实现了在触摸屏中的应用。

石墨烯在二次电池、超级电容器等储能器件领域已经引起学术界特别是产业界越来越多的关注，部分含有石墨烯的产品已经处于试用阶段。石墨烯作为电极材料的组成部分在太阳能电池、燃料电池等领域也引起广泛的关注，相关研究正在从基础研究逐渐向应用研发拓展。中国科学院金属研究所、中国科学院宁波材料技术与工程研究所（简称宁波材料所）与企业合作，实现了高质量石墨烯的吨级规模制备；中国科学院金属研究所、宁波材料所、中国科学院成都有机化学研究所等设计制备出一系列石墨烯复合电极材料，并开展了低维碳材料在柔性储能器件中的应用。

石墨烯在生物应用领域、传感材料及器件的研发等方面逐渐引起学术界与产业界的高度重视，尤其基于石墨烯材料的生物传感器用于生物检测、生理监测、疾病诊断、环境及食品检测等领域的应用潜力已进入研究视野。

此外，石墨烯作为导热、散热材料在热管理领域也有良好的应用前景。尤其吸引人的是石墨烯在柔性能源器件中的应用将有可能凸显石墨烯自身的结构与性能优势，为未来柔性能源器件提供材料支撑。从技术突破角度来看，石墨烯电极材料的研发为该领域未来的研究重点方向。

3. 富勒烯

国内的富勒烯生产企业较少，主要代表为厦门福纳新材料有限公司、内蒙古京蒙碳纳米材料高科技有限责任公司和苏州大德碳纳米科技有限公司，另外涉足该领域的上市公司较少，主要是通产丽星，从事富勒烯及其衍生物的制备、分离、纯化及应用研究。我国在某些领域已具备领先优势，如中科院化学所开发出了富勒烯的规模合成技术，使富勒烯的产量达到公斤级；国家纳米科学中心和中科院化学所在富勒烯材料应用于癌症治疗等方面均取得了重要进展。

三、我国低维碳材料的优先发展技术领域与发展建议

未来 10 ～ 20 年，将是低维碳材料产业发展的战略机遇期，需要在高端领域迅速布局，组织力量迎接挑战，形成适合低维碳材料的产业发展环境，把握良好发展机遇，占领该领域的科技和产业制高点。

1. 碳纳米管

建议重点突破信息（冷阴极 X 射线管、红外探测器、碳基集成电路等）、航空航

天（复合材料）等领域应用，根据产业需求，与信息、航空航天等产业龙头企业合作建立以碳纳米管应用中试为目标的新型研发机构，充分利用产业优势推进工程化技术发展，并探索合适的利益分配机制。

建议围绕碳纳米管及其应用产业链，在有基础的地方形成碳纳米管研发、产业化聚集区。通过政府引导，一方面，培育适合本地区工业基础的碳纳米管技术应用领域科研力量，发展储备技术；另一方面，营造良好的政策环境，鼓励成熟技术向企业转移转化。

2. 石墨烯

重点突破高品质石墨烯单晶/薄膜连续化生产装备，率先开展石墨烯薄膜应用示范，推动光电器件、传感器、可穿戴设备等高端应用技术研发，培育石墨烯高精尖产业结构，建立标准，参与国际高端应用竞争，重点推进在信息、航空航天等高端领域应用，打造国家石墨烯产业创新中心。

通过大数据技术，对接石墨烯研发的高校、科研院所和产业需求，利用石墨烯材料特性解决企业实际生产中存在的问题，提升产业技术水平。设立中试基地、工程化平台、众创空间、孵化器、加速器、产业基地等成果转化载体，建立石墨烯应用开发服务体系，石墨烯测试评价及检测认证服务体系，完善相关配套服务，提升石墨烯科技产业综合服务能力，建立技术-金融-企业-政府-市场一体化的产业生态环境，打造石墨烯的创新链和产业链，促进和加速石墨烯技术研发和产业化过程，实现全国石墨烯技术与产业协同发展。

目前，北京市正在打造中国最顶尖的石墨烯研究机构——北京石墨烯研究院，其模式与理念有望成为未来相关领域发展的一个示范。

3. 富勒烯

推动高品质富勒烯的规模化生产，重点突破在信息（分子陀螺）、生物医药（诊断、治疗肿瘤）、润滑、光敏、复合材料等领域应用与产业化，缩短产业导入期。

4. 石墨炔

鉴于石墨炔优异的电学、光学和光电性能，在半导体和能源材料方面的应用潜力巨大，同时，这也是我国科学家首创和领先的领域，建议加强在单层石墨炔薄膜及少数层薄膜的可控合成及适合于石墨炔材料的新表征方法与技术前瞻性研究布局，加强应用领域的拓展与夯实，争取技术突破。

建议科研院所加强与产业领军企业的合作，充分利用企业的市场和资金优势，选择重点应用领域进行联合攻关，制定石墨炔的相关标准，提高专利质量。

参考文献

[1] Hirsch A. The era of carbon allotropes. Nat Mater，2010，9：868-871.

[2] Haddon R C. Chemistry of the fullerenes：The manifestation of strain in a class of continuous aromatic molecules. Science，1993，261：1545-1550.

[3] Allen M J，Tung V C，Kaner R B. Honeycomb carbon：A review of graphene. Chem Rev，2010，110：132-145.

[4] Baughman R H，Zakhidov A A，de Heer W A. Carbon nanotubes：The route toward applications. Science，2002，297：787-792.

[5] Kroto H W，Curl R F，Smalley R E，et al. C_{60}：Buckminsterfullerene. Nature，1985，318：162-163.

[6] Pisana S，Lazzeri M，Casiraghi C，et al. Breakdown of the adiabatic Born-Oppenheimer approximation in graphene. Nat Mater，2007，6：198-201.

[7] Novoselov K S，Grigorieva I V，Firsov A A. Electric field effect in atomically thin carbon films. Science，2004，306：666-669.

[8] Balaban A T，Rentia C C，Ciupitu E. Chemical graphs VI estimation of the relative stability of several planar and tridimensional lattices for elementary carbon. Rev Roum Chim，1968，13：231-247.

[9] Baughman R H，Eckhardt H，Kertesz M. Structure-property predictions for new planar forms of carbon：Layered phases containing sp^2 and sp atoms. J Chem Phys，1987，87：6687-6699.

[10] Haley M M. Synthesis and properties of annulenic subunits of graphyne and graphdiyne nanoarchitectures. Pure Appl Chem，2008，80：519-532.

[11] Li G X，Li Y L，Liu H B，et al. Architecture of graphdiyne nanoscale films. Chem Commun，2010，46：3256-3258.

[12] 塗布型半導体カーボンナノチューブで世界最高の移動度を達成— IoT 時代におけるキーデバイスとなる RFID を塗布製造で実現— . http：//www.toray.co.jp/news/it_related/detail.html?key=1E76F69E7372B502492580BB000685BA［2018-07-08］.

[13] 日本ゼオン株式会社，国立研究開発法人産業技術総合研究所，国立研究開発法人新エネルギー？産業技術総合開発機構 . 世界初　スーパーグロース・カーボンナノチューブの量産工場が稼働？ http：//www.zeon.co.jp/press/151104.html［2018-07-08］.

[14] Trimble S. UTAS pursues nanotubes for aircraft ice protection. https://www.flightglobal.com/news/

articles/utas-pursues-nanotubes-for-aircraft-ice-protection-435164/[2018-07-08].

[15] Fujitsu Laboratories Ltd. Fujitsu Laboratories develops pure carbon-nanotube sheets with world's top heat-dissipation performance. http://www.fujitsu.com/global/about/resources/news/press-releases/2017/1130-01.html[2018-07-08].

[16] 王展 . "黑科技" 碳纳米管即将登场 . http://epaper.shautonews.com/content/2018-05/20/004874.html[2018-07-08].

[17] AzoNano. Forecast report on global carbon nanotubes market. http://www.azonano.com/news.aspx?newsID=32981[2018-07-08].

[18] 新材料 . 碳材料市场研究报告 . http://m.xincailiao.com/app/yanbao/yanbao_detail.aspx?ud=123467&id=145695&ptype=1[2018-07-08].

[19] Haydale Limited. Haydale create graphene nanoplatelet ink for area printing，available from goodfellow. http://www.azom.com/news.aspx?newsID=44715[2018-07-08].

[20] Frawnhofer IBMT. Biocompatible graphene ink for gravure printing of biosensors. http://www.haydale.com/media/1188/haydalepr25.pdf[2018-07-08].

[21] Dudau V. Samsung doubles lithium battery capacity with graphene and silicon. https://www.neowin.net/news/samsung-doubles-lithium-battery-capacity-with-graphene-and-silicon[2015-06-26].

[22] 百家号 . 石墨烯电池的前景 . http://baijiahao.baidu.com/s?id=1598772011658645299&wfr=spider&for=pc[2018-07-08].

[23] 特斯拉 . 散热 | 瑞典高校重大发现：石墨烯组装膜散热性能更优 . http://www.easytechchina.com/index.php?m=&c=index&a=show&id=3180[2018-07-08].

[24] HWV Technologies. Technology partnership with HWV Technologies in water treatment solution for oil & gas industry. http://otp.investis.com/clients/uk/[2018-07-08].

[25] 古川一夫 . ナノ炭素材料を用いた革新的省エネ部材の創出に向け新たに 6 事業ーエネルギーデバイスや超軽量導線など省エネ部材の実用化加速ー. http://www.nedo.go.jp/news[2018-07-08].

[26] 李丹丹 . 国内首家吨级富勒烯生产线投产 . https://www.sohu.com/a/239463185_118392[2018-07-08].

[27] 搜狐网 . 浅析富勒烯行业 . http://www.sohu.com/a/204978246_777213[2018-07-08].

[28] 刘鸣华，李玉良 . 石墨炔：从合成到应用 . 物理化学学报，2018，34（9）：959-960.

[29] 成会明 . 低维碳材料 . 科学观察，2017，12（5）：27-28.

Commercialization of Low-dimensional Carbon Materials

Ren Hongxuan[1], *Liu Minghua*[1], *Zhang Chaoxing*[2], *Leng Fuhai*[2]
(1. The National Center for Nanoscience and Technology;
2. Institutes of Science and Development, Chinese Academy of Sciences)

Low dimensional carbon materials, including fullerenes, carbon nanotubes, graphene and graphdiyne, are the main research objects of nanotechnology. Many countries in the world have initiated the nanotechnology plans, which take the low dimensional carbon materials as one of the important research topics. There is witnessed rapid development in the field. Here, a brief introduction was made to the basic properties of fullerenes, carbon nanotubes, graphene and graphdiyne, as well as the application fields and prospects of industrial applications. From the data of patent application, the development trend of low dimensional carbon materials in recent years and the application fields of important industries are analyzed. The main research institutions or enterprises in the related materials field are introduced. Recommendations are made for the future development of low dimensional carbon materials research and industrialization.

4.3 稀土功能材料产业化新进展

杨占峰
（包头稀土研究院）

稀土元素由于其原子结构的特殊性而具有优异的光、电、磁、热等特性，可用于制备许多高技术新材料，被科学家称为“21 世纪新材料的宝库”[1]。稀土元素广泛应用于国民经济和国防工业的各个领域，对提升石化、冶金、玻璃、陶瓷、纺织等产业的发展水平，对新材料、新能源、绿色环保产业（如新能源汽车）、高端装备制造、电子信息等产业的培育发展起着重要作用。

一、稀土功能材料产业化国际进展

稀土功能材料是一类重要的新材料。我国在稀土功能材料的基础研究和创新能力、规模化稳定合成工艺等方面与国外相比还有一定的差距，特别是高端材料制备工业和设备控制水平，而且原始专利主要由国外掌握[2]。

稀土永磁材料方面，日本和美国依然是我国的主要竞争对手，热压 / 热变形钕铁硼材料产业被日本大同有限公司等垄断。近年来，日本建立了采用新工艺的烧结钕铁硼生产线，并将粘结钕铁硼最重要的供应商麦格昆磁公司（MQI）收入旗下。同时，发达国家发展了一些新的技术和方法用于废弃永磁材料的回收和再利用，这些技术可以帮助获得再生永磁体及稀土元素，具有很好的应用前景。

稀土发光材料方面，重点研究领域是白光 LED 用稀土发光材料、激光 LD 用稀土发光材料、太阳能电池用稀土光谱转换材料、生物荧光探针用稀土纳米发光材料等。这些领域日本、德国、韩国、美国具有很大的技术优势。例如，氮化物荧光粉材料等专利被美国、日本等国家掌握，低分子 OLED 技术体系被日本掌握，而高分子 OLED 技术体系则被英国剑桥显示技术公司（CDT）掌握。

稀土催化材料方面，由于国外环保法规较严格并有较长的历史，其在石油催化裂化领域的环保型催化剂研发方面具有明显的优势，如 Grace-Davison、BASF、Akzo-Nobel 等公司在降低汽油硫含量催化剂方面领先；而机动车尾气净化和 VOCs（挥发性有机物）领域，国外 BASF、Johnson Matthey、Sud Chemie 等公司依然处于优势的地位。

稀土储氢材料方面，合金方面主要是日本公开的专利材料结构，限定的范围较宽。特别是镁基储氢合金，日本的专利限制十分明显。

稀土抛光材料方面，国外生产主要集中在日本、美国、英国和法国，产能 1 万 t 左右，其中日本的稀土抛光粉生产和应用技术水平最高。

稀土磁制冷技术方面，2014 年 2 月美国 GE 公司宣称研发出能够冷却啤酒的磁制冷机。法国 Cooltech 公司建立了一条磁制冷机生产线，该公司为德国 Kirsch 医用设备公司研制的磁制冷医用冷藏柜于 2015 年 11 月在杜伊斯堡医用展览会上展出。德国真空技术公司是专门研发及生产稀土 La 系磁制冷材料的公司，已经有了系列产品。世界上最大的化学公司巴斯夫在德国总部成立了磁制冷研发机构开展磁制冷机的研究，同时在荷兰的乌德勒支成立了研究室，研发磁制冷材料。

二、稀土功能材料产业化国内进展及趋势

我国已经是世界上稀土生产和稀土消费第一大国，稀土产业在生产规模、消费量、出口量等方面长期处于世界第一的位置，稀土分离工艺取得了举世瞩目的成就，溶剂萃取分离技术达到国际领先水平。尽管如此，由于基础薄弱、起步晚，我国在核心专利拥有量、高端装备、高附加值产品、高新技术领域应用等方面与国外尚有一定差距。

近年来，在政府、企业、高校、研究院所各方的共同努力下，我国稀土材料，特别是稀土功能材料，通过自主创新、集成创新取得了长足的发展。许多稀土功能材料的生产技术水平已经达到国际先进水平。

1. 高端稀土永磁材料

稀土永磁材料是稀土最大的应用领域，稀土永磁材料主要包括钐钴稀土永磁材料和钕铁硼稀土永磁材料两种。作为稀土应用主体的稀土永磁材料，近年来其应用领域和需求不断扩大，促使稀土永磁材料及其产业化技术的研究也呈现新的进展和特点。钕铁硼磁体在风力发电、混合动力汽车／纯电动汽车、节能家电等新兴领域中的应用拓展，推动了钕铁硼磁体在高性能和低成本方向的研发，并在高丰度稀土元素替代技术、重稀土减量化技术、新型热压／热变形技术等研究方面取得较大的进展。钐钴永磁材料在国防领域继续发挥不可替代的作用，近年来在高性能、耐高温、低温度系数、显微结构等方面取得进展[3]。

钐钴稀土永磁材料温度系数极低，最高工作温度可达 350℃，主要应用在航空航天、国防军工、微波器件、通信等领域。但是其需求量不大，一直维持在 1000t 左右。

钕铁硼稀土永磁材料主要包含烧结钕铁硼永磁材料、粘结钕铁硼永磁材料，其中烧结钕铁硼永磁材料的需求量远远超过粘结钕铁硼永磁材料。2014 年以来，我国烧结钕铁硼永磁材料的产量一直维持在 14 万 t 以上，2017 年达到了 14.8 万 t。根据我国资源特色和优势，高丰度稀土永磁材料的开发呈现快速发展的势头，在浙江宁波地区已初具规模。2016 年稀土永磁材料中含铈磁体产量约 2.5 万 t，2017 年则增加到 4 万 t 左右。同时，以包头稀土研究院为代表开发的钕铁硼辐射磁环技术，经过多年研发已经逐步产业化，开始大量应用于高性能永磁电机等领域。

随着技术的持续进步，稀土永磁材料也展现出广阔的应用前景。对于烧结钕铁硼磁体，研发具有双高性能和低成本的磁体是技术发展的重要目标。在对于粘结稀土永磁体，高性价比的各向异性磁体成形技术正在开发[4]。稀土永磁材料回收技术、高丰度稀土永磁技术等也将持续发展。

2. 稀土发光材料

稀土离子 4f 电子在不同能级间跃迁赋予了稀土发光材料独特的发光性能，稀土离子发光具有色纯度高、吸收能力强、转换效率高、发射光谱涵盖紫外线到红外光、可见光区发射能力强等优点。近年来，新型白光 LED 稀土发光材料、闪烁晶体及陶瓷材料、稀土配合物发光材料、上转换荧光材料等领域的研究取得较大进展。

LED 稀土发光材料对白光 LED 性能起着关键作用。目前普遍使用的氮化物 / 氮氧化物荧光粉的核心专利被日本三菱化学和日本物质材料研究机构（NIMS）等国外企业、研究机构拥有，但因氮化物 / 氮氧化物荧光粉的结构具有多种可变化性，且其研发仍处于起始阶段，尚有研发新型氮化物 / 氮氧化物荧光粉的空间。对氮化物荧光粉的制备，国外主要采用高温高压的合成技术，国内研究者开发的常压高温氮化技术实现了氮化物红粉的常压制备。目前国产稀土荧光粉所制成白光 LED 器件的光效与国外产品相当，但产品制备工艺和质量稳定性与国外尚有差距[5]。

目前产业化规模较大的稀土发光材料主要包括稀土长余辉荧光材料、稀土三基色荧光材料、稀土 LED 荧光材料。其中稀土 LED 荧光材料增长迅速，从 2015 年的 130t 增长到 2017 年的 380t，平均年增长率达到了 72%。长余辉荧光材料保持在 210 ～ 220t，2017 年增长 5%。受到 LED 照明的冲击，三基色荧光材料需求负增长，从 2015 年的 0.22 万 t，下降到 2017 年的 0.16 万 t。

OLED 用发光材料及其低成本制备技术、上转换发光材料的发光效率、实现量子剪裁下转化发光效率的新材料、对温度和压力敏感的信息稀土发光材料等领域，都是未来有较大应用前景的研究方向。

3. 稀土催化材料

稀土元素，尤其是镧和铈，由于其具有未充满的 4f 轨道等特征，具有特殊的化学和电学性能，在催化领域具有重要作用。

稀土改性 Y 型分子筛催化材料代替无定形硅铝催化剂，在石油催化裂化领域应用，可以提高汽油产率，作为共催化剂用于乙醇催化脱氢制取乙烯，乳酸脱水制取丙烯酸等。稀土掺杂的钙钛矿型复合氧化物是理想的甲烷、含氯废气等的催化燃烧催化剂。氧化铈具有特殊的氧化还原特性，能在还原气氛中供氧，或在氧化气氛中耗氧。将稀土成分加入催化剂活性组分中，能提高催化剂的抗铅、硫中毒性能、耐高温稳定性，大量应用于汽车尾气净化领域［包括汽车尾气三效催化剂和柴油机 SCR（选择还原催化）催化剂等］、电厂等场合烟气脱硝领域。

稀土石油催化裂化材料一直保持稳定的需求，2015 ～ 2017 年均为 20 万 t 左右的规模。稀土汽车尾气净化应用，则在汽车保有量不断增加、环保要求不断提高双重作用推动下逐年增长，从 2015 年的 2900 万 L 增长到了 2017 年的 4000 万 L，年均增长率为 4.4%。

化工领域和环保领域的化学过程十分复杂，对稀土催化剂的研究和应用提出了越来越高的要求，加强催化基础科学问题的研究，完善现有催化剂的工艺技术，开发稀土催化剂的新功能是未来稀土催化材料研究的重点。

4. 稀土抛光材料

稀土抛光材料作为研磨抛光材料具有粒度均匀、硬度适中、抛光效率高、抛光质量好、使用寿命长及清洁环保等优点。随着消费电子等领域的不断增长，稀土抛光材料在电子产品用面板玻璃、光学玻璃及半导体领域的应用稳步增长，从 2015 年的 2 万 t 增加到 2017 年的 2.8 万 t，年均增长率为 18.5%。

5. 稀土储氢材料

稀土储氢合金能够在常温常压下快速大量地吸氢和放氢，可逆性能优良，是目前最为成熟的商用储氢材料，目前主要应用在气相储氢装置和金属氢化物－镍电池领域。

气相储氢用稀土储氢材料除了具有储氢材料基本特征以外，最重要的是具有决定温度和吸／放氢压力关系的金属氰化物体系的特殊热力学性能，主要有镧镍铝锰等类型[5]。

金属氢化物－镍电池材料方面，高功率稀土储氢材料、高容量稀土储氢材料、低自放电稀土储氢材料、低成本稀土储氢材料、低温／高温／宽温型稀土储氢材料、耐久性稀土储氢材料、稀土储氢材料的综合性能是研究的热点。研究开发新组分、新结构稀土储氢材料是扩大材料应用范围的重要途径，近年来主要的研究对象有 RE-Mg 系储氢合金、AB_2 型和 AB_4 型 RE-Mg-Ni 系储氢合金、不含 Mg 元素的稀土系储氢合金、钙钛矿型（ABO_3）储氢氧化物等。

近些年稀土储氢材料增速不大，2015 年国内产量是 8100t，2016 年为 8300t，2017 年 9000t。但在新型稀土储氢材料产业化方面，我国做出了很多努力。例如，包头稀土研究院开发的镧铁硼系列稀土储氢材料不但布局了国际专利，而且建立了中试平台推进产业化。除了应用于镍氢电池和贮氢－输氢装置外，稀土储氢材料还可应用于蓄热－输热系统、热－机械能转换系统、氢或氢同位素分离和净化、涉氢反应的催化剂等领域。因此，在提升稀土储氢材料的各种性能的同时，应加快研究稀土储氢材料新的应用技术[5]。

6. 稀土高分子助剂

稀土元素与其他元素形成稀土配合物时，稀土元素的配位数可以在 3 至 12 之间变化，将稀土元素和大量性能各异的无机、有机配体通过络合配位能够形成不同结构、性能的新物质，这些物质可以成为环保、高效、多功能的绿色稀土助剂[5]。

近年来稀土助剂研究和产业化的重点包括替代有毒物质铅的稀土 PVC 助剂（热稳定剂）、替代进口专利产品的稀土聚丙烯 β - 成核剂、改善橡胶多项性能的稀土橡胶助剂、有效改善聚酰胺 6 纤维和 66 纤维性能的稀土聚酰胺助剂。在深入研究的基础上，中国科学院、北京大学、包头稀土研究院等机构均建成了相关稀土助剂的中试生产线，推进稀土高分子助剂的产业化。

7. 稀土激光钕玻璃

稀土激光钕玻璃是稀土特殊玻璃中的一种，它可以在泵浦光的激发下产生激光或对激光能量进行放大。稀土激光钕玻璃具有受激发射截面大、激光增益系数高、非线性折射率小等特点，是高功率激光装置的核心材料，主要用于国防军工、航空航天、核能等战略性领域。在该技术上，美国等发达国家长期对我国实行技术封锁和产品禁运。

目前中国科学院上海光学精密机械研究所已建成国内首条年产 1200 片大尺寸高性能激光钕玻璃生产线，产品应用于神光系列装置、5PW（10^{15}W）超强超短激光装置等国家重大战略需求。

8. 室温稀土磁制冷技术

磁热效应是磁性材料的内秉性能，通过磁场与磁次晶格的耦合而感生。磁性材料在进出磁场的时候会吸收 / 释放热量，利用磁性材料在室温附近的磁热效应，就可以实现制冷。由于这一技术不使用产生温室效应的制冷剂，因而更加绿色环保。

近年来，我国开展磁制冷研究和开发工作的有 20 多个单位或课题组，进行从材料、磁场到磁制冷机的全面研发。海尔集团分别与包头稀土研究院和美国宇航公司签署合作合同，开发了磁制冷机和磁制冷酒柜。2016 年包头稀土研究院研发出了接近实用化的室温磁制冷机。

三、高端稀土材料技术发展和产业化的建议

大力发展稀土功能材料，特别是高端稀土材料是我国稀土产业发展的必由之路。

掌握了稀土材料核心技术，如同获得了通向终端应用的金钥匙，不但可以不受国外控制，更能够发挥平衡和反制作用。

高端稀土功能材料的发展是一个系统性工程，需要形成贯穿材料研发到终端应用各个环节的闭环。国家应统筹规划，使材料能够支撑应用，为各种应用厂商提供性能优异、成本低廉的原料。应支持各个应用厂商积极扩大稀土功能材料的用量。中间检测、信息等环节需依托各类平台，形成环环相扣的创新网络。最为重要和根本的是要通过体制机制的创新，为科研机构，尤其是企业性质的科研院所提供试错、容错的机制，让科研院所敢创新。持续加大科研经费投入，让科研机构能创新。

参考文献

[1] 中国科学技术协会，中国稀土学会 . 稀土科学技术学科发展报告（2014—2015）. 北京：中国科学技术出版社，2016.

[2] 中国科学技术协会，中国稀土学会 . 稀土科学技术学科发展报告（2016—2017）. 北京：中国科学技术出版社，2018.

[3] 胡伯平 . 稀土永磁材料的现状与发展趋势 . 磁性材料与器件，2014，45（2）：65-77，80.

[4] 洪广言 . 稀土发光材料的研究进展 . 人工晶体学报，2015，44（10）：2641-2651.

[5] 闫阿儒，刘壮，郭帅，等 . 稀土永磁材料的最新研究进展 . 金属功能材料，2017，24（5）：5-16.

Commercialization of Rare Earth Functional Materials

Yang Zhanfeng

（Baotou Research Institute of Rare Earths）

The situation of rare earths，rare earths industry in China，the R&D and industrialization of several major rare earths function materials are introduced in this paper. And some suggestions about how to enhance the Chinese rare earths materials industry are proposed.

4.4 高性能碳纤维产业化新进展

曹维宇[1] 徐 坚[2]

（1. 北京化工大学；2. 中国科学院化学研究所）

材料是经济建设、社会进步和国家安全的物质基础和先导，高性能碳纤维及其复合材料技术是世界各国势在必争的关键高技术，是各国必须自主拥有、不得受制于他人的关键材料之一。它不仅带动传统材料产业的技术提升和产品的更新换代，也是军民融合“一代装备，一代材料”向“一代材料，一代装备”转变的国家关键高技术方向之一。

聚丙烯腈（PAN）碳纤维具有强度高、模量高、耐高温、耐腐蚀、导电导热性好、热膨胀系数小等一系列优异性能，作为先进复合材料的增强材料在国防工业有着广泛的应用，已成为当今航空、航天、兵器等领域多个武器装备重点型号研制不可或缺的关键原材料，同时也是以风电、汽车、高速列车为代表的国民经济高端装备、重大基础工程、交通运输、新能源等领域重要的支撑材料。

一、高性能碳纤维产业化国际进展

碳纤维的工业化经过半个多世纪的发展，目前已形成聚丙烯腈基、沥青基和黏胶基三大材料体系，是技术最成熟、应用最广泛的纤维增强材料。其中聚丙烯腈基碳纤维由于兼具良好的结构和功能特性，占据了高性能纤维体系的核心地位。日本和美国在聚丙烯腈基碳纤维领域处于技术领先地位，自 20 世纪 70 年代初以来，先后完成了聚丙烯腈基碳纤维的规模化、标准化、系列化和通用化。

目前，国外碳纤维大规模工业化技术成熟，产品已形成系列化、产业化，工业级低成本技术和针对应用需求的特种化或高性能化技术成为热点。目前碳纤维行业集中度极高，全球碳纤维制造的主导者为日本东丽（含 Zoltek）、帝人（东邦）、三菱丽阳，美国 HEXCEL、CYTEC，德国 SGL 和中国台塑。新兴国家（中国、俄罗斯、土耳其、韩国、印度）的碳纤维企业发展和运营十余年，目前对碳纤维传统优势企业已展现出良好的竞争发展态势，但尚未形成根本的威胁。

2016 年全球 PAN 基碳纤维产能为 13.9 万 t，其中小丝束碳纤维约为 9 万 t，约占 72%；大丝束碳纤维约 5 万 t，约占 28%。2017 年全球碳纤维理论产能增加了 2000 多 t，主要来源于中国产能的增加。收购 Zoltek 公司的日本东丽公司理论产能占全球产能的30% 以上。到 2020 年，全球小丝束碳纤维产能预计将达到 11.5 万 t，大丝束产能达到 5.4 万 t，合计达到 16.9 万 t，复合增速达到 7%。数据显示，在小丝束碳纤维市场上，日本企业所占有的市场份额占到全球产能的 49%；在大丝束碳纤维市场上，日美两国合计拥有全球 76% 的生产能力，处于明显的主导地位。

随着世界经济的进一步复苏，高性能碳纤维市场需求量不断提升，2015 年市场需求量为 9.249 万 t。随着碳纤维的不断发展，碳纤维在工业领域和航空航天领域的应用范围不断扩大，占比也呈上升趋势，预计到 2020 年，碳纤维的需求总量将达到15.73 万 t，年均复合增长率达到 13.62%；到 2024 年全世界总体需求有望达到 21.92万 t，尽管增速有所放缓，但复合增长率仍高达 11.38%。其中增速最快的为工业领域，2015 ～ 2024 年复合增长率将达到 14.52%，而到 2020 年的复合增长率更是高达 17.55%。工业领域碳纤维消费占总消费的比例将从 2015 年的 63.55% 逐步提升至2020 年的 81.63%。航空航天领域的需求将进入快速发展期，预计 2020 年，航空航天对碳纤维的需求将达到 2.21 万 t。而体育休闲领域在世界范围内应用相对成熟，需求量每年稳定增加。全球碳纤维市场主要应用领域的需求如图 1 所示。

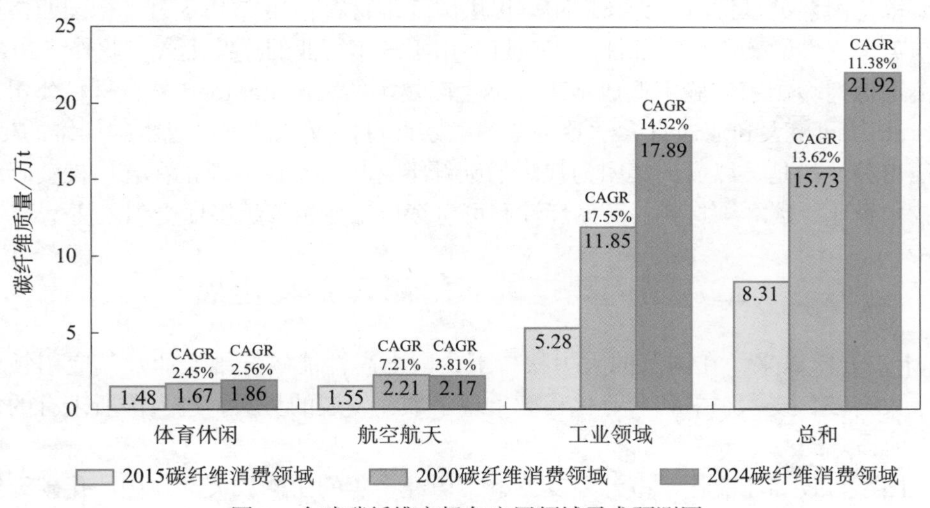

图 1　全球碳纤维市场各应用领域需求预测图

注：CAGR 表示年复合增长率

在碳纤维型号品种方面，以日本和美国为代表的先进技术产业链已形成了比较成熟的规格体系，且不同公司之间的产品性能指标具备较好的对应性和互补性。近年来，针对市场对低成本碳纤维的需求，各大公司相继加大大丝束碳纤维的生产，基于腈纶技术的纺织级原丝制备技术、新型聚合体的开发及新型的预氧化与碳化工艺都相继推出。自 2013 年开始，为了提高竞争力及满足更高性能复合材料对碳纤维的要求，国外各公司相继推出更高强度的碳纤维，美国 HEXCEL 的 IM10、日本东丽的 T1100、日本三菱的 MR70、东邦的 XMS32，都是强度在 7GPa 左右、模量 320GPa 左右的超高强度碳纤维。同时，针对应用细分市场，国外公司不断开发针对不同应用领域的差别化产品以降低成本提高竞争力，如日本东丽的 T720、T830 等型号以及 2017 年推出的 Z600 型号。

2017 年日本企业仍然是行业的领跑者，东丽公司继续加强其在小丝束碳纤维领域的传统优势，并在技术上着力推进小丝束纤维的低成本化，以迎合未来的多应用、多区域市场需求。还通过与应用厂商的合作继续向航空领域扩张，在增加供货量的同时，引入碳纤维革新工艺开发设备，新设备用来开发下一代高性能产品，并开发革新性产能改良技术。三菱丽阳（现三菱化学）则以收购和重组为主要策略，增强大丝束碳纤维产能，向着碳纤维低成本化进一步部署。帝人集团下属的东邦特耐克斯则扩大原丝产能，以便集中优势发展高性能轻量化材料，更专注于飞机和汽车领域业务。

欧美方面同样表现出对碳纤维汽车应用市场的极大关注，2017 年 4 月，美国赫氏公司赢得德国慕贝尔订单，为超级跑车提供碳纤维材料；2017 年 5 月，德国西格里集团参与英国资助的碳纤维零部件研究项目，用于汽车行业的连续生产。此外，2016 年依托美国橡树岭国家实验室低成本碳纤维生产技术的美国 LeMond 复合材料公司，于 2017 年 6 月同澳大利亚迪肯大学签署全球独家许可协议，推进低成本碳纤维的生产。另外值得关注的是，以赫氏集团为代表的碳纤维材料航空供应商正在开始投资碳纤维回收技术企业，碳纤维材料的可循环性和可持续性正在越来越多地受到关注。

二、国内高性能碳纤维产业化进展

“十二五”以来，在国家的大力扶持下，国内高性能碳纤维产业及其应用领域取得了重大突破，技术水平和产业化程度出现了加速发展的势头，进入前所未有的快速发展新阶段。

在国家科技和产业化示范计划支持下，历经多年的协同攻关，在国产化碳纤维原丝制备正确的技术方向基础的引导下，我国实现了从无到有的飞跃。2014 年以来，重点突破了高强中模碳纤维的工程化制备技术，干湿法技术路线制备 T700 和 T800 级碳纤维的产业化技术以及高强高模碳纤维的工程化制备技术，初步建立起国产高性能碳纤维制备技术研发、工程实践和产业建设的较完整体系，基本掌握了高性能碳纤维工程化制备成套工艺和装备自主设计制造、复合材料制备工程应用等核心技术，产品质量不断提高，产学研用格局初步形成，碳纤维及其复合材料技术发展速度明显加快，有效缓解了国防建设重大工程对国产高性能碳纤维的迫切需求，新一代装备型号用碳纤维及其复合材料的国产化自主保障问题基本解决，具备了实现跨越式发展的技术和产业基础。

截至目前，以威海拓展、江苏恒神、中复神鹰、中安信、浙江精功为代表的 6 家企业建设起十余条单线产能均达到年产千吨级的生产线，另有 18 家企业具备几十吨至几百吨产能的生产能力。2017 年国内碳纤维理论产能达到 2.6 万 t，整个国内碳纤维企业理论产能约为全球的 18%。国内市场方面，2016 年国内碳纤维需求量为 1.9 万多 t，2017 年底，国内碳纤维总需求量达到约 2.2 万 t，国产碳纤维供货量约为 7000 余 t，其余全部依靠进口。在航空航天领域，以山东光威、中简科技等为代表的主力企业完成了约数百吨国产碳纤维的销售（部分以织物和预浸料形式）；在民用市场，中复神鹰、江苏恒神、浙江精功等企业完成约 0.65 万 t 国产碳纤维的销售，并逐步扩大市场份额。总体来说，目前我国进入市场的产品仍以 T300 级碳纤维为主，部分单位的产品实现了航天航空的型号应用，基本满足了现阶段航天航空若干型号和国民经济部分领域的需求。在高模碳纤维方面，M40 级碳纤维具备小批量供货能力，并通过航天型号应用验证；M40J 级碳纤维已突破关键制备技术，具备单线 0.005 万 t 以上的生产规模，产品性能与国外产品相当；M55J 级产品正在积极推进工程化。

2016 ～ 2017 年，中国碳纤维产业又迎来了一个新的发展高峰。2016 年 5 月中复神鹰千吨级 T800 原丝生产线投产；8 月，中安信碳纤维项目投产，其一期项目预计年产 0.5 万 t 原丝、0.17 万 t 碳丝；10 月，吉林化纤大丝束碳纤维项目开工，项目总投资 18 亿元，最终设计年产能力为 1.2 万 t。2017 年中复神鹰新增产能 0.115 万 t；浙江精功集团在吉林建成 0.15 万 t 碳化线；以威海荣成市与康得集团出资的碳谷项目开工建设，预计 2023 年建成后，具备年产 6.6 万 t 的能力。

目前，在国内初步形成了以江苏、山东、河北和吉林等地为主的碳纤维产业聚集地。根据不完全数据统计，2010 ～ 2017 年，我国碳纤维产能从 0.64 万 t 增至 2.38 万 t，增长了 3 倍多，年均增长率超过 17 .5%，目前我国生产的碳纤维大部分为 1 ～ 12K 小丝束，其中 12K 占比超过 90%，1K、3K、6K 各有少量生产。

我国近年来在复合材料领域重点布局，尤其是近三年内所受理的专利数量已接近 10 万件。我国在碳纤维复合材料的成型加工能力方面也有所突破，领头企业如中航工业、中航复材、中复神鹰、江苏恒神等，在航空以及汽车领域均有扩展。在航天领域，中国航天科工集团研发的固体运载火箭以及发动机地面试车圆满成功，成为国内应用碳纤维复合壳体技术尺寸最大、装药量最多的固体火箭发动机，代表着国产碳纤维复合材料在该领域的新突破。在复合材料制备工艺方面，我国已具备成熟的热压罐成型技术，实现了复合材料机翼、尾翼等大尺寸复杂承力构件制造。如 SMC、SMC/BMC、LFT-D 热压工艺及其装备生产线主要应用于汽车零部件、轨道交通、通信电力、建筑建材、电力 / 电器、市政基础设施、新能源开发等领域。纤维缠绕工艺技术与设备等已成规模。风机叶片年均需求量超过 1.4 万套，制造能力迅速提高，液体成型生产线约 350 条，目前可设计 7MW 级风电叶片并生产。在交通领域中，碳纤维复合材料已应用于磁悬浮车车体，我国建造的全世界最长的（18.6km）中低速磁浮运营线于 2016 年 5 月正式投入运营。

三、碳纤维技术产业化发展趋势及未来展望

1. 高性能化、低成本化、应用扩大化

发达国家的碳纤维制造已实现规模化、标准化、系列化和通用化，国际上进一步的发展趋势是碳纤维的高性能化、低成本化以及应用扩大化。

在新牌号的碳纤维方面，日本东丽基本上以 5 ～ 10 年为周期推出新的牌号，2014 年 3 月推出的 T1100G 是其最近推出的高强中模型碳纤维。东丽已掌握了 M65J、M70J 的高模高强型碳纤维的制备技术，但其官网尚未列出商业化产品系列；佐治亚理工学院也推出了强度为 5.5 ～ 5.8GPa 而模量为 354 ～ 375GPa 的碳纤维实验室样品，突破了原有产品系列的强度和模量匹配[1]。日本正在研究性能更高、突破传统工艺限制的新型碳纤维，生产效率将有革命性的提高。

在低成本化和应用扩大化方面，基于成本最优化的碳纤维差别化制备技术越来越受到重视，扩大单线产能是低成本化主要发展战略，大丝束制备技术是他们的关注热点，同时以市场应用为导向的碳纤维的亚型种类不断丰富。例如，日本于 2014 年推出了中远期碳纤维计划，日本最大碳纤维供应商东丽公司投资 1800 亿日元用于技术开发，4000 亿日元用于资产建设，拟在项目“AP-G 2013”基础上扩大业务增长的支柱业务领域和地区，增强竞争力。碳纤维应用扩大化以及全周期充分利用也是东丽公司重点研发的方向之一，在碳纤维产品在汽车轻量化等领域的产品解决方案以及碳纤维有效回收利用等方面，正在进行大量的研发工作。

在碳纤维工艺前沿技术研发方面，一方面是对传统的工艺路线进行升级，以实现高性能和低成本化的目的。例如，新的共聚单体结构设计[2]，采用新的聚合方法以获得结构更规整的 PAN 链状聚合物[3]，探索凝胶纺丝新方法制备高致密性的均质原丝、提高纺丝速度等原丝工艺技术的突破和创新；以及快速预氧化、射线辐照[4]、微波碳化[5]、激光石墨化[6]等新的碳化工艺技术不断推陈出新。另一方面，主要是探索

新的技术途径[7, 8]，寻求革命性的技术突破，有报道称，日本正在研发新的聚合物体系，使得纤维成型后即已经形成了稳定的交联网状结构，可以省去耗时耗能的预氧化工序等。

在应用研发方面，主要集中在复合材料制造技术先进化、低成本化，材料高性能化、多功能化和应用扩大化等前沿领域。日美等国家一直把复合材料技术列为国家关键技术和国防关键技术予以优先发展，随着复合材料制造技术的高效化、先进化、规模化，液体成型、缠绕成型、自动铺放成型等高效工艺技术正大规模代替原来的手工铺覆技术，使复合材料在实现性能及质量一致性成倍提高的同时成本急剧降低，进入扩大应用的良性循环，在航空航天等军工高端领域的用量大幅度提升的同时，高性能碳纤维及其复合材料在国民经济重大领域（如风电）的应用也在快速发展。

2. 产能扩大化、应用联合化

产能扩大方面，东丽计划在 2018 年将碳纤维产能提升 20%，完成年产 5.2 万 t 碳纤维的目标；三菱丽阳 2017 年将其总产能提升三成，到达 1.33 万 t；帝人则投资 2.8 亿美元在美国设立新的碳纤维工厂，期望总产能将达到 1.45 万 t。在民用航空、交通运输、新能源等领域需求的牵引下，各国碳纤维企业不断扩大产能，以期获得更多的市场份额。近几年，大量投资涌入碳纤维领域，日本东丽、东邦、三菱丽阳，美国赫氏、氰特，以及德国 SGL 等世界六大碳纤维制造商，计划在未来 3 ～ 5 年内扩产 78%，总投资额约为 13 亿美元。其他如土耳其 Aksa，韩国的 Taekwang、Hyosung，印度 Kemrock，沙特 Sabic 等纷纷进入碳纤维领域。

应用合作方面，东丽公司与空客（Airbus）达成了关于碳纤维及预浸料供应量提升的协定，与美国 SpaceX 飞船签署了长期供应碳纤维的合约，同时与美国一家公司在碳纤维强化高压储氢罐方向上展开合作；三菱丽阳则与兰博基尼达成合作，为汽车用碳纤维的大规模生产做准备；此外，东丽与丰田合作共同推进碳纤维的循环再利用。宝马集团与 SGL 投资 1 亿美元在美国华盛顿州摩西湖镇建立了一个产能为 0.6 万 t 的碳纤维工厂，产品将用于纯电动汽车，并于近期再次扩建，以掌控上游材料即碳纤维的供应。2016 年 8 月，美国成立了一家有着美国橡树岭国家实验室技术支持的新型碳纤维企业 LeMond 复合材料公司（LeMond Composite），致力于生产低成本碳纤维。英国主营回收碳纤维的新型公司 ELG 公司（ELG Carbon Fibre）也在 2016 年崭露头角，宣布将在德、美开设新工厂。复合材料传统强势企业美国赫氏（Hexcel）延续了其与空客的供应合同。

3. 我国高性能碳纤维发展趋势

国内碳纤维产业已开始步入有序化发展阶段，产业化初具规模，但相对高速发展的国民经济与国防建设，我国高性能碳纤维关键技术、产业化技术仍相对薄弱，起步较晚，基础薄弱，仍然存在纤维种类单一、性能不稳定、产量低、成本高等不足，高端产品缺乏，中低端产品成本居高不下，针对应用需求的特种产品缺少设计能力。具体表现为纤维性能不高（碳纤维稳定化在 T800 级水平）、产品稳定性差（平均合格率 50% ～ 80%），高性能纤维一些关键问题还没有完全突破。此外，对前瞻性的高性能纤维材料、新概念、新原理和新方法探索不够，自主创新能力不强，中国高性能纤维和复合材料关键技术整体仍处于全面突破的阶段。

我国高性能碳纤维及其复合材料行业已初具产业规模化，但复合材料以手工操作为主、先进工艺应用偏低、配套材料不完善、缺乏大尺寸织物及构件制造和应用经验，制约了我国国民经济的快速发展。随着航空航天、风电、轨道交通、汽车工业、高压容器等产业对高性能碳纤维及其复合材料需求的进一步增长，我国高性能碳纤维及其复合材料的应用领域及其产能将继续扩大，逐渐向低成本化和高性能化方向发展，这和国际发展趋势是一致的。

针对低成本、高稳定、建设可持续发展的产业链的发展目标，开展碳纤维大丝束化制备技术研究，利用腈纶工业基础，发展 48K 以上低成本纺织级原丝及工业级碳纤维，开展干湿法纺丝技术，实现高速高效碳纤维制备。根据市场需求优化产品结构，在保障军工用碳纤维的前提下，提高 T700S 和 T800S 的产品占比，以满足未来行业发展需求和提高产品收益。此外，兼具高强度、高模量和拉压平衡性的产品有望成为下一代高性能碳纤维及其复合材料发展的重要突破口。在应用领域方面，风电和汽车应用爆发式增长，正成为当前碳纤维应用领域发展的关注焦点。风电和汽车领域的碳纤维用量目前在全球占比为 27% 和约 14%，分别排名第一和第四，碳纤维在这些领域的应用还处于大规模爆发初期，而国内风电企业的碳纤维复合材料风机叶片的应用尚在论证阶段，汽车用碳纤维复合材料还在试水阶段，与国际上初具规模的应用尚存在较大差距。可以预见，在这两大领域，碳纤维复合材料产业的发展潜力是巨大的，正成为全行业高度关注的焦点。预判到 2035 年和 2050 年的复合材料最有可能的突破点主要包括：

先进交通领域：汽车、磁悬浮轨道、无人机、大飞机。

新能源领域：风能、核能、热管理。

环境资源：复合材料循环利用、海洋工程。

民生产业：应急复合材料、生物医用材料。

国防安全：武器轻量化、高强化复合材料，航天航空。

到 2020 年，随着高性能纤维和基体材料制备、表征及复合技术的进步和关键技术将全面突破，我国高性能纤维及其复合材料与国际先进水平达到基本同步，实现高性能化、高效化、高稳定化。

到 2035 年，中国在高性能纤维及其复合材料领域中，科学基础、技术水平、人才队伍领跑于全球，产业规模、产品应用、市场体量名列世界前茅，有望率先产生 GDP 超过万亿元的新材料。

到 2050 年，我国在复合材料领域无疑将确立技术和产业优势地位，在国民经济和国防安全中得到大规模的应用，GDP 占到材料总量的 20% ～ 25%，成为名副其实的四大材料之一（金属、无机、高分子、复合材料）。

四、对我国碳纤维技术发展和产业化的相关建议

（1）针对碳纤维的以学科交叉为基础的产业化特征，应坚持“以重大领域应用为导向、以科学认知提升为基础，以关键技术突破为中心，以产业创新为目标”，既瞄准国家重大工程急需，又兼顾前沿科学技术发展，彻底消除制备与应用脱节的现象，快速提高产业技术成熟度，建立严格科学合理的运行机制。

（2）坚持军民融合，以国防需求牵引进行技术突破，以民用需求推动产业发展，实现良性循环，在碳纤维高性能化、低成本化发展趋势的带动下，实现国产碳纤维产业的健康和可持续性发展，同时为国家安全和国民经济重大领域提供关键基础材料保障。

（3）加强关键技术攻关，建议加强在碳纤维规格化、系列化方向上的研发力量投入，完善高性能碳纤维的品种系列，实现“碳纤维研发一代，工程化一代，应用一代”的合理布局。构筑完整的产业链，满足国民经济、国家中长期重大工程和国防现代化建设的需要。

（4）以企业为创新主体，加强人才培养和基地建设，加快高性能碳纤维先进技术向产业化发展步伐，缩短产业转化的周期，整合产业资源，积极扶植优势企业参与国际市场竞争。

参考文献

[1] 科学技术部高新司 .“十五”863 计划高性能碳纤维发展战略规划，2002.
[2] 科学技术部高新司 .“十一五”863 计划高性能碳纤维发展战略规划，2006.
[3] 科学技术部高新司 .“十二五”863 计划高性能碳纤维发展战略规划，2011.

[4] Han G C，Newcomb B A，Gulgunje P V，et al. High strength and high modulus carbon fibers. Carbon，2015，93：81-87.
[5] Ravindra V G，Dong W C，Sung C H. Effect of controlled tacticity of polyacrylonitrile（co）polymers on their thermal oxidative stabilization behaviors and the properties of resulting carbon films. Carbon，2017，121：502-511.
[6] Joseph W K，Elisabeth G，Erik F，et al. Poly(Methyl Vinyl Ketone) as a potential carbon fiber precursor. Chemistry of Materials，2017，29：780-788.
[7] So-Y K，Seong Y K，Sungho L，et al. Microwave plasma carbonization for the fabrication of polyacrylonitrile-based carbon fiber. Polymer，2015，56：590-595.
[8] Sha Y，Yang W，Li S，et al. Laser induced graphitization of PAN-based carbon fibers. RSC Advance，2018，8：11543.

Commercialization of High Performance Carbon Fiber

Cao Weiyu[1]，*Xu Jian*[2]
（1. Beijing University of Chemical Technology；
2. Institute of Chemistry，Chinese Academy of Sciences）

A comprehensive review was presented on the progress in the industrialization of high performance carbon fiber. The development of new techniques for the manufacturing of carbon fiber was also introduced. Suggestion to the development of domestic carbon fiber field was provided.

4.5 海洋工程重防腐材料产业化新进展

侯保荣* 王 静

（中国科学院海洋研究所）

党的十八大作出“建设海洋强国”和“创新驱动发展”的战略部署，十九大报告再次提出“加快建设海洋强国”。随着科学技术的进步和人类对海洋资源认知水平的不断提高，海洋石油、海底矿业、海洋化工、海洋养殖、海洋能源等的开发已从浅海走向深海，甚至超深海。从20世纪60年代起，海洋工程设施建设技术不断发展，海上大型工程如跨海桥梁、海底隧道、石油平台、海上风电、码头等的设计使用年限均长达几十年至上百年。这些大型海洋工程设施首先要面对的就是海洋腐蚀问题。

海水是一种强电解质溶液，海洋环境又是一种特定的极为复杂的腐蚀环境，温度、盐度、湿度、溶解氧、pH、流速、海洋生物等环境因子都是影响腐蚀的重要因素，海洋环境的腐蚀性比陆地环境的腐蚀性要高得多。海洋腐蚀不仅会造成各种基础设施、设备的腐蚀损坏和功能丧失，缩短其服役寿命；而且还可能导致突发性的灾难事故，引发油气泄露等，污染海洋环境，甚至造成人员伤亡。

不同的海洋腐蚀区带，腐蚀行为和腐蚀特点存在着较大的差异，只有对海洋腐蚀区带进行明确的分析界定才能针对性地提出相应的保护措施。海洋结构物防腐蚀主要分为覆盖层保护和电化学保护。由于大气区部位不接触海水，飞溅区部位海水浸泡率较低，通过阴极保护对大气区和飞溅区钢结构实施保护存在着一定的局限性，因此，覆盖层保护方法为其主要的防腐措施。对于至低潮位线下1m区域的钢结构部位，由于长期浸泡在海水中且含氧量较高，一般采用覆盖层与电化学联合的方法进行保护。低潮位线下1m至海底面的区域一般采用覆盖层与电化学联合保护法。海底泥土区仅使用电化学保护法即可[1]。

覆盖层保护的方法根据材料的不同分为涂层、镀层和包覆防腐等几大类。阴极保护主要有牺牲阳极和外加电流保护两种。另外，除了阴极保护和覆盖层保护方法外，还有耐海水腐蚀钢，增加“腐蚀余量”等方法[2]。

由于海洋工程设施长期固定于海中，恶劣的海洋环境所造成的严重腐蚀直接影响其使用安全，且海上防腐维护十分困难，常规防腐方法已无法保证海洋工程设施长期

---

* 中国工程院院士。

的使用。重防腐概念由此问世，重防腐是对被保护体施加一定的保护措施，使其达到较长使用年限的防腐蚀技术，对海洋工程设施的腐蚀控制具有重要作用。

一、海洋工程重防腐材料国外产业化进展

1. 环氧树脂重防腐涂料

根据 ISO 12944-5 规定，在大气环境中预期防腐年限大于 15 年的涂层厚度应为 280 ～ 400μm，在浸泡或掩埋环境中预期防腐年限大于 15 年的涂层厚度应为 480 ～ 1000μm。随着海洋工程的使用寿命不断被延长，漆膜厚度也不断被增加，总干膜厚度由 300μm 提高到 1mm，甚至更厚。漆膜的性能与成膜厚度取决于采用的树脂，环氧树脂具有优良的附着力、成膜性能及低缩率，能同多种树脂、填料和助剂混溶配制成多种重防腐涂料，因此，环氧树脂涂料是目前海洋工程防腐中最主要的涂料[3]。

目前英国的国际油漆（IP）、丹麦的海虹老人牌油漆（Hempel）、挪威的佐敦（Jotun）涂料等几家大公司推出的长效防腐涂料产品占据了我国海洋防腐涂料的主要市场。主流产品有：Hempel 公司的超强度环氧漆 45751，超强度环氧漆 35870；IP 公司的 Intetzone 954 改性环氧树脂漆，Intetzone 505 玻璃鳞片环氧树脂漆，Intetzone 485 超高膜厚环氧树脂漆；Jotun 公司的 Jotamastic 87GF 改性耐磨环氧玻璃鳞片漆，Marathon IQ GF 环氧玻璃鳞片增强漆，Marathon XHB 厚浆型环氧玻璃鳞片漆，Marathon 耐磨环氧玻璃鳞片漆及 Baltoflake 系列玻璃鳞片聚酯漆等。上述产品中 Intetzone 485 超高膜厚环氧树脂漆一次成膜可达 1 ～ 3mm，Marathon XHB 厚浆型环氧玻璃鳞片漆与 Marathon 耐磨环氧玻璃鳞片漆标准膜厚度达 600μm。

在众多的重防腐涂料产品中，佐敦（Jotun）涂料的 Baltoflake 系列聚酯漆不同于其他含玻璃鳞片环氧漆，是一种快速固化型耐磨聚酯玻璃鳞片厚浆涂料，与玻璃鳞片环氧漆相比具有适用领域广、玻璃鳞片含量高、涂层力学性能优异、防腐年限长久等优点，防腐效果可达 30 年以上免维护。该产品在挪威埃科菲斯克油田（Ekofisk 油田）钻井平台桩腿飞溅区已有 30 年工程应用先例，适用于离岸海洋工程大型钢铁结构物，流体物资（油、气、水）运输的海底管道、建筑外墙以及桥梁的飞溅区或是无法进行涂层维护的区域。

2. 聚氨酯重防腐涂料

100% 固含量结构性聚氨酯涂料是由多异氰酸酯与多元醇两组分混合形成的聚氨

酯涂料，一次成膜厚度可达1mm。涂料反应过程是快速、放热的高分子聚合过程，因而特别适合冬季和快速防腐施工作业，应用环境适应性强，且涂料不含溶剂，具有安全环保、附着力超强、耐磨性强、施工性能良好、耐腐蚀寿命长（可达50年）等优点。100%固含量无溶剂聚氨酯防腐涂料可用于储罐内外、船舶、海洋石油平台及钢铁结构物的防腐，防腐年限可长达几十年之久。

在2003年和2007年，美国海军专门撰文介绍了无溶剂结构性聚氨酯重防腐涂料与涂层技术应用于海军军舰的实例，将无溶剂结构性聚氨酯涂料与涂层技术为主的快速固化重防腐技术作为美国海军装备保护技术最成功的案例，同时还对弹性聚氨酯与聚脲涂料技术进行了对比试验，认为弹性聚氨酯与聚脲涂料远不能达到无溶剂结构性聚氨酯重防腐涂料所具备的优秀防腐性能。弹性聚氨酯涂层或聚脲弹性体涂层分子间呈线性结构，具有交联度低、涂层耐冲击性佳、韧性高的优点，但附着力、耐化学腐蚀性能及抗阴极剥离性能相对较差。刚性与结构性聚氨酯涂层的化学附着力非常好，分子间彼此高度交联，耐化学腐蚀性能优良，是金属防腐的最佳选择。在国外，聚氨酯重防腐涂料已经被使用在美国最大的风力塔工程俄克拉荷马州蓝谷（Blue Canyon Oklahoma）、美国加利福尼亚圣迭戈嘉年华岛管道防腐工程（预期寿命111年）、美国华盛顿大古力（Grand Coulee）水坝、旧金山圣马特奥大桥等工程和建筑中，目前运行正常。

3. 氟碳重防腐涂料

氟碳涂料是在氟树脂基础上进行改性加工而成的一种新型高耐久涂层材料。氟树脂中C-F键分子键能超强，使氟碳涂料具有极高的稳定性，其耐候性、耐蚀性、耐磨性以及耐污性等方面较丙烯酸类、聚酯类面漆有着明显优势。在苛刻的海洋腐蚀环境下，氟碳树脂面漆可于户外暴露20年以上仍保持涂层外观的完美如初，是海洋工程钢结构长效防腐面漆的最佳选择。除此之外，氟碳涂料的耐酸、耐碱、耐化学品腐蚀性能也优于其他涂层，可用于接触强腐蚀介质的液舱。

氟树脂的发展局限于美国、德国、英国、日本等少数国家，并且为少数跨国公司拥有。最早的开发起源于氟碳涂料的鼻祖——杜邦公司开发的聚四氟乙烯。而最早用于建筑材料则始于1964年由美国Penwah公司开发的聚偏二氟乙烯树脂（简称PVDF）配制的氟碳涂料。该类涂料生产厂商主要包括美国PPG公司、Ausimont公司、英国ICI公司及德国Herbertz公司等著名大公司。

4. 包覆防腐蚀技术

包覆防腐蚀技术就是在被保护的钢结构表面包覆一层防腐蚀材料，从而阻止或延缓钢结构的腐蚀。包覆防腐蚀技术又可分为有机包覆、无机包覆、矿脂包覆几大类，目前应用最多的为矿脂包覆技术。包覆防腐蚀技术一般会应用到腐蚀最为严重的浪花飞溅区及海洋潮差区。

利用矿脂包覆作为防腐蚀层的防腐蚀方法历史悠久，在国外很久之前就开始对陆地上配管及地下埋设管使用该方法。英国 Winn & Coales International Group，是世界上最早开发商用矿脂包覆材料的公司之一。1925 年该公司发明 Denso 矿脂防腐蚀系统，并于 1929 年起开始商用生产，大量应用于埋地及大气中钢结构的保护，1977 年 5 月美国海军码头浪花飞溅区用 Densyl Tape 矿脂带进行防护，使用 10 年后检查，管道的表面状态依然优良。日本在 20 世纪 60 年代使用矿脂包覆技术，并进一步改良完善，到 70 年代后期，日本开始将矿脂包覆防护技术应用在海洋钢结构上。2010 年投入使用的日本羽田机场 D 跑道，在钢管桩的潮差 / 浪溅区采用超过 400t（约 11.4 万 m^3）的耐海水不锈钢包覆防腐，设计使用寿命 100 年。

二、海洋工程重防腐材料国内产业化进展

海洋重防腐涂料市场几乎完全被国外技术所垄断，单就技术水平而言，国内的部分产品已达到了可应用的水平，但缺少实际的工程应用机会。

中国船舶重工集团公司第七二五研究所厦门材料研究院开发了可满足 NOR SOK Standard M-501 标准认证的系列重防腐涂料，构建并完成了海洋平台涂料体系。研发的潮差浪溅区重防腐涂料（725-H53-38 环氧玻璃鳞片涂料），采用高品质的环氧树脂和固化剂作为成膜物质，添加了玻璃鳞片，其特有的屏蔽、耐磨性能也赋予了涂料优异的性能，在海洋石油平台、海上风电多个工程中得到应用[4]。

海洋化工研究院开发出一种环保型环氧重防腐涂料，其采用双酚 F 型和双酚 A 型环氧树脂的混合体系作为成膜树脂，选用腰果酚改性胺固化剂 EH3895 进行固化，并加以无毒的磷酸盐系防锈颜料进行复配。该涂层体系具有优良的附着性能和抗阴极剥削性能，目前该产品应用在青岛胶州湾跨海大桥工程上[5]。

武汉市高校新技术研究所选用具有耐候性、耐磨性、防腐蚀性的氟碳树脂（FEVE）和拜耳公司的 N3390 固化剂为主要原料，开发出一种氟碳重防腐面漆 TSF-800。该产品一次涂膜厚度可达到 120μm 以上，现已应用在世界第一高的舟山输电铁塔工程上。

《“十三五”国家科技创新规划》两次提到了石墨烯材料，目前石墨烯涂料已被列入工业和信息化部“工业强基工程示范应用重点方向”。基于其良好的发展前景，不少企业纷纷投身于石墨烯涂料的开发应用中。江苏道蓬科技有限公司、信和新材料股份有限公司都报道了在石墨烯防腐涂层研发方面的成果。中国科学院宁波材料技术与

工程研究所薛群基院士和王立平研究员带领的海洋功能材料团队研制的石墨烯基重防腐涂料已实现规模量产，并进入大规模示范应用阶段，批量产品已在国家电网沿海地区和工业大气污染地区大型输电铁塔、西南地区光伏发电支架、石化装备及航天装备等领域进入规模示范应用阶段。

在包覆材料研发与应用方面，中国科学院海洋研究所在吸收国外先进技术的基础上，通过自主创新，研发出适用于海洋钢结构浪花飞溅区的复层矿脂包覆防腐技术和适用于海洋大气区的异型钢结构氧化聚合型包覆防腐技术。这两项包覆防腐技术都具有长效、环保、易于施工等优势，整个体系达到国际先进水平，完全替代进口产品。目前这两项技术已经在青岛港码头钢桩、龙源海上风电基础、福建 LNG 码头钢桩、湛江港粮仓边缘板等工程进行规模化应用。

三、海洋工程重防腐材料产业化发展趋势及未来展望

在“一带一路”倡议、供给侧改革的时代背景下，国内海洋工程重防腐材料产业将迎来前所未有的机遇。2017 年，国家标准《绿色产品评价　涂料》(GB/T 35602—2017)发布；2018 年环保税将全面实施，传统溶剂型防腐涂料已不能适应新形势的要求。我国海洋工程重防腐材料发展和产业化应围绕可持续、环保、无重金属、减少涂装工序、降低能耗、提高性能、更佳的外观、更长的防腐寿命等要求发展[6, 7]。

高固体分、无溶剂化海洋工程重防腐材料在欧美部分国家及国际化公司仍是发展主流，在传统涂料企业的转型、重防腐工程的应用等方面，其不失为性价比较高的选择。国内未来的发展应注重新型耐腐蚀颜填料、高性能树脂、高性能固化剂及分散剂的研发。石墨烯作为新型填料，片状结构所赋予的物理屏蔽性能及导电性能等优越、突出，但存在加工性差、分散不佳、易团聚等缺点，可控稳定分散技术需进一步加以探讨，应注重功能研发与应用。

海洋工程重防腐材料可结合其他高性能特种涂料的特点，如开发低表面处理、自修复、自清洁、抗覆冰、底面合一等功能性防腐涂料。对于防腐机理、涂层评价模型、涂料产品的全寿命周期评估需加强认识。同时上、中、下游企业需强化合作沟通，提供更多满足市场需求且性价比优良的涂料产品，以推动国内海洋工程重防腐行业良好发展。

参考文献

[1] 侯保荣 . 海洋环境腐蚀规律及控制技术 . 科学与管理，2004，5：7-8.
[2] 侯保荣 . 海洋腐蚀环境理论及其应用 . 北京：科学出版社，1999：114-118.

［3］聂薇，姚晓红，卢本才 . 海洋工程重防腐技术 . 造船技术，2016，6：82-86.

［4］ZHANG X H，FANG D Q，GAO B，et al. Development of epoxy glass flakes coatings for off-shore steel structures. Development and Application of Materials，2015，1：15-19.

［5］罗永乐，谢倩红，黄相璇，等 . 重防腐涂料发展现状与未来 . 化工新型材料，2014，42（10）：23-24.

［6］侯保荣 . 海洋钢结构浪花飞溅区腐蚀控制技术 . 北京：科学出版社，2011：240-310.

［7］孔凡厚，张雷，罗智明，等 . 防腐蚀涂料发展现状及进展 . 涂料技术与文摘，2017，38（6）：54-58.

Commercialization of Ocean Engineering Heavy-duty Material

Hou Baorong，*Wang Jing*

（Institute of Oceanology，Chinese Academy of Sciences）

Ocean engineering infrastructure，such as Sea-crossing bridge，subsea tunnel，oil platforms，offshore wind power，seaport，have been developed rapidly with the national strategy of speeding up maritime power building of the 19th National Congress of the Communist Party of China. However，the marine corrosion is one of the important factors affecting the safety and service life. In order to ensure the long-term service safety of marine engineering facilities，heavy preservative materials must be employed. This paper briefly introduces the corrosion zone of marine corrosive environment and its corrosive characteristics even the protection solution of every corrosion zone. The present situation and future development trend of several kinds of heavy anticorrosion technology used in marine engineering are presented.

4.6　煤炭间接液化技术产业化新进展

杨　勇[1, 2]　相宏伟[1, 2]　李永旺[1, 2]

（1. 中国科学院山西煤炭化学研究所；2. 中科合成油技术有限公司）

我国是世界上第一大能源消费国，具有“富煤、少油、缺气”的资源禀赋特点，煤炭是我国最可靠的基础能源。2017 年我国煤炭消费量占一次能源消费总量的 60.4%，尽管煤炭在我国能源消费中所占比重呈逐年下降的趋势，但在中短期内煤炭作为主体能源的地位较难改变，预计 2030 年占比仍将高达 49%，2050 年仍占 40% 左右[1]。

随着我国经济的持续快速发展，石油消耗量不断攀升，目前我国已成为仅次于美国的世界第二大石油消费国。2017 年我国石油消费量达到 5.9 亿 t，其中进口量高达 3.96 亿 t，对外依存度为 67.4%[2]。由于国内产油能力难有突破，预测在不采取任何措施的情况下，2020 年我国石油对外依存度将超过 70%，2030 年很有可能超过 80%[3]。近年来国际油价跌宕起伏，达到 2014 年 100 美元 / 桶以上后腰斩，2017 年底又回升到 60 美元 / 桶，近期国际油价已接近 80 美元 / 桶，预计新的高油价周期即将来临，我国未来油品供应紧张局势将愈加严峻。因此，将储量丰富且相对廉价的煤炭转化为储量缺乏且相对高价的油品是实现煤炭清洁高效利用、解决我国能源结构性问题的重要技术途径，也是保障我国能源战略安全的现实抉择。

煤炭间接液化是最为重要的煤制油技术途径之一，它先将煤转化为合成气，然后合成气在催化剂作用下经费托合成反应生产液态烃、蜡、气态轻烃，这些中间产品经加氢精制 / 加氢裂解等油品加工技术后生产柴油、汽油、煤油、石脑油等产品。煤炭间接液化工艺关键的费托合成反应步骤可在温和条件下（200 ～ 300℃、2.0 ～ 3.0MPa）进行，油品选择性高，生产装备易于大型化和国产化，且可生产出无硫、无氮、低芳、高十六烷值（>70）的清洁油品，因此，煤炭间接液化是我国发展煤制油产业优先选择的技术路线。

以我国自主高温浆态床煤基合成油技术为代表，历经“十一五”16 万 t/ 年示范装置成功运行，“十二五”启动全球单体规模最大的神华宁煤 400 万 t/ 年商业装置建设，到“十三五”开局之年（2016 年）神华宁煤 400 万 t/ 年商业装置成功运行，标志着我国已完全自主掌握了费托合成催化剂、大型浆态床合成反应器、大规模煤炭间接液化系统集成等核心工业技术，同时煤气化、空分、压缩等大型装备及特种泵阀、关键设备材料等均实现了重大技术提升与国产化，一举奠定了我国在煤制油技术上的国际领先地位。

一、煤炭间接液化产业化国际进展

自 1923 年德国科学家发现合成气经催化剂作用可生产液体燃料的费托合成反应以来，煤间接液化工业技术已经历了 90 多年的发展历程。目前国际上主要有南非 Sasol 公司和荷兰 Shell 公司掌握费托合成工业技术。

南非自 20 世纪 50 年代起开始发展煤间接液化技术，至今已经历了 70 多年的发展，目前南非 Sasol 公司已成为世界上最大的煤化工企业，在南非拥有 3 个合成油厂，年产油品约 600 万 t。

南非 Sasol 公司成功开发的商业化技术主要有低温铁基固定床合成技术（230 ～ 250℃）、高温熔铁固定流化床合成技术（300 ～ 340℃）、低温铁基浆态床合成技术（200 ～ 250℃）和低温钴基浆态床合成技术（180 ～ 220℃）。其中先进的技术是固定流化床合成技术和浆态床合成技术。高温熔铁固定流化床技术主要用于生产汽油和低碳烯烃，该技术反应温度高，产物甲烷选择性高，油品收率相对较低，且催化剂对设备磨损较大。采用低温铁基浆态床合成技术 1995 年建成投产了 12 万 t/ 年合成油装置，推测运行中催化剂出现一些问题，未进一步扩大规模；后转为主攻低温钴基浆态床合成技术，采用该技术 2006 年在卡塔尔建成一套 140 万 t/ 年天然气制合成油（GTL）装置，2008 年实现正常运行；后于 2013 年在尼日利亚建成投产了一套 140 万 t/ 年 GTL 装置。Sasol 公司曾计划于 2018 年在美国建成 400 万 t/ 年 GTL 装置，因经济性原因于 2017 年宣布终止该项目[4]。Sasol 公司还有在加拿大、伊朗、乌兹别克斯坦等地建设 GTL 装置的计划。Sasol 公司低温钴基浆态床合成技术至今并未用于煤制油领域，该技术催化剂价格高，要求催化剂寿命长，须避免由于催化剂磨损带来的钴损失，并且产生的大量低压蒸气难以得到有效利用。

荷兰 Shell 公司也拥有费托合成工业技术，该公司采用低温钴基固定床合成技术（180 ～ 220℃），1993 年在马来西亚建成投产了一套天然气制中间馏分油的 50 万 t/ 年装置，后该装置扩建到 75 万 t/ 年。2011 年 Shell 公司采用该技术在卡塔尔建成投产了一套 550 万 t/ 年 GTL 装置，2012 年达到满负荷运行，但 Shell 公司至今未将该技术推广应用于煤制油领域。此外，美国 Syntroleum、Exxon-Mobil、Rentech 公司，英国 BP、CompactGTL 公司，丹麦 Topsφe，以及挪威 Statoil 公司等也在积极开发合成油技术，但均未实现商业化。

二、煤炭间接液化产业化国内进展

我国是世界上较早探索和拥有煤制油工厂的国家之一，煤制油技术开发起起伏伏，至今已有 90 多年的历史。

1998 年，中国科学院山西煤炭化学研究所李永旺课题组开始在实验室研究较为先进的浆态床费托合成技术，2001 年建成千吨级中试装置，2004 年完成了低温浆态床合成油中试试验。2005 年在国际上首次提出高温浆态床费托合成工艺。该工艺特征是费托反应在高温区 260 ～ 290℃发生并操作，副产高品位蒸气（2.0 ～ 3.0MPa），联产发电，可有效地平衡全系统的热量，克服了低温浆态床工艺副产低品位蒸气（0.5 ～ 0.8MPa）难以利用的缺点，从而提升煤间接液化过程的整体能量利用效率。2005 ～ 2008 年在千吨级浆态床工业中试装置上验证和成功开发出高温浆态床合成油成套工艺技术和适用于高温浆态床合成的铁基催化剂生产技术，掌握了先进的高温浆态床（260 ～ 290℃）合成油的关键核心工业技术；2006 年联合国内大型煤炭企业成立了中科合成油技术有限公司，专业开发和推广煤炭间接液化工业化技术[5, 6]。

以高温浆态床煤基合成油技术为支撑，2009 年国内建成内蒙古伊泰、山西潞安和中国神华集团三个 16 ～ 18 万 t/ 年合成油示范厂，2009 年内蒙古伊泰和山西潞安示范厂投产出油，2010 年和 2011 年伊泰和潞安示范厂相继实现了满负荷运行。2010 年 7 月国家能源局组织专家对伊泰合成油示范厂进行了连续运行 72 小时的现场性能考核，结果表明：总煤耗 3.48 吨标煤 / 吨油品，系统能效 40% ～ 42%，合成气总转化率达到 91% ～ 92%，CH_4 选择性 <3.0%，C_5^+ 选择性达到 90% ～ 94%，柴油选择性为 63% ～ 68%，催化剂产油能力达到 1000 吨油 / 吨催化剂。示范厂的成功运行验证了高温浆态床合成油工业概念，整体能效由低温浆态床合成工艺的 37% ～ 38% 提高到了高温浆态床合成工艺的 40% ～ 42%，初步测算在百万吨级工业规模，整体能效有望达到 44% ～ 47%。到 2018 年，内蒙古伊泰和山西潞安已经运行了 9 年多，充分验证了自主高温浆态床合成油工业技术的可靠性、成熟性和先进性[5, 6]。

2011 年，神华宁夏煤业集团有限责任公司（简称神华宁煤）决定采用国内自主研发的高温浆态床合成油成套工艺技术建设全球单体最大规模 400 万 t/ 年煤炭间接液化商业装置（图 1），该装置建设地点位于宁夏宁东煤化工基地，占地面积 8.15km²，总投资约 550 亿元，设计年转化煤炭 2036 万 t，其中原料煤 1645 万 t、燃料煤 391 万 t；年产合成油品 405.2 万 t，其中调和柴油 273.3 万 t、石脑油 98.3 万 t、液化石油气 33.6 万 t。该装置 2013 年 9 月 28 日开工建设，2016 年 9 月建成，12 月 5 日投料试车，12 月 21 日全流程贯通，生产出合格的柴油、石脑油产品。2017 年 12 月 17 日，400 万 t/ 年合成油全系统达到满负荷生产。全线满负荷后 CO 总转化率达到 97%，有效气总转化率达到 92%，CH_4 选择性 <3%，C_3^+ 选择性 > 96%。从 2016 年底出油到 2017 年底达到满负荷生产，仅用 1 年时间，创造了现代煤化工的奇迹。400 万 t/ 年煤炭间接液化商业装置运行成功，使我国掌握了超大型煤炭间接液化复杂系统工程的集成技术，实现了高温浆态床合成油工艺与超大型合成反应器（单台产能 50 ～ 80 万 t/ 年）的工程放大应用，同时整体提升了我国煤化工领域大型装备与特殊材料及泵阀的技术水平，如首创日投煤量 2000 ～ 3000t 系列单喷嘴干煤粉加压气化炉（神宁炉），开发了 10 万 t 等级特大型空分系统装置，研制了特大型气体压缩机组，突破了用于特大型费托浆态床反应器制造的超厚、大单重、临氢 Cr-Mo 钢板制造技术，等等。2016 年 12 月 28 日，在神华宁煤 400 万 t/ 年商业装置成功出油之际，习近平总书记做出重要指示："这一重大项目建成投产，对我国增强能源自主保障能力、推动煤炭清洁高效利用、促进民族地区发展具有重大意义，是对能源安全高效清洁低碳发展方式的有益探索，是实施创新驱动发展战略的重要成果。"[7]

图 1　神华宁煤 400 万 t/ 年煤炭间接液化商业装置

同期，内蒙古伊泰杭锦旗和山西潞安两个 100 万 t/ 年煤炭间接液化商业装置建设运行。伊泰杭锦旗 100 万 t/ 年煤炭间接液化项目位于内蒙古杭锦旗独贵塔拉工业园，项目占地 4.35km^2，总投资 170 亿元。该项目 2014 年 7 月开工建设，2017 年 6 月 25 日建成，2017 年 7 月 7 日打通全流程，产出合格油品，9 月 15 日全厂实现超负荷 110% ～ 120% 生产。该装置从生产出油到实现超负荷运行仅用时 70 天，创造了百万吨级煤制油装置达产最快的世界纪录。满负荷后 CO 总转化率达到 97%，CH_4 选择性小于 3%，C_3^+ 选择性大于 95%。山西潞安 100 万 t/ 年煤炭间接液化合成油装置位于山西省长治市襄垣县王桥镇，2013 年 2 月 28 日动工建设，2017 年 8 月建成，10 月

10日开始投料试车，12月4日合成油装置生产出中间油品，12月29日全流程贯通生产出合格的油品，目前正在进行运行参数优化，向达产目标迈进。

到2018年初，采用自主高温浆态床煤基合成油技术的项目已经在我国形成了650万t/年的产能规模，制约我国煤制油工业发展的关键技术瓶颈已经得到化解，我国已经完全自主掌握了成熟可靠的百万吨级煤制油工业技术，并且无论是从装置规模上，还是从技术的先进可靠性上来讲，均已处于国际领先地位。

三、我国煤炭间接液化产业化趋势与展望

2014年6月国务院颁布了《能源发展战略行动计划（2014—2020年）》，要求“推进煤炭清洁高效开发利用”，“坚持煤基替代、生物质替代和交通替代并举的方针，科学发展石油替代。到2020年，形成石油替代能力4000万t以上”。“稳妥实施煤制油、煤制气示范工程。按照清洁高效、量水而行、科学布局、突出示范、自主创新的原则，以新疆、内蒙古、陕西、山西等地为重点，稳妥推进煤制油、煤制气技术研发和产业化升级示范工程，掌握核心技术，严格控制能耗、水耗和污染物排放，形成适度规模的煤基燃料替代能力”。2016年3月，国家发展和改革委员会、国家能源局联合颁布了《能源技术革命创新行动计划（2016—2030年）》，指出2020年目标：“煤制燃料技术、能效水平进一步提升，掌握成熟高效的百万吨级煤制油及特种油品工业技术和催化剂”；“形成成熟的低阶煤热解分质转化技术路线，完成百万吨级工业示范”。

“十三五”期间我国自主技术已经实现了多套百万吨级煤炭间接液化装置成功运行，国家政策对煤制油技术水平、装备水平、能耗、水耗和环境污染排放提出了更高的要求，今后5～10年内百万吨级煤炭间接液化技术进入成熟、升级与有序推广阶段，争取2020年煤基合成油替代石油能力达到1000万t以上，2025年达到2000万t以上。为此，对我国未来煤炭间接液化技术发展提出以下对策和建议：

（1）对三个百万吨级合成油商业装置进行跟踪和整改，进一步降低能耗、水耗和污染物排放指标，全面实现长周期、安全稳定和满负荷生产，形成成熟的百万吨级合成油技术，起到示范带动作用，推进第二批百万吨级合成油项目的实施（贵州毕节200万t/年和内蒙古伊泰200万t/年等）。

（2）加快技术升级步伐，形成柴油－汽油－航煤－润滑油－化学品联产成套新技术，适时在百万吨级商业装置上推广应用，进一步提高煤制油项目的技术经济性。

（3）依据国家能源局《新疆煤制清洁燃料发展规划（草案）》，国家拟在新疆规划2000万t/年产能的煤制清洁液体燃料项目，煤炭间接液化技术应及早在新疆布局。

（4）针对我国储量大且难以高效利用的褐煤和烟煤，积极推进低阶煤分级液化工业技术的开发，尽快在新疆地区启动百万吨级分级液化合成油项目，力图实现新一代煤制油工业技术的突破。

（5）把握国家“一带一路”倡议的发展机遇，发挥自主煤炭间接液化工业技术优势，积极开拓海外煤制油、天然气制油、生物质制油的技术市场。

参考文献

［1］谢克昌，等 . 中国煤炭清洁高效可持续开发利用战略研究 . 北京：科学出版社，2014.

［2］中国石油集团经济技术研究院 .2017 年国内外油气行业发展报告 . 2018-01-16.

［3］王能全 . 从全球视野的角度，认识我国的石油对外依存度 . https://baijiahao.baidu.com/s?id=1608670904132858610&wfr=spider&for=pc［2018-08-13］.

［4］中国石化新闻网 . 南非萨索尔将退出美国 150 亿美元 GTL 项目 . http://news.chemnet.com/detal/-2571539.html［2017-11-29］.

［5］Li Y W，Klerk A. Industrial case studies// Maitlis P M，Klerk A. Greener Fischer-Tropsch Process for Fuels and Feedstocks. Berlin：Wiley-VCH，2013：107-128.

［6］温晓东，杨勇，相宏伟，等 . 费托合成铁基催化剂的设计基础：从理论走向实践 . 中国科学：化学，2017，11：1298-1311.

［7］石油化工应用，全球单套装置最大煤制油项目产出油品 . 石油化工应用，2017，36（1）：1.

Commercialization of Indirect Coal-to-Liquid Technology

Yang Yong[1, 2]，*Xiang Hongwei*[1, 2]，*Li Yongwang*[1, 2]

（1. Institute of Coal Chemistry，Chinese Academy of Sciences；
2. Synfuels China Company Limited）

Indirect coal-to-liquid（CTL）technology is an important route to solve the shortage of oil and realize the cleanly efficient utilization of coal in China. In this paper, the technology and industrialization of coal to oils were introduced. In particular，it is shown that China has been successfully built and run the world’s largest single set of 4 million tons/year CTL plant. According to the national policy，the problems and countermeasures of China’s CTL industry development are analyzed，and its future development scale and direction are prospected.

4.7　煤基制烯烃技术产业化新进展

沈江汉[1, 2]　杜国良[1, 2]　叶　茂[1]　马行美[1, 2]　刘中民[1*]

（1. 中国科学院大连化学物理研究所甲醇制烯烃国家工程实验室；
2. 新兴能源科技有限公司）

煤炭是最基本的能源之一，同时也是许多重要化工产品的基础原料。煤化工是以煤为原料，通过气化、液化、焦化等途径生产多种化工产品和能源产品的生产过程（图 1）。煤化工在能源、化工领域中扮演着越来越重要的角色。它符合我国缺油、少气、相对富煤的资源禀赋特点，是我国独具特色的产业门类。

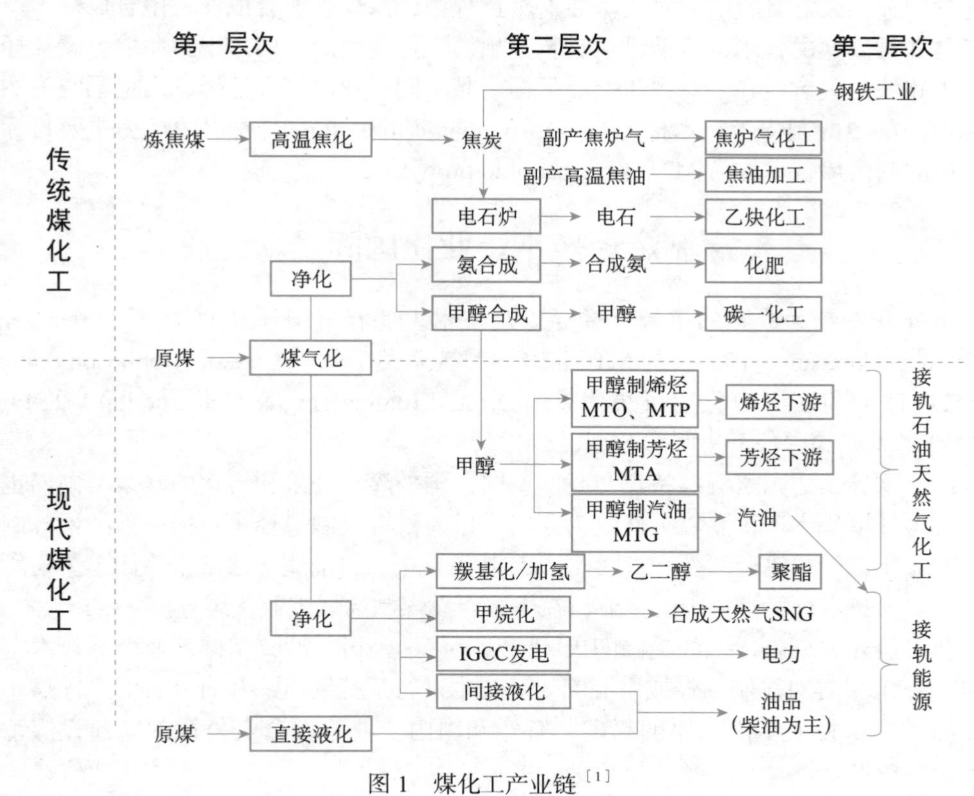

图 1　煤化工产业链 [1]

* 中国工程院院士。

煤化工分为传统煤化工和现代（新型）煤化工，从第一层的原料煤通过焦化、气化转化为焦炭、合成氨、甲醇等初级产品，进而发展焦炉气化工、焦油化工、乙炔化工、化肥和碳一化工，为煤化工的第二层次转化。通过甲醇转化为烯烃、芳烃进而发展下游化工和油品，通过合成气转化为化工品、电力、合成天然气等，通过煤炭直接液化转化为油品等，来接轨石油天然气化工和能源化工产品，是煤化工的第三层次转化。我国现代（新型）煤化工自 2006 年以来快速发展。煤（甲醇）制烯烃等关键技术水平世界领先，煤（甲醇）制烯烃、煤制油、煤制天然气、煤制乙二醇基本实现产业化，大型煤化工工业园区建设突飞猛进，大型煤化工产业集群初步建立，成为我国石油化工行业的重要补充。

低碳烯烃（乙烯、丙烯）是化学工业中最重要的基本原料，主要用作塑料、合成树脂、纤维、橡胶等重要化学品的原材料。传统的烯烃生产路线中的主要原料为石油。煤制烯烃技术是以煤为原料，经由甲醇生产烯烃的非石油路线工艺技术，对于现代化学工业的发展具有战略意义。在这个过程中，由煤生产合成气及由合成气生产甲醇已是非常成熟的技术，目前已经进行大规模工业化生产，而由甲醇制取低碳烯烃是该技术路线的关键所在[2]。由于主要目标产品不同，业内将以乙烯和丙烯同时为主要目标产品的甲醇制烯烃技术称为 MTO（methanol to olefins），将以丙烯为主要目标产品的甲醇制丙烯技术称为 MTP（methanol to propylene）[3]。

一、煤制烯烃技术产业化国际最新进展

国外开发较为成熟的甲醇制烯烃工艺技术主要有美国环球油品公司（Universal Oil Product Company，UOP）的 MTO 技术、埃克森美孚公司（Exxon Mobil Corporation）的 MTO 技术和法国液化空气集团（Air Liquid Engineering & Construction）的 Lurgi MTP 技术（原德国鲁奇集团的 MTP 技术）。

由于欧美发达国家资源特点与我国不同，国外煤炭开采和转化的政策与国内也不相同。国外甲醇生产主要以天然气为原料，目前没有煤制烯烃（包括单独的甲醇制烯烃）商业化工厂的建设和投产。因此，UOP 和鲁奇（目前属于法液空集团）公司均将甲醇制烯烃技术许可给了中国企业，在中国建设煤制烯烃工业化装置。

众多国外大型公司，如美国陶氏（Dow）化学公司、沙特基础工业全球技术有限公司（Sabic）等对煤制烯烃或甲醇制烯烃技术进行了持续追踪和研究，对中国煤（甲醇）制烯烃项目显示出浓厚的兴趣，有意和国内企业建立合资公司共同建设煤（甲醇）制烯烃项目。

随着“一带一路”倡议的持续推进，近年来具有丰富天然气和煤炭资源的俄罗

斯、乌兹别克斯坦、哈萨克斯坦、阿塞拜疆、阿曼、伊朗等中亚和中东国家也对煤制烯烃或甲醇制烯烃项目进行了研究和规划。

二、煤制烯烃技术产业化国内最新进展

煤（甲醇）制烯烃行业在中国有着广阔的市场需求和发展机遇。根据中国石油和化学工业联合会公开的统计数据计算，2016 年中国原油进口依存度达到 65%，2017 年接近 70%，发展现代煤化工实现石油替代，特别是烯烃等大宗化学品生产原料的替代，是我们国家重要的战略选择。中国的煤（甲醇）制烯烃项目自 2010 年开始已经进入了商业化生产阶段，此后得到了迅速发展。根据中国石油和化学工业联合会的统计数据及公开的项目报批申请，到 2017 年底，已投产的煤（甲醇）制烯烃工业装置产能达 1106 万 t，加上在建、拟建的项目，预计到 2020 年烯烃年总产能超过 1500 万 t。这标志着我国以煤或甲醇为原料的烯烃工业已经成为化学工业的一个重要分支，它将是未来若干年煤炭综合利用的重要发展方向之一。不仅对我国减轻燃煤造成的环境污染具有重大意义，同时对国家石油替代战略的实施和保障国家能源安全具有深远的历史意义。

（一）我国煤制烯烃产业发展潜力及发展过程简况

1. 烯烃需求量大，市场发展空间广阔

乙烯、丙烯等低碳烯烃是现代化学工业的基础，传统模式烯烃的生产需要消耗大量的石油资源。2016 年我国乙烯产量达 1781 万 t，当量缺口 2000 万 t，如果全部由石油生产，需要配套约 2 亿 t 炼油；2016 年我国丙烯产量达 2497 万 t，当量缺口 871 万 t。2016 年我国石油基乙烯占乙烯总产能的 81.5%，石油基丙烯占丙烯总产能的 63.8%；煤基乙烯占乙烯总产能的 18.5%，煤基丙烯占丙烯总产能的 20.9%。因此，利用我国丰富的煤炭资源，大力发展煤（甲醇）制烯烃产业，在我国具有广阔的市场前景。

2. 自主知识产权的核心技术得到了商业化应用

20 世纪 70 年代，石油危机引发了利用非石油资源生产低碳烯烃的技术研究。中国科学院大连化学物理研究所（简称大连化物所）于 20 世纪 80 年代初在国内外率先开展了天然气（煤）制取低碳烯烃的研究工作，主要围绕其关键的中间反应环节甲醇制烯烃过程进行了连续攻关，并在“七五”“八五”期间分别完成了小试、中试研究。2006 年大连化物所联合新兴能源科技有限公司（简称新兴公司）、中国石油化工集团

洛阳工程有限公司（简称洛阳院），在陕西华县建设了一套每天加工 50t 甲醇（1.67 万 t/ 年）的工业化试验装置，并完成了工业性试验，形成了完整的煤制烯烃工业化成套技术（DMTO 技术）[4, 5]。DMTO 工业化技术的开发为我国建设具有百万吨级甲醇处理能力的大型甲醇制烯烃工业化装置奠定了坚实的技术基础。

2007 年 9 月，大连化物所、新兴公司及洛阳院与中国神华集团签订了技术许可合同，建设全世界首套大型煤制烯烃工业装置项目——年产 60 万 t 烯烃的 DMTO 技术许可合同，真正实现了 DMTO 技术的商业化应用。2009 年 2 月，神华包头煤化工有限公司 180 万 t/ 年煤基甲醇制 60 万 t/ 年烯烃项目被列入我国《石化产业调整和振兴规划》，体现了国家对于稳步推进煤化工示范工程的重视。2010 年 8 月 8 日，神华包头煤化工有限公司的世界首套 DMTO 工业装置投料试车一次成功，这标志着我国煤（甲醇）制烯烃新兴产业取得了里程碑式的进展。

（二）煤制烯烃商业化装置运行概况

目前中国已经建成的煤 / 甲醇制烯烃工业装置超过 20 套，分别采用了大连化物所自主研发的 DMTO、法国液化空气集团的 Lurgi MTP、美国 UOP 公司的 MTO 及中石化的 SMTO 等技术。这些工业装置中，既包括西北地区以煤炭为原料的煤经甲醇制烯烃装置，也包括我国东南沿海等没有煤炭资源区域建设的以直接采购甲醇为原料的甲醇制烯烃装置。截至 2017 年底，采用 DMTO 技术许可建设的煤（或甲醇）制烯烃装置已达 24 套，合计形成烯烃产能 1388 万 t，占煤（或甲醇）装置总产能的 63%，可拉动上下游投资超过 3000 亿元。截至 2018 年 9 月，这 24 套装置中已有 13 套装置成功投产，合计烯烃产能 718 万 t/ 年，年产值超过 700 亿元。

1. 典型的煤制烯烃项目——神华包头煤化工有限公司煤制烯烃项目

神华包头煤化工有限公司煤制烯烃项目是国家现代煤化工示范工程，也是“十一五”期间国家核准的唯一一个特大型煤制烯烃工业化示范工程项目。该项目是世界首套以煤为原料，通过煤气化制甲醇、甲醇转化制烯烃、烯烃聚合工艺路线，生产聚烯烃的特大型煤化工项目，其中最关键的核心装置采用中国自主知识产权 DMTO 工艺技术。2010 年 8 月 8 日，甲醇制烯烃装置一次投料试车成功，甲醇转化率达到 99.9% 以上，乙烯加丙烯选择性达到 80% 以上，所生产的乙烯、丙烯等产品完全符合聚合级烯烃产品的规格要求。自 2011 年该装置正式进入商业化运营以来，已累计生产聚烯烃超过 400 万 t，利润超过 50 亿元，充分证明了煤制烯烃项目及 DMTO 技术的技术优势和经济优势，也奠定了我国在世界煤制烯烃工业中的国际领先地位。

2. 典型的甲醇制烯烃项目——宁波富德年产 30 万 t 聚丙烯、50 万 t 乙二醇项目

宁波富德能源有限公司（原宁波禾元化学有限公司）年产 30 万 t 聚丙烯、50 万 t 乙二醇项目是我国首套以外购甲醇为原料，在沿海地区建设的大型甲醇制烯烃项目。项目总投资 60 多亿元，项目主体包括 180 万 t/ 年的甲醇制烯烃装置、39 万 t/ 年的聚丙烯装置、50 万 t/ 年的乙二醇装置，其中核心技术仍然采用了具有我国自主知识产权的 DMTO 工艺技术。这是继神华包头煤制烯烃项目之后，全球第二套建成投产的甲醇制烯烃项目。宁波富德 DMTO 装置于 2013 年初投料试车成功，目前该装置正满负荷运行。该项目的成功再一次证明了 DMTO 技术的可靠性，同时也开创了一条以外购甲醇为原料生产低碳烯烃的新路线，这对于缺乏煤炭资源且烯烃需求旺盛的我国沿海发达地区经济发展具有重要的借鉴意义。

3. 典型的煤气油盐综合利用项目——陕西延长中煤榆林能源化工有限公司靖边能源化工综合利用启动项目

该项目位于陕西榆林靖边能源化工综合利用园区，已被列为“联合国清洁煤技术示范和推广项目”和“陕西省循环经济示范项目”。项目包括煤制 180 万 t/ 年甲醇、60 万 t/ 年 DMTO、150 万 t/ 年渣油催化热裂解（DCC）、2×30 万 t/ 年聚乙烯、2×30 万 t/ 年聚丙烯、9 万 t/ 年 MTBE 和 4 万 t/ 年丁烯 -1 等装置。该项目于 2014 年 6 月顺利实现投料试车一次成功，并开始稳定的商业化运营。

4. 典型的焦炉煤气循环利用深加工项目——宁夏宝丰能源集团股份有限公司焦化废气综合利用制烯烃项目

该项目位于宁夏回族自治区宁东化工园区，项目总投资 141.5 亿元，该项目采用 DMTO 技术，利用宝丰能源循环工业基地一、二期焦炉废气、甲醇弛放气，并通过航天炉补碳生产出甲醇中间产品，进而生产 30 万 t/ 年聚乙烯、30 万 t/ 年聚丙烯产品。该项目实现了焦炉废气的综合利用，既保护了环境又实现了经济效益。

5. 典型的聚氯乙烯升级项目——青海盐湖镁业有限公司金属镁一体化项目

金属镁一体化项目是盐湖集团依托柴达木盆地丰富的矿产资源，以生产氯化钾所产生的大量“废液”老卤为原料，以金属镁为核心、以钠资源利用为副线、以氯气平衡为前提、以煤炭为支撑、以天然气为辅助的项目。该项目生产市场前景好、附加值

高的金属镁、聚丙烯、聚氯乙烯等系列产品。项目总投资数百亿元，全部建成后，可实现年产值400多亿元。采用DMTO技术的甲醇制烯烃装置是盐湖资源综合利用项目的核心，这个目前世界上海拔最高的煤化工项目于2016年11月投料试车一次成功。

三、我国煤制烯烃技术产业化的未来展望

（一）我国煤制烯烃产业布局

考虑到我国贫油、少气、相对富煤的资源结构特点，按照国家规划，煤制烯烃是实现“石油替代”战略的重要途径之一。煤制烯烃项目对煤炭资源、水资源、生态环境、技术、资金等有一定的要求。由于煤制烯烃需要先由煤制得甲醇，再由甲醇进一步转化为烯烃，因此煤制烯烃首先受制于煤资源。在我国，煤炭主要分布于黄河中上游、内蒙古东北和辽宁西部、黑龙江东部、苏鲁豫皖、中原、云南和贵州、新疆七大区域。同时，煤制甲醇过程还需要大量的水资源，而我国煤水资源呈现逆向分布的态势，因此，煤制烯烃主要在煤炭资源丰富并且有水资源的地区内实施，以此带动当地煤化工园区的发展。

随着全球对CO_2排放问题的关注，节能减排越来越受到政府的重视，表1中列出了煤化工各种工艺路线的CO_2排放量。从万元产值的CO_2排放量来看，煤制烯烃在各种煤炭转化路线中占据一定的优势。

表1　各种技术工艺路线下万元产值CO_2排放量一览表[3]

工艺	发电	煤制油（间接法）	煤制甲醇	煤制乙二醇	煤制烯烃
万元产值CO_2排放/t	19.7	15.3	15.8	9.3	11.9

神华包头煤制烯烃装置成功运行后，拟建、在建的煤制烯烃（甲醇制烯烃）装置迅猛发展，并经受住了低油价的考验。2016年中国工程院组织专家赴蒙陕调研。经测算，当国际油价在40～50美元/桶时，煤制烯烃仍能实现盈利，说明煤制烯烃在国际油价40美元/桶能做到盈亏平衡。

中国煤（或甲醇）制烯烃产业已经迅速形成。所有拟建、在建的煤（甲醇）制烯烃装置全部投产后，我国通过煤基甲醇（或天然气基等其他来源的甲醇）制取的乙烯和丙烯年产能将达到2000万t以上。

（二）煤制烯烃产业发展的问题与展望

非石油路线生产烯烃，无论是采用煤炭、天然气转化，还是以生物质为原料转

化，都需要通过甲醇进一步制取烯烃。那么，甲醇来源便成为制约非石油路线烯烃生产的主要问题。

1. 煤基甲醇

煤炭企业多依托其煤炭资源进行就地转化，譬如神华包头的煤制烯烃项目。这样做的优势在于不受上游原料的制约，可将化工联合装置和石化联合装置整合建设，实现石油替代，提高企业抗风险能力；其劣势在于，资源决定厂址，项目的选址受到资源的限制，因此，煤制烯烃项目往往建在我国西部地区。然而，随着我国东南沿海经济的蓬勃发展，尤其是民营企业的日益发展壮大，这些地区对乙烯、丙烯的需求日益旺盛，很多生产精细化学品的中小企业缺乏原料来源，发展受限。

由此可见，需要采取相应的措施解决煤基甲醇严重的产销地域不一致的问题。

2. 焦炉煤气制甲醇

除了通过煤制取甲醇，通过焦炉煤气和天然气生产甲醇也有成熟的技术工艺。在传统的炼焦过程中会产生大量的焦炉煤气，由于目前我国焦化产业只注重焦炭生产而忽略化工产品回收，焦化生产主要的副产品——焦炉煤气大量直接燃烧放散（俗称“点天灯”），每年由此造成的经济损失达数百亿元。事实上，利用焦炉煤气制取甲醇已经有非常成熟的工业化技术了，若能将焦炉煤气制成甲醇，再通过 DMTO 技术生产乙烯、丙烯，并与焦化中产生的苯结合，生产苯乙烯、对二甲苯等化工产品，不仅可以打破焦化行业产业链短、产品单一的传统格局，而且非常符合国家节能减排政策要求，同时有利于资源合理利用，提高企业的盈利能力和抗风险能力。

3. 进口甲醇

中东、非洲和南美洲是甲醇的主要输出地。通过进口甲醇，可以摆脱 DMTO 工厂对煤、水等资源的依赖，通过直接进口甲醇制取烯烃还有利于保护环境，避免甲醇合成中相对高污染的化工过程，同时大量减少甲醇合成过程中的 CO_2 排放。可以通过与国外大型甲醇生产商或供应商建立长期合作关系，确保稳定的供应量，同时建立相应的甲醇储备机制，稳定价格，一方面可以解决烯烃生产原料的来源，另一方面节约了石油和煤炭资源，支持可持续发展，从这个意义上讲，进口甲醇相当于进口原油等能源。

四、DMTO 技术海外市场展望

（一）DMTO 技术走向海外的潜力与优势

“一带一路”倡议有效促进了我国与世界经济体系的深度融合，促进了国民经济的快速发展。近年来，高铁和核能已经逐渐成为我国海外技术推广的两张新名片，而煤化工技术极具成为“一带一路”倡议第三张名片的潜力和基础。DMTO 技术是我们国家具有完全自主知识产权的最先进、最成熟的能源化工技术，其各方面性能指标在国内外同类技术中遥遥领先，其先进性和可靠性已被大量工业应用证明。首先，DMTO 技术的输出，将带动一批设备制造商、工程设计院、工程项目承包商等一起走向海外，从而产生集团效应，拉动相关行业在海外的快速发展。其次，DMTO 技术替代了传统石油裂解路线，开创了煤或天然气制烯烃的新产业链，从而可以利用海外丰富的天然气资源，生产出具有高附加值的烯烃及衍生物，如果其产品再进口到我国，是一种隐形的资源进口。第三，DMTO 技术的海外出口，将有助于我国与“一带一路”沿线国家的全方位合作。以伊朗为例，习近平总书记高度重视发展中伊关系，提出要以“一带一路”为主线，在能源领域开展长期稳定的合作。2016 年 1 月，中伊两国签署一揽子双边合作协议，包括金融、高铁、自由贸易区、能源、科技等多个方面。而 DMTO 项目能够涵盖科技、能源和金融等重要领域，为中伊之间实现全面合作发挥重要作用。

（二）DMTO 技术海外推广现状

随着多套工业装置在国内顺利投产和平稳运行，大连化物所及新兴公司便开始积极拓展海外市场。2017 年新兴公司成功地与沙特基础工业公司签署了 DMTO 技术许可协议。尽管该项目建设地在中国银川，但技术的选用和决策方是世界顶尖级的化工技术和化工产品公司，它为 DMTO 技术走出国门、开拓海外市场打下了良好的基础。

不限于煤制烯烃，DMTO 技术在海外完全可以用天然气（页岩气）为源头制取烯烃。因此，大连化物所不断拓宽渠道，瞄准中东和中亚地区天然气资源丰富廉价的特点，在该地区积极进行技术推广。新兴公司先后两次赴伊朗进行项目实地考察和商务洽谈，用翔实的数据和先进的技术指标让客户相信 DMTO 技术能为他们带来可观的经济效益。此外，俄罗斯、沙特阿拉伯、埃及及中亚、东南亚等国家的相关企业也与大连化物所和新兴公司有过接触，就 DMTO 技术引进事宜进行洽谈。

为了有效开展 DMTO 技术的海外推广，大连化物所及新兴公司与国内工程设计与承包、金融、商贸等大型央企建立了战略合作关系，试图通过“强强联合、优势互补、互利共赢”的方式实现技术、金融、工程承包联合共同走出去的目标。与此同时，中国石化集团炼化工程公司（SEG）利用其与“一带一路”沿线国家的长期合作优势，也在积极推广其甲醇制烯烃技术（SMTO 技术）。但截至目前，大多数潜在项目仍处于前期规划和可行性研究论证中。

总之，煤制烯烃是实现石油替代战略的重要途径之一，我国的煤制烯烃工业装置陆续实现了稳定运行，相关核心技术已经在工业化运行中得到了验证。未来的煤制烯烃项目将主要根据国家产业政策，在煤炭资源丰富并且有水资源的地区内实施，以此带动当地循环经济的发展；对烯烃需求旺盛的东南沿海地区，可以通过焦炉煤气制取甲醇、外购甲醇等方式来解决甲醇原料来源，以此发展烯烃及下游产业。此外，配合“一带一路”倡议，与天然气资源丰富的国家开展合作，通过技术输出、合资建厂等方式、以资源换产品来满足国内对低碳烯烃的不断增长的需求，也不失为一条值得探讨的途径。

参考文献

[1] 韩红梅. 新政下煤化工产业发展现状和趋势. 青岛：2017 中国煤化工产业发展论坛，2017.

[2] 陈俊武，李春年，陈香生. 石油替代综论. 北京：中国石化出版社，2009.

[3] 刘中民，等. 甲醇制烯烃. 北京：科学出版社，2015.

[4] 刘中民，齐越. 甲醇制取低碳烯烃（DMTO）技术的研究开发及工业性试验. 中国科学院院刊，2006，21（5）：406-408.

[5] Tian P，Wei Y X，Ye M，et al. Methanol to olefins（MTO）：From fundamentals to commercialization ACS Catalysis，2015，5（3）：1922-1938.

Commercialization of Methanol to Olefin Technologies

Shen Jianghan [1, 2]，*Du Guoliang* [1, 2]，*Ye Mao* [1]，*Ma Xingmei* [1, 2]，*Liu Zhongmin* [1]

（1. National Laboratory of Methanol to Olefin，Dalian Institute of Chemical Physics，Chinese Academy of Sciences；2. Syn Energy Technology Company Limited）

Coal to olefins via methanol opens an important route for the light olefins production from non-oil resources. In this paper，the recent progress of process development and commercialization of methanol to olefins was first introduced， followed by the discussion about the perspectives of the technology development and market chances. It is shown that the national policy as well as the methanol source would be the key issue for the success of methanol to olefins projects. Producing methanol from flue gas of coal coking process and importing methanol from overseas will provide further opportunities.

4.8 核能技术产业化新进展

叶奇蓁*

（中国核工业集团有限公司）

一、核能技术产业化国际新进展

压水堆是目前最成熟的核电技术，20 世纪末至 21 世纪初各核电大国均根据美国用户要求文件（URD）和欧洲用户要求文件（EUR）研究开发了相应的先进（三代）核电技术，如 EPR，AP1000，VVER1000，APR1400，以及中国的“华龙一号”和 CAP1400。

截至 2018 年，美国有 4 台核电机组在建，采用美国先进压水堆技术 AP1000。美国在核电运行维护策略上取得了非常成功的进展，在过去 15 年内，通过技术改造增加了美国核电厂的利用率，最终在电能输出上获得了很大的提升，相当于 19 台 1000MW_e 核电机组的新建；同时，美国还在进行大量的在役核电机组的运行许可证延长工作。俄罗斯计划到 2020 年装机容量增长 30.5GW，主要依靠俄罗斯本国先进轻水堆。法国正在扩展他们来自阿海珐集团的 1650MW_e 的压水堆技术 EPR。英国根据政府 2006 年年中能源书批注，将通过新建核电以代替本国已老化的核电机组，4 台 1600MW_e 的法国机组（EPR）计划将于 2023 年投入运行。英国的核电发展目标是：到 2030 年新建核电机组将达到 16GW_e（160 000MW_e）。目前，韩国在建 3 台核电机组（APR1400），另外有超过 8 台已下订单。

* 中国工程院院士。

在四代反应堆技术方面，俄罗斯已完成BN-800的钠冷快中子核电站示范工程建设，正在开展BN-1200商用快中子核电站厂的开发和设计；法国正在进行Astrid钠冷快中子核电厂的概念设计；美国依据“下一代核电厂”（NGNP）计划开展高温气冷核电厂的开发，目标是发电/高温供热（或制氢）联产。加速器驱动的次临界系统（ADS）在核废物嬗变上具有明显优势，美国制定并实施了研究核废物嬗变的smart计划，欧洲和俄罗斯亦开展了相应的研究。近年来对熔盐堆的研究日渐增加，各国积极开展熔盐堆的概念设计，法国设计了MSFR，俄罗斯设计了MOSART。

二、核能技术产业化国内新进展

截至2018年3月，中国在运核电机组已达到38台，总发电功率近3700万kW；在建机组19台，总装机容量近2100万kW。预计到2020年中国在运核电厂总装机容量将达到5800万kW，占世界第二位。自秦山核电站一期机组投运20年来，中国核电在运机组安全水平进一步提升，根据国际原子能机构发布的核事件分级表界定，未发生二级及以上运行事件（事故）；运行业绩良好，主要运行指标高于世界平均值，部分指标处于国际前列，核电厂工作人员照射剂量低于国家容许标准，核电厂周围环境辐射水平保持在天然本底范围内，没有对公众造成不良影响。中国核电充分吸收了国际核电发展的经验和教训，并采用当前最先进的技术，遵循最高的安全标准，坚持自主创新，不断改进，并拥有技术先进、实力强大的装备行业，以支撑中国核电建设。可以说，中国核电具有“后发优势”。

中国最早引入和开发三代核电技术，遵循国际最高安全标准，完全满足美国用户要求文件（URD）和欧洲用户要求文件（EUR），堆芯损坏概率（CDF）小于十万分之一，大量放射性释放概率（LRF）小于百万分之一；并率先在三门、海阳建设首批四台AP1000先进压水堆核电厂，同时在台山建设2台EPR1700先进压水堆核电厂。2018年，世界首台AP1000（三门一号机组）和世界首台EPR1700（台山一号机组）均已完成了核燃料装料，进入带核调试阶段。

1. 中国自主研发的三代核电建设进展

中国研发了具有自主知识产权的三代核电“华龙一号”和CAP1400，其中“华龙一号”正在福建福清、广西防城港和巴基斯坦卡拉奇顺利建设，并积极准备进入英国市场。

“华龙一号”。“华龙一号”是在中国具有成熟技术和规模化核电建设及运行的基础上，通过优化和改进，自主设计建设的三代压水堆核电机组[1]。它满足先进压水堆核电厂的标准规范，其主要特点有：①采用标准三环路设计，堆芯由 177 个燃料组件组成，降低堆芯比功率，满足热工安全余量大于 15% 的要求；②采用能动加非能动的安全系统，能动安全系统将高效快速地消除或缓解事故，而非能动安全系统可保障在能动系统全部失效或丧失全部电源时有效应对事故；“华龙一号”设置的非能动安全壳将作为非能动安全系统的“最终热阱”，即使在核电厂失去全部电源并一回路失水时能保障有效地导出余热；③采用双层安全壳，具有抗击大型商用飞机撞击的能力；④设置严重事故缓解设施，包括增设稳压器卸压排放系统、非能动氢气复合装置，以及堆腔淹没系统，保持堆芯熔融物滞留在压力容器内；⑤设置湿式（文丘里）过滤排放系统，以防止安全壳超压；⑥设计基准地面水平加速度为 0.3g，提高核电厂抗地震水平；⑦全数字化仪控系统[2]。

“华龙一号”进展顺利。全球首堆示范工程福建福清核电 5 号机组于 2015 年 5 月 7 日浇灌第一罐混凝土，2017 年 5 月 25 日开始穹顶吊装作业。2017 年 8 月 18 日上午 9 点 30 分，经过 8 个小时的混凝土浇灌，核岛安全厂房完成封顶混凝土浇筑，至此，福清核电 5 号机组安全厂房全部完成封顶，较计划进度稍有提前。2018 年初福清核电 6 号机组亦已完成穹顶吊装。2017 年 11 月首台蒸汽发生器（SG）吊装入位，2017 年 12 月 15 日第二台蒸汽发生器吊装入位，2018 年 1 月 7 日第三台蒸汽发生器吊装入位，2018 年 1 月 15 日主泵泵壳“三胞胎”全部吊装就位，2018 年 1 月 28 日福清核电 5 号机组压力容器吊装入位，2018 年 5 月 16 日稳压器吊装就位，至此，福清核电 5 号机组一回路重型设备全部吊装完成。从 2017 年 12 月 24 日起，5 号机组开始主管道过渡段焊接工作，并开始全面的安装工作，全部建设工作按计划进行，预期 2019 年可开始进行调试，2020 年达到满功率发电。

在巴基斯坦卡拉奇建设的“华龙一号”亦已开始主设备吊装，当地时间 2017 年 9 月 10 日，“华龙一号”海外首堆工程——卡拉奇 2 号核岛首台蒸汽发生器成功吊装就位，标志着“华龙一号”全球首台蒸汽发生器成功吊装就位。本次吊装采用预引入施工方法，在同类核电站中属首次，可显著缩短传统施工主关键路径工期。卡拉奇 2、3 号机组的全部建设工作均按计划顺利进行。

“华龙一号”是中国核电自主创新和集成创新的代表，其装备国产化率可达 85% 以上，反应堆压力容器、蒸汽发生器、堆内构件、主循环泵、稳压器、控制棒驱动机构等核心装备都已实现国产，代表着中国装备制造业的先进水平。“华龙一号”的设备供货厂家，分布在全国各地，涉及 5300 多家，共计 6 万多台套，提高了中国制造的国际竞争力。

CAP1400 开发。与此同时，在国家科技重大专项的支持下，在引进消化基础上开发的 CAP1400，其主要特点有：①加大反应堆堆芯燃料组件装载的容量，以满足热工安全余量大于 15% 的要求，提高核电厂出力达 $1400MW_e$；②加大钢安全壳的尺寸及容积，使外层屏蔽壳具有抗击大型商用飞机撞击的能力；③主循环泵采用 50 周波电源供电，与我国电力标准相符，提高主泵供电的可靠性；④采用非能动安全系统，诸如非能动应急堆芯冷却系统，非能动安全壳冷却系统等；⑤置严重事故缓解设施，包括增设卸压排放系统、自动氢气复合装置，以及堆腔淹没系统，以导出余热，保持堆芯熔融物滞留在压力容器内；⑥模块化设计和施工，缩短工期；⑦全数字化仪控系统；⑧设计基准地面水平加速度为 0.3g，以适应更多的厂址条件[3]。

目前 CAP1400 已完成初步设计，并经过审评。2016 年 2 月通过国家核安全局（现为生态环境部）审评。核电超大锻件、690U 形蒸汽发生器传热管、核级锆材、核级焊材等关键材料均已实现国产化；反应堆压力容器、蒸汽发生器、堆内构件、控制棒驱动机构、锻造主管道、一体化堆顶组件、爆破阀等均已完成研制；示范工程现场已具备浇灌第一罐混凝土条件。

2017 年 9 月，中国工程院、法国国家技术院和法国国家科学研究院联合，在国际原子能机构（International Atomic Energy Agency，IAEA）年会上发表“关于核能未来的联合建议”，表示“第三代 + 核电站是足够安全的，完全满足国际上安全监管机构对新建反应堆的安全要求”，“所采取的措施，能保证安全壳的完整性，从而实现了从设计上实际消除大规模放射性释放的安全目标”，“由于为操作员在事故下干预策略留出了足够的时间采取行动，从而使核电站附近大范围居民无须撤离，也无须担心食物受到污染，只需短时间的隐蔽，不存在长期的环境及生态影响”。

为进一步提高核电安全性，中国和国际上都继续进行提高核电安全性研究，主要有：①保持安全壳完整性，从设计上实际消除大规模放射性释放；②严重事故机理及其预防和缓解（包括严重事故管理导则、极端自然灾害预防管理导则）；③耐事故燃料（ATF）研究；④先进的废物处理和处置技术的开发和应用。

2. 中国四代核电研发进展

2002 年 9 月在东京召开的第四代核反应堆国际论坛（GIF）上美、英、法、日、韩、加拿大、巴西、瑞士、阿根廷、南非等十国同意开发六种第四代反应堆概念，包括钠冷快中子反应堆（SFR）、超高温气冷反应堆（VHTR）、超临界水冷反应堆（SCWR）、铅铋合金冷却快中子反应堆（LFR）、熔盐反应堆（MSR）、气冷快中子反应堆（GFR）。随后中国亦加入了第四代核反应堆国际论坛。

高温气冷堆。高温气冷堆采用全陶瓷型包覆颗粒燃料元件，以石墨为慢化剂和堆芯结构材料，以氦气为冷却剂。在 10MW 高温气冷实验堆（HTR-10）基础上和国家重大科技专项的支持下，在山东荣成建设高温气冷堆示范工程 HTR-PM，以二台模块化高温气冷堆（总热功率 250MW）带动一台汽轮发动机，电功率 210MW$_e$。氦气进出口温度为 259 ～ 750℃。土建施工和除二台蒸汽发生器外全部主设备已安装就位，二台蒸汽发生器于 2018 年 8 月和 11 月交货，年底可安装就位[4]。

HTR-PM 的设计已全部完成，关键技术和关键设备的设计验证工作已基本完成，包括主氦风机、蒸汽发生器换热组件、燃料装卸料机、数字化控制保护系统等。

中核北方核燃料元件公司建成一条完整的达到工业化规模的高温气冷堆燃料元件生产线，2016 年 3 月完成调试并投入生产，到 2018 年 5 月已有 53 万个燃料球成功下线。

示范工程各主要厂房均已封顶，压力容器顶盖已顺利吊装就位，220kV 倒送电完成，主控制室已投入使用，预计 2019 年将进行装料、临界试验、提升功率和运行试验。示范工程建设成功标志着具有四代特征的高温气冷堆技术和产业化应用走到了世界前列。

为实现第四代超高温气冷堆（VHTR）的建设目标，中国还将在第二阶段开展高温制氢、氦气轮机的研发。

钠冷快中子堆。钠冷快中子堆发展的最基本逻辑还是着眼于铀资源的高效利用。快堆的嬗变功能得到深入研究，理论上快堆嬗变具有很强的优势，对热堆的嬗变支持比大于 5。因此，在 2000 年提出的第四代核能系统的定义中，将“可持续性”分为核燃料有效利用和核废物最小化两个方面进行表述。

钠冷快中子堆的开发一般分三个阶段，即实验快堆、示范快堆和商用快堆。中国 65MW$_t$ 实验快堆（CEFR）于 2010 年首次临界，2014 年实现了满功率运行。2017 年中国开始 600MW$_e$ 示范快堆（CFR600）的建设，计划 2025 年前建成。同时中国也提出了 CFR1000 的大型商用增殖快堆方案。

在技术方面，快堆主要在堆芯负反馈设计方面做工作，包括设置燃料元件上部的钠腔，或者燃料段中间增加贫铀段，增加中子泄漏，使得钠空泡反应性反馈整体为零或负值；在非能动停堆系统方面，正在开展水力浮动控制棒和居里点控制棒的研究；在事故余热导出方面，放置于主容器内和堆坑的非能动系统是主要发展方向；在蒸汽动力转换方面，为了避免钠水反应，超临界 CO_2 系统和氮气布雷顿系统得以发展，另外也有一些蒸汽发生器的双层管设计；在经济性方面，主要是通过开发大型蒸汽发生器，简化系统设计，缩小厂房规模，降低单位功率的造价等。此外，在 GIF 框架下，相关成员国开展了快堆中的嬗变研究、在役检查技术研究等；在燃料方面，除了应用最广的 MOX 燃料外，金属燃料、碳化物燃料和氮化物燃料等先进燃料也得到不同程度的研发，并考虑与干法后处理的匹配。

中国钠冷快中子堆在实验快堆的基础上进行优化改进，并将功率提升到 $600MW_e$。相关的设计验证试验正在进行，关键设备正在研制，现场已开始土建施工。

加速器驱动先进核能系统（ADANES）。ADANES 包括加速器驱动燃烧器（ADS）和加速器驱动乏燃料再生循环系统（ADRUF）两大部分，集燃料增殖、废料嬗变和能量生产为一体，可实现可裂变材料（铀、钚等）理想的闭式循环。ADS 利用加速器加速的高能质子与重靶核发生散裂反应，用散裂反应产生的中子作为中子源来驱动次临界反应堆系统，使次临界反应堆系统维持链式反应，以便得到能量和利用多余的中子增殖核材料和嬗变核废物。ADS 被公认为是解决大量放射性废物、降低深埋储藏风险的最具潜力的工具。ADRUF 主要包括乏燃料后处理、再生燃料制备等环节。

ADANES 系统的研发分 4 个阶段实施：①原理研究及关键技术攻关阶段（2011 ～ 2017 年），由中国科学院战略性先导科技专项“未来先进核裂变能——ADS 嬗变系统”支持，初步证明 ADANES 物理原理的可行性，关键技术实现突破；② ADANES 系统集成及规模验证阶段（2017 ～ 2023 年），ADANES 燃烧器原理验证装置——“加速器驱动嬗变研究装置”（CiADS）已获“十二五”国家重大科技基础设施项目支持；同时将开展 ADANES 燃料循环再生利用原理验证装置 ADRUF 的研发；③ ADANES 示范工程阶段（2023 ～ 2030 年），力争国家重大项目支持；④ ADANES 系统工业应用阶段（2030 年～），以企业为主导。

目前，经过中国科学院战略性先导科技专项“未来先进核裂变能——ADS 嬗变系统”的支持，我国已在超导质子直线加速器、重金属散裂靶、次临界反应堆及核能材料等研究方面取得了重要进展和突破，一些关键技术达到国际领先或先进水平：建成国际首台 ADS 超导质子直线加速器示范样机，能量突破 25MeV，成为国际同行开展合作的研究平台；原创性地提出颗粒流散裂靶概念，完成分项关键技术验证并建成国际首台颗粒流散裂靶原理样机；完成国际首台 ADS 研究专用铅基临界 / 次临界双模式运行零功率装置建设；发展了铅基堆设计理论与方法体系，掌握了冷却剂、专用部件和设备、结构材料与核燃料、堆运行与控制等关键技术，液态铅基实验装置累计运行时间已超过 3 万小时；建成了规模最大、功能与性能参数国际领先的实验装置群，包括铅基堆中子物理实验装置 CLEAR-0、铅基堆工程技术集成实验装置 CLEAR-S、铅基数字仿真反应堆 CLEAR-V 三座“实验反应堆”工程验证平台；建成超算、低温、超导、放化、材料、核数据等支撑和测试平台。总体来说，我国 ADS 研究已经从基础研究阶段向 ADS 集成装置建设工程实施阶段开始过渡，处于国际领先地位[5]。

同时，国家重大科技基础设施 CiADS 的初步设计方案已通过专家评审，2018 年将开工建设。通过 CiADS 的建成与运行，将从整机集成的层面上掌握 ADS 各项重大关键技术及系统集成和调试经验，为 ADS 示范装置的建设与 ADANES 系统的研发奠定基础。

钍基熔盐堆。钍基熔盐堆是中国科学院启动的“未来先进核裂变能”战略性先导科技专项两大部署内容之一，液态钍基熔盐堆的基本结构包括堆本体、回路系统、换热器、燃料盐后处理系统、发电系统及其他辅助设备等。含有钍的燃料熔盐为 LiF − BeF_2 − ZrF_4 − UF_4，其摩尔比例为 65.31% − 28.67% − 4.78% − 1.24%，其中 Li_7 高于 99.95at%，U-235 富集度为 19.75wt%，以高于 500℃的堆芯入口温度，流入经优化设计的堆芯达到临界，燃料熔盐在堆芯处发生裂变反应释放热量。回路系统中的一回路带出堆芯热能，二回路以 LiF − BeF_2 作为冷却剂，将一回路熔盐热量传递给三回路——氦气回路，推动氦气轮机做功发电。对于被核辐射照射过的液态燃料盐，燃料盐后处理系统会对其进行回收和循环利用。

TMSR 专项（thorium molten salt reactor nuclear energy system）兼顾科学研究、技术开发和工程建设，从实验堆工程建设开始，采用分步放大规模的路线，最终实现产业化。目前已完成 $2MW_t$ 钍基熔盐堆（TMSR − LF1）的设计，熔盐制备和耐熔盐腐蚀材料的研制。实验堆工程及试验基地的建设即将启动。

三、我国核能技术产业化的未来展望

为实现减排目标、改善能源结构，中国有必要规模化地发展核电。自主开发的“华龙一号”和 CAP1400 具有足够的安全性，满足国际最高安全标准的要求，是我国核电建设的主力军。同时，为不断提高核电安全性和技术水平还必须继续研究新的技术，特别是耐事故燃料和与安全有关的各种新技术。

第四代钠冷快堆和超高温气冷堆，是支撑下一步核电能源发展、提供电力或热电联产及规模化制氢的最有前景的反应堆。

“未来先进核裂变能”战略性先导科技专项的研发，对增殖核材料和嬗变核废物，以及钍资源的利用具有战略意义，必须以创新的思维进行开发，以占领未来科技的制高点。

参考文献

[1] 叶奇蓁 . 坚持自主创新，开创核电发展新时代 . 中国核电，2018，(1)：5-10.
[2] 邢继，宋代勇，吴宇翔 . HPR1000：具备能动与非能动安全性的先进压水堆 . 工程，2016，

2（1）：79-87.

[3] 郑明光，严锦泉，申屠军，等.CAP1400的总体设计和技术创新.工程，2016，2（1）：97-102.

[4] 张作义.山东石岛湾200MW_e高温气冷堆核电站示范工程（HTR-PM）的工程和技术创新.工程，2016，2（1）：112-118.

[5] 吴宜灿.中国ADS铅基研究反应堆设计与研发进展.工程，2016，2（1）：124-131.

Commercialization of Nuclear Power Technology

Ye Qizhen

（China National Nuclear Corporation）

Pressurized water reactor nuclear power plant is currently the most mature nuclear power technology in the world. After the Chernobyl and Fukushima nuclear accident, the major nuclear power countries have studied and developed the third generation nuclear power plants.The first EPR and AP1000 nuclear power plants will complete the construction in China.China developed third generation nuclear power plant "Hualong No. 1" is constructed smoothly both as domestic and abroad.With the completion of the first unit, the third generation nuclear power will have a large scale development.

The fourth generation nuclear power has attracted wide attention due to its inherent safety, nuclear fuel breed, the high efficiency of power generation and hydrogen production, the transmutation of nuclear waste and the utilization of thorium resources. All countries are conducting research and exploration, which can be expected to be attractive result in the future.

4.9 风电技术产业化新进展

许洪华[1] 胡书举[2] 马 蕊[2]

（1. 北京科诺伟业科技股份有限公司；2. 中国科学院电工研究所）

一、风电技术产业化国际进展

全球风电市场近年来持续增长，根据全球风能理事会（GWEC）统计，2014 年底全球累计风电装机容量为 3.69 亿 kW，2017 年底累计装机容量增加到 5.40 亿 kW[1]。巨大市场需求推动风电科技不断创新，呈现出大型化、智能化、高效化、高可靠性发展趋势，全球风电机组平均单机容量在 2017 年首次突破 2.5MW。低风速、复杂地形及海上风电技术研究和应用成为新热点，风电开发利用经济性显著提升。

国际上非常重视风电应用基础研究，利用现代风资源探测手段，研究 100m 高度以上湍流风特性以及中、小、微多模式尺度的风资源与尾流数值模拟方法。美国、欧盟先后启动了 Atmosphere to Electrons（A2e）、New European Wind Atlas（NEWA）等大型研究计划，以重新认识风特性，改进数值模拟技术，为降低技术风险、高效利用风能资源提供了有力支撑。

装备技术方面，随着海上风电兴起，大容量海上风电机组研发成为重要发展趋势，近年来，海上风电项目新装机组均为 6MW 及以上机型。风电机组继续朝着大型化发展，维斯塔斯（Vestas）风轮直径 164m 的中速型机组已从 7MW 提升到 9.5MW，西门子（Siemens）直驱型机组也从样机时的 6MW 升级到 8MW，且均已并网运行；Adwen 8MW、美国通用电气公司（GE）6MW 机组已有样机投运。欧美多家企业已开始 10 ～ 12MW 风电机组的设计和研发工作；欧盟启动的 INNWIND.EU 项目计划开发 10 ～ 20MW 机组，系统开展基础和关键技术系统性研究，以进一步降低海上风电的度电成本。针对叶片、齿轮箱、变流器等大容量风电机组关键部件，也广泛开展以高可靠性和低成本为目标的技术攻关。

风电场开发方面，陆上风电场应用环境更加多元化，在丘陵、山区等复杂地形和低温、低风速和高海拔等特殊环境的应用越来越多。海上风电方面，根据 GWEC 统计，2017 年全球海上风电累计装机达到 1881 万 kW[1]。欧洲海上风电开发起步早、规模大、技术先进，目前全球海上风电装机中欧洲所占比例超过 80%，其海上风电逐步从近海向深远海发展，海上风电场建设规模不断提升，离岸距离、水深不断增大；其海上机组支撑结构技术处于领先地位，固定式支撑结构技术成熟，漂浮式支撑结构已完成全尺寸模型试验和部分样机建设，并逐步商业化。随着互联网、大数据、人工智能技术热潮来临，近年来风电场运维技术不断革新，继续沿智能化、信息化方向发展。GE 推出“数字化风场”技术，其中利用大数据建立尾流模型以优化机组运行技术可提升风电场出力 2% ～ 5%；Vestas 通过智能数据预测机组部件故障，优化其全球风电场的运维。

公共试验设施方面一直得到风电强国高度重视，知名风电研究机构多建有国家级大功率风电叶片、传动链全尺寸地面研究试验、野外试验测试风电场等设施，且不断向更大容量发展。其中，荷兰、丹麦、英国等已建有 100m 级叶片结构力学测试系统，美国、英国建设的传动链全尺寸地面测试系统功率等级高达 15MW[2]。欧洲在海上风电机组现场测试技术方面处于领先地位，德国风能研究所（DEWI）早在 2003 年就已开展了海上风电机组试验技术相关研究工作，英国海上可再生能源推进中心（ORE Catapult）已建成海上风电试验平台，积累了大量试验数据。

二、风电技术产业化国内进展

我国风电产业近年来实现了跨越式发展，在科技规划、产业政策的驱动下，我国风能技术实现了从陆上到海上、从小型化到大型化的发展，在风电场开发、整机设计制造、关键部件、风电场运维及标准、检测和认证体系方面进行了全面部署研究并取得了重大技术突破，建立了完备的研发体系，实现了主要装备国产化和产业化，从无到有形成了全产业链体系。根据中国可再生能源学会风能专业委员会统计，2014 年底我国风电累计装机容量为 1.15 亿 kW，2017 年增加到 1.88 亿 kW，4 年间平均增长率为 21.16%，远高于全球风电年平均增长率，年均增长率连续多年位居世界首位[3]。风电机组同样呈现出大型化发展趋势，截至 2017 年底，我国风电机组平均单机功率为 1.7MW，同比增长 2.6%，2017 年新增风电机组中，2 ～ 3MW（不包括 3MW）新增装机占比达到 85%，相比于 2016 年，增长了 11%；1.5MW 机组市场份额由 2016 年的 11% 下降至 6.2%[3]。

基础研究方面，我国开展了风能资源普查，建立了可用于风电场宏观选址的数值模拟系统，但数据主要用于资源评估结果验证，未针对机组和风电场设计开展风特性研究。风资源特性研究方面与国外差距明显，虽已具备风资源现代化探测能力，能深入开展地面到几百米高度范围多尺度湍流风特性研究，但针对风特性认识主要源于 20 世纪 60 ～ 70 年代建立的经典相似理论。国外利用现代技术取得的研究成果不能满足我国各种复杂地形、风况下机组和风电场设计要求。目前国内没有自主研发的风资源数值模拟系统，只能采用欧洲商业软件，对我国风电场设计水平的提升产生了较大影响。

装备技术研究方面，1.5 ～ 3MW 机组已批量生产应用，产业链基本成熟，但性能和可靠性仍需提升；大容量海上机组已实现并网运行，叶片、齿轮箱、发电机、电控系统等主要部件均实现国产化和产业化，3.6 ～ 5MW 机组已批量生产并在海上运行。机组整机向自主设计发展，“十二五”期间国家高技术研究发展计划（863 计划）安排了 10MW 大容量海上风电机组的前期研究工作。深水固定式支撑结构技术研究初具成效，但尚未大规模应用；漂浮式支撑结构技术进行以理论研究为主的初步研究。5MW 及以上风电机组与国外差距较大，在机组设计、制造技术方面均落后。海上风电支撑结构技术研究紧跟国际，但与海上风电发达国家相比，深水固定式支撑结构技术有一定差距，漂浮式支撑结构技术差距巨大。

陆上风电场已积累丰富的设计和建设经验，已建成并规划了多个千万千瓦风电机组，东南部分散式风电开始加快发展，但复杂地形下风电场精细化设计及智能化、信息化运维技术与国外存在较大差距。海上风电开始加快发展，2017 年我国海上风电开发取得突破性进展，累计装机容量达到 279 万 kW，但开发、建设和运维经验仍然不足，整体技术水平落后于欧洲。

共性试验设施方面，与国外有较大差距。已建有 70m 级风电叶片试验测试系统，部分掌握了相关测试技术；开展了 10MW 以上风电机组传动链地面试验技术及海上风电机组现场测试技术研究，但缺少 10MW 以上风电机组传动链全尺寸地面公共试验系统，未掌握多自由度加载等测试技术和相关装置技术，且未建立长期运行的海上测试技术实证基地，未开展机组在线状态监测、复杂环境下的整机结构响应规律等测试技术研究。

三、风电技术产业化发展趋势及未来展望

未来全球风电产业还将保持快速发展的态势。根据 GWEC 发布的《2016 年全球风电发展展望报告》，在稳健发展情景下，预计 2020 年全球累计风电装机容量将达到 8 亿 kW，2030 年累计装机容量达到 16.76 亿 kW，2050 年累计装机容量达到 39.84 亿 kW[4]。

我国风电开发规模同样将继续保持增长的态势，未来风电开发市场潜力巨大。根据国家能源局发布的《风电发展“十三五”规划》，到 2020 年底，我国风电累计并网装机容量确保达到 2.1 亿 kW 以上；其中海上风电并网装机容量达到 500 万 kW 以上，

海上风电开工建设规模达到1000万kW；风电年发电量确保达到4200亿kW·h，约占全国总发电量的6%。根据国家发展和改革委员会能源研究所发布的《中国风电发展路线图2050》，在基本情景下，预计到2030年，我国风电装机容量将达到4亿kW；到2050年，我国风电装机容量将达到10亿kW，满足17%的国内电力需求[5]。

加速开展风电技术创新，重点布局关键核心技术研发，进一步提升陆上风电开发相关技术水平，完善低风速、海上、重点区域开发技术，探索面向未来风电开发的新型风电技术，对于不断提升我国风电开发利用水平，有效支撑风电产业快速健康发展，逐步向风电技术强国迈进具有重大意义。

基础研究方面，当前大型风电机组对风资源利用的高度已突破了经典近地层湍流理论的适用范围（100m左右），需要重新认识机组运行高度范围（300m）内的风资源特性；风电场建立在非定常和具有各向异性的真实大气中，定常、均匀来流下的尾流计算流体力学模型尤其不适用于我国的复杂地形，需要发展中、小、微多模式尺度耦合的非定常、各向异性湍流风场数值模式及系统软件；通过开展风电机组和风电场设计应用示范，为最终制定国家标准和大规模推广应用奠定基础。

装备研发方面，目前我国海上风电已进入批量开发阶段，但国内整机企业只能提供3～5MW海上风电机组；6～7MW机组仅有样机，但尚未批量生产，而国外同类机型已成主流，迫切需要开展6～7MW海上风电机组产业化技术研究和应用，同时海上风电开发对机组可靠性的要求也迫切需要研发先进制造技术，满足海上风电场的建设需要。更进一步，国外海上风电机组已进入10MW容量等级，我国未来的海上风电开发同样需要新一代更大型的风电机组作为技术和产业储备，在“十二五”前期研究的基础上进行10MW级大型海上风电机组及关键部件研制，对全面提升我国大容量风电机组设计、制造等技术研发能力和水平，具有非常重要的意义。

风电场开发方面，针对陆上和海上风电开发特点，利用物联网、云计算、大数据等先进信息技术，探索新型风电场设计、运维、管理等技术，有效提升风电场运行效率，降低风电开发成本和风险。开展新一代智慧风电场设计与智能运维关键技术研究及应用，可以有力支撑我国大规模风电开发水平及利用效率的提升。海上风电场开发上，将逐步向水深大于30m的较深海域发展，急需研究成本低、安全性高、耐久性好的海上风电深水固定式和飘浮式基础结构及成套施工技术装备，以期大幅度提高我国深海风电工程建设和长期运行的安全性及经济性，为未来大规模海上风电开发的重大需求奠定基础。

公共试验设施方面，我国尚没有与产业规模和技术研究发展需求相匹配的大型海上风电机组试验测试系统和海上实证测试基地，未掌握相关测试技术。迫切需要建立国家级公共研究测试平台，包含 120m 级叶片、传动链全尺寸地面测试系统和海上测试基地，开展测试技术研究，为海上风电开发所需的高可靠性大型风电机组及关键部件的技术研究和验证提供必要的基础支撑条件。

四、对我国风电技术发展和产业化的相关建议

未来我国风电产业必须不断提高自主创新能力，加强产业支撑和服务体系建议，不断提升产业发展质量，具体建议如下。

（1）加强国家政策引导、组织领导和统筹协调机制。

围绕风电发展战略目标，完善顶层设计和协调机制，强化科技部在计划目标和任务中的决策与宏观管理职能，充分发挥部门和地方的作用。集中组织资金和技术力量，强化关键核心技术研究与开发。

（2）加大科技投入力度，建立多元科技投入渠道。

进一步加大资金投入力度，建立稳定的科技投入机制，合理配置资源，采取适当的鼓励或税收政策，鼓励社会力量及民间资本特别是能源企业的投入，开辟多元化科技投入渠道。

（3）加强公共研发及示范基地建设。

整合我国现有科技研发资源，统一部署，形成合力，建设国家级风电技术研发基地和基础数据信息共享中心，完善公共服务和支撑体系，为技术创新和成套设备的研发提供条件。

（4）强化人才队伍建设及国际交流合作。

结合风电科技多学科交叉的特点，将人才队伍建设与学科建设和创新体系建设紧密结合，形成完善的人才培养体系和选拔机制，吸纳全球风电优秀人才充实队伍。及时把握世界风力发电科技发展的新动向、新趋势，充分利用全球技术资源，加强国际交流与合作。

（5）发挥重视企业的参与和主导作用。

对具备一定研发基础和创新能力的企业进行重点扶持，鼓励企业自主创新，鼓励新技术向企业的注入，建立我国风力发电领域自主创新技术通向规模化、市场化应用的机制。

（6）加强标准、检测和认证体系建设，健全法律法规。

积极探索和创新工作机制，进一步完善标准、检测和认证的协调机制。加强相关专业标准化技术委员会、检测机构和认证中心间的联络机制建设，加强与相关行业主管部门和协会的沟通与合作。

参考文献

[1] Global Wind Energy Council. Global Wind Statistics 2017. Brussels，Belgium：GWEC，2018.

[2] SCE&G Energy Innovation Center. Wind turbine test beds：15 MW test rig，7.5 MW test rig. http://clemsonenergy.com/wind-turbine-test-beds/[2018-06-25].

[3] 中国可再生能源学会风能专业委员会，中国农业机械工业协会风力机械分会，国家可再生能源中心．2017 年中国风电装机容量统计简报．http://www.cnrec.org.cn/cbw/fn/2018-04-03-538.html[2018-06-25].

[4] GWEC. Global Wind Energy Outlook 2016. http://www.gwec.net/publications/global-wind-energy-outlook/global-wind-energy-outlook-2016/[2017-10-25].

[5] 王仲颖，时璟丽，赵勇强．中国风电发展路线图 2050（2014 版）．国家发展和改革委员会能源研究所，2014.

Commercialization of Wind Power Technology

Xu Honghua[1]，*Hu Shuju*[2]，*Ma Rui*[2]

（1. Beijing Corona Science & Technology Company Limited；2. Institute of Electrical Engineering，Chinese Academy of Sciences）

Wind power generation is one of the most widely used and mature renewable energy generation methods. The development of wind power has become the core content of energy transformation and an important way to cope with the climate change in many countries. The development of wind power industry at home and abroad since 2014 is explained，and the latest technology progress is analyzed from the aspects of basic research，key equipment，wind farm development and public test facilities. The development trend of wind power industry and technology in the future is prospected，and suggestions on policies and supporting measures for wind power development in China are put forward. In the future，China's wind power industry must constantly improve its capability of independent innovation，improve the quality of industrial development，and realize the great progress of a large wind power country to a strong country.

4.10 先进储能电池产业化新进展

黄学杰

（中国科学院物理研究所）

当今社会在经济和科技不断快速发展的同时，能源消耗过大导致能源枯竭与环境污染等问题日益凸显，需要摆脱以石油、煤炭为主体的传统化石能源，发展新能源。储能技术是发展新能源和智能电网的重要支撑技术，储能技术已被视为电力系统运行过程中“采—发—输—配—用—储”六大环节中的重要组成部分。储能技术的应用可提高电网对可再生能源的接纳能力，提高电力设备的利用率、供电可靠性和电网安全性，催生新能源、电动汽车、智能电网、新材料等相关的战略性新兴产业的发展[1, 2]。目前世界各国都在大力发展储能技术。储能可分为物理储能和化学储能两大类。物理储能包括抽水蓄能、压缩空气储能、飞轮储能、超导储能及相变储能；化学储能包括电容器储能和二次电池（铅酸电池、镍镉电池、镍氢电池、锂离子电池、钠硫电池和液流电池等）储能[3]。

一、国际先进储能电池产业化新进展

截止到 2017 年底，全球累计投运储能项目 175.7GW，抽水蓄能装机规模占比 95.4%，化学储能次之，占比 2.1%，规模达 3620.4MW。化学储能以锂离子电池为主，规模达到 2708.9MW，占化学储能装机规模的 74.8%。全球化学储能装机规模保持快速增长，2015 年、2016 年和 2017 年复合增长率均在 50% 以上，2017 年新投运项目中，化学储能占比提升到 17.2%，锂离子电池装机规模更是占到化学储能新增项目的 92.5%，达到 1149.4MW，步入 GW 时代[4]。

与其他传统蓄电池相比，锂离子电池具有最高的比能量，电池系统比能量达到 100Wh/kg 以上，大电流放电能力强，循环寿命长，储能效率可以达到 90% 以上。曾经一度制约锂离子电池在大型动力和储能电池领域的应用的因素（如耐过充 / 过放电性能差，组合及保护电路复杂，成本相对于传统蓄电池偏高等），随着因新能源汽车的快速发展带来的锂离子电池技术的快速进步和产业链的完善而消除。锂离子电池在电能质量调节、分布式储能方面的应用越来越多，用于大规模电力储能亦已显示出其经济性。

锂离子电池采用可嵌入锂的材料作负极，含锂的化合物作正极，聚丙烯 / 聚乙烯多孔膜作隔离层，锂盐溶于有机溶剂作电解液的锂二次电池。正极材料、负极材料、隔膜和电解液构成锂离子电池的四种关键材料。锂离子电池成本和性能与电极材料密切相关。锂离子电池以含锂的化合物作正极，如钴酸锂（$LiCoO_2$）、锰酸锂（$LiMn_2O_4$）、三元材料（$LiNixCoyMn_1$-x-yO_2）和磷酸铁锂（$LiFePO_4$）等，负极采用锂 - 碳层间化合物，主要有石墨、软碳、硬碳、钛酸锂等。钴酸锂电池由于材料价格昂贵、安全性差但能量密度最高仅用于移动电子终端产品。锰酸锂电池有低成本、高安全的优势，高温循环寿命差可以通过材料改性来解决，但会进一步降低电池比能量，因此，一般用于需要极低成本电池的轻型电动车、电动工具等。三元材料比能量高、成本适中，安全性和寿命也适中，可单独或者混合一部分改性锰酸锂混合应用于电动乘用车。磷酸铁锂电池安全性好、寿命长、原材料来源广泛，但因比能量比三元材料电池低一些，主要应用于商用车辆和储能应用。主要是基于比能量和成本的考虑，目前商用的锂离子电池一般采用石墨作为负极材料，钛酸锂负极电池虽然具有高安全性、超长寿命和可快速充电的优点，但因为比能量低和成本太高无法获得大面积的市场认可，成为小众产品。目前市场上的锂离子电池百分之百地加注了液体电解液，固体电解质电池仍处于研发之中。

日本最早实现锂离子电池产业化，在材料、装备和电池技术方面均居于领先地位，松下电器、日本电气股份有限公司（NEC）的三元材料电池大规模应用于电动车辆，松下电器是特斯拉汽车的电池供应商和电池技术提供者，NEC 电池驱动超过 30 万辆日产 Leaf 电动汽车全球运行，索尼（村田）的钴酸锂电池用于高端电子产品，而磷酸铁锂电池专用于储能。日本的固态电池研发水平也居于国际领先地位。韩国在动力和储能锂离子电池领域以三元材料电池为主，有 LG 化学、三星 SDI 和 SK Innovation 三大公司，LG 汽车是 30 余万辆通用雪佛兰 Volt 和 Bolt 的电池供应商，也为大众、日产等汽车商供应电池，宝马、克莱斯勒、菲亚特 500e 等都采用了三星 SDI 的电池，SK 电池为德国奔驰和中国北汽等供应电池。韩国三家企业均在全球针对储能市场的应用需求推出系列储能电池产品，特别是三星占据调频储能市场第一的位置。美国特斯拉汽车在内华达州投资了 50 亿美元的超级锂离子电池工厂，生产高镍三元电池，也准备在中国建厂。除电动汽车应用外，特斯拉推出了 Powerwall 单元式储能产品和集装箱式储能电站产品，2017 年底在澳大利亚建成了全球最大的百兆瓦级锂离子电池储能系统。欧盟过去 5 年的锂电研发经费超过 20 亿欧元，重点研究下一代充电电池。日本、韩国在英国、波兰、匈牙利均建设了锂离子电池生产基地。

二、我国先进储能电池产业化新进展

我国的锂离子电池研究项目一直是科技部的重点研发项目，经过20多年的持续支持，大部分材料实现了国产化，由追赶期开始向同步发展期过渡（图1），本土总产能居世界第一，不仅移动电子设备用锂离子电池已形成国际市场竞争力，动力电池支撑了新能源汽车的示范推广，储能电池已批量应用于示范项目。

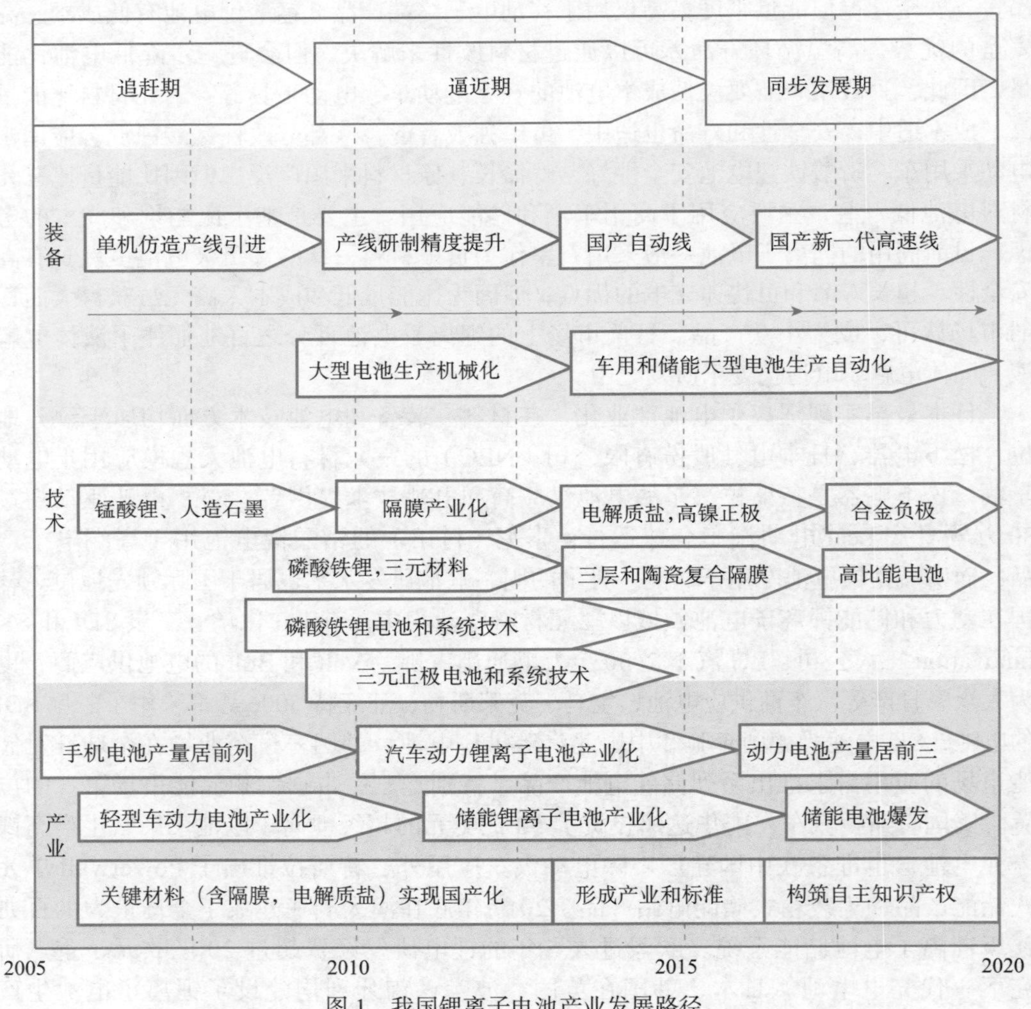

图1　我国锂离子电池产业发展路径

我国锂离子电池生产企业众多，在国家新能源汽车产业政策的推动下，以比亚迪、宁德时代等企业为代表的中国企业积极投入磷酸铁锂和三元材料电池的生产，生产规模进入国际前列，支持了我国新能源汽车的发展，也开始进入国际供应链并在储能电池领域显示出性价比的优势。2017 年，我国新能源汽车销量再创新高，动力电池产销量超过 30GW·h，电池系统的比能量明显提升。随着 2018 年补贴政策的调整，预期电池系统比能量将进一步提升，近期系统比能量大于 160Wh/kg 的轿车动力电池和系统比能量大于 150Wh/kg 的客车动力电池将进入应用，性能已基本满足电动车辆发展的需求。所谓的“磷酸铁锂和三元正极之争”也有了一个初步答案，轿车动力电池一般倾向于使用三元正极材料，主要是高比能量的电池对私家轿车更有吸引力；客车等商用车动力电池一般倾向于使用磷酸铁锂为正极材料，因为对于商用车而言，磷酸铁锂电池的高安全和长寿命特性更具有吸引力。随着产业规模的扩大，电池系统的价格会进一步下降，预期 2020 年底将达成系统价格低于 1 元 /（W·h）的目标，届时纯电动车辆不依赖于补贴即可比燃油车更具有经济性。

大规模储能对锂离子电池的安全性、寿命和成本提出更高的要求，中国在磷酸铁锂电池产业链形成的独特优势将发挥巨大的作用。磷酸铁锂电池具有高安全性与其材料的基本特性有关。锂离子电池的负极是碳材料，电池充电后负极嵌入锂就更加易燃，电解液是有机的溶剂，属于可燃材料，隔膜是塑料，也是易燃材料，就是说电池内部大部分材料是易燃物质，包括铝、铜箔集流体。虽然密封的电池内充满易燃物质，但如果只有还原剂，没有氧化剂，是无法燃烧的。充电态的正极材料在一定条件下可成为氧化剂，钴酸锂、三元材料等脱锂后过渡金属元素价态升高，成了氧化剂，电池充电后氧化剂与还原剂同在，隔离正负极的是厚度为几微米到几十微米厚的隔离膜，一旦电池发生内外损伤导致电池升温到几百度时就会出问题。磷酸铁锂电池充电后正极形成的磷酸铁在高温下也是氧化剂，但稳定性要高得多，电池可以耐受更高的温度，因此磷酸铁锂电池更安全一些。

电池结构选择影响电池的安全性。电池结构很多种，圆柱的成本最低，先卷绕再叠片的次之，叠片的高一点。叠片电池会适当提升成本，但对材料适应性、电池的寿命和安全性均有利，因为平板电极在电池充放电过程中受力均衡，不易损伤。广州中国科学院工业技术研究院锂离子动力电池工艺技术平台开发出了新型的激光切片和叠片工艺，基于叠片结构的电池自动化制造效率得以提升。

目前磷酸铁锂电池单体比能量已达到 180W·h/kg。磷酸铁锂电池储能系统（图 2）的能量密度比三元正极材料电池系统高出 40% 以上，服务寿命大于 10 年。

图 2　磷酸铁锂电池储能系统（江西恒动新能源有限公司研制）

三、先进储能电池产业化发展趋势及未来展望

目前，锂离子电池行业已经发生或正在发生结构上的重大调整。伴随着材料、工艺和装备向重大技术革新的方向发展，用于小型电池的电极制备工艺逐渐被高效、低能耗和污染小的新工艺、新技术所取代，大容量电池的散热和高功率输入 / 输出要求电芯设计发生改变，这就要求相应的材料制备技术、电池制造技术等工艺和装备不断地创新和深入发展。大规模的产业发展对资源和环境也造成了挑战，需要发展电池回收处理技术，实现材料的循环使用。智能制造和绿色制造是重点。锂离子电池制造的未来朝着“三高三化”的方向发展，即“高品质、高效、高稳定性”和“信息化、无人化、可视化”。锂离子电池的制造就是针对锂离子动力及储能电池制造行业产品的高安全性、高一致性、高制造效率和低成本的要求，应用智能部件关键技术、对锂离子动力及储能电池制造的浆料装备，极片制备、芯包制备、电芯装配、干燥注液，化成分容，电池 PACK 的过程实现“三高三化”应用，建立数字化锂离子电池制造车间，包括在制造过程引进制造参数，制造质量的在线检测智能部件，机器人自动化组装，智能化物流与仓储，信息化生产管理及决策系统实现动力蓄电池制造的智能化生产，确保锂离子动力及储能电池产品的高安全性、高一致性、高合格率、高效率和低制造成本。环境的可持续发展是人类自身发展的必要条件，全社会的普遍认知和需求已经对锂离子电池提出了更高的品质要求。这些要求不仅仅是传统的节能性、可靠性

和安全性的概念，而且要围绕产品的绿色环保、节能低碳、小型化及更加安全、更低成本等特点，更加显著地突出产品的社会环保效益。适用于磷酸铁锂电池的双水性浆料涂布技术已经成熟，摆脱了N-甲基-2-吡咯烷酮的极片生产工艺是锂离子电池绿色制造的重大进展。

发展商用化的锂离子电池储能系统，下一步技术研发重点为进一步提高电池及系统的循环寿命和降低成本。目前磷酸铁锂电池的室温循环寿命已达到4000～5000次，可满足储能系统5～10年的应用要求，下一步提升至8000次，将满足储能系统10～20年的应用要求，同时系统成本低至1.0元/（W·h）。这样，度电储存成本将可降至0.3元/（W·h）以下，电力储存即具备了经济性，风电、光电等清洁能源电力的发展即有了保障。为此，需坚持自主创新，提升关键技术：①发展电极材料低成本绿色制造技术，实现新型电解质锂盐和高端隔膜的大规模生产，提升和推广国产化电池自动化制造装备，研究开发高效、低能耗和污染小的电池材料回收再生技术；②建设数个年产万吨规模的新型正极和负极材料示范工厂，解决低成本原料应用、工艺、装备等一系列技术难题，建立相关标准，使该材料的品质、一致性和成本可满足储能电池的需求；③建成几个年产数千吨级电解质锂盐的生产厂；④建成数个年产1亿m^2电池隔膜的生产厂，重点发展熔断温度高、闭孔温度低的高安全性电池隔膜；⑤开展电池新工艺研究，发展绿色和低能耗电极制造工艺，开发适应于电池自动化生产和高效再生的电池结构技术等。发展电池装备制造业，实现大型、精密和自动化电池制造设备的国产化；⑥发展电池制造信息化技术，建立智能制造体系；⑦开展电池应用和系统技术研究，提高系统状态预测和控制水平及管理的智能化水平，满足多种形式的电力储能对可靠性、长寿命和高安全的要求。

参考文献

［1］Faias S，Sousa J，Castro R. Contribution of energy storage systems for power generation and demand balancing with increasing integration of renewable sources：Application to the Portuguese power system.European Conference on Power Electronics and Applications. Aalborg，Denmark，2007：1-10.

［2］Zhang W L，Qiu M，Lai X K.Application of energy storage technologies in power grids. Power System Technology，2008，32（7）：1-9.

［3］Yang Z G，Zhang J L，Kintner-Meyer M C W，et al. Electrochemical energy storage for green grid. Chemical Reviews，2011，111：3577-3613.

［4］中国化学与物理电源行业协会储能应用分会 . 2018 储能产业应用研究报告 . 2018.

Commercialization of Advanced Battery for Energy Storage

Huang Xuejie

(Institute of Physics，Chinese Academy of Sciences)

Energy storage is the critical technology to the developing of new energy and smart grid. Lithium-ion battery technology is the fastest developing one among all existed physical and chemical energy storage solutions. Battery using $LiFePO_4$ as cathode active material is especially suitable for electrical buses，electrical cargo vans and energy storage. NCM/NCA and $LiFePO_4$ batteries are produced in Japan，Korea and USA for EVs and Energy storage applications. Benefit from the rapid expansion of new energy vehicle industry，the performances Li-ion batteries for EVs are being improved and the production capability is increasing very quickly. China will dominate the electrochemical energy storage market because a superiority whole industrial chain for $LiFePO_4$ batteries has been constructed. $LiFePO_4$ technology has already shown a cell with specific energy of 180Wh/Kg. A higher energy density pack for energy storage was also produced for $LiFePO_4$ technology compared with NCM technology. By further improving the cycling life of $LiFePO_4$ battery system to more than 8000，the cost of electricity storage will be lower than 0.3RMB/KWh and the economic feasible energy storage solution will be available.

第五章

高技术产业国际竞争力与创新能力评价

Evaluation on High Technology Industry International Competitiveness and Innovation Capacity

5.1　中国高技术产业国际竞争力评价

曲　婉[1, 2]　蔺　洁[1, 2]

（1. 中国科学院科技战略咨询研究院；2. 中国科学院大学）

一、中国高技术产业发展概述

当前中国经济已由高速增长阶段转向高质量发展阶段，高技术产业①规模和盈利能力均呈现较快增长，在转变发展方式、优化经济结构、转换增长动力的攻关期发挥关键作用。2012 年以来，中国高技术产业快速发展，产业集中度不断提升，主营业务收入从 2012 年的 10.22 万亿元持续增加到 2016 年的 15.38 万亿元，年均增幅高达 10.73%；利润额从 2012 年的 6186.3 亿元持续增加到 2016 年的 10 301.8 亿元，年均增幅高达 13.60%（图 1）；从业人员年平均人数从 2012 年的 1268.67 万人增加到 2016

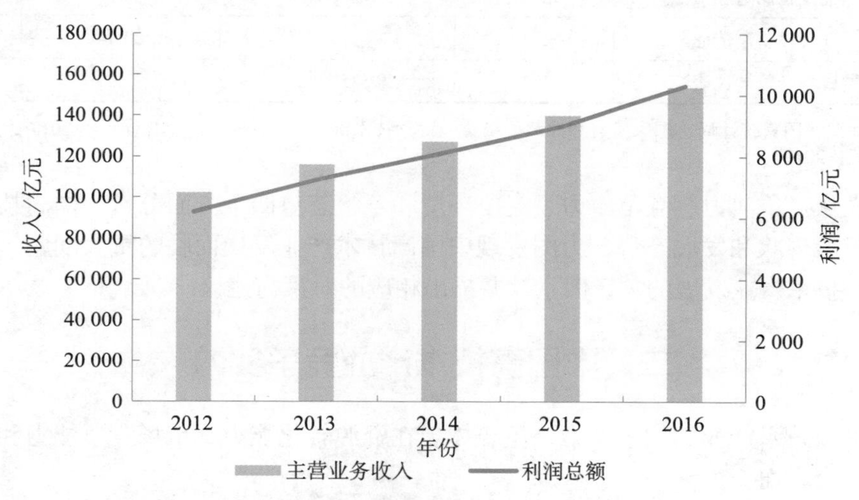

图 1　中国高技术产业经济规模（2012 ～ 2016 年）

资料来源：国家统计局，国家发展和改革委员会，科学技术部．中国高技术产业统计年鉴 2017. 北京：中国统计出版社，2017

① 按照国家统计局分类标准，高技术产业包括医药制造业、航空航天器制造业、电子及通信设备制造业、电子计算机及办公设备制造业、医疗设备及仪器仪表制造业等行业。

年的 1341.82 万人，年均增幅达 3.49%。同期，高技术产业企业数量从 2012 年的 2.46 万家持续增加到 2016 年的 3.08 万家，年均增幅达 5.74%；产业集中度快速提升，企均主营业务收入为 4.99 亿元 / 家，为 2012 年的 1.20 倍。[①]

在高技术产业领域，三资企业在吸纳就业人员、创造经济效益等方面发挥着不可或缺的重要作用。数据显示，2016 年，中国高技术产业中共有三资企业 7183 家，占中国高技术产业企业总量的 23.32%；其从业人员平均人数占高技术产业从业人员总量的 45.22%，主营业务收入占中国高技术产业主营业务收入总量的 45.08%，利润占中国高技术产业利税总额的 36.85%（表 1）。尤其，在计算机及办公设备制造业领域，三资企业从业人员、主营业务收入和利润分别占中国高技术产业的 71.62%、80.44% 和 61.50%，成为我国计算机及办公设备制造领域的决定性力量。

表 1　中国高技术产业中三资企业所占比例（2016 年）

行业	企业数量 /%	从业人员平均人数 /%	主营业务收入 /%	利润 /%
高技术产业	23.32	45.22	45.08	36.85
医药制造业	10.99	17.53	19.56	24.31
航空、航天器及设备制造业	19.29	11.07	22.23	37.39
电子及通信设备制造业	29.47	53.31	49.17	43.14
计算机及办公设备制造业	38.49	71.62	80.44	61.50
医疗仪器设备及仪器仪表制造业	18.22	25.30	23.99	25.69

资料来源：国家统计局，国家发展和改革委员会，科学技术部 . 中国高技术产业统计年鉴 2017. 北京：中国统计出版社，2017

本文从竞争实力、竞争潜力、竞争环境和竞争态势四个方面分析中国高技术产业国际竞争力现状和发展态势，力图发现中国高技术产业发展面临的重大问题，识别影响中国高技术产业发展的关键因素，并提出相应的对策与建议。

二、中国高技术产业竞争实力

中国高技术产业的竞争实力，主要体现在资源转化能力、市场竞争能力和产业技术能力三个方面。[②]

① 该处数据统计口径为规模以上工业企业。

② 有关数据主要来源于历年《中国高技术产业统计年鉴》，如无特殊说明，以下数据统计口径均为大中型工业企业。

1. 资源转化能力

资源转化能力衡量生产要素转化为产品与服务的效率和效能，主要体现在全员劳动生产率[①]和利润率[②]等2项指标。全员劳动生产率是企业生产技术水平、经营管理水平、职工技术熟练程度和劳动积极性的综合体现；利润率反映产业生产盈利能力。由于产业增加值数据难以获得，本文认为，人均主营业务收入一定程度上可以反映产业全员劳动生产率的发展水平。

中国高技术产业劳动生产率相对较高，但与制造业平均水平相比还有一定差距。2016年，中国高技术产业人均主营业务收入为114.62万元/（人・年），同期制造业人均主营业务收入则高达126.94万元/（人・年）。从细分产业看，2016年，中国计算机及办公设备制造业人均主营业务收入最高，达151.74万元/（人・年）；其次为医药制造业，人均主营业务收入达124.95万元/人・年；而电子及通信设备制造业、医疗仪器设备及仪器仪表制造业、航空航天器及设备制造业人均主营业务收入较低，2016年分别为107.48万元/（人・年）、100.89万元/（人・年）和107.48万元/（人・年）。

虽然中国高技术产业劳动生产率低于制造业平均水平，但产业盈利能力较强。2016年，中国高技术产业利润率为6.70%，略高于制造业平均水平。其中，医药制造业和医疗仪器设备及仪器仪表制造业的利润率较高，分别为11.04%和9.43%，分别比高技术产业平均水平高4.34个百分点和2.73个百分点；航空、航天器及设备制造业、电子及通信设备制造业和计算机及办公设备制造业利润率分别为5.90%、5.52%和4.15%，低于高技术产业和制造业的平均水平。

2. 市场竞争能力

市场竞争能力主要由产品目标市场份额、贸易竞争指数[③]、价格指数[④]3项指标表征。产品目标市场份额反映一国某商品对目标市场的贸易出口占目标市场该商品贸易进口的比例。贸易竞争指数反映一国某商品贸易进出口差额的相对大小，1表示只有出口，-1表示只有进口。[⑤]价格指数反映该国某商品进出口价格比率，0～1表明该商品出口价格低于进口价格，大于1表明该商品出口价格高于进口价格。

中国高技术产品在全球市场有较强的竞争能力，国际贸易呈一定的顺差。2017

① 考虑到数据可获得性，中国的全员劳动生产率用人均主营业务收入代替，发达国家用人均总产值代替。

② 利润率=（利润总额/主营业务收入）×100%。

③ 贸易竞争指数=（出口额－进口额）/（出口额＋进口额）。

④ 价格指数=（出口额/出口数量）/（进口额/进口数量）。

⑤ 不包括HS编码为8520和8524的商品，因为NU Comtrade中没有数据，下同。

年，中国高技术产品出口总额高达 4960.44 亿美元，进口总额为 1680.40 亿美元，贸易顺差为 3280.04 亿美元。同期，美国高技术产品出口额为 1809.67 亿美元，进口为 4408.16 亿美元，贸易逆差为 2598.49 亿美元；德国高技术产品出口为 1875.20 亿美元，进口总额为 1517.22 亿美元，贸易顺差为 357.98 亿美元；日本和俄罗斯高技术产品的国际贸易相对较小，且均呈逆差状态，2017 年两国高技术产品出口额分别为 335.25 亿美元和 46.42 亿美元，进口额分别为 923.22 亿美元和 381.37 亿美元，贸易逆差分别为 587.97 亿美元和 334.95 亿美元（图 2）。

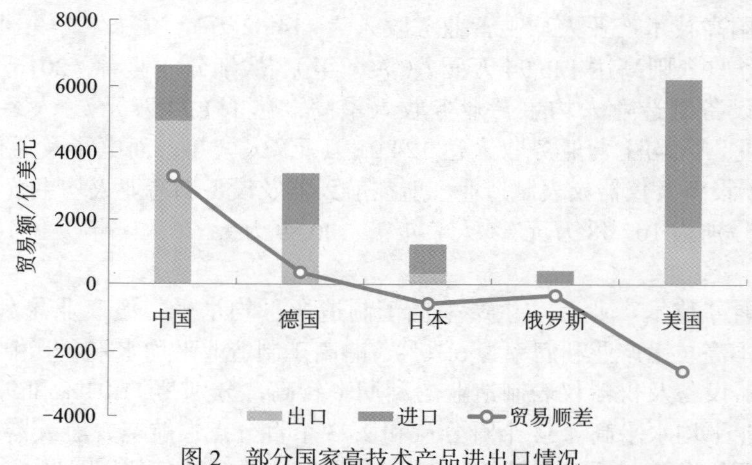

图 2　部分国家高技术产品进出口情况

资料来源：UN Comtrade 数据库

从贸易竞争指数看，中国高技术产业显示出一定的国际竞争力。2017 年，中国高技术产品贸易竞争指数为 0.443，表明中国已经凭借多年的技术创新和价格优势在高技术产业国际市场占据一定位置，具有一定的国际市场竞争能力。从细分产品来看[①]，HS 编码（编号）300215 的血液和免疫产品和编号 880240 的空载重量超过 15 000kg 的飞机等产品，中国贸易竞争指数分别为 −0.912 和 −0.964，价格指数分别为 0.068 和 1.336，表明中国这两种商品在国际市场上完全没有竞争力。编号 847130 的便携式自动数据处理机、编号为 847150 的自动数据处理机元件、编号 851712 的蜂窝网络或其他无线网络电话、编号 851762 的通信设备（不包括电话机和基站）、编号 852872 的电视接收装置等产品，中国的贸易竞争指数均在 0.73 以上，部分产品达到 0.9 以上，除 852872 产品外，价格指数均在 0.8 以上，表明经过多年持续的研发投入和技术创新，

① 按照 HS 编码，6 位码高技术产品类别较多，本文只选择进出口贸易额在百亿规模以上商品进行分析，下同。

中国部分高技术产品在国际市场上的竞争力逐渐增强，具备一定的国际竞争力（表 2）。

表 2　部分国家高技术产品贸易竞争指数和价格指数（2017 年）

HS 编码	中国		美国		德国		日本		俄罗斯	
	贸易竞争指数	价格指数	贸易竞争指数	价格指数	贸易竞争指数	价格指数	贸易竞争指数	价格指数	贸易竞争指数	价格指数
300215	−0.912	0.068	0.030	0.420	0.335	0.836	−0.766	0.162	−0.900	0.059
300490	−0.692	0.054	−0.495	1.064	0.306	0.852	−0.662	0.334	−0.895	0.224
847130	0.983	1.035	−0.769	1.105	−0.283	0.859	−0.848	0.562	−0.978	0.896
847150	0.749	0.884	−0.570	1.587	−0.082	0.710	−0.907	0.884	−0.851	5.121
847170	0.007	1.191	−0.252	1.702	−0.250	0.967	−0.635	1.191	−0.966	0.935
847330	0.402	0.333	−0.176	*	−0.226	1.387	−0.278	4.441	−0.955	4.223
851712	0.988	1.326	−0.651	0.811	−0.367	0.883	−0.987	0.140	−0.928	0.689
851762	0.731	0.936	−0.463	*	−0.265	1.032	−0.635	0.936	−0.841	1.486
851770	0.106	0.227	−0.244	*	−0.097	0.973	0.082	5.086	−0.835	2.381
852872	0.996	0.641	−0.878	1.246	−0.807	0.641	−0.846	0.734	0.040	1.132
852990	0.006	0.060	−0.049	*	−0.217	1.037	−0.072	1.710	−0.654	12.886
880240	−0.964	1.336	−0.840	1.574	0.539	0.574	−1.000	*	−0.595	0.713
880330	−0.154	0.578	−0.497	0.883	0.169	1.412	0.417	1.092	*	*
901890	*	*	0.091	*	0.231	1.668	−0.300	1.384	−0.921	0.932

资料来源：UN Comtrade 数据库

* 表示无数据

仅从贸易竞争指数和价格指数看，美国、日本、俄罗斯的高技术产品在国际市场上竞争力相对不强。2017 年，除编号 300215 和编号 901890 产品外，美国其他高技术产品贸易竞争指数小于 0，价格指数多大于 1，在国际市场竞争力不强。日本只有编号 880330 产品在国际市场具有一定竞争力，贸易竞争指数为 0.417，价格指数为 1.092。俄罗斯全部高技术产品贸易竞争指数均小于 0，部分产品小于 −0.9，几乎为纯进口，但近一半的高技术产品价格指数大于 1，在国际市场上缺乏竞争力。德国编号 300215、编号 300490 和编号 880240 产品贸易竞争指数分别为 0.335、0.306 和 0.539，价格指数分别为 0.836、0.852 和 0.574，凭借价格优势占领了一定的国际市场；编号 880330 和编号 901890 产品贸易竞争指数分别为 0.169 和 0.231，价格指数分别为 1.412 和 1.668，表明这两种高技术产品凭借技术优势，占领了一定的国际高端市场。

3. 产业技术能力

产业技术能力主要体现在产业关键技术水平、新产品销售率① 和新产品出口销售率② 等 3 项指标。产业关键技术水平体现在产业技术硬件水平，与产业技术能力有着直接的关系。新产品销售率和新产品出口销售率一定程度上反映了新技术的市场化收益，也是衡量产业技术水平的重要指标。

在创新驱动发展战略指引下，中国高技术产业技术能力有较大提升，在信息通信、医药、航空航天等领域取得一系列突破性进展。例如，在信息通信领域，2017 年 5 月 3 日中国科学技术大学宣布光量子计算机成功构建，该原型机的取样速度比国际同行类似的实验加快至少 24 000 倍，标志着我国在基于光子的量子计算机研究方面取得突破性进展，为最终实现超越经典计算能力的量子计算奠定了坚实基础[1]。2017 年 6 月 16 日，我国科学家利用“墨子号”在国际上率先成功实现了千公里级的星地双向量子纠缠分发，并于此基础上实现了空间尺度下严格满足“爱因斯坦定域性条件”的量子力学非定域性检验；同年 9 月 29 日，世界首条量子保密通信干线——“京沪干线”于正式开通；结合“墨子号”卫星，我国科学家成功与奥地利实现了世界首次洲际量子保密通信。在医药领域，2017 年，我国科学家利用小分子核苷酸精准合成了活体真核染色体，首次实现人工基因组合成序列与设计序列的完全匹配，得到的酵母基因组具备完整的生命活性，标志着人类向“再造生命”又迈进一大步，我国也成为继美国之后第二个具备真核基因组设计与构建能力的国家[2]。在航空航天领域，2017 年 1 月 18 日，我国研制的世界首颗量子科学实验卫星“墨子号”在圆满完成 4 个月的在轨测试后，正式交付使用，“墨子号”圆满实现了三大既定科学目标，标志着我国空间科学研究又迈出重要一步[3]。2017 年 5 月 5 日，我国首款国际主流水准的国产大型客机 C919 在上海浦东国际机场首飞，C919 拥有完全自主知识产权，是建设创新型国家的标志性工程[4]。2017 年 11 月 30 日，中国暗物质粒子探测卫星“悟空”测量到电子宇宙射线能谱在 1.4 万亿电子伏特（TeV）能量处的异常波动并在《自然》杂志上刊发，这一神秘讯号首次为人类所观测，意味着中国科学家取得了一项开创性发现。

中国高技术产业新产品开发能力较强，新产品销售率和新产品出口销售率相对较高。2016 年，中国高技术产业新产品销售率为 28.32%，比制造业平均水平高 14.32 个百分点；同期，中国高技术产业新产品出口销售率高达 40.45%，比制造业平均水平高 23.30 个百分点。从细分领域看，中国计算机及办公设备制造业和电子及通信设备制造业新产品开发能力较强，产品主要面向国际市场，2016 年两个细分产业新产品

① 新产品销售率 =（新产品销售收入 / 产品销售收入）×100%。

② 新产品出口销售率 =（新产品出口销售收入 / 新产品销售收入）×100%。

销售率分别为 26.61% 和 33.90%，新产品出口销售率分别为 61.30% 和 45.56%；我国航空航天器及设备制造业新产品开发能力较强，产品主要面向国内市场，2016 年该产业新产品销售率和新产品出口销售率分别为 39.14% 和 9.06%；而医疗仪器设备及仪器仪表制造业和医药制造业新产品开发能力和出口能力均相对较弱，2016 年新产品销售率分别为 14.63% 和 15.71%，新产品出口销售率分别为 13.74% 和 9.45%，远低于高技术产业平均水平。

综合考察资源转化能力、市场竞争能力和产业技术能力，中国高技术产业具有一定的竞争实力，产业盈利能力、市场竞争能力和新产品开发能力相对较强。然而，中国高技术产业全员劳动生产率相对较低，产业技术能力较弱，与发达国家相比还有一定的差距。

三、中国高技术产业竞争潜力

中国高技术产业的竞争潜力主要体现在产业运行状态、技术投入、比较优势和创新活力四个方面。由于缺乏产业运行状态相关统计数据，本文仅从技术投入、比较优势和创新活力三个方面分析中国高技术产业的竞争潜力。

1. 技术投入

技术投入强度高低直接影响产业未来技术水平和竞争力的提升，体现在 R&D 人员比例①、R&D经费强度②、技术改造经费比例③以及消化吸收经费比例④等4项指标。

从研究开发投入来看，中国高技术产业技术投入相对较高。2016 年，中国高技术产业 R&D 人员比例高达 4.32%，比制造业平均水平高 2.06 个百分点；同年，中国高技术产业 R&D 经费强度为 1.58%，比制造业平均水平高 0.82 个百分点。从细分领域看，中国航空、航天器及设备制造业研发投入较高，R&D 人员比例和 R&D 经费强度分别为 8.78% 和 4.51%，远高于高技术产业平均水平；电子及通信设备制造业 R&D 人员比例和 R&D 经费强度分别为 4.33% 和 1.78%，略高于高技术产业平均水平；医疗仪器设备及仪器仪表制造业和医药制造业 R&D 人员比例分别为 4.42% 和 4.08%，R&D 经费强度分别为 1.29% 和 1.28%；然而，计算机及办公设备制造业研发投入相对较低，R&D 人员比例和 R&D 经费强度分别为 3.20% 和 0.80%，均低于高技术产业

① R&D 人员比例 =（R&D 活动人员折合全时当量 / 从业人员）×100%。

② R&D 经费强度 =（R&D 经费内部支出 / 主营业务收入）×100%。

③ 技术改造经费比例 =（技术改造经费 / 主营业务收入）×100%。

④ 消化吸收经费比例 =（消化吸收经费 / 技术引进经费）×100%。

平均水平（表 3）。

表 3　中国高技术产业技术投入指标（2016 年）

行业	R&D 人员比例 /%	R&D 经费强度 /%	技术改造经费比例 /%	消化吸收经费比例 /%
制造业	2.26	0.76	0.22	21.65
高技术产业	4.32	1.58	0.26	7.81
医药制造业	4.08	1.28	0.27	66.68
航空、航天器及设备制造业	8.78	4.51	1.21	0.00
电子及通信设备制造业	4.33	1.78	0.26	4.46
计算机及办公设备制造业	3.20	0.80	0.13	508.87
医疗仪器设备及仪器仪表制造业	4.42	1.29	0.18	6.62

资料来源：国家统计局，国家发展和改革委员会，科学技术部 . 中国高技术产业统计年鉴 2017. 北京：中国统计出版社，2017

从技术改造和消化吸收经费来看，中国高技术产业对技术改造和消化吸收再创新相对不足。2016 年，中国高技术产业技术改造经费比例为 0.26%，略高于制造业平均水平，但消化吸收经费比例仅为 7.81%，比制造业平均水平低 13.84 个百分点。值得指出的是，计算机及办公设备制造业十分重视引进技术的消化吸收再创新，2016 年消化吸收经费比例高达 508.87%，远高于制造业和高技术产业平均水平（表 3）。

2. 比较优势

中国高技术产业的比较优势主要体现在劳动力成本、产业规模和相关产品市场规模等 3 个方面。

中国高技术产业劳动力低成本优势仍十分显著。数据显示，2015 年，德国、法国、英国、美国的制造业每小时人工成本分别高达 42.2 美元、41.1 美元，28.4 美元和 24 美元，而 2014 年中国制造业就业人员实际平均工资仅为 51 369 元，折合每小时工资 4.24 美元[①]，仅为发达国家就业人员工资的 10% ～ 18%。[②]

经过多年发展，中国高技术产业已经形成较大规模。2016 年，中国高技术产业主营业务收入达 15.38 万亿元。其中，电子及通信设备制造业占据中国高技术产业的半壁江山，主营业务收入为 8.73 万亿元；医药制造业超过计算机及办公设备制造业成为中国高技术产业的第二大细分产业，2016 年主营业务收入达 2.82 万亿元，分别占高技术产业主营业务收入的 56.77% 和 18.34%。同期，计算机及办公设备制造业主营业

① 按照每月工作 22 天，每天工作 8 小时估算。

② 汇率参考：国家统计局 . 国际统计年鉴 2017. 北京：中国统计出版社，2017.

务收入为1.98万亿元，占高技术产业主营业务收入的12.85%；而医疗仪器设备及仪器仪表制造业和航空、航天器及设备制造业产业规模较小，主营业务收入分别为1.17万亿元和0.38万亿元，仅占高技术产业的7.58%和2.47%。

中国新型工业化、信息化、城镇化、农业现代化的同步发展，为中国高技术产业带来广阔的市场空间。据世界银行数据，2016年中国互联网用户比例为53.2%，同年美国为76.2%；中国每百万人口拥有安全互联网服务器仅为209人，而同年美国为30 282人，是我国的144.89倍。2015年，中国医疗支出占国内GDP总量的5.32%，人均医疗支出为425.63美元，同期美国医疗支出占国内GDP总量的16.84%，人均医疗支出为9535.95美元，分别是我国的3.17倍和22.40倍。2017年，中国航空客运量为5.51亿人次，同期美国为8.49亿人次，是中国的1.54倍。可以预见，随着经济发展和人民生活水平的提高，未来我国在互联网和可信网络建设方面将快速发展，我国医疗总支出和人均支出必然有较大增长，民用航空市场消费潜力存在快速上涨空间，必将带来信息通信设备制造业、医药和医疗设备制造业，以及航空、航天器及设备制造业的快速发展。

3. 创新活力

创新活力主要体现在专利申请数、有效发明专利数和单位主营业务收入对应有效发明专利数[①]等3个方面。

2016年，中国高技术产业专利申请数为13.17万件，其中电子及通信设备制造业专利申请数为8.93万件，占高技术产业专利申请总量的67.81%；医疗仪器设备及仪器仪表制造业、计算机及办公设备制造业和医药制造业专利申请数分别为1.29万件、1.12万件和0.96万件，分别占高技术产业专利申请总量的9.80%、8.50%和7.29%；而航空、航天器及设备制造业专利申请数仅为7040件。同年，中国高技术产业有效发明专利数高达25.72万件，其中电子及通信设备制造业有效发明专利达19.78万件，占中国高技术产业有效发明专利总量的76.90%；而航空、航天器及设备制造业有效发明专利仅为6188件，仅占中国高技术产业有效发明专利总量的2.41%。

中国高技术产业创新效率较强，单位主营业务收入对应有效发明专利数相对较高。2016年，中国高技术产业单位主营业务收入对应有效发明专利数高达1.67件/亿元，是制造业平均水平的3.43倍。其中，电子及通信设备制造业创新效率相对较高，单位主营业务收入对应有效发明专利数分别高达2.27件/亿元；而医药制造业和计算机及办公设备制造业创新效率相对较低，单位主营业务收入对应有效发明专利数分别

① 单位主营业务收入对应有效发明专利数＝有效发明专利数/主营业务收入。

仅为 0.87 件 / 亿元和 0.54 件 / 亿元。

与美国、日本等发达国家相比，中国高技术产业创新活力仍然较弱。2016 年，中国在信息通信、光学、生物技术、制药和医药技术、交通、光学等高技术领域本国专利授权量达 73 299 件；同年，美国在高技术领域 PCT 专利申请量为 85 180 件，比中国高 16.21%；但同年，日本在高技术领域本国专利授权量为 57 887 件，仅为中国的 78.97%。但是，在信息通信、制药和医疗技术等领域，中国与美国和日本仍有较大差距（表 4）。

表 4　中国与世界部分国家高技术领域本国专利授权情况（2016 年）　　单位：件

	信息通信	生物技术	制药和医疗技术	交通	光学
中国	43 295	4 829	12 120	8 849	4 206
德国	814	68	550	1 342	216
日本	29 561	1 326	7 285	9 621	10 094
英国	353	10	156	214	49
美国	58 791	3 375	15 092	5 110	2 812

资料来源：根据 WIPO 数据统计获得，http://www.wipo.int/ipstats/en/statistics/pct/，2018-08-22

综合考察技术投入、比较优势和创新活力，我们认为中国高技术产业具有一定的竞争潜力，技术投入高于制造业平均水平，产业创新效率较强；与发达国家相比，劳动力低成本优势显著，产业有较强规模优势，未来发展空间广阔。然而，中国高技术产业技术改造和消化吸收经费投入低于制造业平均水平，本国专利授权量与美国相比还有一定差距，产业创新活力仍然较弱。

四、中国高技术产业竞争环境

竞争环境主要体现在政治经济环境、贸易和技术环境、相关产业发展环境和产业政策环境等方面。总体而言，中国高技术产业面临的竞争环境呈现以下四个特征。

1. 全球创新发展格局正处于重构关键阶段，倒逼中国高技术产业加快提升创新能力

全球创新发展格局正处于重构的关键阶段，以中国为代表的新兴国家正在加快推动本国经济和社会的转型发展，与发展中国家从“竞争合作”关系向“互补合作”转变，与发达国家从“互补合作”关系向“竞争合作”关系转变[5]。从经济总量来看，中国已经成为世界上第二大经济体，印度经济总量也在快速提升，2010 ～ 2017 年年

均增幅高达6.64%。从研发投入来看，2015年，中国研发投入为2285.50亿美元，为日本研发投入的1.58倍[6]，是德国和英国研发投入总量的1.56倍。从创新能力来看，根据WIPO等机构发布的全球创新指数，2018年中国创新能力指数在126个国家中排名第17位，俄罗斯排名第46位，印度排名第57位，分别比2012年提升17位、5位和7位。从世界500强企业榜单来看，2016年，中国、印度、巴西、俄罗斯等“金砖国家”① 进入世界500强榜单的企业数量分别为110家、7家、7家和4家，到2018年上榜企业分别为120家、7家、7家和4家。可以预期，在未来一段时间，随着中国、印度、巴西等新兴国家快速崛起并向价值链高端移动，全球创新发展格局将不断调整并进入质变的关键阶段。

美国等发达国家为维持全球竞争优势，通过技术壁垒与贸易壁垒，力图制约新兴国家的发展，以牢牢控制未来竞争制高点。例如，2018年4月16日美国商务部发表公告，宣称美国政府在未来7年内禁止中兴通讯向美国企业购买敏感产品，虽然该禁令已经解除，但中兴通讯也付出了4亿美元保证金的代价。2018年6月15日，美国政府发布了加征关税的商品清单，将对从中国进口的约500亿美元商品加征25%的关税，又于6月18日发表声明，威胁将制定2000亿美元征税清单，并最终达成对中国2000亿产品加征10%的关税。2018年8月23日，澳大利亚政府发布《澳电信运营商5G安全指南》，禁止华为和中兴向澳大利亚提供5G技术。这一背景下，中国等新兴国家只有通过大幅提升高技术领域的创新能力，尽快补齐原创性、前瞻性科技创新短板，尽快扭转关键核心技术受制于人的局面，尽快推动产业转型升级和创新发展，把创新的主动权牢牢掌握在自己手中，不断夯实发展动力，才能尽快向全球价值链中高端移动。

2. 信息和生命领域科学技术蓬勃发展，极大拓展高技术产业发展空间

全球正处在新一轮科技革命和产业变革蓄势待发的时期，以互联网、大数据、人工智能为代表的新一代信息技术日新月异，生命科学、生物技术突飞猛进，生物产业正与信息、材料、能源等产业加速融合，智能经济、生物经济等新经济形态正在形成，高技术产业发展空间不断深化拓展。

互联网、大数据、云计算、人工智能等先进技术快速迭代发展，并与生物技术、制造技术等其他技术加速交叉、融合与汇聚，以数字转型和智能化为主要特征的智能经济和以数字化、网络化、智能化为主要特征的智能经济呈蓬勃发展趋势，有效拓展了高技术产业的发展模式和发展空间。光伏技术、生物质能源技术、核能技术、智

① 2016 ～ 2018年，南非均没有企业上榜。

能电网技术等新能源技术的发展，正在重构全社会能源系统；大数据、互联网、物联网、虚拟现实、人工智能、机器人等技术的高速发展和深度应用，快速催生无人驾驶汽车、智慧工厂、智能家居等新领域和新业态，带来全社会生产生活体系的重构；合成生物技术、生物大数据、脑科学和类脑技术等生物技术发展并与信息技术的深度融合，快速催生生物农业、精准医疗、可穿戴设备等新业态和新模式，生物经济形态初现端倪。据预测，全世界老龄人口将以每年 3% 的速度增长，随着人口和社会结构的变化，对智能经济、生物经济的需求将持续扩大，预计到 2020 年，全球生物经济规模将达到 15 万亿美元[7]，将超过以信息技术为基础的信息经济，成为世界上规模最大的经济形态。

3. 世界主要国家调整创新战略，加快战略领域高技术研发

世界主要国家纷纷调整创新战略，通过投资创新基础要素、推动优先领域发展等举措，加快前沿领域的战略高技术研发，以占领新一轮国际竞争制高点。数字转型、量子、生命健康、新能源成为各国研究投资重点。

2017 年 12 月，欧盟、日本、韩国、美国和澳大利亚的脑研究计划代表签署《发起国际大脑计划（IBI）的意向声明》[8]，将成立由多个国家组成的国际大脑联盟，在数据共享、数据标准化，以及伦理和隐私保护等领域共同合作，加快“破译大脑密码”的进程。2018 年 3 月，日本文部省发布“光·量子飞跃旗舰计划”[9]，在量子信息处理、量子测量和传感器、下一代激光技术三个领域开展光量子科学研究计划，旗舰项目每年获得 3 亿～ 4 亿日元资助，基础研究项目每年获得 2000 万～ 3000 万日元资助。2018 年 5 月，德国科学基金会（DFG）宣布投入 1.64 亿欧元①，在生命起源、核酸免疫、听觉声学等领域新建 14 个合作研究中心（CRCs）并支持其最初 4 年运行，同时对已有的 21 个合作研究中心延长了资助期，以提升在生命科学等高技术领域的创新能力。2018 年 5 月，法国教研部发布《2018 国家研究基础设施路线图》[10]，在生物与健康、能源、数字科学与数学、数字基础设施等领域新增一批研究基础设施，并进一步强调了数据管理和数据安全。2018 年 6 月，美国众议院科学委员会通过《国家量子计划法案》②，提出在 2019 ～ 2023 年为量子研究提供 12.75 亿美元资助，在白宫设立国家量子协调办公室，成立 5 个“国家量子信息科学研究中心”和 5 个“量子研究和教育多学科中心”，支持量子信息科学、技术、工程研究和教育。2018 年 6 月，

① DFG. DFG to Fund 14 New Collaborative Research Centres. http://www.dfg.de/en/service/press/press_releases/2018/press_release_no_17/index.html[2018-08-28].

② Congressional Science Committee Leaders Introduce Bill to Advance Quantum Science. https://science.house.gov/sites/republicans.science.house.gov/files/documents/HR6227NationalQuantumInititaveAct_0.pdf[2018-08-28].

英国工程与自然科学研究理事会（EPSRC）提出，将向7个项目资助1140万英镑，旨在创造新的数字工具、技术和工艺，支持将数字能力引入制造业[11]。2018年6月，欧盟委员会发布“地平线欧洲”计划实施方案提案[12]，提出了2021～2027年的发展目标和行动路线，提出开展健康、产业数字转型、气候与能源等相关研究，加强欧洲研究区建设，增强欧洲区产业创新和竞争力。

4. 中国政府强调高质量发展，加快培育高技术领域新动能

党的十九大报告指出，“我国经济已由高速增长阶段转向高质量发展阶段，正处在转变发展方式、优化经济结构、转换增长动力的攻关期，建设现代化经济体系是跨越关口的迫切要求和我国发展的战略目标”；我国必须“把发展经济的着力点放在实体经济上，把提高供给体系质量作为主攻方向，显著增强我国经济质量优势。加快建设制造强国，加快发展先进制造业，推动互联网、大数据、人工智能和实体经济深度融合，在中高端消费、创新引领、绿色低碳、共享经济、现代供应链、人力资本服务等领域培育新增长点、形成新动能”；我国必须围绕科技强国、质量强国、航天强国、网络强国、交通强国、数字中国、智慧社会建设目标，突出关键共性技术、前沿引领技术、现代工程技术、颠覆性技术创新，为建设现代化经济体系提供强有力的战略支撑。党的十九大报告为我国高技术产业发展指明了发展目标、发展方向和路径，指出了未来培育高技术领域新动能的着力点，为高技术产业的创新发展和跨越发展提供了难得机遇。

2018年政府工作报告提出，要发展壮大新动能，实施大数据发展行动，强化新一代人工智能研发应用，发展智能产业，建设智慧社会，运用新技术、新业态、新模式改造提升传统产业，推动集成电路、第五代移动通信、飞机发动机、新能源汽车、新材料等产业发展，实施重大短板装备专项工程，推进智能制造，发展工业互联网平台，加强雾霾治理研究，推进癌症等重大疾病防治攻关，进一步明确了2018年中国政府在高技术领域发展的顶层设计和具体思路，有力推动了高技术产业的发展。

可以预见，未来一段时期，在党的十九大报告指导下，在高质量发展的历史新阶段，我国高技术产业的创新发展环境将进一步优化，发展新动能将培育形成，高技术产业将实现创新发展的历史跨越。

五、中国高技术产业竞争态势

竞争态势反映产业竞争力演进的趋势和方向，主要体现在资源转化能力、市场竞争能力、技术创新能力和比较优势等四个方面的发展。中国高技术产业的国际竞争力不仅取决于竞争实力、竞争潜力和竞争环境，还受到产业竞争态势的影响。

1. 资源转化能力变化指数

资源转化能力竞争态势反映全员劳动生产率和利润率的变化趋势，是把握资源转化能力发展趋势的重要前提。

中国高技术产业资源转化能力呈上升态势。2012 ～ 2016 年，中国高技术产业人均主营业务收入从 80.62 万元 /（人・年）持续增长到 114.62 万元 /（人・年），利润率从 6.05% 持续增长到 6.70%，年均增幅分别为 9.19% 和 2.59%。从细分产业看，航空、航天器及设备制造业、医药制造业、医疗仪器设备及仪器仪表制造业、电子及通信设备制造业和计算机及办公设备制造业人均主营业务收入和利润率均有不同程度增长，其中电子及通信设备制造业人均主营业务收入增长最快，年均增速为 10.44%；航空、航天器及设备制造业利润率增长最快，年均增速为 3.70%（表 5）。

表 5　中国高技术产业主要经济指标（2012 ～ 2016 年）

指标	行业	2012 年	2013 年	2014 年	2015 年	2016 年
人均主营业务收入［万元 /（人・年）］	制造业	95.97	105.58	113.12	116.51	126.94
	高技术产业	80.62	89.70	96.12	103.35	114.62
	医药制造业	88.16	98.22	108.13	115.41	124.95
	航空、航天器及设备制造业	64.84	84.03	82.79	88.18	94.52
	电子及通信设备制造业	72.25	81.03	87.38	96.18	107.48
	计算机及办公设备制造业	111.25	121.82	127.54	132.29	151.74
	医疗仪器设备及仪器仪表制造业	72.55	78.89	86.26	91.27	100.89
利润率 /%	制造业	6.03	6.09	5.82	5.84	6.23
	高技术产业	6.05	6.23	6.36	6.42	6.70
	医药制造业	10.76	10.41	10.20	10.56	11.04
	航空、航天器及设备制造业	5.23	4.88	5.63	5.75	5.90
	电子及通信设备制造业	5.07	5.49	5.54	5.55	5.52
	计算机及办公设备制造业	3.59	3.49	3.78	3.21	4.15
	医疗仪器设备及仪器仪表制造业	9.38	9.30	9.17	8.97	9.43

资料来源：国家统计局，国家发展和改革委员会，科学技术部 . 中国高技术产业统计年鉴 2017. 北京：中国统计出版社，2017

2. 市场竞争能力变化指数

市场竞争能力变化指数主要反映产品目标市场份额和贸易竞争指数的变化趋势，是把握高技术产业市场竞争格局演进的重要前提。

从目标市场份额来看，中国高技术产业在全球市场的进出口份额均有一定程度的增长，出口总额从2013年的4707.67亿美元增加到2017年的4960.44亿美元，年均增幅达1.3%；进口总额从1710.64亿美元震荡下降到1680.40亿美元，年均降幅为−0.4%；同期，中国高技术产品在全球市场的贸易顺差持续增长，从2997.04亿美元增加到3280.04亿美元，年均增幅为2.3%（图3）。

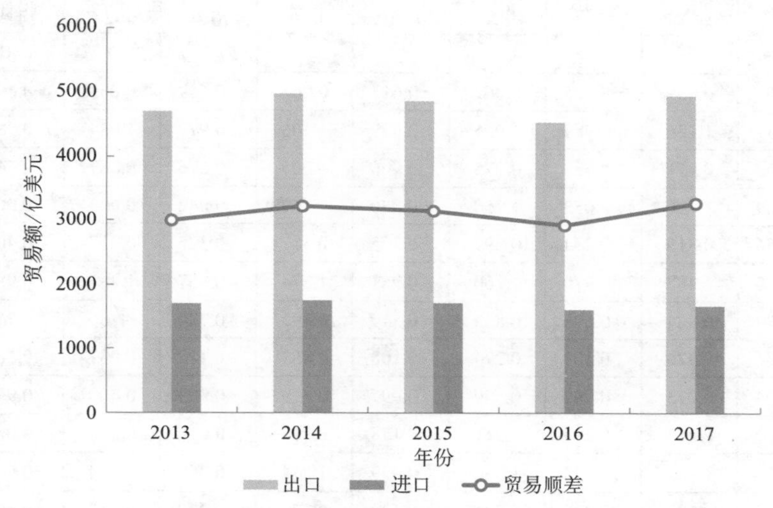

图3　中国高技术产品进出口情况（2013～2017年）

资料来源：UN Comtrade数据库

结合2013～2017年中国高技术产品的贸易竞争指数和价格指数来看，经过多年的持续研发投入和创新，中国部分高技术产品在国际市场上竞争力不断增强。例如，编号851712的蜂窝网络或其他无线网络电话贸易竞争指数从0.966震荡增加到2017年的0.988，编号847130的便携式自动数据处理机贸易竞争指数始终维持在0.98左右，两类产品价格指数始终大于1，表明我国这两类商品有较强国际市场竞争力，并依靠技术优势占领国际高端市场。编号851762的通信设备（不包括电话机和基站）产品，贸易竞争指数从0.677持续增加到0.731，同时价格指数从0.884震荡增加到0.936，表明我国该商品在逐步扩大国际市场份额的同时，相对价格也在逐渐上涨，国际市场竞争力日趋提高。编号852872的电视接收装置贸易竞争指数维持在0.99左右，价格指数则从0.273快速上升到0.641，表明我国该产品出口单价正逐渐向进口单价靠拢，产品技术含量和档次有所提升。编号847170的自动数据处理机类产品贸易竞争指数从−0.069震荡增加到2017年的0.007，价格指数呈震荡上升态势。但是，我国的药品和医疗器械产品国际竞争力较弱，编号300490的治疗和预防类药品、编号901890

的医疗、外科和牙科器械等产品贸易竞争指数均小于 0 且呈下降态势，价格指数也小于 0.1（表 6）。

表 6 中国高技术产品在国际市场竞争力（2013 ~ 2017 年）

HS 编码	2013 年		2014 年		2015 年		2016 年		2017 年	
	贸易竞争指数	价格指数	贸易竞争指数	价格指数	贸易竞争指数	价格指数	贸易竞争指数	价格指数	贸易竞争指数	价格指数
300215	*	*	*	*	*	*	*	*	−0.912	0.068
300490	−0.564	0.069	−0.625	0.069	−0.617	0.065	−0.649	0.063	−0.692	0.054
847130	0.987	1.126	0.989	1.025	0.987	1.106	0.977	1.034	0.983	1.035
847150	0.708	0.971	0.723	0.975	0.706	1.005	0.675	0.887	0.749	0.884
847170	−0.069	1.126	−0.059	1.150	−0.080	1.169	−0.042	0.904	0.007	1.191
847330	0.256	0.319	0.234	0.293	0.275	0.317	0.325	0.317	0.402	0.333
851712	0.966	1.487	0.970	1.160	0.953	1.274	0.957	1.381	0.988	1.326
851762	0.677	0.884	0.696	0.854	0.719	0.891	0.730	0.780	0.731	0.936
851770	0.084	0.326	0.103	0.274	0.108	0.252	0.117	0.237	0.106	0.227
852872	0.994	0.273	0.997	0.599	0.997	0.519	0.993	0.409	0.996	0.641
852990	0.194	0.213	0.213	0.211	0.178	0.117	0.073	0.078	0.006	0.060
880240	−0.971	1.182	−0.933	1.386	−0.939	1.274	−0.967	1.144	−0.964	1.336
880330	−0.236	0.522	−0.230	0.501	−0.149	0.579	−0.209	0.510	−0.154	0.578
901890	−0.093	0.013	−0.141	0.064	−0.166	0.099	−0.197	0.100	*	*

资料来源：UN Comtrade 数据库
* 表示无数据

3. 技术能力变化指数

技术能力变化指数主要反映产业技术投入、产业技术能力和创新活力等指数变化情况。

近年来，中国高技术产业的技术能力有较大提升。从研发投入看，R&D 人员比例和 R&D 经费强度分别从 2012 年的 4.14% 和 1.46% 上升到 2016 年的 4.32% 和 1.58%，年间增幅分别为 1.07% 和 1.99%。同期，中国高技术产业新产品销售率从 23.23% 震荡增加到 28.32%，年均增速为 5.08%。从专利来看，中国高技术产业有效发明专利数和单位主营业务收入对应的有效发明专利数有较快提升，分别从 2012 年的 97 878 件和 0.96 件 / 亿元快速增加到 2016 年的 257 234 件和 1.67 件 / 亿元，年均增幅分别达 27.32% 和 10.67%。值得指出的是，细分产业中，中国航空、航天器及设备制造业技术能力有显著提升，虽然 R&D 人员比例和 R&D 经费强度有所下降，但新产品销售率、有效发明专利数和单位主营业务收入对应的有效发明专利数分别从25.83%、1770件和0.76件/亿元增加到39.14%、6188件和1.63件/亿元，年均增速分别为10.95%、36.74%和21.02%（表7）。

表7 中国高技术产业技术能力指标（2012～2016年）

指标	产业分类	2012年	2013年	2014年	2015年	2016年
R&D人员比例/%	制造业	2.04	2.16	2.23	2.22	2.26
	高技术产业	4.14	4.32	4.32	4.36	4.32
	医药制造业	4.16	4.51	4.65	4.15	4.08
	航空、航天器及设备制造业	10.55	13.09	9.91	10.88	8.78
	电子及通信设备制造业	4.12	4.16	4.23	4.24	4.33
	计算机及办公设备制造业	2.96	2.89	2.98	3.53	3.20
	医疗仪器设备及仪器仪表制造业	4.28	4.83	4.68	4.46	4.42
R&D经费强度/%	制造业	0.70	0.70	0.71	0.75	0.76
	高技术产业	1.46	1.49	1.51	1.59	1.58
	医药制造业	1.24	1.26	1.24	1.27	1.28
	航空、航天器及设备制造业	6.81	5.86	6.10	4.92	4.51
	电子及通信设备制造业	1.62	1.72	1.74	1.76	1.78
	计算机及办公设备制造业	0.72	0.59	0.60	0.82	0.80
	医疗仪器设备及仪器仪表制造业	1.34	1.41	1.30	1.44	1.29
新产品销售率/%	制造业	12.03	12.23	12.54	12.90	13.96
	高技术产业	23.23	25.01	25.79	27.23	28.32
	医药制造业	14.13	14.60	15.53	15.32	15.71
	航空、航天器及设备制造业	25.83	25.10	35.70	37.07	39.14
	电子及通信设备制造业	24.44	30.39	31.16	32.19	33.90
	计算机及办公设备制造业	30.00	24.35	23.88	27.54	26.61
	医疗仪器设备及仪器仪表制造业	15.40	14.03	14.82	14.51	14.63
有效发明专利数/件	制造业	199 128	238 501	303 855	391 732	510 834
	高技术产业	97 878	115 884	147 927	199 728	257 234
	医药制造业	10 073	12 795	16 161	21 563	24 640
	航空、航天器及设备制造业	1 770	2 778	3 485	5 535	6 188
	电子及通信设备制造业	64 603	79 689	105 307	150 004	197 820
	计算机及办公设备制造业	14 922	13 302	12 288	7 721	10 720
	医疗仪器设备及仪器仪表制造业	6 510	7 320	10 686	13 470	15 818

续表

指标	产业分类	2012 年	2013 年	2014 年	2015 年	2016 年
单位主营业务收入对应的有效发明专利数 /（件 / 亿元）	制造业	0.25	0.26	0.31	0.39	0.49
	高技术产业	0.96	1.00	1.16	1.43	1.67
	医药制造业	0.58	0.62	0.69	0.84	0.87
	航空、航天器及设备制造业	0.76	0.97	1.15	1.62	1.63
	电子及通信设备制造业	1.22	1.31	1.56	1.92	2.27
	计算机及办公设备制造业	0.68	0.57	0.52	0.40	0.54
	医疗仪器设备及仪器仪表制造业	0.84	0.83	1.08	1.29	1.36

资料来源：国家统计局，国家发展和改革委员会，科学技术部 . 中国高技术产业统计年鉴 2017. 北京：中国统计出版社，2017

中国高技术产业与发达国家的技术能力差距不断缩小。WIPO 数据显示，中国高技术领域本国专利授权量从 2012 年的 42 918 件快速增长到 2016 年的 73 299 件，年均增幅高达 14.32%；同期，德国、英国高技术领域本国专利授权量仅分别从 2759 件和 754 件震荡增加到 2990 件和 782 件，日本高技术领域本国专利授权量从 75 566 件震荡下降到 57 887 件。但美国本国专利授权量从 2012 年的 67 650 件震荡增加到 85 180 件，虽然年均增速低于中国，但 2016 年本国专利授权总量仍比我国高 16.21%（表 8）。

表 8　世界部分国家高技术领域本国专利授权情况（2012 ～ 2016 年）　　单位：件

国家	2012 年	2013 年	2014 年	2015 年	2016 年
中国	42 918	42 839	44 524	59 078	73 299
德国	2 759	2 700	2 991	2 880	2 990
日本	75 566	76 992	73 399	49 310	57 887
英国	754	679	640	866	782
美国	67 650	75 096	82 739	81 196	85 180

资料来源：根据 WIPO 数据统计获得，http://www.wipo.int/ipstats/en/statistics/pct/，2018-08-22
注：统计的技术领域包括数字通信、电信、基本通信过程、计算机技术、IT 管理方法、光学、生物技术、制药和医药技术、交通、光学等领域

4. 比较优势变化指数

比较优势变化指数反映中国劳动力低成本优势等的变化趋势。

中国高技术产业劳动力成本呈上升态势，但与发达国家相比，比较优势仍然十分显著。2012 年以来，中国制造业每小时人工成本从 3.13 美元快速增加到 2016 年的 4.20 美元，年均增幅达 10.39%。然而，与发达国家相比，中国制造业每小时人工

成本虽然有较快增速，但每小时工资仍仅为德国、日本、英国、美国等发达国家的10%～18%，中国高技术产业仍有着较强的劳动力低成本优势（表9）。

表9　世界部分国家制造业每小时人工成本（2012～2015年）　　单位：美元

国家	2012年	2013年	2014年	2015年
中国	3.13	3.55	3.96	4.20
德国	44.87	48.00	49.33	42.22
日本	35.4	29.1		
英国	30.16	31.25	32.79	31.82
美国	23.00	23.00	23.00	24.00

资料来源：中华人民共和国国家统计局．国际统计年鉴2017.北京：中国统计出版社，2017

综合考察资源转化能力变化指数、市场竞争能力变化指数、技术能力变化指数和比较优势变化指数，可以认为，中国高技术产业国际竞争力呈良性发展态势，资源转化能力和技术能力等均有不同程度提升，劳动力低成本优势仍然显著，部分高技术产品在国际市场竞争力呈上升态势，但医药制造业和医疗仪器设备制造业相关产品在国际市场竞争力仍亟待提升。

六、主要研究结论

综合分析中国高技术产业的竞争实力、竞争潜力、竞争环境和竞争态势，可以得出以下结论。

1. 产业竞争实力总体良好，在若干领域取得技术突破

中国高技术产业盈利能力较强，利润率高于制造业平均水平，但劳动生产率低于制造业平均水平；与美国、德国、日本、俄罗斯相比，部分高技术产品在国际市场具有一定的竞争优势；产业技术能力有所提升，在信息通信、医药、航空航天等领域取得一系列突破性进展；新产品开发能力较强，新产品销售率和新产品出口销售率相对较高。然而，与发达国家相比，中国高技术产业在关键技术领域仍有较大差距。

2. 产业竞争潜力较强，但技术投入和创新活力与发达国家仍有显著差距

中国高技术产业R&D人员和经费投入相对较高，与制造业相比发展优势明显；产业规模较大，发展空间广阔，与发达国家相比劳动力低成本优势显著；创新活力较强，专利申请量和有效发明专利数较高，单位主营业务收入对应有效发明专利数远高于制造业平均水平。然而，中国高技术产业创新活力仍显不足，本国专利申请量在部

分领域与美国仍有一定差距。

3. 产业竞争环境总体向好，创新发展中挑战与机遇并存

全球创新发展版图正处于深度调整的关键时期，美国等发达国家为维持全球竞争优势，通过技术壁垒与贸易壁垒，力图制约新兴国家的发展，以牢牢控制未来竞争制高点。世界主要国家纷纷调整创新战略，数字转型、量子、生命健康、新能源成为各国研究投资重点和新热点。同时，新一代信息技术和生物技术突飞猛进，并与其他产业加速融合，智能经济、生物经济等新经济形态正在形成，高技术产业发展空间不断深化拓展。党的十九大报告提出把发展经济的着力点放在实体经济上，把提高供给体系质量作为主攻方向，显著增强我国经济质量优势，为我国高技术产业跨越发展带来难得机遇。

4. 产业竞争态势逐渐增强，与发达国家差距缩小

中国高技术产业国际竞争力呈良性发展态势，资源转化能力有所增强，产业技术能力大幅提升，部分高技术产品在国际市场上竞争力不断增强，劳动力低成本比较优势仍然显著，高技术领域本国专利授权量有较快增长，总量已超过日本和德国，且与美国差距不断缩小。值得指出的是，中国高技术产品在国际市场竞争能力略有下降，R&D 人员比例、R&D 经费强度和新产品销售率也呈震荡下降态势，未来中国高技术产业实现创新发展，仍有较大提升空间。

参考文献

[1] 陈牧 . 科大“主研”量子计算机诞生 . 新安晚报，2017-05-04，A01 版 .

[2] 科学网 . 2017 年中国十大科技进展 . http://news.sciencenet.cn/htmlnews/2018/1/398736.shtm [2018-08-14].

[3] 邱晨辉 . “墨子号”提前实现三大科学目标——中国领跑 量子技术突破天空限制 . 中国青年报，2017-08-14，第 12 版 .

[4] 新华网 . 中国国产大飞机 C919 成功首飞 . http://www.huaxia.com/xw/rmdj/szrd/5313702.html [2018-08-04].

[5] 穆荣平 . 从两个关系转变看创新驱动发展 . 科技日报，2015-02-08.

[6] 世界银行 . 世界银行公开数据 . https://data.worldbank.org.cn/[2018-08-27].

[7] 经济参考网 . 发改委将全面完善生物经济政策 . http://www.jjckb.cn/2018-06/05/c_137231901.htm [2018-08-27].

[8] Australlian Brain Alliance. World’s brain initiatives move forward together. https://www.brainalliance.org.au/learn/media-releases/worlds-brain-initiatives-move-forward-together/[2018-08-28].

[9] 文部科学省．光・量子飛躍フラッグシップブログラム（Q-LEAP）」について．http：//www.mext.go.jp/b_menu/boshu/detail/1402996.htm[2018-08-28].

[10] MESRI.La Feuille de route nationale des Infrastructures de recherche. http://www.enseignementsup-recherche.gouv.fr/cid70554/la-feuille-de-route-nationale-des-infrastructures-de-recherche.html [2018-08-28].

[11] EPSRC. New projects to harness UK's Digital Manufacturing potential. https://epsrc.ukri.org/newsevents/news/ukdigitalmanufacturing/[2018-08-28].

[12] European Commission. Proposal for a decision of the European Parliament and of the Council on establishing the specific programme implementing Horizon Europe-the Framework Programme for Research and Innovation. https://ec.europa.eu/commission/sites/beta-political/files/budget-may2018-horizon-europe-decision_en.pdf[2018-08-28].

The Evaluation of International Competitiveness of Chinese High Technology Industry

Qu Wan[1, 2], *Lin Jie*[1, 2]

(1. Institutes of Science and Development, Chinese Academy of Sciences;
2. University of Chinese Academy of Sciences)

The paper analyzes the international competitiveness of the Chinese high technology industry from four aspects, including the competitive strength, the competitive potential, the competitive environment, and the competitive tendency. Five industries are involved, namely aircraft and spacecraft, electronic and telecommunication equipments, computers and office equipments, pharmaceuticals, and medical equipments and meters manufacturing. On the basis of statistical data and systematic analysis, four conclusions are drawn as follows:

(1) The competitive strength of Chinese high technology industry develops generally well with technological breakthroughs in certain areas. China's high technology industry has strong profitability, and its profit rate are higher than the manufacturing average. Also the high technology industry's new product development capabilities are strong with high new product sales rate and new product export sales rate.

The technology capabilities have improved with a series of breakthroughs in the field of information and communication，medicine，aerospace and other fields. Compared with the US，Germany，Japan and Russia，some high technology products have certain competition in the international market. However，China's high technology industry still have large gaps in key technology areas compared with developed counties.

（2）The competitive potential is strong，but there is still a significant gap in technology investment and innovation vitality compared with developed countries. China's high technology industry has relatively high R&D input，broad market sizes and low labor cost. However，the innovation vitality of China's high technology industry is still insufficient with certain gap of patent applications in some areas compared with the US.

（3）The competitive environment of China's high technology industry is favorable in general，with significant opportunities and challenges for innovative development. The global innovation and development map is in a critical period of deep adjustment. In order to maintain global competitive advantage，the United States and other developed countries are trying to restrict the development of emerging countries through technical barriers and trade barriers. The major countries in the world have adjusted their innovation strategies one after another. Digital transformation，quantum，life health and new energy have become the new hotspots of research investment in various countries. At the same time，the new generation of information technology and biotechnology are advancing by leaps and bounds，and accelerating integration in other industries. New economic forms such as smart economy and bio-economy are shaping，and the development space of high technology industry is continuously deepening and expanding. The report of the 19th National Congress of the Communist Party of China puts the focus of economic development on the real economy. The improvement of the quality of the supply system is the main direction，which significantly enhances China's economic quality advantages and brings rare opportunities for the development of China's high technology industry.

（4）The competitive tendency of Chinese high technology industry has gradually increased with a narrowing gap between China and developed countries. The industries' resources transform ability and technology ability has been greatly improved，some high technology products have become more competitive in the international market. The labor costs advantages are still significant，the number of patent grants has grown rapidly and has exceeded Japan and Germany. It is worth noting that the competitiveness of high technology products and the R&D input has declined slightly. In the future, China's high technology industry still has room for improvement.

5.2　中国高技术产业创新能力评价

王孝炯

（中国科学院科技战略咨询研究院）

根据国家统计局2017年颁布的《高技术产业（制造业）分类（2017）》，中国高技术产业（制造业）主要包括医药制造业、航空航天器及设备制造业、电子及通信设备制造业、计算机及办公设备制造业、医疗仪器设备及仪器仪表制造业、信息化学品制造业等六个行业[①]。从“十二五”到“十三五”，中国高技术产业（制造业）研发投入快速增长，2016年研发经费投入约2437.61亿元，约是2011年的两倍。2016年，中国高技术产业（制造业）有效发明专利约25.7万件，占全国有效发明专利的23.3%，高技术产业的创新实力领先全国。一批产业前沿技术、关键制造工艺、核心装备得到突破。例如，国产大型客机C919首飞成功，成功研制具有完全自主知识产权的第三代基因测序仪，太空量子通信技术首次实现白天远距离（53km）自由空间量子密钥分发，四川永祥5万t高纯晶硅生产线打破我国多晶硅严重依赖进口的状况。一批创新型企业不断涌现，根据英国权威机构评选出“2018全球100个最有价值的科技品牌榜”，阿里、腾讯、华为等18个中国品牌上榜，寒武纪、深鉴科技等一大批新兴企业深耕细分领域，巨大的创新潜力正在释放。

总体看来，“十二五”到“十三五”时期，是中国高技术产业（制造业）实现高质量发展的关键时期，对产业创新能力进行比较分析，特别是总结制约产业创新能力提升的关键问题并提出对策建议，对于增强中国高技术产业（制造业）竞争力具有重要意义。本文在有关研究基础上，构建了产业创新能力测度指标体系，从创新实力和

① 由于《中国高技术产业统计年鉴2017》中信息化学品制造业的数据缺失较多，本文将主要分析医药制造业、航空航天器及设备制造业、电子及通信设备制造业、计算机及办公设备制造业、医疗仪器设备及仪器仪表制造业的创新能力。

创新效力两个维度系统评估中国高技术产业（制造业）的创新能力以及创新发展环境。本文选择了近五年的数据，考虑到数据的可获得性，重点针对 2012 ～ 2016 年的产业数据进行了分析，并提出了未来促进中国高技术产业（制造业）创新发展的政策建议。

一、中国高技术产业（制造业）创新能力测度指标体系

中国高技术产业（制造业）创新能力是指中国高技术产业（制造业）在一定发展环境和条件下，从事技术发明、技术扩散、技术成果商业化等活动，获取经济收益的能力。简而言之，是指产业整合创新资源并将其转化为财富的能力。本文在制造业创新能力评价指标体系基础上[1]，综合考虑数据的可获得性和产业基本特征，建立了中国高技术产业（制造业）创新能力测度指标体系，从创新实力和创新效力 2 个方面表征创新能力。中国高技术产业（制造业）创新实力主要反映制造业创新活动规模，涉及创新投入实力、创新产出实力和创新绩效实力等三类 8 个总量指标。中国高技术产业（制造业）创新效力主要反映创新活动效率和效益，涉及创新投入效力、创新产出效力和创新绩效效力等三类 9 个相对量指标，指标及其权重如表 1 所示。

表 1　中国高技术产业（制造业）创新能力测度指标体系

一级指标	权重	二级指标	权重	三级指标	权重
创新实力指数	0.5	创新投入实力指数	0.25	R&D 人员全时当量	0.3
				R&D 经费内部支出	0.3
				引进技术消化吸收经费支出	0.25
				企业办研发机构数	0.15
		创新产出实力指数	0.35	有效发明专利数	0.4
				发明专利申请数	0.6
		创新绩效实力指数	0.4	利润总额	0.5
				新产品销售收入	0.5
创新效力指数	0.5	创新投入效力指数	0.25	R&D 人员占从业人员的比例	0.3
				R&D 经费内部支出占主营业务收入的比例	0.3
				消化吸收经费与技术引进经费的比例	0.25
				设立研发机构的企业占全部企业的比例	0.15
		创新产出效力指数	0.35	平均每个企业拥有发明专利数	0.4
				平均每万名 R&D 人员的发明专利申请数	0.3
				单位 R&D 经费的发明专利申请数	0.3
		创新绩效效力指数	0.4	利润总额占主营业务收入的比例	0.5
				新产品销售收入占主营业务收入的比例	0.5

为方便对中国高技术产业（制造业）各项指标进行纵向比较，本文采用极值法对每项指标的原始数据进行了标准化处理。此后，本文按照创新能力测度指标体系，采用加权求和方法，对标准化后的数据进行加权汇总，得出中国高技术产业（制造业）创新能力指数。上述方法旨在对中国高技术产业（制造业）创新能力的历史变化趋势做一个整体评判，历年指数数值的大小仅供作相对趋势判断使用，数值差距并无绝对意义。

二、中国高技术产业（制造业）创新能力

2012 ～ 2016 年，中国高技术产业（制造业）创新能力指数呈快速上升趋势，由 2012 年的 22.68 增长到 2016 年的 72.86，如图 1 所示。

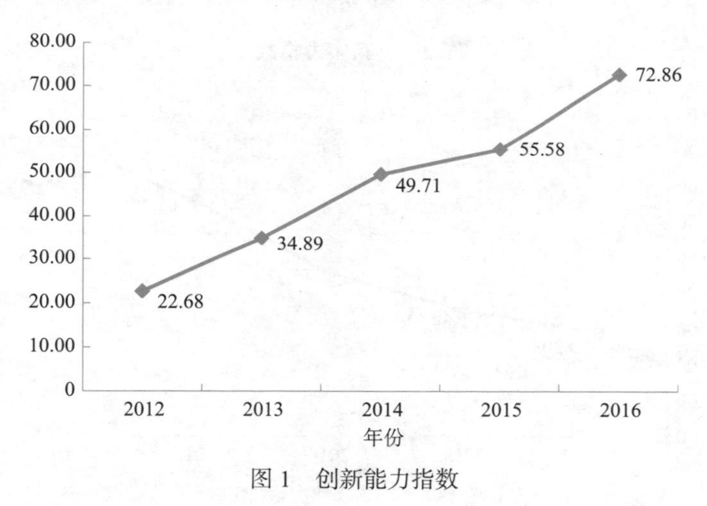

图 1　创新能力指数

（一）创新实力

创新实力采用创新投入实力、创新产出实力和创新绩效实力三个方面 8 个总量指标表征。2012 年以来，中国高技术产业（制造业）创新实力指数呈高速增长态势，由 2012 年的 14.10 增长到 2016 年的 82.00，如图 2 所示。

1. 创新投入实力

创新投入实力采用研发人员全时当量、研发经费内部支出、引进技术消化吸收经费支出、企业办研发机构数等 4 个指标表征。2012 ～ 2016 年，中国高技术产业（制造业）创新投入实力指数呈现快速上升趋势，由 2012 年的 29.20 增长到 2016 年的 81.71，如图 3 所示。

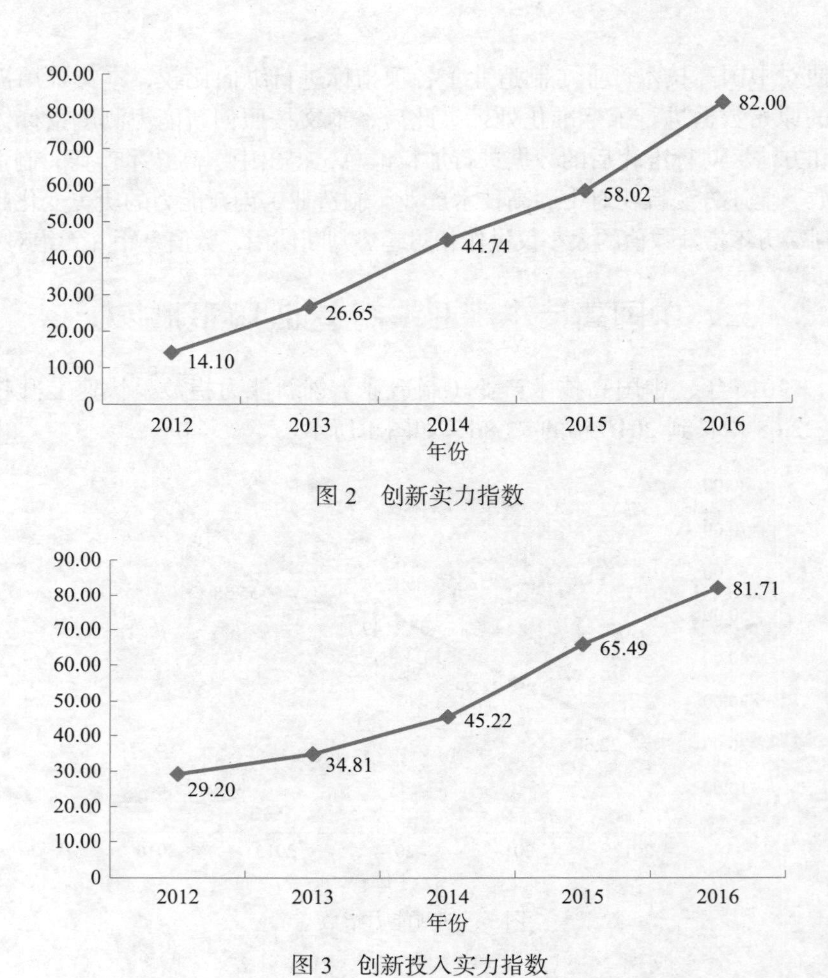

图 2　创新实力指数

图 3　创新投入实力指数

如图 4 所示，2016 年中国高技术产业（制造业）研发经费支出达到 2437.61 亿元，是 2012 年的 1.6 倍，2012 ～ 2016 年，中国高技术产业（制造业）研发经费支出年平均增速达到了 13.1%。其中，电子及通信设备制造业研发经费支出最高，2016 年达到 1555.87 亿元，占高技术产业（制造业）的 63.82%，平均年增长速度也是最高，比全行业平均值高 3 个百分点；医药制造业研发经费支出排名第二，2016 年约为 359.86 亿元，占高技术产业（制造业）的 14.76%。航空航天器及设备制造业、计算机及办公设备制造业、医疗仪器设备及仪器仪表制造业等三个行业的研发经费支出接近，2016 年分别为 171.46、157.67 和 150.12 亿元。其中，计算机及办公设备制造业的研发经费支出还出现了下降，年均增长率为 −0.1%，远低于全行业 13.1% 的增速。

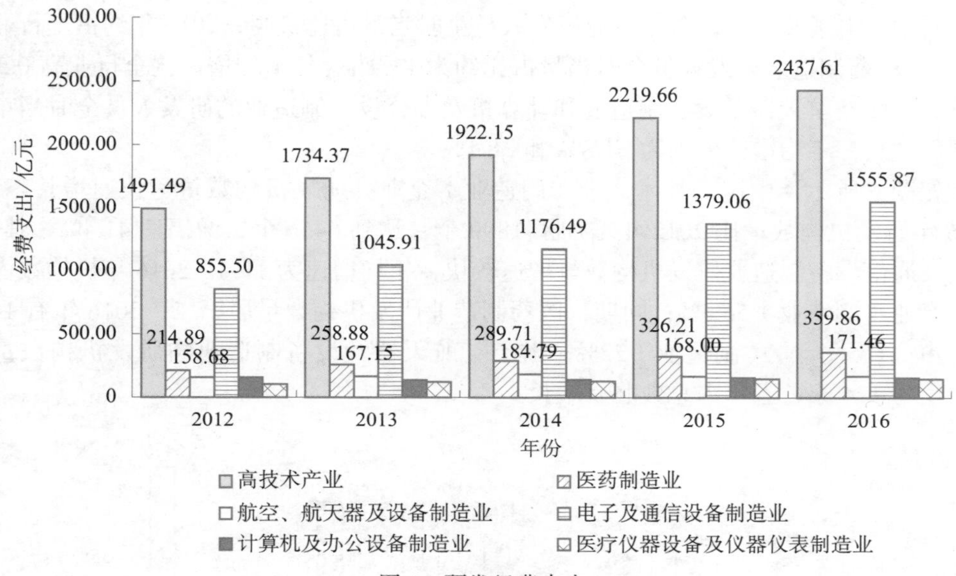

图 4　研发经费支出

如图 5 所示，2012 ～ 2016 年，中国高技术产业（制造业）研发人员全时当量呈现先增后减的趋势，年平均增速约为 2.5%。2015 年，全行业研发人员全时当量达到 59 万人 · 年的峰值，比 2012 年增加了 12.2%，2016 年则比 2015 年减少了 1 万 · 人

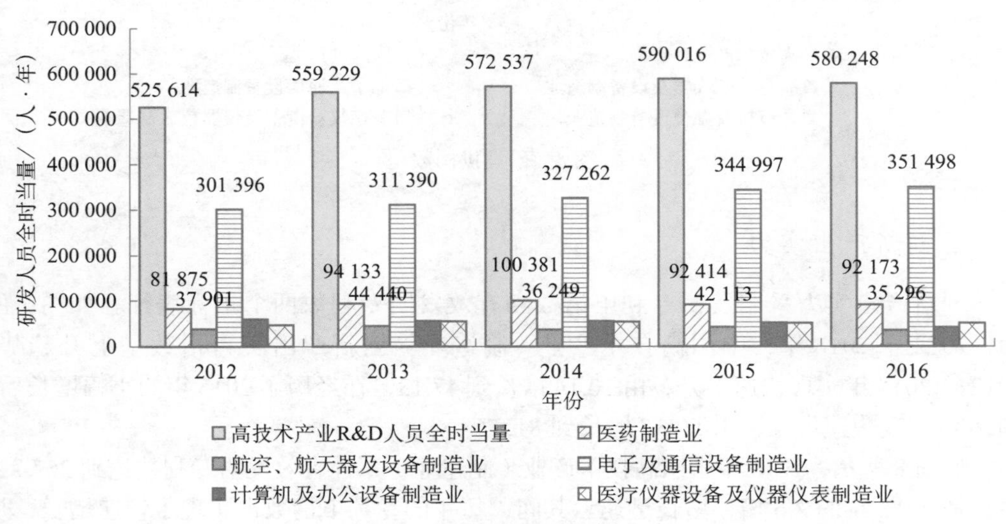

图 5　研发人员全时当量

年。其中，电子及通信设备制造业研发人员全时当量占比最高，2016 年约占全行业的 60.6%；医药制造业研发人员全时当量占比约为 15.9%，年平均增速比全行业高 0.5 个百分点；航空航天器及设备制造业和计算机及办公设备制造业的研发人员全时当量均出现负增长，年均增速分别为 −1.8% 和 −8.1%。

如图 6 所示，中国高技术产业（制造业）企业办研发机构数量呈快速增长态势，2016 年研发机构数量比 2012 年增加了 1890 个，达到 6456 个，增幅达 41.4%。其中，电子及通信设备制造业研发机构数量增速较快，年均增速为 11%，2016 年机构数占高技术产业（制造业）55.5%；同期，医药制造业研发机构数量居第二，2016 年有 1418 家，占高技术产业（制造业）22%；航空、航天器及设备制造业的研发机构数量最少，仅为 124 家，五年内总数略有增长。

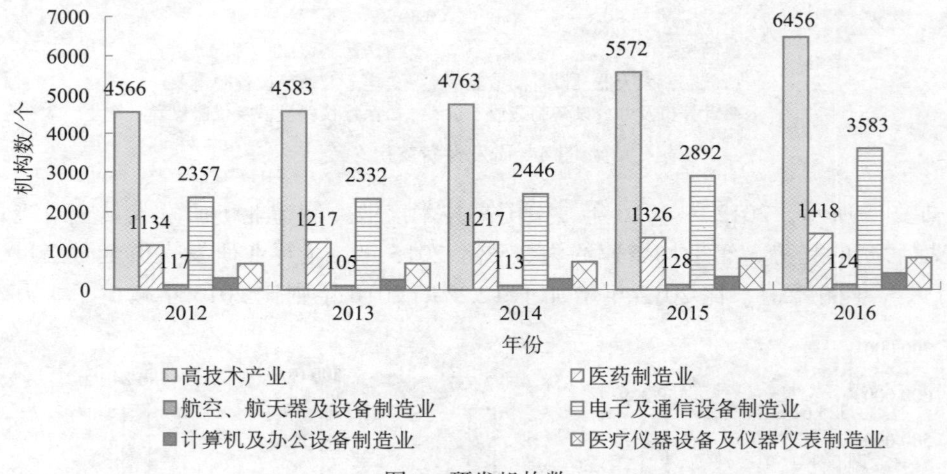

图 6　研发机构数

2. 创新产出实力

创新产出实力采用发明专利申请数和有效发明专利数两个指标表征。如图 7 所示，2012 ～ 2016 年，中国高技术产业（制造业）创新产出实力指数呈上升趋势，2012 ～ 2014 年实现快速上升，由 10.14 增长到 47.13，在经历了 2015 年的小幅增长后，2016 年实现快速增长，由 50.37 增长到 81.87。

如图 8 所示，2016 年中国高技术产业（制造业）累计有效发明专利数达到 257 234 件，是 2012 年的 2.6 倍，增长迅速。其间，每年的专利申请数也实现了快速增长，从 2012 年 97 200 件增长到 2016 年的 131 680 件，增长了 35.5%。

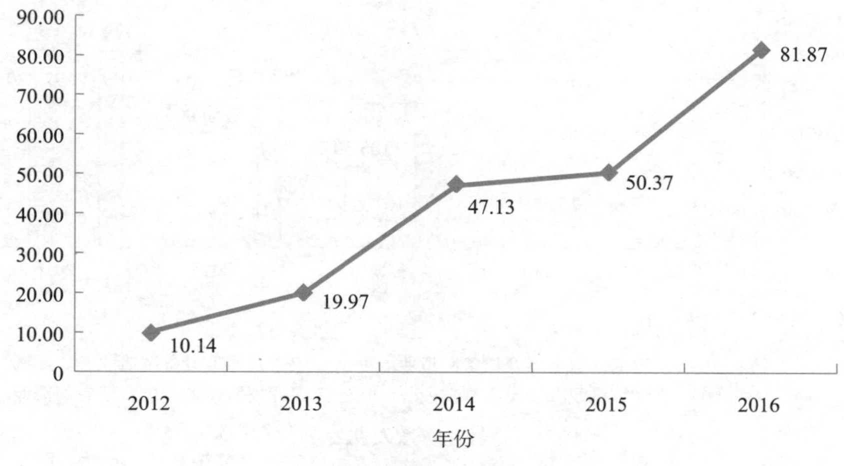

图 7 创新产出实力指数

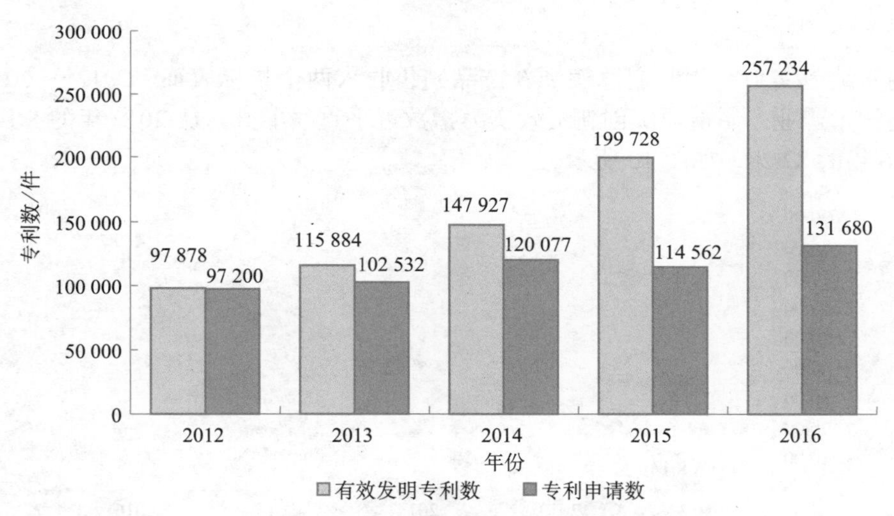

图 8 有效发明专利数和发明专利申请数

如图 9 所示，分行业看，电子及通信设备制造业有效发明专利数量最多，2016 年达到 197 820 件，占高技术产业（制造业）76.9%，是 2012 年的 3.1 倍；其次是医药制造业，2016 年拥有有效发明专利达 24 640 件，占高技术产业（制造业）9.6%，是 2012 年的 2.4 倍；医疗仪器设备及仪器仪表制造业和航空、航天器及设备制造业占比较低，但是实现了高速增长，2016 年同比 2012 年分别增长了 143% 和 249.6%；与其他行业相反的是计算机及办公设备制造业有效发明专利大幅下降，2016 年仅为 2012 年的 71.8%。

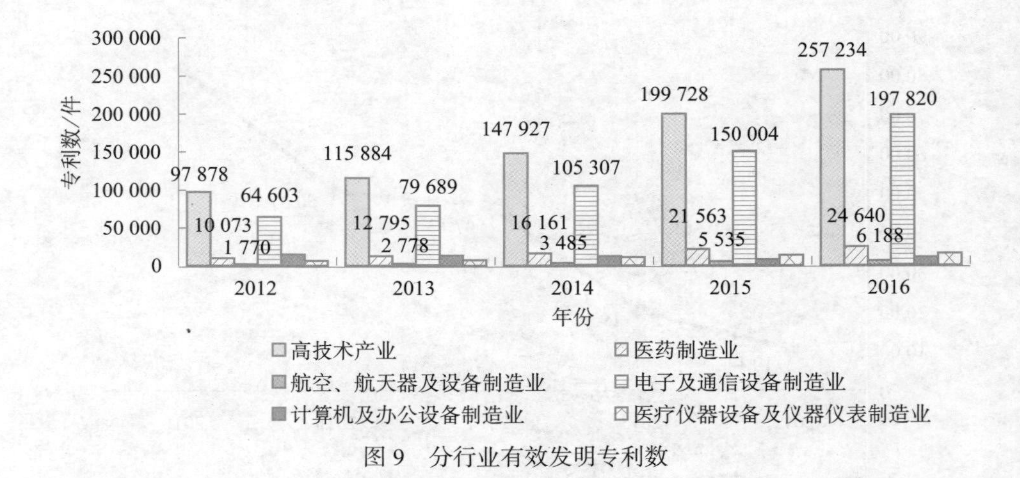

图 9　分行业有效发明专利数

3. 创新绩效实力

创新绩效实力采用利润总额和新产品销售收入两个指标表征。2012 ～ 2016 年，中国高技术产业（制造业）创新绩效实力指数近乎直线上升，从 2012 年的 8.14 增长到 2016 年的 82.28，如图 10 所示。

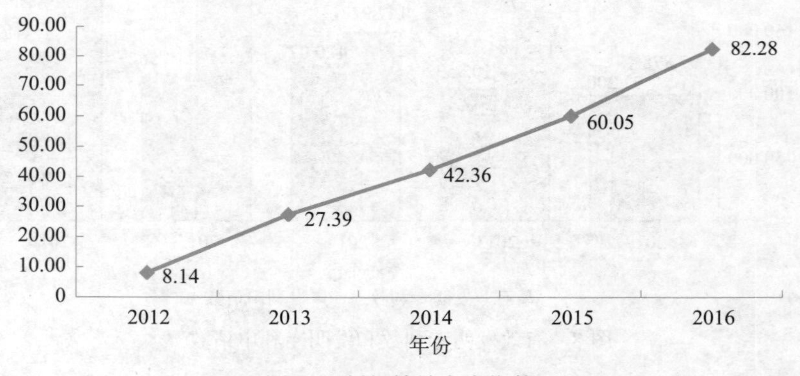

图 10　创新绩效实力指数

如图 11 所示，2012 ～ 2016 年中国高技术产业（制造业）的利润总额呈现快速增长态势，行业年均增长率达到 13.6%，2016 年利润总额达到 10 301.8 亿元。分行业看，按照年均增长率排序分别为航空航天器及设备制造业、电子及通信设备制造业、医药制造业、医疗仪器设备及仪器仪表制造业和计算机及办公设备制造业，分别为 16.5%、15.8%、13.7%、10.8%、0.9%，计算机及办公设备制造业利润几乎没有增长。

其中，电子及通信设备制造业利润总额最高，2016 年达到 4821.7 亿元，占全行业利润近一半。医药制造业虽相对规模较小，但利润总额也达到 3115.0 亿元，占高技术产业（制造业）的三成。

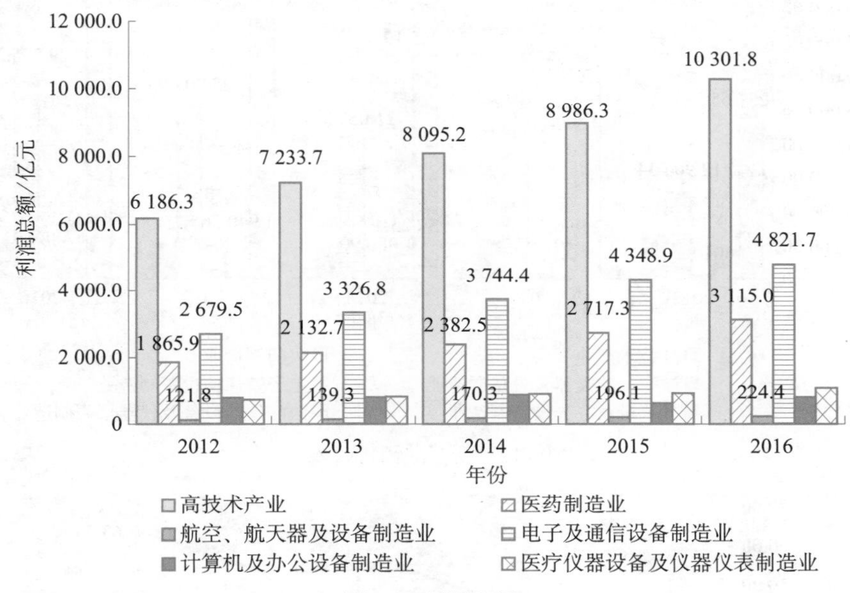

图 11　利润总额

如图 12 所示，2012 ～ 2016 年中国高技术产业（制造业）的新产品销售收入呈现高速增长态势，年均增长率约为 16.4%，2016 年新产品销售收入达到 43 559.24 亿元，是 2012 年的 1.83 倍。分行业看，按照年均增长率排序分别为航空航天器及设备制造业、电子及通信设备制造业、医药制造业、医疗仪器设备及仪器仪表制造业和计算机及办公设备制造业，分别为 25.4%、23.1%、16.0%、9.2%、−5.6%。其中，电子及通信设备制造业新产品销售收入最高，2016 年达到 29 595.21 亿元，同比 2012 年增长了 129.3%。与其他行业不同的是，计算机及办公设备制造业新产品销售收入出现负增长。

（二）创新效力

创新效力采用创新投入效力、创新产出效力和创新绩效效力三个方面 9 个相对量指标表征。如图 13 所示，2012 ～ 2016 年我国中国高技术产业（制造业）创新效力指数呈现出震荡上升态势，2012 ～ 2014 年，基本处于上升趋势，从 31.26 增长到

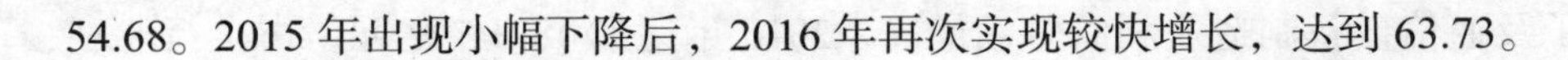

54.68。2015 年出现小幅下降后，2016 年再次实现较快增长，达到 63.73。

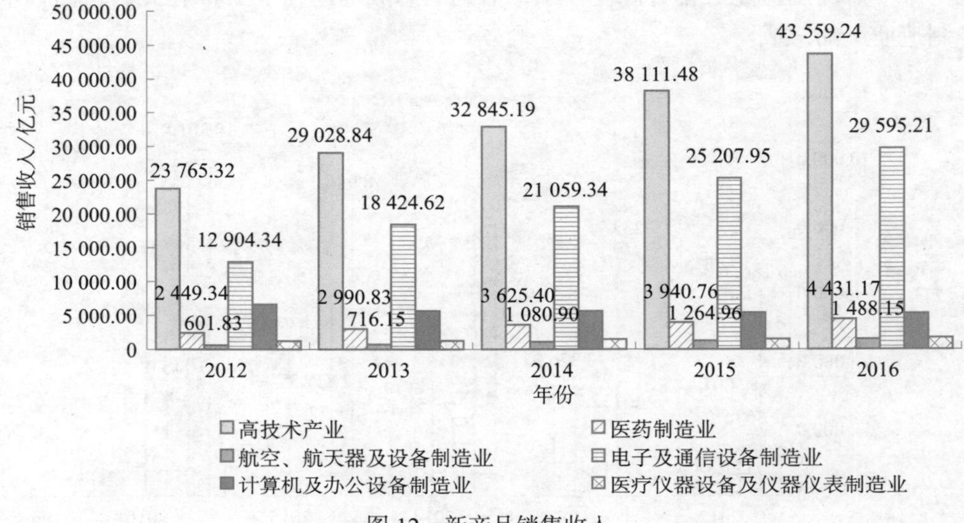

图 12　新产品销售收入

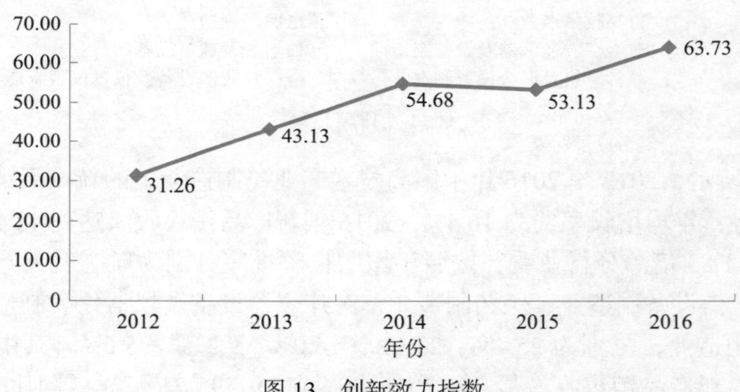

图 13　创新效力指数

1. 创新投入效力

创新投入效力指数采用研发人员占从业人员比例、研发经费内部支出占主营业务收入比例、消化吸收经费与技术引进经费比例、设立研发机构的企业占全部企业的比例等 4 个指标表征。如图 14 所示，与创新效力走势不同的是，2012 ～ 2016 年中国高技术产业（制造业）创新投入效力指数整体呈现先升后降的走势，2015 年达到 65.18 的最高值，2016 年下降到 54.53。

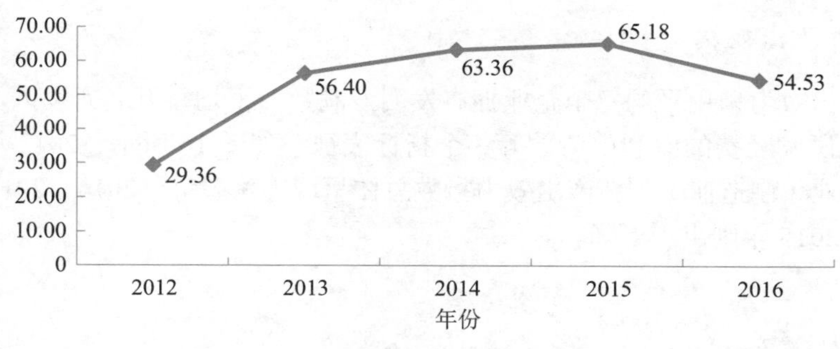

图 14 创新投入效力指数

如图 15 所示，分指标看，2012 ～ 2016 年 R&D 人员占从业人员比例、R&D 经费内部支出占主营业务收入比例、设立研发机构的企业占全部企业的比例基本呈现稳步增长。R&D 人员占从业人员比例从 2012 年的 4.2% 增长到 2016 年的 5.4%，从业人员结构逐步变化；R&D 经费内部支出占主营业务收入比例基本处于 1.5% 到 1.6% 之间；设立研发机构的企业呈现先降后增的态势，2016 年设立研发机构的企业已经达到 21%。同期，对创新投入效力指数增长产生较大影响的是消化吸收经费与技术引进经费的比例，该指标在 2012 ～ 2014 年实现高速增长，从 12.7% 增长到 26.3%。此后，2015 ～ 2016 年出现大幅下降，2016 年剧降到 7.8%。

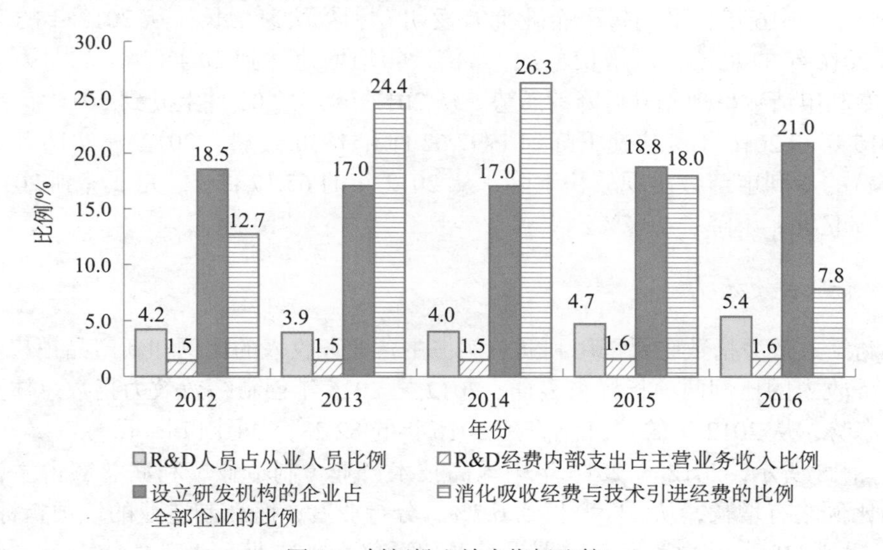

图 15 创新投入效力指标比较

2. 创新产出效力

创新产出效力采用平均每个企业拥有发明专利数、平均每万名研发人员的专利申请数、单位研发经费的专利申请数等 3 个指标表征。如图 16 所示，2012 年以来，中国高技术产业（制造业）创新产出效力指数总体呈现震荡态势，2014、2016 年实现上升，2013、2015 年则出现下降。

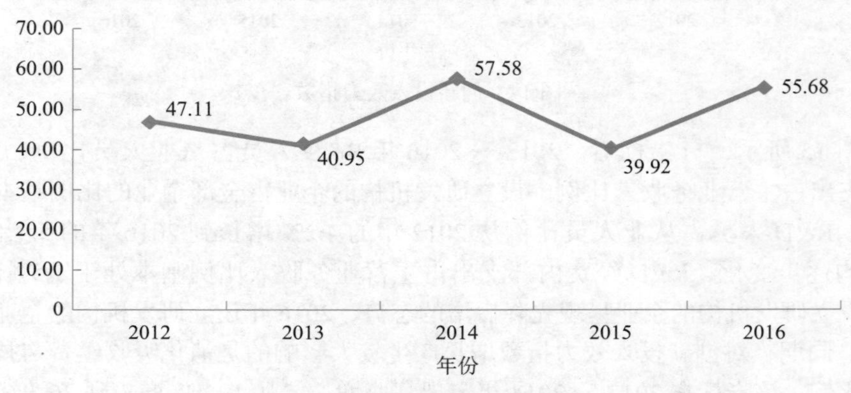

图 16 创新产出效力指数

2012 ～ 2016 年，平均每个企业拥有发明专利数快速增长，从 2012 年的 3.97 件上升到 2016 年的 8.35 件，增长了约 1.1 倍，年均增速达到 20.4%。平均每万名研发人员的专利申请数呈现先升后降的态势，从 2012 年 1812.02 件上升到 2014 年 2259.89 件，2015 年和 2016 年则快速下降到 1797.62 件和 1830.51 件。2012 ～ 2016 年，单位研发经费的专利申请数出现较快下降，从 2012 年的 65.17 件 / 亿元下降到 2016 年的 52.02 件 / 亿元，下降了 20.2%。

3. 创新绩效效力

创新绩效效力指数主要采用利润总额占主营业务收入的比例和新产品销售收入占主营业务收入的比例两项指标来表征。2012 ～ 2016 年创新绩效效力指数总体呈现直线增长态势，从 2012 年的 8.14 上升到 2016 年的 82.28，如图 17 所示。

如图 18 所示，2012 ～ 2016 年中国高技术产业（制造业）利润总额占主营业务收入的比例略有增长，从 6% 增长到 6.7%。分行业看，医药制造业的该项指标最高，2016 年达到 11%，其次为医疗仪器设备及仪器仪表制造业，达到 9.4%。航空航天器及设备制造业、电子及通信设备制造业、计算机及办公设备制造业相似，2016 年利润总额占主营业务收入的比例基本在 4.1% ～ 5.9%。

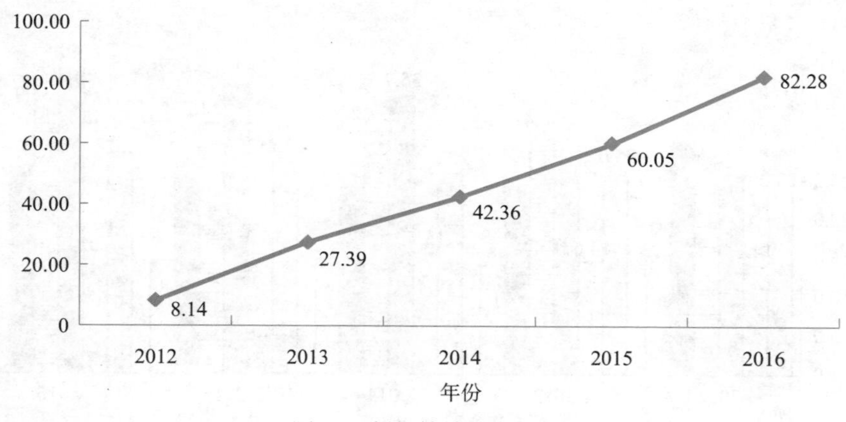

图 17　创新绩效效力指数

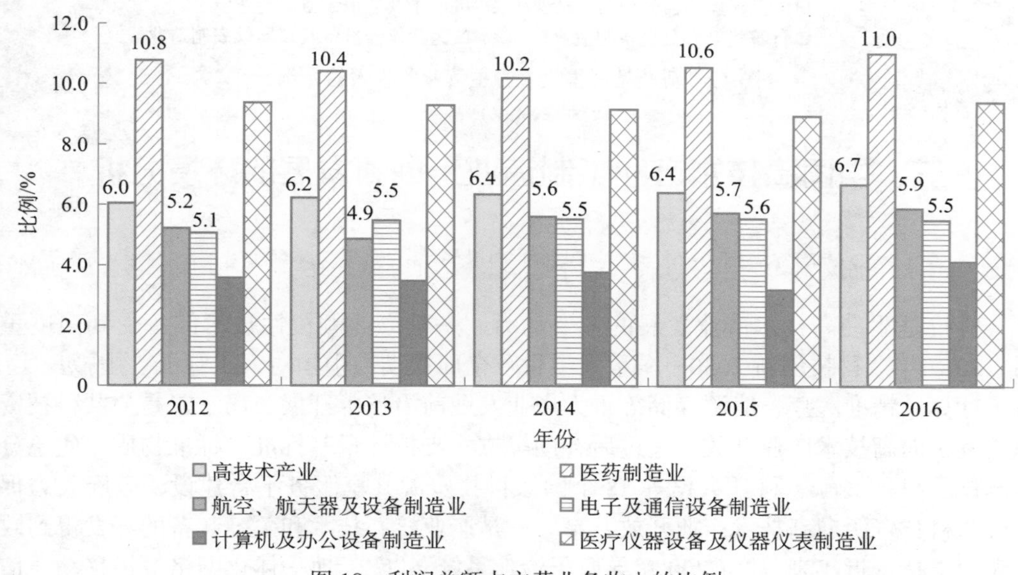

图 18　利润总额占主营业务收入的比例

中国高技术产业（制造业）新产品销售收入占主营业务收入比例在 2012 ～ 2016 年呈现快速上升态势，2016 年比 2012 年上升了 5.1 个百分点。分行业，2016 年该指标的排序分别为航空航天器及设备制造业、电子及通信设备制造业、计算机及办公设备制造业、医药制造业、医疗仪器设备及仪器仪表制造业，分别为 39.1%、33.9%、26.6%、15.7%、14.6%，如图 19 所示。

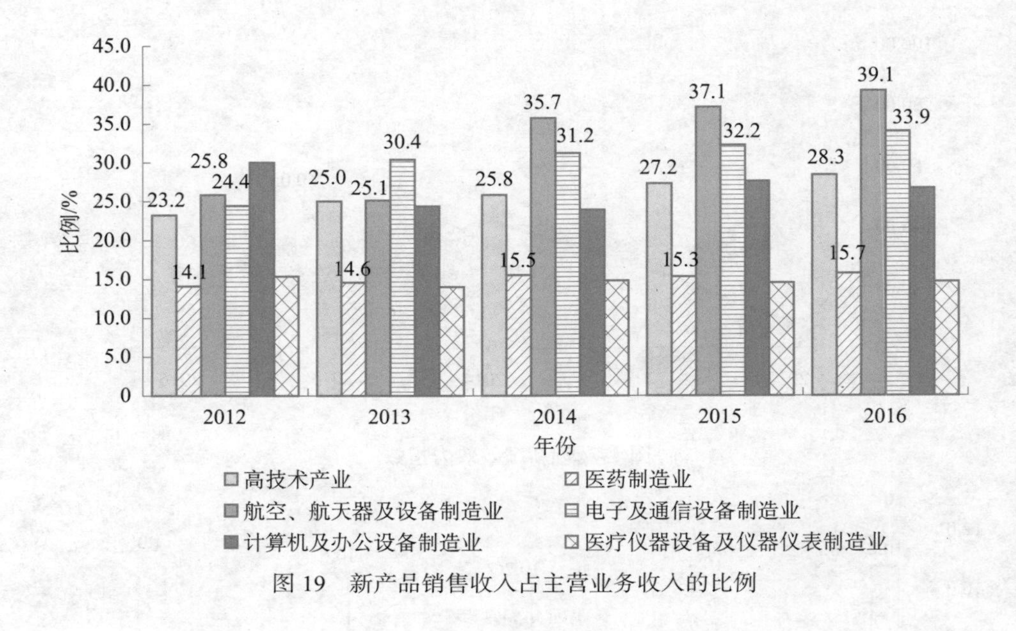

图 19　新产品销售收入占主营业务收入的比例

三、中国高技术产业（制造业）创新发展的环境分析

（一）高技术产业发展所需的科技资源供给得到进一步加强

科技是驱动高技术产业发展的主要动力。一是产业颠覆性技术储备受到高度重视。2017 年“科技创新 2030——重大项目”全面启动，中国对人工智能、虚拟现实、量子计算、精准医疗、能源存储等重大产业发展前沿技术开展布局。二是公共科技资源正逐步向高技术产业开放。通过后补助等方式支持计量基标准、标准物质、应急分析测试、科技文献、科学数据等 28 个国家科技资源共享服务平台建设，政府大力促进公共科技资源向高技术产业开放共享。三是产业核心技术和关键装备的开发得到政府大力支持。近年来，“SC200 超导质子治疗系统”“空天地一体化网络卫星移动通信终端芯片研发及产业化”等一批科技成果转移转化重点专项项目得以实施，高技术产业发展所需的关键核心技术实现突破。

（二）支撑高技术产业发展的创新平台布局进一步完善

创新平台是产业与科研之间的“桥梁”，是实现工程化、产品化、规模化的重要载体。产业创新平台方面，截至 2017 年底，中国已建成国家工程研究中心 131 家，国家工程实验室217家，国地联合工程研究中心（国地联合工程实验室）896家，“十三五”以来上述创新平台合计新增290家，不仅覆盖了光纤通信、传感器等高技术产业传统领域，同时也对大数据等新兴领域进行了布局。企业创新平台方面，截至2017年底，累计认定国家级企业技术中心1276家，互联网+、数字经济等领域的企业创新平台建设得到优先支持，高技术企业技术创新能力得到进一步提升。

（三）高技术产业创新发展的活力得到进一步激发

创新创业活动是高技术产业发展的活力源泉，是产业迭代的重要方式。2015年政府工作报告提出“大众创业，万众创新”（简称双创）以来，中国采用多种方式推动双创活动。例如，制定出台了《关于强化实施创新驱动发展战略进一步推进大众创业万众创新深入发展的意见》等一系列政策文件，明确了双创工作的顶层设计方案。截至2017年底批复建设双创示范基地总数达到120家，推动建设大企业双创平台和国家小型微型企业创业创新示范基地，制定国家专业化众创空间工作方案，为推动双创搭建了良好平台。国家新兴产业创业投资引导基金成功参股上百只创业投资子基金，为推动双创提供了有力的金融支持。成功举办全国双创活动周和“创响中国”等系列活动，在全国营造了有利于创新创业的良好氛围。总体看来，双创政策的深入推广，为高技术产业的创新创业发展营造了良好环境，为产业技术升级、产品创新、人才培养注入巨大活力。

（四）有利于高技术产业发展的科技成果转移转化制度进一步完善

科技成果转移转化制度是科技资源支撑高技术产业发展的重要保障。近年来，中国加大对制度堵点、难点的改革力度。例如，2017年印发《国家技术转移体系建设方案》，加强对技术转移和成果转化工作的系统设计，形成体系化推进格局，进一步推动科技成果加快转化为高技术产业发展的现实动力。有关部门正在开展《专利法》相关条款、科技成果评估备案管理相关规定的修订，打通科技成果转化的关键堵点。部分区域开展了改革试点，浙江国家科技成果转移转化示范区率先修订《浙江促进科技成果转化条例》，探索限时转化财政资金形成的科技成果。

（五）高技术产业知识产权保护和运用环境得到进一步改善

知识产权保护与运用环境对鼓励高技术产业发展、激励产业技术创新具有重要意义，近年中国在相关环境营造方面开展了大量工作。一是在国际市场上强化中国高技术产业的知识产权维权。例如，实施出口知识产权优势企业培塑计划，开展“龙腾”专项行动，对确定的150家中国出口企业的2000多项知识产权实施重点保护，并依托知识产权公共服务平台加强对企业的指导与培训，促进高技术产业企业提升海外知识产权预警分析能力。二是在国内打造严格的知识产权保护环境。例如，2018年多部门拟联合签署《关于对故意侵犯知识产权严重失信主体开展联合惩戒的合作备忘录》，对故意侵犯知识产权行为的主体制定了相关惩戒措施，建立良好的维权长效机制。三是加快推动知识产权服务体系建设，加大知识产权服务机构的培育力度，继续开展知识产权分析评议示范创建机构和示范机构的遴选和培育工作，为高技术产业提供相关服务保障。

四、主要问题及建议

（一）主要问题

综合中国高技术产业（制造业）创新能力评价和创新发展环境分析，我们认为当前高技术产业（制造业）还面临以下突出问题：

一是整体产业技术创新实力还有巨大差距。与世界高技术产业的先进水平相比，我国高技术产业大而不强、受制于人的问题尤为突出。例如，电子及通信设备制造业是高技术产业中创新实力最强的行业，2016年研发经费内部支出占高技术产业的63.8%，研发人员全时当量占高技术产业的60.6%，利润总额占高技术产业的46.8%，但是以中兴制裁事件为代表，突显出该行业光刻机、芯片等关键设备、产品受制于人的情势愈演愈烈。部分行业甚至出现创新实力下降。例如，2012～2016年计算机及办公设备制造业研发人员全时当量出现8.1%的负增长，2016年仅为2012年的71.2%，有效发明专利仅为2012年的71.8%，其结果是2012～2016年该行业利润总额几乎没有增长，新产品销售收入出现5.6%的负增长。

二是高技术产业创新投入效力与产出效力亟待提高。创新投入效力方面，重引进轻消化的问题依然严重。例如，2016年消化吸收经费与技术引进经费的比例仅为7.8%，比2014年的最高值降低了18.5%。创新产出效力方面，2016年平均每万名研发人员的专利申请数为1830.51件，相比2014年的2259.89件，减少了429.38件；单位研发经费的专利申请数则从2012年的65.17件/亿元下降到2016年的52.02件/亿元，下降了20.2%，产业创新效力有逐步变弱的趋势。

三是产业创新平台的组织方式和管理水平亟待提高。部分产业创新平台的基础条件和研发能力不足，难以满足产业需要，一些平台的组织模式和利益分配机制设计不合理，产业链上下游参与积极性不高。部分双创服务平台尚未形成可持续发展能力，在政策补贴减弱的情况，如何推动双创服务平台从政府拿补贴变为向市场要收入，成为亟待解决的问题。

四是鼓励产业创新的体制机制有待完善。知识产权制度是激励创新的根本制度，但是企业知识产权维权难、维权成本高等问题依然存在，加大知识产权执法力度迫在眉睫。金融是产业创新发展的血液，然而高技术产业企业以知识产权为重要资产，在传统金融体系下，作为轻资产企业面临着融资难、融资贵等问题尚未解决。

五是产业创新人才培养与储备不足。人才是产业创新的灵魂，多地多个产业反映创新人才缺乏。例如，目前国内多个省市上马 12in 半导体生产线，而高校集成电路专业人才培养落后于产业发展，难以满足产业发展需求，产业核心领军人才长期缺乏，亟待加快培养和引进。

（二）政策建议

为进一步提升中国高技术产业（制造业）创新能力，提出以下政策建议：

一是建议加快发展自主可控的产业核心技术。开展高技术产业（制造业）领跑、并跑、跟跑技术与专利布局的研究，围绕国际竞争形势和产业发展方向，对制约我国高技术产业（制造业）发展的关键技术、专利、标准、材料、器件、设备进行深入研究，制定高技术产业优先支持清单。选择若干急需支持的关键技术领域，以社会资金为主体，开展可持续的财政支持。例如，在集成电路领域，支持国产装备、关键材料及工艺的规模化验证，探索基于国产装备建设大规模集成电路生产线的可行性。

二是建议优化创新平台的组织管理模式。通过组建产业创新中心等方式，鼓励采用产业链上下游联合开发模式，研发行业特色技术和非对称技术。鼓励采用专利池等利益共享方式，支持竞争性龙头企业联合开发竞争前的共性技术。鼓励各类专业化的高技术产业（制造业）双创平台发展，推动技术创新成为双创平台的主要发展模式。

三是建议针对不同创新主体完善创新激励机制。针对企业，建议加大知识产权侵权的惩罚力度，特别是修订《专利法》，设计科学的惩罚性赔偿制度，加大恶意侵犯知识产权的违法成本。针对高校科研院所，建议降低工程技术类科研项目经费支持，通过财政补贴企业科研项目的方式，鼓励高校科研院所为企业需求直接服务。

四是建议推动金融体系与高技术产业融合发展。建议围绕高技术产业的核心资产——知识产权，探索知识产权信托、知识产权证券化等新型金融产品，加大对高技术产业的金融支持力度。建议加大科技银行、科技保险、科技担保等新型金融机构的建设力度，推动针对高技术产业的“投贷保担”联动模式的发展。

五是建议加大各类创新创业人才的培养和引进力度。建议对于关系国家经济安全的、急需发展的高技术产业，重点鼓励大型龙头企业自主培养人才，探索通过公共服务平台为中小企业培训专业技术人才。建议探索技术移民、国际人才税收减免等改革举措，加快引进产业发展急需的国际人才。

参考文献

[1] 中国科学院创新发展研究中心 .2009 中国创新发展报告 . 北京：科学出版社，2009.

The Evaluation of Innovation Capacity of Chinese High Technology Industry

Wang Xiaojiong
(Institutes of Science and Development，Chinese Academy of Sciences)

The paper analyzes the innovation capacity of the High Technology Industry (HTI) in China with the analysis framework which consists of innovation strength and innovation effectiveness. The innovation strength and the innovation effectiveness are both described from three aspects，namely：innovation input，innovation output and innovation performance. HTI comprises manufacture of medicines，manufacture of aircrafts and spacecrafts and related equipment，manufacture of electronic equipment and communication equipment，manufacture of computers and office equipment，manufacture of medical equipments and measuring instrument. On the basis of statistical data and systematic analysis，the paper generates the following points.

Firstly，innovation capacity of HTI in China obviously strengthened from 2012 to 2016 owing to the increase of innovation strength and innovation effectiveness. Secondly，although most industries' innovation strength increases quickly，some industry such as manufacture of computers and office equipment's innovation strength become weaker. Thirdly，some indicators of HTI innovation effectiveness show a fall. For example，application of patent per 10 000 R&D personnel decrease from 2260 in 2014 to 1830 in 2016. Application of patent per 100 million R&D expenditure decreases from 65 in 2012 to 52 in 2016.

In order to enhance the innovation capacity of HTI，five suggestions are proposed as followed：① to strengthen the support of key technology areas；② to change the organization and management mode of innovation platform；③ to perfect the incentive mechanism of innovation；④ to integrate the financial system and high technology industry；⑤ to train and introduce innovative talents.

第六章

高技术与社会

High Technology and Society

6.1 纳米生物学的科学意义与社会价值

赵 超[1] 焦 健[1] 胡志刚[2] 范克龙[3] 杜 鹏[1]
梁兴杰[4] 阎锡蕴[3*]

（1. 中国科学院科技战略咨询研究院；2. 大连理工大学科学学与科技管理研究所；3. 中国科学院生物物理研究所；4. 国家纳米科学中心）

一、纳米生物学：一个方兴未艾的研究领域

近十几年来，作为一门在纳米水平上阐明生物分子作用规律的新兴交叉学科，纳米生物学（nano-biology）正逐渐成长为微观生物学领域里最具研究潜力的分支之一。与传统生物学往往将其研究尺度聚焦于细胞层面不同，纳米生物学将研究视角置于更为微观的纳米层面，通过对生物大分子超微结构的解析和操纵，来认识它们在生命现象中的作用及其与疾病的关系。同时，作为纳米技术在生命科学领域的运用，纳米生物学不仅仅是学院科学（academic science）的组成部分，也致力于解决技术层面上的问题，根据生命物质在纳米层面上表现出来的各种性质，通过操纵和制备人工纳米结构，来尝试在材料领域实现有效的研究创新，进而实现在医疗等领域中的应用。在科学技术不断发展的今天，纳米生物学已渗透到生物学研究的各个领域，将日益发挥其独特的作用和难以替代的功能。

根据文献计量分析，1991 年至今，世界范围内纳米生物学领域的发文量呈直线上升趋势（图 1）。其中，中国作为纳米生物学研究重镇，在论文产出方面占到了整个世界的 22.6%，无论是论文数量还是被引用数量，都位列美国之后，稳居世界第二。2014 年以来，中国年发文数量超越美国，已成为年发文数量最多的国家。目前中国在纳米生物学领域，无论从成果产出还是人才培养来看，都展现出勃勃的生机，成为中国科学技术从“跟跑者”到“并行者”再到“领跑者”转变的一个典型案例。因此，将纳米生物学作为一个新兴交叉学科进行审视，对于打通纳米科技与传统生物学的研究边界，研判生命科学领域的前沿发展方向，进而完善我国的科技布局，具有战略意义。

---

* 中国科学院院士。

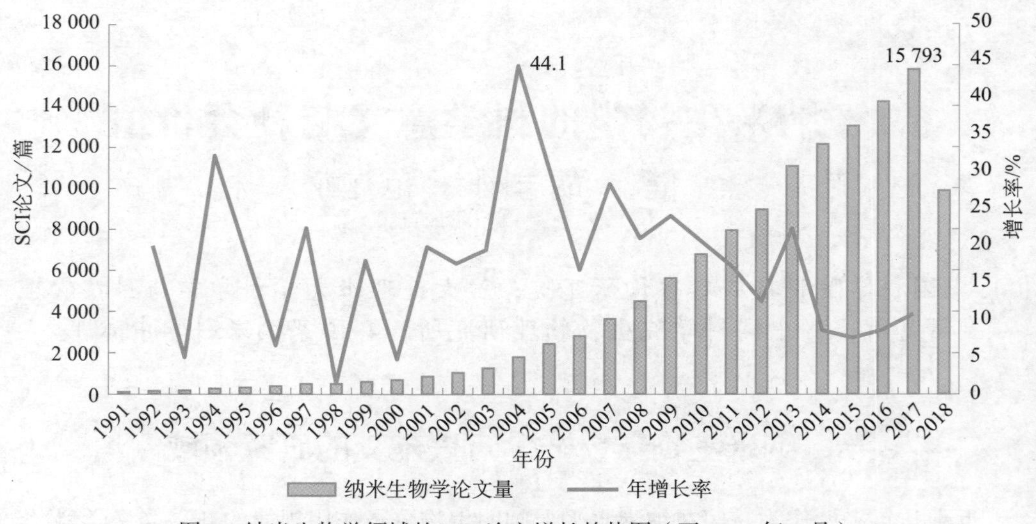

图 1　纳米生物学领域的 SCI 论文增长趋势图（至 2018 年 6 月）

二、纳米生物学的研究基础、意义与关键科学问题

通过比较 2007 年和 2017 年纳米生物学领域的研究热点分布，我们可以发现，近十年来，学科重点和前沿领域发生了很大的变化（图 2、图 3）。2007 年，纳米生物学研究的重点是纳米生物材料的制备及其物理化学性质，因而与此相关的关键词相对较热，如纳米结构脂质载体、非病毒载体、药物载体、纳米管、富勒烯、碳纳米纤维等，而分子动力学、原子力显微镜等技术的应用也是其重要的特征。到 2017 年，热点关键词主要是围绕纳米的医学应用，如药物的溶解率、局部给药、骨肉瘤、肿瘤微环境、光疗、光热疗法等。此外，纳米酶的过氧化物酶样活性也是其研究的重点。

纳米生物学经历了迅速的发展，现今研究成果涉及物理、化学、生物、医药、材料等广泛的议题。作为基础科学研究，它不仅研究生命物质在纳米尺度上的特征，同时也研究一般性的（非生命特征的）物质在纳米尺度上的特定性能对于生物体的影响。从研究进展来看，目前，围绕"纳米生物效应""纳米酶"等关键科学问题，纳米生物学领域逐渐形成了自身的研究范式及核心研究领域；对于这样一些核心科学问题的研究和讨论，也为纳米生物科技在医疗和材料领域的应用提供了坚实的理论基础。本文试图摘取出纳米生物学发展过程中的三个方面，来分析纳米生物学的研究基础、关键科学问题及其对于自然科学发展的意义。

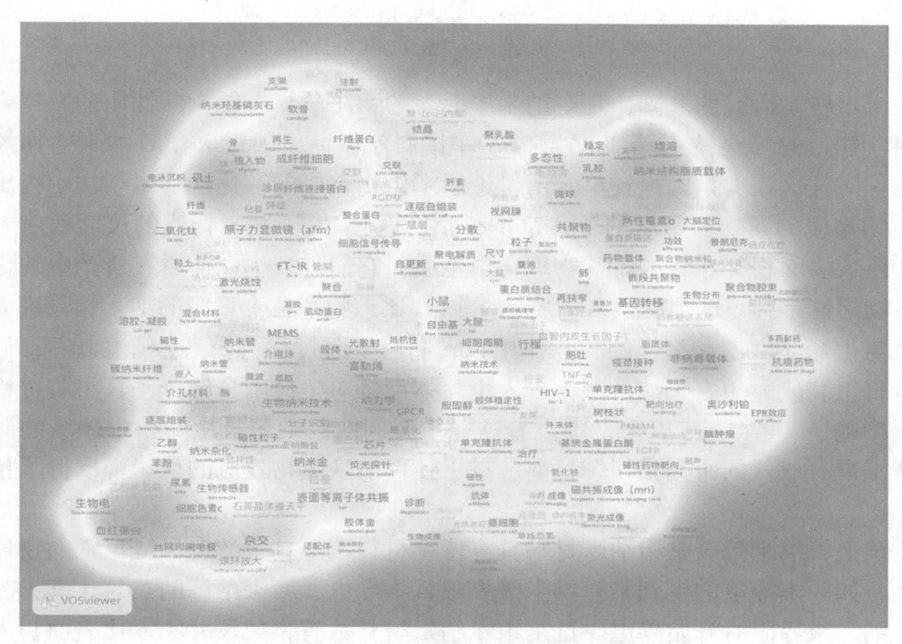

图 2　2007 年纳米生物学领域的研究布局图

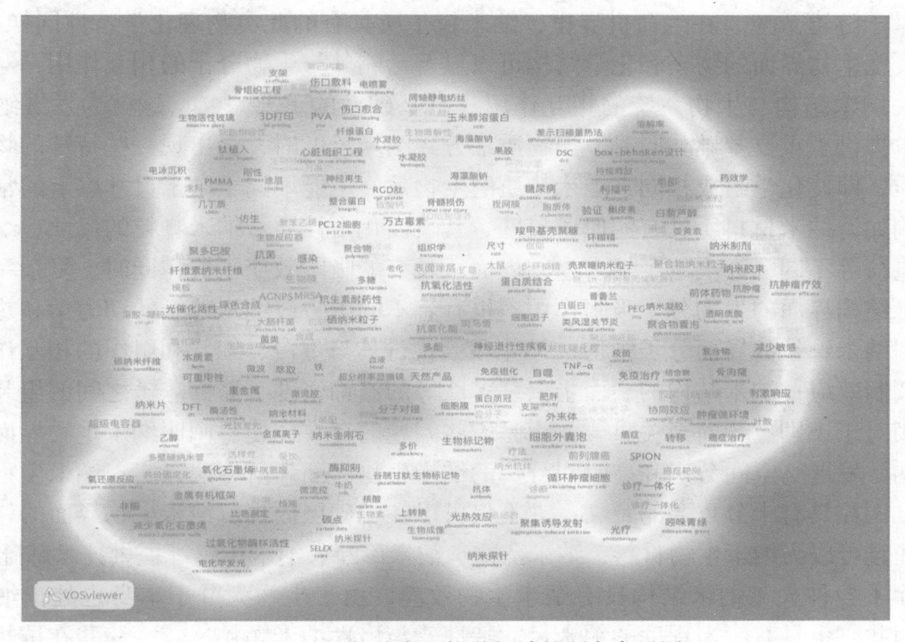

图 3　2017 年纳米生物学领域的研究布局图

（一）研究基础：纳米生物效应

纳米生物学研究的基础，是对纳米层面上的物质所具有的特殊性质的发现。国家纳米科学中心赵宇亮院士等 2005 年在《中国科学院院刊》发表了《纳米生物效应研究进展》一文，该文是国内较早专门讨论纳米生物效应的综述性文章。文中提出了由纳米生物效应的发现而带来的一些基本科学问题："由于纳米物质的尺寸效应、量子效应和巨大表面积等导致的特殊物理化学性质，它们进入生命体后，所产生的化学活性和生物活性是否与现在的微米物质不同"；"比细胞小几个量级的纳米颗粒进入人体后，将与生命体发生什么样的相互作用？它们对生命过程会带来什么影响"；而"那些具有自组装能力的人工纳米颗粒进入生命体后，对生命本身的分子自组装过程会带来什么影响"[1]。十多年以来，围绕着这些主要问题，纳米及生命科学领域的研究人员开展了卓有成效的研究工作，目前，对于各种纳米生物效应的认识都取得了长足的进展。

传统上，纳米效应是指纳米材料具有传统材料所不具备的奇异或反常的物理、化学特性，如原本导电的铜到某一纳米级界限就不导电，原来绝缘的二氧化硅、晶体等在某一纳米级界限时开始导电。这是由于纳米材料具有颗粒尺寸小、比表面积大、表面能高、表面原子所占比例大等特点，以及其特有的三大效应：表面效应、小尺寸效应和量子隧道效应。在生命世界里，纳米粒子所具有的此类物理化学特性同样存在。纳米尺度生物界面的物理和化学结构可以显著影响其与生物分子的相互作用，对于认识相关纳米结构与生物系统的相互作用具有基础性的重要意义，这就为发展纳米生物技术提供了重要基础。同时，当物质细分到纳米尺度时，会出现一些特殊的物理化学性质，即使化学组成相同，纳米物质的生物效应可能不同于微米尺寸以上的常规物质。例如，纳米材料所具有的原子尺度、其表面化学性质、纳米颗粒的尺寸、纳米颗粒的电荷等不同，都决定了纳米生物界面所具有的吸附效应不同；同时，复杂系统中的纳米结构界面的生物分子吸附作用，也有着不同于一般纳米粒子的动力学和热力学过程。纳米颗粒的界面分子结构、尺寸和形状对其与蛋白、细胞和组织的相互作用有显著调制效应；纳米结构的表面蛋白、多肽等的修饰密度、修饰分子之间的组装和相互作用对于识别、靶向至关重要。正是这些问题的存在，使得阐明纳米生物界面的生物结构、发展高空间分辨和高时间分辨的纳米生物界面表征方法、实现纳米生物界面的精准调控具有十分重要的意义；它不仅可以在基础层面理解纳米生物界面的科学问题，而且可以为纳米生物材料、纳米药物、纳米诊断、纳米传感等提供技术基础。

除了各种人工纳米结构具有纳米生物效应，由于生物大分子本身也处于纳米尺寸，因此它也具有相当程度的纳米尺寸特性。与惰性纳米颗粒比较，核酸在抗热抗压性、稳定性等方面具有无可比拟的优势。而DNA分子作为生命体系最常见的分子之一，在用作纳米器件和材料时有许多优点：稳定、耐热、具有高识别能力、容易组装设计、易高通量制备、可以液相操作并易于生物降解等。同时，生物大分子还具备特殊的超微结构，使得能够依托这些性质进行分子自组装及分子马达的制造。总之，对于这些生物大分子的纳米尺寸特性的发掘，不仅能够加深对生物组织的相关认识，还能够将有机生物组织更多地应用于材料、环境等领域，具有广阔的应用前景。

（二）纳米生物学领域的关键科学问题

纳米生物学经过十多年的发展，正在浮现出属于自己的独特的“问题域”。目前，围绕纳米生物学的关键科学问题可以分为两个维度：其中一个维度是学科面临的普遍性和基础性的科学问题，包括传统意义上对于纳米生物效应的进一步研究，如纳米材料的理性设计、可控制备与标准化；纳米结构在生物系统中的界面形成、转变与演化；纳米生物学效应（正面的诊疗和负面的毒性）及其调控、机制和规律；基于高通量方法的预测毒理学等[2]。此外，还包括对纳米酶的催化机制及结构调控规律的研究，即进一步发现更多的新型、智能纳米酶，并探索其参与生命体氧化还原调控、电子传递、物质/能量代谢等过程。纳米生物学的基础性科学问题还包括了如何从纳米尺度重新审视生命过程的问题，包括从纳米尺度阐明生物钟、衰老、端粒酶的调控机制，等等[3，4]。

而从另一个维度，即应用的角度，纳米生物学的基础性科学问题则包含了如纳米治疗、纳米诊断和监测、纳米诊疗一体化技术及其产业化问题。其中，纳米治疗包括精准靶向技术、安全高效递送系统、纳米药物、纳米抗菌剂与疫苗佐剂、生物相容性与免疫治疗、新型纳米器件和新型纳米生物学技术的研发等[5]。纳米诊断和监测领域主要包含纳米分子影像技术及其示踪、纳米技术与肿瘤微环境调控，心脑血管疾病即时诊断、有效干预的纳米技术、环境纳米生物材料与治理新技术、纳米生物传感和设备、纳米生物仿生智能材料、纳米生物复合材料与组织再生、纳米材料对干细胞命运的体内调控等[6]。而纳米诊疗一体化技术的关键科学问题包括了各种诊疗一体化纳米器件的研发[7]。未来，围绕纳米生物学的相关科学问题也将为先进科研领域（如精准医疗等）提供策略和解决方案，并成为纳米生物医学未来发展的一个重要方向。

（三）纳米生物学之于自然科学的整体性意义

作为纳米科技与传统生命科学的交叉研究领域，除了解决具体的科学问题，纳米生物学的诞生和发展，对于人类整个科学事业也具有潜在的革命性意义。纳米生物学的发展，提供了进一步融合物质科学与生命科学的可能性。

1944 年，量子力学的创立者之一薛定谔曾经在其著名的《生命是什么？——活细胞的物理观》小册子里，阐述了作者作为一位理论物理学家对当时的生命科学的看法。在他看来，在有机体的生命周期里展开的事件显示出一种规律性和秩序性，生命现象是由一种极为有序的原子团所控制的，在每一个细胞中，这种原子团只占原子总数的很小一部分，但在生殖细胞的“支配性原子”团里，只要少数原子的位置发生移动，就能使有机体的宏观遗传性状出现明确改变。这样的一种生命科学中的支配性定律在传统的物理学那里得不到合理的解释；但是，在薛定谔看来，生命现象所遵循的规律可以被总结为某种新的意义上的物理学原理，即量子论原理[8]。目前，科学家已经发现，许多的生命现象，不仅仅是从生物学的角度得到解释，物理学和化学同样能够在很大程度上解释生物的形态特征。例如，在中国科学院第 12 次院士大会上，杨玉良院士发表了《从肥皂泡到生命过程》的演讲。他指出，对于生命过程来说，数学和物理过程同样起到了极为重要的作用，但对于这样一个过程的研究，目前还并不深入[9]。从这个意义上讲，在纳米层面上研究生命现象，能够提供给我们一个打通物理科学与生命科学的契机，并且进一步消解生命科学与物理科学在解释模式上存在的二元对立。由于纳米作为一个衡量尺度，在纳米尺度上的物质，无论是无生命物质还是生命有机物质，都具有相似的特征，表现出相似的规律性；与此同时，纳米科技所衍生的各种技术和材料，也不再区分物理材料与生命有机材料，两者在技术层面上实现了统一。因此，在纳米尺度上对于分子生物学的讨论，对于进一步打通生命科学与物理科学的边界，具有积极的创新意义。

（四）前沿科技的中国声音：纳米酶及其相关研究

纳米酶（nanozyme）的发现是近十年来纳米生物学领域的一大研究亮点。在我国科技工作者的共同努力下，近十年来发现了若干具有催化性质的纳米材料。目前，我国纳米酶领域的研究在世界上已居于领先地位。作为当今我国少数不但居于世界前沿水平、还能够引领世界的科学领域之一，纳米酶及其相关研究可以作为一个案例，对探讨我国科学技术如何提升自主创新能力、赶超世界先进科技水平、实现“弯道超车”，具有十分重要的示范性意义。

传统意义上，作为生物催化剂的天然酶在温和的条件下具有极高的特异性及催化活性，并在医疗药物及食品工业等领域有着广泛的应用。但是，天然酶具有一种致命的缺陷，即它的稳定性较差。当处于极端温度、压力、酸碱的情况下，天然酶容易失去其催化活性。为了克服天然酶的缺点，近些年科研工作者开始想方设法寻找天然酶的替代方案，其中，纳米酶作为一种新型的模拟酶是较为成功的替代方案。2007 年，中科院生物物理所阎锡蕴院士团队发现四氧化三铁具有天然辣根过氧化物酶的催化活性，并从酶学角度系统地研究了无机纳米材料的酶学特性（包括催化的分子机制和效率，以及酶促反应动力学），建立了一套测量纳米酶催化活性的标准方法，并将其作为酶的替代品应用于疾病的诊断[10]。从此，纳米酶开始引起学术界广泛的关注。目前，全球至少已有22个国家130个实验室从事纳米酶的研究，已经发现了50多种不同材料和结构的纳米酶，包括各种类型的金属化合物纳米酶、贵金属纳米酶及碳基纳米酶等[11]。这些材料的应用涉及生物、农业、医学、环境治理和国防安全等多个领域。纳米酶的问世，拓宽了人们对人工酶和模拟酶的认知，改变了以往人们认为无机纳米材料是一种生物惰性物质的传统观念，揭示了纳米材料内在的生物效应及新特性，丰富了模拟酶的研究。同时，纳米酶的理性设计和催化机制的相关研究带动了纳米材料的研制，并且拓展了纳米材料的应用范围，这些材料在环境治理、极端条件化学合成、疾病治疗领域都具有巨大的应用前景。

三、纳米生物学在经济社会发展中的应用

在纳米生物效应的基础上，纳米生物学在研究过程中发现了诸多的纳米结构和纳米器件，对这些结构和器件与生命世界存在的各种关联进行研究和发掘，为我们打开了一扇应用之门。而各种纳米结构和器件的制备，也为医药和材料领域的创新起到了促进作用。从学科的发展现状来看，纳米生物学在经济社会发展中的应用主要体现在医药与材料等相关领域。

（一）医药领域

作为纳米生物学最初产生并直接服务的领域，医药领域是纳米生物学最具研究潜力和成果转化潜力的领域之一。纳米结构所具有的特殊性质，使它对于人体同样具有在一般生物体内所具有的各种效应，而这就为纳米生物学在医学、药物及诊疗等相关领域的应用提供了可能。总体来看，在医药领域，纳米生物学的应用主要体现在以下两个方面。

第一是在治疗方面，具体体现在各种具有纳米性质的药物的研发上。纳米药物，是指通过一定的微细加工方式直接操纵原子、分子或原子团、分子团，使其重新排列组合，形成新的具有纳米尺度的物质或结构，即一种具有同生物膜性质类似的磷脂双分子层结构载体的药物。各种纳米粒子（如高聚物纳米粒子、无机纳米粒子、金属纳米粒子等）均可以作为抗癌药物的输送载体——包裹有抗癌药物的纳米粒子，通过表面修饰的导向分子特异性结合到癌细胞上而实现靶向性治疗。与传统药物相比，纳米药物的粒径使它具有特殊的表面效应和小尺寸效应，它颗粒小、表面反应活性高、活

性中心多、催化效率高、吸附能力强，因此具有许多常规药物不具备的优点。作为生物大分子的载体，它能够改善难溶性药物的口服吸收；提高生物利用度，减少用药量，减轻或消除毒副作用；同时，还具有靶向和定位释药及药物控释等特点。

第二是在疾病监测和诊断方面。目前，纳米分子影像技术及纳米生物传感技术是同疾病的监测和诊断方面相关度较高、发展相对成熟并且具有研发潜力的技术形式。其中，纳米分子影像学广义上是指在纳米转运体（纳米粒转运载体）介导下，应用分子影像学技术对活体生物化学过程进行细胞和分子水平上的定性和定量研究的一门科学。按照成像的性质不同，可以分为磁共振纳米分子影像学、光学纳米分子影像学、核医学纳米分子影像学和超声纳米分子影像学。与普通分子影像学相比，纳米分子影像具有高灵敏度、实时动态、绝对定量、信息融合及多模式成像等特点。因此，它在病原体的纳米检测及体内外诊断、恶性肿瘤早期诊断的体外检测肿瘤微环境调控，心脑血管疾病即时诊断、有效干预等方面具有广阔的应用前景。纳米分子影像中，目前发展较为成熟的是量子点技术。作为一种新颖的半导体纳米材料，量子点具有许多独特的纳米性质，故而在太阳能电池、发光器件、光学生物标记等领域有广泛的应用。而纳米生物传感技术指的是基于新的纳米材料和生物传感原理，对于一系列高灵敏、高通量、小尺寸、低能耗等性能优越的纳米生物传感器的研究。这些纳米生物传感器将用于各种可穿戴传感设备、多参数柔性传感器、呼吸柔性纳米传感器、可吞咽式纳米传感器、病毒纳米机器中，对于对健康监测、疾病诊断、病原筛查等具有重大意义。

（二）材料领域

材料领域是纳米科学主要的研究领域，对于生物纳米材料的制备、性能到结构的研究，一直是纳米科学的重要议题。对于纳米生物学来说，它在新型材料的研制方面具有巨大的市场潜力。随着技术的进步，已经有越来越多的生物纳米复合材料与纳米仿生材料应用到我们的现实生活中。除了前面提到的医疗领域之外，纳米生物材料在人类经济社会中的应用有着广泛的维度，包括环境保护、农业及制造业等各个领域。例如，在高端制造领域，计算机芯片生产线上的某些特殊细菌，可以用来作为生物晶体管的门极；DNA 电路等以生物电路为基础的纳米尺寸电子器件，具有进一步提高计算机运算速度的功能。在环境领域，围绕纳米材料的合成表征、结构性能、环境效应及纳米材料在吸附、催化、修复、检测、生物材料、资源利用与清洁生产等方面已经做了许多卓有成效的研究，包括纳米仿生材料在内的各类纳米器件，能够实现对于尾气和污水的治理，并且能够实时监测环境安全。

目前，围绕纳米生物材料的关键科学问题主要在高性能纳米材料的制备方面，任何一种纳米器件，都需要有材料的理性设计。究竟如何计算蛋白质、多肽、DNA 等，将其作为原料建立起有序的生化反应和代谢途径，并且通过严格且精确的调控网络（如通过基因工程手段实现对无机材料的可控合成），来达到对精密的纳米结构体系的制备，成为未来一段时间纳米生物材料领域所要探索和掌握的“核心技术”。目前，科学家已经研究了若干天然生物纳米材料，如在纳米尺度解析壁虎爪超强吸附力的生理学纳米结构、研究大肠杆菌表达体系、趋磁细菌与磁小体、研究细胞在时间和空间上的耦合策略，来进一步发掘纳米生物材料的特性，从而实现各种具有纳米生物特性的材料的稳定制备。

四、纳米生物学的前景展望

人们普遍认为，纳米科技和生命科学将是 21 世纪新产品诞生的源泉。当今，许多国家都将使能技术作为 21 世纪的关键技术之一，并投入大量的人力、物力、财力进行研究开发，力图抢占 21 世纪的科技战略制高点。而纳米生物学恰恰代表了这样的技术，代表了一种大统一、大科学、以人为本的整体发展观。这种发展观将以学科的融合为基础，以人类和社会可持续发展为目的，实现人类自身和社会的进步。纳米生物学利用纳米尺度特有生物学现象的新原理，广泛应用于人类社会的各个领域，包括纳米生物电子、纳米基因工程、纳米生物传感器、纳米生物催化剂、纳米生物材料、纳米生物医学等。可见，纳米生物学不仅仅是一个可以融合科学和产业的有发展潜力的学科，而且涵盖了医疗、卫生、农业、制造业等多个社会领域。纳米科技和生物技术的交叉和融合，为我们展示了一个新的科技发展图景，体现了在纳米尺度上两大科学技术的整体发展观。纳米生物学将缔造全新的研究思路和全新的经济模式，显著提高生命的质量，提升和扩展人的能力，使整个社会的创新能力和国家的生产力水平大大提高，也将对国家安全提供更强有力的保障。

当前，纳米相关技术的发展和应用已经无处不在。纳米技术已经和信息技术、生物技术一起并称为 21 世纪科技发展的制高点，纳米技术的研究热点正在转向疾病诊断、治疗等生命科学和医学领域。这也将进一步加速纳米技术与生命科学、医学的交叉融合，造福人类健康。例如，由纳米技术与分子生物学的交叉产生的分子影像学，在人类生命科学及现代医学领域中具有划时代意义。它可以对人体细胞的生理活动在分子或纳米水平上进行快速动态扫描并实时成像，使人们对疾病的认识深入到细胞和分子水平，进而观察到肿瘤细胞的发生发展过程，从而实现及早治疗。在基因治疗领域，利用纳米技术对基因进行检测分析，最终将带来人类疾病治疗模式的转变，即从目前的被动防御式转向提前预防式，并为患者提供“量体裁衣”式的个性化治疗方案。可见，纳米技术每一个小小的进步，都将促进生命科学和医学领域的巨大变革。

作为一个具有生命力的新兴交叉研究领域，纳米生物学目前已经形成了自身专属的核心问题域，有了明确的经济社会需求，并且围绕着相关研究议题和应用导向，逐渐聚集起一批具有相同或相似研究志趣的研究人员，初步形成了领域科学共同体，有效地促进了我国相关学术领域研究力量的再整合。但是，纳米生物学学科在展现出勃勃生机的同时，也面临着一些发展过程中必然会遇到的问题，对于这些问题的回答，会决定学科未来的发展走向。在科学的层面上，纳米生物学所面临的广义上的问题主要是如何在纳米尺度认识生命过程，而狭义上的问题主要是界面的问题，即纳米体系与生物体系间的能量匹配问题。对于这些科学问题的理解，决定了纳米生物学在整体上对人类的科学事业能够做出多大的贡献。在实践和应用层面上，纳米生物学主要面临两个方面的问题：一是成果转化问题。目前纳米生物材料，包括纳米药物、纳米生物材料等，很多都还停留在实验室制备的层面，如何进一步加强纳米结构的稳定性，将这样一些在实验室甚至是理论层面的设想实现实验室外的量化制备与工业生产，这是科学界及工业领域都需要思考的问题。二是纳米生物学所带来的科技风险问题。科学技术作为“双刃剑”，在提高人类生活水平和生活质量的同时，也会带来环境风险，因此，纳米生物技术的安全问题不仅是一个科学问题，同样也是一个伦理和社会问题，这就要求我们直面纳米生物技术的不确定性，探索发展纳米生物技术的可行性的伦理框架，寻求伦理和技术的良性互动，更好地促进人类的福祉。

致谢：感谢中国科学院学部“纳米生物学学科发展战略研究”项目组成员庞代文教授、陈春英研究员、曲晓刚研究员、顾宁教授、张宇教授、王强斌研究员、崔宗强研究员、王琛研究员、王树涛研究员等对本文的贡献。

参考文献

[1] 赵宇亮，柴之芳 . 纳米生物效应研究进展 . 中国科学院院刊，2005，20（3）：194.

[2] Service R F. Nanomaterials show signs of toxicity. Science，2003，300（5617）：243.

[3] Wei H，Wang E K. Nanomaterials with enzyme-like characteristics（nanozymes）：Next-generation artificial enzymes. Chem Soc Rev，2013，42（14）：6060-6093.

[4] Zhuang J，Fan K L，Gao L Z，et al. Ex vivo detection of iron oxide magnetic nanoparticles in mice using their intrinsic peroxidase-mimicking activity. Mol Pharmaceut，2012，9（7）：1983-1989.

[5] Roco M C. Nanotechnology：Convergence with modern biology and medicine. Curr Opin Biotechnol，2003，14：337-346.

[6] Brune H E，Grunwald A，Grünwald W，et al. Nanotechnology：Assessment and Perspectives. Berlin Heidelberg：Springer-Berlag，2006，27：1-495.

[7] 王英泽，黄奔，吕娟，等. 纳米技术在生物医学领域的研究现状. 生物物理学报，2009，25（3）：168-174.
[8] 埃尔温·薛定谔. 生命是什么？——活细胞的物理观. 北京：商务印书馆，2014：50.
[9] 杨玉良. 从肥皂泡到生命过程：在中科院第12次院士大会的讲演（节选）. http://www.polymer.cn/sci/kjxw1732_1.htm[2004-12-08].
[10] Gao L，Zhuang J，Nie L，et al. Intrinsic peroxidase-like activity of ferromagnetic nanoparticles. Nature Nanotechnology，2007，2（9）：577-583.
[11] 董海姣，张弛，范瑶瑶，等. 纳米酶及其细胞活性氧调控. 生物化学与生物物理进展，2018，45（2）：105-117.

Nanobiology：Its Scientific Significance and Social Values

Zhao Chao[1]，*Jiao Jian*[1]，*Hu Zhigang*[2]，*Fan Kelong*[3]，*Du Peng*[1]，*Liang Xingjie*[4]，*Yan Xiyun*[1]

（1. Institutes of Science and Development，Chinese Academy of Sciences；2. Institute of Science of Science and S.T. Management，Dalian University of Technology；3. Institute of Biophysics，Chinese Academy of Sciences；4. National Center for Nanoscience and Technology）

As a typical emerging interdisciplinary subject，nanobiology has the dual attributes of science and technology：at the scientific level，various scientific problems derived from nano-biological effects have re-recognized life processes at the nano level；at the technical level，nano-devices and nano-materials composed of various nanostructures can be widely used in the fields of medicine，medical，environment，manufacturing and other social life as well as industrial production，and have great potential for development. The future development of nanobiology disciplines depends not only on the answers of key scientific issues from the academic community，but also on the ability to transform the results of the disciplines and the awareness and control of the risks of science and technology.

6.2 国家目标引导下的国家重大科技基础设施建设及其社会价值——以 FAST 为例

樊潇潇[1,2] 张海燕[3] 姜言彬[1] 彭良强[1] 曾 钢[1] 郑晓年[1]

（1. 中国科学院条件保障与财务局；2. 中国科学技术大学；3. 国家天文台）

重大科技基础设施（large research infrastructures）是国家基础设施的重要组成部分，是国家为在科学技术前沿取得重大突破，解决经济社会发展和国家安全中的战略性、基础性、前瞻性科学问题而投资建设，在长期运行中，对科技界和社会开放共享的大型科学技术研究设施。重大科技基础设施与国家目标高度契合，是设施形成发展的内在需求和其本身特点决定的，也成为世界各国布局本国设施未来发展的首要因素。本文以 500m 口径球面射电望远镜（Five-hundred-meter Aperture Spherical radio Telescope，FAST）工程为例，分析我国重大科技基础设施建设与国家目标的相互关系。

一、国家重大科技基础设施是科学技术服务于国家目标的重要体现

重大科技基础设施始于第二次世界大战期间的美国，它的诞生即显示了科学技术与国家目标的密切结合。为赢得反法西斯战争的胜利，美国决定实施“曼哈顿计划”。在曼哈顿计划的实施中，各实验室建造了一系列核反应堆和加速器等大型科学研究设施，作为整个计划的支撑。利用这些设施，阿贡国家实验室成功完成受控核链式反应，橡树岭国家实验室随后完成了浓缩铀 -235 的提炼，并最终由洛斯 · 阿拉莫斯国家实验室组装并实施试验，阿贡、橡树岭、洛斯 · 阿拉莫斯等国家实验室一起完成了原子弹制造的重要环节。曼哈顿工程结束后，核反应堆和加速器并未随之关闭，而是形成了支撑核能发展以及核物理、粒子物理研究的长期运行的大型科学研究设施。第二次世界大战结束后，世界各国的竞争从军事的竞争转为综合国力的竞争。发达国家，特别是美国、苏联两个超级大国，在科学技术领域的竞争日趋激烈，这种竞争突出地反映在重大科技基础设施领域。美国、苏联等发达国家先后推出人造卫星、载人航天、阿波罗登月等计划，使大型空基地基接收、发射和观测、试验等大型科学设施

得到蓬勃发展；核物理、粒子物理、天文与空间科学、工程科学等大科学领域的前沿研究在大型科学设施的支撑下取得了巨大的突破；凝聚态物理、化学、材料科学、环境科学、生命科学等领域前沿研究的需求促进了基于加速器、反应堆的新型光源、中子源等公共平台型设施的发展，这些设施成为支撑这些学科领域发展的必不可少的重要工具。由此可见，国家的战略需求以及重大科学前沿发展的需要，促成了重大科技基础设施的形成和发展。

同时，重大科技基础设施本身性质决定，研究这些科学问题的设施技术复杂、投入巨大、周期特别长、产生的影响重要且深远，需要国家层面进行顶层设计和组织。因此，重大科技基础设施能否更好地服务于国家目标也成为各国布局未来设施建设及发展的重要条件。美国能源部（DOE）是世界上拥有重大科技基础设施最多的政府部门，其在 2003 年发布的《未来的科学装置——二十年前瞻》中提出“这些世界级的用户装置将导致更多的世界级科学研究，由此产生后续的世界级研发，更多的技术创新及其他方面的进步，并导致美国持续的经济竞争力”[1]。美国国家科学基金会（NSF）是美国另一个资助国家重大科技基础设施建设运行的主要部门，其在 *Large Facilities Manual 2017* 中提出入围 NSF 支持的候选项目应具备的首要条件“应呈现出其能够促进科学研究和创新，以及教育和广泛社会影响的突出潜能，以能够增加国家实力”[2]。这充分反映了美国政府对重大科技基础设施服务国家目标的重要地位的认识。欧洲主要发达国家也将重大科技基础设施置于国家高度，来绘制设施未来发展路线图。英国研究理事会于 2010 年发布的 *Large Facilities Roadmap 2010* 中提出“如果英国要在各个领域保持其领先的研究和创新国家的地位，那么无论国内还是国外，获得全方位的世界级研究装置都至关重要”[3]。德国联邦教育和研究部时任部长约翰娜·万卡在 2013 年发布的 *Roadmap for Research Infrastructures* 的致辞中提出“作为领先的科学大国，卓越的研究基础设施对于德国至关重要，这对于科学进步以及德国的全球竞争力都同样重要”[4]。由此可见，各国都把契合国家目标作为布局本国重大科技基础设施未来发展的首要因素。事实证明，设施建设及依托设施进行的科学研究对于其实现国家总体发展目标的确也起到了重要的作用。

二、国家目标引导下的我国重大科技基础设施发展

在国家目标的引导下，我国重大科技基础设施的发展，经历了从无到有、从小到大、从学习跟踪到自主创新的过程，对我国科技进步和社会发展的作用越来越显著。FAST 正是在这样愈渐肥沃的科学土壤中，孕育、诞生、成长，取得了一系列的重要成果。

1. 20 世纪五六十年代

中华人民共和国成立后，我国整体实力薄弱，国家主要集中力量发展社会生产力。1956 年 12 月，中华人民共和国第一个科学技术发展远景规划——《1956—1967 年科学技术发展远景规划纲要》成功颁布。1963 年发布了《1963—1972 年科学技术规划纲要》。两个重要科技规划分别提出“重点发展、迎头赶上”“自力更生、迎头赶上”等重要指导方针，确立了科学技术现代化是实现农业、工业、国防现代化发展关键的重要地位，为我国当时的科技发展指明了方向[5]。

我国重大科技基础设施也由此开始萌芽。这一时期，在国家发布的科技规划的指导下，围绕“两弹一星”的研发，国家推动了一批支撑这项重大科技任务的研究设施建设，如动力堆零功率装置、点火中子源、实验性重水反应堆、材料试验堆、粒子加速器等[6]。60 年代，科学界开始酝酿一些用于基础研究的重大科技基础设施的建设问题，部署并启动了高能加速器、短波授时、2.16m 天文望远镜研制等预先研究工作，为后期的工程立项奠定了重要基础。这一时期国家经济基础薄弱，对科技设施建设投入较低，设施布局主要集中在国家安全领域。此时，虽然还没有重大科技基础设施建成，然而孕育的“星星之火”，为如今我国重大科技基础设施发展形成“燎原”之势奠定了重要基础。

2. 改革开放以后到 20 世纪末

70 年代末，我国实行对外开放，国家进入社会主义现代化建设的历史新时期，对科学技术的需求急剧增加且迫切。1978 年，邓小平同志在全国科学大会上提出“科学技术是生产力”和“四个现代化，关键是科学技术现代化”的论断，对我国科学技术发展产生了深刻的影响。这一时期，国家先后发布了《1978—1985 年全国科学技术发展规划纲要》《1986—2000 年科学技术发展规划纲要》，提出科学技术必须面向经济建设，经济建设必须依靠科学技术的基本方针，强调实事求是，提出根据我国实际情况，发展具有自身特色的科学技术体系[7]。

我国重大科技基础设施在这一阶段逐渐成长。这一时期，邓小平同志批准建设北京正负电子对撞机，这是我国重大科技基础设施建设的重要里程碑。原国家计委和中科院、原核工业部等还陆续建设了遥感卫星地面站、合肥同步辐射装置及 2.16m 天文望远镜等。这一环境为 FAST 的孕育提供了丰沃的科学土壤。1993 年，国际无线电联盟大会上，包括中国在内的 10 余国天文学家提出建造新一代射电“大望远镜”的倡议，渴望在电波环境彻底毁坏前，回溯原初宇宙，解答天文学中的众多难题。1994 年，天文学家多次奔赴我国西南地区现场考察，启动选址工作，开始了长达十余年的工程预先研究。

1995 年 5 月,《中共中央、国务院关于加速科学技术进步的决定》颁布，提出“科学技术是第一生产力，科技进步是经济发展的决定性因素”，表明中国将重点依靠科技、教育来推动经济发展和社会进步[8]。这一决定将科技发展推向了新高度，也为 FAST 工程预研顺利开展奠定了基础。1995 年底，北京天文台（现国家天文台）主持，联合国内 20 余所大学和研究所成立了射电“大望远镜”中国推进委员会，明确提出独立研制一台 500m 口径球面射电望远镜。其后，该项目分别获得中科院知识创新工程首批重大项目和重要方向性项目、国家基金委重点项目等支持，同时建设单位、共建单位自筹部分经费，共计三千余万元用于方案设计、关键技术研究和样机研制，成功的工程预研保证了项目的顺利立项与实施。

3. 21 世纪以来

21 世纪以来，受经济全球化影响，我国产业结构产生重大调整，开启创新驱动发展的新时代。2006 年，国家发布《国家中长期科学和技术发展规划纲要（2006—2020 年）》。纲要立足国情、面向世界，站在历史的新高度，以增强自主创新能力为主线，以建设创新型国家为奋斗目标，对我国未来 15 年科学和技术发展做出了全面规划与部署，提出“经过 15 年努力，到 2020 年使我国进入创新型国家行列”。2006 年 10 月，科技部发布《国家“十一五”科学技术发展规划》，确定总体思路为：以自主创新为主线，力争在约束经济社会发展的重大科技瓶颈、制约我国科技持续创新能力提高的薄弱环节、限制自主创新的社会文化环境制约等几个方面实现重大突破[9]。

我国重大科技基础设施被赋予了新的历史使命，进入了重要发展期。2007 年 2 月，国家发展和改革委员会发布《国家资助创新基础能力建设“十一五”规划（2006—2010 年）》，规划中国家重大科技基础设施工作被放在了重要位置，明确了国家重大科技基础设施发展五年规划。FAST 工程立足自主创新，旨在为新的科学发现和天体物理学前沿热点问题的突破提供独一无二的技术手段，为我国空间探测、脉冲星自主导航等国家重大战略需求提供支撑，提高我国如天线制造、高精度测量等高科技领域的产业制造水平，同时对我国西南部偏远地区经济建设和教育水平提高起到重要推动作用，符合国家规划中的重点布局领域及优先事项，高度契合国家发展战略。也正因如此，2007 年 7 月，国家发展和改革委员会批复 FAST 项目建议书，标志着 FAST 工程正式立项。

三、FAST 的成功建设对于推进实现国家目标的作用

2011 年 3 月，FAST 工程正式开工建设。严格按照国家发展和改革委员会批复的五年半工期，FAST 工程于 2016 年 9 月 25 日落成启用。国家主席习近平给项目启用发来的贺信中提到，该望远镜是“具有我国自主知识产权、世界最大单口径、最灵敏的射电望远镜。它的落成启用，对我国在科学前沿实现重大原创突破、加快创新驱动发展具有重要意义”。项目建设单位立足自主创新，利用贵州独特的自然条件，在方案设计、部件研制、系统集成、工程实施等方面，攻克了一系列关键核心技术，得到了国际同行的高度认可与大力支持，对提升人类认知自然能力、推动我国高水平科学研究、优化科技力量布局、带动地方经济发展等做出了重要贡献。

1. 使我国射电天文学研究迈上新高度

2017 年，FAST 全面进入调试、试运行阶段，调试进展超过预期及大型同类设备调试的国际惯例，并取得了一批重要成果。2017 年 10 月，由中国科学院主持发布 FAST 取得的首批成果，包括 6 颗新脉冲星。其中第一颗编号 J1859-01，于 8 月在南天银道面通过漂移扫描发现，9 月由澳大利亚 Parkes 望远镜认证。这是我国射电望远镜首次新发现脉冲星，得到了中央电视台（新闻联播）、新华网、人民网等多家国家级媒体的报道与关注，并入选 2017 年国内十大科技新闻。2018 年 4 月，FAST 首次发现毫秒脉冲星并得到国际认证，这是 FAST 继发现脉冲星之后的另一重要成果。新发现的脉冲是至今发现的射电流量最弱的高能毫秒脉冲星之一，国际大型射电天文台曾对其进行过多次脉冲星搜索都未探测到。此次 FAST 首次发现毫秒脉冲星，展示了 FAST 对国际低频引力波探测做出实质贡献的潜力。截至目前，FAST 已发现 59 颗优质脉冲星候选体，证实发现脉冲星 42 颗。

FAST 全新的设计思路，加之得天独厚的台址优势，突破了射电望远镜的百米极限，开创了建造巨型射电望远镜的新模式。与号称“地面最大的机器”的德国波恩 100m 望远镜相比，灵敏度提高约 10 倍；与排在阿波罗登月之前、被评为人类 20 世纪十大工程之首的美国 Arecibo 300m 望远镜相比，其综合性能提高约 10 倍。作为世界最大的单口径望远镜，FAST 将在未来 20 年保持世界一流设施的地位。FAST 工程的成功建设，得到了国内外广泛关注，入选 *Nature* 评选的 2016 年重大科学事件、2016 年中国十大科技进展新闻。

2. 成为高新技术及产业发展创造新源泉

FAST 是具有我国自主知识产权、世界最大单口径、最灵敏的射电望远镜，其研

制和建设实现了三项自主创新：①利用地球上独一无二的优良台址——贵州天然喀斯特巨型洼地作为望远镜台址，使得望远镜建设突破百米极限。②自主发明主动变形反射面，在观测方向形成300m口径瞬时抛物面汇聚电磁波，在地面改正球差，实现宽带和全偏振。③采用光机电一体化技术，自主提出轻型索拖动馈源支撑系统和并联机器人，实现望远镜接收机的高精度指向跟踪，并将万吨平台降至几十吨。

FAST工程在建设过程中攻克了一系列关键核心技术、取得多项技术突破，推动了国内相关领域的技术进步。FAST索网是世界上跨度最大、精度最高的索网结构，也是世界上第一个采用变位工作方式的索网体系。依托FAST研制的高性能钢索结构，在200万次循环加载条件下的疲劳强度可达500MPa，是目前相关标准规范的2.5倍，在国际范围内尚未见先例。在FAST工程需求的牵引下，工程实施单位实现了高精度索结构生产的配套体系，并已经在港珠澳大桥斜拉索等其他项目中得以应用，使我国的钢索结构生产制造水平得到巨大提升。相关成果获得2015年“中国钢结构协会科学技术奖特等奖”、2016年“北京市科学技术奖一等奖”、2016年“广西科学技术奖技术发明奖一等奖”。另外，FAST首次采用柔索支撑结构的轻型馈源平台，突破了传统射电望远镜中馈源与反射面相对固定的简单刚性支撑模式。依托FAST项目成功研制的FAST 48芯动光缆，攻克了缆线入舱方案中信号传输“生命线”难关，在大跨度运动状态下柔性支撑的信号与数据传输的可靠性大幅度提高，将光缆的应用推向一个全新的领域。相关成果获得2017年“贵州省科学技术进步奖二等奖”、2017年“中国机械工业科学技术奖一等奖”、2017年“中国创新设计大会好设计金奖”。

FAST工程的建设实现了我国在大口径射电望远镜研制领域的多项自主创新，其关键技术的研究及应用成果广泛应用于国民经济相关领域，为实现国家规划纲要提出的“以自主创新为主线”“推进工业结构优化升级”的目标做出了重要贡献。

3. 为区域进步和经济社会发展注入新动力

FAST正式运行后，原始数据流量将达到每秒3.8GB，未来十年数据存储需求要接近1亿GB，计算能力需求需要每秒1000万亿次。FAST对于海量天文观测数据的采集、传输、存储和分析的巨大需求，直接带动了贵州省信息技术的发展，特别是大数据产业的发展。近年来，国家天文台一直与贵州政府、贵州师范大学、中国电信贵州公司围绕FAST大数据采集应用、地方信息化能力建设开展合作。贵州射电天文台及FAST数据处理中心的建设，吸引了华为、苹果、阿里巴巴等行业级、国家级大数据中心纷纷落户贵州贵安新区，为贵州未来发展成为国际级数据资源中心奠定了重要基础。同时，贵州信息产业快速发展极大拓展了科技创新的研究深度和广度，推动了科技创新加快向高效协同的组织模式发展，助力FAST飞得更高，走得更远。

围绕 FAST 发展地方经济，以科技旅游、天文科普、文化交流为主题建设的天文小镇，一举成为世界一流的天文科学技术研究中心、天文学术交流高地、天文科普基地、天文旅游目的地。借势“中国天眼”，平塘县吸引了大量省内外企业投资，2017 年招商引资高达 143.89 亿元，同比增长 29.4%。配套基础设施建设突飞猛进，城镇发展迅速，市民居住条件持续改善，全县常住人口城镇化率从 2011 年的 23% 提高到 2017 年的 45%。吸纳农村劳动力就地就近就业 3.2 万人左右，带动扶贫更加有力。2017 年，城乡居民收入分别达 26 856 元和 9092 元，同比增长 9.9% 和 10.8%，贫困人口发生率由 2014 年的 32.18% 下降到 2017 年底的 11.02%。随着 FAST 科技成果不断涌现，FAST 的辐射影响力将不断增大，其附生的各项经济活动也将持续发展，持续地为当地带来经济效益。

FAST 在带动我国西南地区高技术发展、振兴制造业、拉动地方经济、培养本地多方面人才等方面带来了巨大收益。边远闭塞的黔南山区，如今已变成世人瞩目的国家天文学中心，成为把贵州展现给世界的一个新窗口，高度契合了国家规划纲要提出的“西部地区要加快改革开放步伐，通过国家支持、自身努力和区域合作，增强自我发展能力。坚持以线串点，以点带面，率先发展的区域发展总体战略，健全区域协调互动机制，形成合力的区域发展格局”的发展战略。

4. 成为天文学传播及科普教育的重要平台

FAST 经过历时 20 余年的研究、建设和调试工作，培养了一批百余人的射电天文学领域的科学研究、工程建设及管理人才队伍，为我国射电天文学未来实现超越和领先奠定了夯实的基础。同时，国家天文台通过与贵州大学、贵州师范大学、黔南民族师范学院等地方院校开展合作，为 FAST 科学研究和技术发展培育了后备力量，带动了西南地区天文学科的发展，同时面向全国开展大学、中小学、公众天文学科普及教育，为科教兴国的长远战略目标服务。

FAST 工程多次亮相重要的科普展览活动，为推动我国科学传播工作做出了重要贡献。FAST 模型多次参展全国科技周，入选 2016 年最受公众喜爱的科普项目。2016 年 6 月，FAST 模型参展国家“十二五”科技创新成就展，习近平、李克强、刘云山、王岐山等党和国家领导人先后前往 FAST 展台观看。2017 年，FAST 模型分别参展“创科博览 2017 香港科技周”和“2017 澳门科技活动周暨中华文明与科技创新展”，备受港澳各界关注。2017 年，FAST 模型参展“砥砺奋进的五年”大型成就展，习近平、李克强、张德江、俞正声、刘云山、王岐山、张高丽等党和国家领导人前往参观。FAST 成为我国科技事业的闪亮名片，国家重大科技基础设施作为“国之重器”深入人心，弘扬科学精神、熏陶科学思想，为国家深入实施创新驱动发展战略服务。

四、展　望

习近平总书记在党的十九大报告中提出，“综合分析国际国内形势和我国发展条件，从二〇二〇年到本世纪中叶可以分为两个阶段来安排：第一个阶段，从二〇二〇年到二〇三五年，在全面建成小康社会的基础上，再奋斗十五年，基本实现社会主义现代化。……科技实力将大幅跃升，跻身创新型国家前列；第二个阶段，从二〇三五年到本世纪中叶，在基本实现现代化的基础上，再奋斗十五年，把我国建成富强民主文明和谐美丽的社会主义现代化强国。”国家在新形势下提出的新要求、新目标，为我国未来科技发展指明了航向。

立足独创独有，多出重大原创性成果。FAST 作为国家重大科技基础，肩负着实现新时期国家目标的重要使命，应瞄准世界前沿科学问题，充分利用 FAST 综合性能国际领先的窗口期，着眼长远，科学组织，力争早日产出一批国际领先水平的重大原创成果，同时，紧密围绕国家重大战略需求，充分发挥 FAST 在空间测控方面的优势，为我国航天探月、火星探测等重大战略任务提供技术保障。

加强国际合作，打造综合型高端科研平台。FAST 作为国际领先的射电天文望远镜，巢已筑，引凤来，坚持开放合作、优势互补、资源共享的原则，建立健全适于资源优化共享的体制机制，全面提升面向用户需求的技术支撑和服务能力，聚焦国内外高水平研究机构，开展以我国为主的高层次国际合作，依托 FAST 打造国际一流的射电天文学领域国际综合型科研平台。

国家重大科技基础设施作为创新驱动发展战略的重要科技支撑，应进一步聚焦在解决科学前沿问题、解决国家重大需求、实现原创性颠覆性技术上，科学规划、抢占先机、合理投入、高效产出，持续为实现新时期国家目标做出重要贡献。

参考文献

[1] Office of Science，US Department of Energy. Facilities for the Future of Science：A Twenty-Year Outlook. 2003.

[2] Large Facilities Office in the Budget，Finance，and Award Management Office，NSF. Large Facilities Manual 2017. 2017.

[3] Research Councils，UK. Large Facilities Roadmap 2010. 2010.

[4] Federal Ministry of Education and Research，Germany. Roadmap for Research Infrastructures. 2013.

[5] 张琼妮，张明龙 . 新中国经济与科技政策演变研究 . 北京：中国社会科学出版社，2017：398-

399.
[6] 罗小安，杨春霞 . 中国科学院重大科技基础设施建设的回顾与思考 . 中国科学院院刊，2012，27（6）：710-716.
[7] 范旭，林燕 . 论国家科技发展目标影响下的科学技术活动 . 科技管理研究，2015，（16）：24-30.
[8]《中国科技创新政策体系报告》研究编写组 . 中国科技创新政策体系报告 . 北京：科学出版社，2018：10-13.
[9] 中国科学院 . 科技强国建设之路——中国与世界 . 北京：科学出版社，2018：185-191.

The Large Research Infrastructure and the National Goal: A Case Study on FAST

Fan Xiaoxiao[1、2]，*Zhang Haiyan*[3]，*Jiang Yanbin*[1]，
Peng Liangqiang[1]，*Zeng Gang*[1]，*Zheng Xiaonian*[1]
（1. Bureau of Facility Support and Budget，Chinese of Academy of Sciences；
2. University of Science and Technology of China；
3. National Astronomical Observatories of China）

Large research infrastructure is an important manifestation of science and technology serving the national goals. The formation and development of large research infrastructure and its characteristics determine that infrastructure needs to be highly consistent with national goals. As a typical case，Five-hundred-meter Aperture Spherical radio Telescope（FAST）is carried out from its concept proposal，planning，R&D study to construction under the guidance of national goals. FAST has achieved a series of achievements in solving scientific problem，meeting national strategic needs，promoting local economy developments and popularization of science. This paper takes FAST as a case to analyze the relationship between large research infrastructure and national goals，and put forward expectation about the development of FAST in the future.

6.3　生态文明视野下水电工程的生态影响及其可持续发展的问题与建议

张志会[1, 2]

（1. 中国长江三峡集团有限公司博士后科研工作站；
2. 中国科学院自然科学史研究所）

能源问题一直是制约我国经济社会发展的一个重要问题。在各种可开发能源中，水电能源具有可再生性、对环境冲击小、发电效率高、具有综合性的效益。但是，水电工程建设也会给环境带来一些不可预知的后果，包括引起地表活动、影响生物栖居环境和生态环境等。通过选取国内外水电工程的相关案例，本文试图探讨水电工程的生态影响同国家能源需求之间的关系。

一、水电工程生态影响的利弊之争

水电工程一般是综合性的水利枢纽工程，在防洪抗旱、灌溉、治碱、满足城市工业和生活供水、进行发电等方面发挥着巨大作用。水电工程的大型建筑物包括大坝（水坝），水电站厂房，闸和进水、引水、泄水建筑物等。水坝是指通过拦截江河水流来调蓄水量或壅高水位的一种水利工程[1]。工业革命以来，20 世纪的 100 年内，在世界上 227 条大河中，60% 的河流被大坝、引水工程及其他基础设施控制起来。[2]

水坝是水电工程的主体建筑，作为一种技术人工物，曾是人类文明中最具有“霸气”的工程类型之一。水坝工程曾经是最能激起人类激情的工程之一，曾长期被视作现代文明的象征。工业革命以来，在“利用自然、征服自然”的生态观指导下，人类在全球各大江河上矗立起形形色色的水坝。水坝工程迅猛发展，几乎各条大江大河上都矗立起了一座座水坝将河流拦腰“截断”。特别是 20 世纪 30 年代美国胡佛大坝建成以来，有人宣称人类历史进入“大坝时代”。1949 年中华人民共和国成立以来，我国共建有各类水库约 9.8 万座，总库容 9323.12 亿 m^3，共有水电站超过 4.6 万座，装机容量 3.33 亿 kW[3]。这些水坝工程往往兼具防洪抗旱、灌溉、治碱、满足城市工业和生活供水、进行发电等多种效能。其中大规模的水力发电，将水的势能转化为动能，不依赖外界的能源，对整个世界的工业化进程都产生了非常深远的影响。

但是水电工程给人类带来的贡献并没有阻住人们的批评。自水坝诞生以来争议就一直存在，由于水坝改变了河流流域生态并产生了其他一系列影响，水坝的反对者和批评者掀起了史无前例的争议，对水电也多有诟病。随着人们环保意识的提高，水电工程的负面生态效应使它备受诟病。人们不仅直接批评水电对水生生物、泥沙和河道的影响、对大气的影响、对地质灾害的影响及对移民安置区域和历史人文景观的影响，还因水电工程对生态的影响具有不确定性、不可逆性、累加性和系统性而对未来倍感担心。

经济社会可持续发展的需求，要求我们在全国能源整体局势下，以辩证思维方式来理性认识水电建设与生态的关系，认真对待和妥善解决水电建设中的生态问题。

二、从典型案例看水电工程的生态影响与国家能源需求的关系

通过选取国内外水电工程的相关案例，本文试图探讨水电工程的生态影响同国家能源需求之间的关系问题。

世界各国在其工业化发展进程中无不优先开发水能资源。北美的美国、西欧的挪威、法国等部分发达国家的水能资源开发程度已很高，最符合技术可行、经济合理、环境可接受的水电开发坝址已基本开发完毕，在这些国家未来继续大规模开发水电的潜力有限。同时，受国际政治、环境发展趋势及环保主义思潮的影响，很多国家已禁止进一步修建大型水电工程。目前这些地区水电发展的重点放在小水电开发、对现有水电站进行改造增容、水力发电新技术研究及工程示范等。在水电工程建设、运营等方面，日益注重对河流生态环境的保护。

20 世纪 30 年代的萧条加上西方广泛的洪水和干旱，激发了美国人建造大型多功能填海工程，如对科罗拉多河水资源进行综合利用的胡佛水坝和加利福尼亚的中央山谷项目。大坝对城市和工业的发展产生了深远的影响。第二次世界大战后，国家对水力发电的需求飙升，建设了很多大型水电站。美国水电站运行服从《清洁河流法》《濒危物种保护法》等严格的环境调度规定。美国水电站的运营还实行许可证制度。美国《水电与可再生能源政策》对“无坝”流体动力学或其他可供选择的水电技术的应用保持谨慎乐观态度，鼓励提高对该技术的研究及工程示范。能源政策也支持对现有水电的增容改造，认为现有的水电工程应当更好地履行对环境的责任；鼓励在不对河流造成新型负面影响的前提下，对现有运行设备进行升级改进，提高其效率。

挪威从 19 世纪末开始迅速发展水电，从第二次世界大战后到 20 世纪 90 年代中期挪威水电稳定增长。20 世纪末挪威水电开发进入饱和阶段，总装机容量趋于稳定。

当前和未来主要对已建水电工程进行更新改造以增加发电出力，也开发小水电、建设抽水蓄能电站以改善电网的调节性能等。日本小型河流众多，其水电经济开发程度已达到 81%。未来水电发展趋势是建设小水电和抽水蓄能电站。

拉美的水电发展可以巴西为例。巴西是水电大国，水电站的建设是巴西渴望能源独立的结果。尽管巴西和外国公司多年来斗争不断，但都促进了水电市场的发展。1998 年巴西开始实施包括小水电在内的国家能源开发规划（PRODEEM），努力使可再生能源装机容量达到 2000 万 kW。2011 年启动包括新建 54 座水电站的计划，总装机容量超过 4700 万 kW。在巴西，一方面，20 世纪最后 30 年水电项目的扩张确保了巴西工业化和城市化的电力供应。伊泰普水电站是巴西和巴拉圭在巴拉那河上开发的合资水电站，曾是世界上最大的水电站。2014 年，水电在巴西能源结构中占到 78%。尽管巴西东北各州小水电开发非常热，但整体水电构成以大中型水电站为主。另一方面，水电站实际产生的电量与水电的环境影响、社会影响方面的相关问题，导致了一系列的争议。

三、水电工程消极生态影响及原因分析

随着环保意识的提高，水电站建设与生态的关系问题引起了社会的广泛关注。通常而言，水电工程的主要环境问题包括：对珍稀鱼类（白鲟）的影响；施工期间“三废”排放；渣和料场开采，对地貌景观和植被造成破坏；水库淹没造成居民搬迁，增加土地人口承载压力；滑坡与水库诱发地震；泄洪冲刷及雾化对岸坡的影响；水库形成及调节作用，对鱼类产生一定影响；水库水质发生富营养化及下泄低温水；引水式开发形成减脱水河段，影响河道水环境功能。人们甚至直接批评水坝对水生生物、泥沙和河道的影响、对大气的影响、对地质灾害影响，以及对移民安置区域和历史人文景观的影响。

人类修建水电工程的本来目的是推动人类的可持续发展，提高人类的生活质量。客观来讲，由于水坝工程的功能设计不完善，以往水电确实对生态环境造成了一定的影响，这是水利工程师、环保主义者和普通公众承认的事实。在水电的生态影响备受诟病的时候，人们把矛头纷纷指向了水坝工程本身。生态学家、环境保护主义者戈德史密斯（E.Goldsmith）和希尔德亚德（N.Hildyard）于 1984 年、1986 年、1992 年先后合作出版了三卷本的《大坝对社会和环境的影响》[*The Social and Environmental Effects of Large Dams*（Wadebridge Ecological Centre）][4]，首次把水电工程的技术、经济与社会影响联系在一起，甚至提出了“No Dam Good”的口号，从根本上否定水电工程。后来美国学者麦考林的《大坝经济学》[5]和世界水坝委员会撰写的《水坝与发

展——决策的新框架》[6]都对水电工程的负面生态效应进行大肆批判。

水电工程产生生态影响的因素十分复杂，除了技术，政治、经济、人类的价值观念等因素共同发挥作用，本文将主要从与工程的生态影响密切相关的几个方面展开分析。

（1）“人定胜天”的工程生态观导致对自然的无情索取。

因工程规模巨大和影响广泛，不合理的水电工程建设和不恰当的水电开发模式往往比以往滥砍滥伐天然林造成更为深远的影响，甚至导致生态灾难。尽管近些年来公众的生态环保意识有所提高，但工程建设的生态道德仍较为缺乏，“人定胜天”“征服自然，改造自然”的工程观仍然影响着工程建设。水电开发规划也主要是单一地从水能资源的角度来考虑问题，而忽视水资源的综合价值和科学利用。在以往经济价值导向的思维方式下，人们更关注水电开发带来的经济效益，对不合理的建坝和水能开发所造成的环境效益损失和潜在的经济、社会效益损失缺乏足够的重视，往往习惯于对大自然进行掠夺式开发，最终难免遭到自然的报复。

（2）涸泽而渔的流域开发方式引人反思。

田纳西流域的梯级开发模式曾被各国作为流域水资源综合开发的典范而争相效仿，但是这一模式现在越来越受批评。我国已建和在建项目也普遍采用的是流域梯级综合开发的方式。近年来，在利益驱动下，各大电力、投资集团在我国西部地区为争夺各流域开发权而“跑马圈水”。一些工程在长江、澜沧江和怒江等重要水源涵养地、地质环境和生态环境极为脆弱的生态功能区开工，一些国家级自然保护区、原始森林和濒危生物栖息地受到干扰。水电开发打破了河流水循环的自然规律，严重破坏了河流生态系统。这种无所不尽其极的流域开发模式倘若不能合理规划，很容易对河流生态釜底抽薪、涸泽而渔。不合理的过度开发配合工业用水增长、人口增加等因素，导致恒河、印度河、阿姆河、锡尔河等在一年中的多数时候不能入海。我国除黄河曾常年断流外，长江上游的一些流域也出现了脱水和断流现象；而且最终超越了一个地区的水资源的承载能力，即在一定流域或区域内，其自身的水资源能够支撑经济社会发展规模，并维系良好生态系统的能力[7]。一旦超越了水资源的承载能力，经济社会发展就会受到阻碍。

（3）落后的工程规划和设计未能充分反映流域规划。

江湖流域规划是具体开展水电工程的规划和设计的基本依据，20 世纪 50 年代中期至末期，我国通过引进和借鉴苏联的技术与规划方案，制定了关于黄河、淮河、长江、海河等各大江河的流域综合规划。总体看来，我国当前的流域综合规划在规划指导思想上，尚未能很好地利用水利学和河流学，从全流域综合开发的角度系统地研究水利工程的消极生态效应，包括可能引起的潜在和长期的不利影响。大量环境效益指标只能定性而不能定量。在这样的情况下，水电工程也很难较好地保护生态。

四、辩证看待水电工程的积极生态功能

水电工程技术本身是中性的，但不少人对水电工程的生态影响的认识并不全面或不准确。

1. 通过水库防洪来改善水环境

我国属于大陆季风性气候，降水年内、年际分布极其不均衡，洪、涝、旱灾非常严重。过去的20世纪里，中国遭受了60多次洪水灾害的侵袭，平均不到两年便会发生一次。突如其来的洪水不仅会造成极大的生命财产损失，还会扰乱自然界长期形成的自我调节，江河流域原有的生态平衡也被改变。由于主要河流的安全泄洪能力有限，减轻洪灾损失就必须依赖综合防洪系统，特别是具有较强调控能力的大型水库。三峡工程库容为393亿m^3，蓄水至高程175m后，有效防洪库容为221.5亿m^3、相当于4个荆江分洪区的蓄洪量，使荆江河段防洪标准由现在的十年一遇提高到百年一遇。同时，三峡工程配合丹江口水库和武汉附近分蓄洪区的运用，有效保障了武汉防洪，还可为洞庭湖区的泥沙问题和湖面萎缩问题的治理创造条件。

2. 水电的绿色能源特性有助于应对全球气候变化

联合国制定的全球气候变化框架公约要求，在今后半个世纪内把目前占去全球电力生产80%的矿物燃料的比重降低到25%左右。我国政府也提出了应对气候变化的国家方案。我国是世界上少数几个以煤炭为主要能源的国家之一，调整能源结构、发展低碳经济是实现我国减排承诺的重要举措。在上述大背景下，水电的绿色能源特性凸显了水电在低碳经济中的优势。水电既是清洁的能源，又是用于发电的优质可再生能源。例如，长江三峡电站平均发电量为847亿kW·h，相当于每年燃烧5000万t原煤的能源。由于水电的替代可每年少向大气层排放产生全球温室效应的二氧化碳1.2亿t，产生区域酸雨的二氧化硫200万t，一氧化碳1万t，氮氧化物37万t，以及大量的固体粉尘废物。这对全球和区域性的环境保护都大有裨益。[8] 此外，水电与火电相比，可调控性更强，具备调频、调相、调峰等作用，在黑色系中独树一帜，可保证系统供电的高质量和可靠性，因此世界各国在其工业化发展进程中无不优先开发水能资源。另外，水库蓄水后形成的水面可以增加空气湿度。

3. 促进库区脱贫和消除人为生态破坏

贫穷是破坏环境的重要原因。工程移民与生态移民相结合，可为异地搬迁创造条件。在水坝坝址所在地开发旅游业，创造新型的就业机会，有助于逐步取消当地落后低效的耕作方式，从根本上消除对江河流域生态环境的破坏，并为生态保护与修复提供资金上的保证。

五、生态文明视野下促进水电工程的可持续发展的措施建议

经过多年水电工程争议的洗礼，人们越来越意识到，焦点不在于要不要建坝，而在于要在哪儿建坝、如何建坝，在于必须以一种更可持续的、更合理的、更有效的途径对待大自然的河流系统[9]。中国在社会经济发展中已经遭遇了生态失衡的问题，借鉴他山之石，可以走出与西方“发展第一，治理第二”的“发展主义至上”模式不同的道路。从生态文明和可持续发展的角度来统筹考虑自然、社会和生态的关系，中国的水电工程可以保护和开发并行，最大限度地发挥水电的积极生态效应。

1. 将水电工程纳入流域水资源管理的大框架，并改善流域综合规划

在整体观念上，要明确与沟渠、堤堰和引水工程相比，水电工程仅仅是流域水资源利用与管理的众多手段之一，而且是改善江河流域的生态失衡状况和进行生态修复的一种工程措施。水电工程的规划、建设和运营管理要纳入整个流域综合规划，应严格遵循流域综合开发治理规划的基本原则，不超越一个地区的水资源承载力。这样一来，就要求政府在制定综合规划时候，要根据经济社会发展和生态环境保护的要求，适应新的变化，不断更新、调整和完善，保障防洪、灌溉、供水、发电、航运、生态、环境保护等八大功能目标的实现。在规划完成后，除继续贯彻落实 1988 年颁布实施的《水法》外，其核心在于建立健全相关流域规划法规来保证规划的执行。与此同时，要加强政府对水电工程建设的宏观管理，重构流域民主协商，行政区域管理辅助，准市场运作和用水户参与管理的流域水资源统一管理体制。各大水电集团要加强行业自律，切实落实流域综合规划，杜绝以往水电上马中形成的“倒逼机制”。

2. 改善水电站设计标准，维护河流健康

河流健康是“人水和谐”的主要标志之一，也是人类治理、开发和利用河流必须要保障的目标。在水电工程的设计、建设和运行中，要树立和秉承与生态文明相一

致的工程生态观。既要客观、辩证地对待自然主义影响下的“原生态”或“类人猿的生态学”[10]，又要防止重蹈“征服自然”的生态观的覆辙。要“懂得河流学和河流运动规律”[11]，同时积极探索长效的生态补偿机制。人不仅有权使用河流水资源，确定河流的生态需水量，还要保障给河流生态系统分配所需的不危及可持续发展的水流过程，即河流生态流[12]。

国际组织所制定的筑坝准则为我们提供了借鉴。联合国《水电与可持续发展北京宣言》支持各国，特别是发展中国家在高度重视水电开发的生态和社会影响的前提下对水电进行可持续性开发。国际水电协会（IHA）和世界大坝委员会（ICOLD）在筑坝标准中都统筹考虑了社会评价、生态环境评价、经济与财务评价、管理评价、技术评价。我国的水电工程建设，要积极学习这些筑坝标准中符合生态文明的合理成分，努力建设“技术可行、经济合理、环境友好、社会可接受”的水电工程。

3. 积极采取适应性运行管理削弱水电工程的消极生态影响

水库大坝投入运行后，需要积极追踪大坝的生态影响，并有针对性地实施水库调度，积极采取适应性管理来持续改进大坝的运行。这对于恢复河流生态功能和改善河口湿地生态环境具有非常重要的作用。国际水电问题研究专家 Brain D.Richter 和 Gregory A.Thomas 提出了如何根据大坝运行情况调整项目运行规划和实施框架，见图 1。

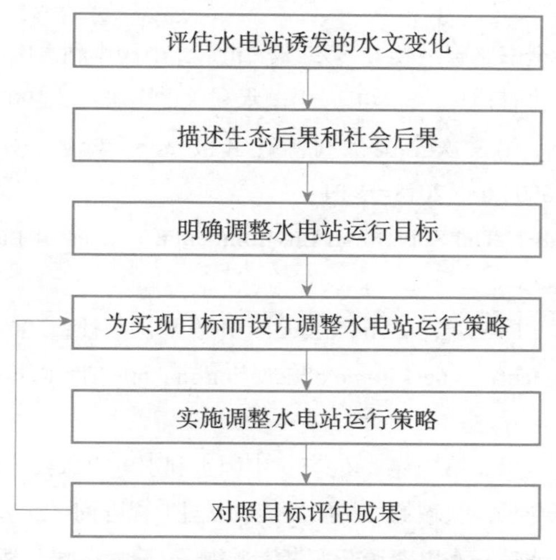

图 1　调整水电工程运行项目规划和实施框架[12]

4. 注重水电工程生态影响的公众理解与社会参与

应就水电的生态影响对公众进行必要的科普，减少不必要的恐慌，并着力提升公众的环保意识和参与生态保护的意愿。要在制定流域规划的过程中确定生态民主原则，保证规划制定的科学性和民主性，将公众参与和民主协商视为流域管理的关键因素，保证流域规划的公正和透明，便于群众监督。除了水利技术专家外，还应积极吸收社会学家、环保组织和普通市民加入工程决策的队伍，进行决策监督。要积极探索建立国家、地方、开发商和移民共同受益的长效机制，切实保障受影响移民因河流生态被改变而损失的生态利益，维持社会公正。

六、小结与展望

水生态文明是生态文明建设的资源基础、重要载体和显著标志。建设生态文明，水利必须先行[13]。每一座水电工程的生态影响要根据具体情况进行辩证分析，用科学的态度做出综合判断。在充分考虑河流生态的情况下，通过采取积极的生态治理，对水电进行合理设计、建设和运行，可以尽可能地削减或规避水电工程的负面生态影响，最大限度地发挥水电工程积极的生态功能，尽可能满足国家战略需求，推动人类社会的可持续发展。

参考文献

[1] 徐乾清 . 中国水利百科全书（第一卷），第二版 . 北京：中国水利水电出版社，2006.

[2] 方子云 . 现代水资源保护管理理论与实践 . 中国水利水电出版社，2007.

[3] 水利部，国家统计局 . 第一次全国水利普查公报 .http://www.mwr.gov.cn/sj/tjgb/dycqgslpcgb/201701/t20170122_790650.html[2018-05-01].

[4] Goldsmith E，Hildyardt N.The Social and Environmental Effects of Large Dams. San Francisco：Sierra Club Books，1984.

[5] 麦库里 · P. 大坝经济学 . 周红云，等译 . 北京：中国发展出版社，2001.

[6] WCD.Dam and development：A new frame of decesion-making. The Report of the World Commission on Dams，2000.

[7] 徐乾清 . 中国水利百科全书（第二卷）. 北京：中国水利水电出版社，2006：1302.

[8] 陆佑楣 . 长江三峡工程与长江流域的可持续发展 . 中国工程咨询，2002，(08)：15.

[9] 刘建平 . 通向更高的文明——水电资源开发多维透视 . 北京：人民出版社，2008：226.

[10] 中国社会科学院经济文化研究中心 . 林一山纵论治水兴国 . 武汉：长江出版社，2007：197.

[11] 郑通汉 . 论水资源安全与水资源安全预警 . 中国水利，2003，(6A)：20.

[12] Richter B D，Thomas G A. 调整大坝运行 恢复生态流 // 大自然保护协会 . 河流生态流与适应性管理文集（内部资料）：214.
[13] 王树山 . 推进水生态文明建设 实现中原永续发展 . 中国水利，2013，(01)：15-16，22.

Ecological Impacts of Hydropower Projects from the Perspective of Ecological Civilization and Problems and Suggestions for Sustainable Development

Zhang Zhihui [1, 2]
(1.Post-doctoral Research Station，China Yangtze Three Gorges Group Company Limited；
2. Institute for History of Natural Sciences，Chinese Academy of Sciences)

China's hydropower resources are abundant，and hydropower with dam as the core infrastructure is an important strategy to ensure China's energy security. While hydropower projects bring huge economic benefits，they also inevitably bring some negative impacts on the ecological environment. While facing the negative ecological functions of the dam，we must also see that the hydropower project itself has positive ecological functions. This paper cuts through the advantages and disadvantages of the ecological impact of hydropower projects，and explains the relationship between the ecological impact of hydropower projects and national needs from typical cases at home and abroad. The negative ecological impacts that hydropower projects may cause are discussed，as well as analysis and reasons. Based on the value neutrality of hydropower engineering technology itself，using Marxist materialist dialectics，the positive ecological functions of hydropower projects were discussed. Finally，in the perspective of ecological civilization construction，on how to promote the sustainable development of hydropower projects，the countermeasures and suggestions are proposed from the aspects of planning，design，adaptive operation management，public understanding and social participation of hydropower stations.

6.4 大数据产业的伦理规制

李 伦 胡晓萌

（湖南师范大学人工智能道德决策研究所）

大数据是 21 世纪的“新石油”，已成为世界政治经济角逐的焦点，世界各国纷纷将大数据发展上升为国家战略，我国也不例外。2014 年，“大数据”写入我国《政府工作报告》；2015 年 8 月，国务院出台《促进大数据发展行动纲要》；2016 年 1 月，国家发展和改革委员会印发《关于组织实施促进大数据发展重大工程的通知》；2017 年 1 月，工业和信息化部发布《大数据产业发展规划（2016—2020 年）》。2017 年 12 月，中共中央总书记习近平在主持中共中央政治局第二次集体学习时要求推动实施国家大数据战略，加快建设数字中国。

《大数据产业发展规划（2016—2020 年）》指出，我国已成为产生和积累数据量最大、数据类型最丰富的国家之一，到 2020 年，技术先进、应用繁荣、保障有力的大数据产业体系将基本形成，加快建设数据强国，从而为实现制造强国和网络强国提供强大的产业支撑。大数据产业在创造巨大社会价值的同时，也遭遇隐私侵权和信息安全等伦理问题[1]。发现或辨识这些问题，分析其成因，提出解决这些问题的伦理规制方案是大数据产业发展亟待解决的重大问题。

一、大数据产业面临的主要伦理问题

大数据产业呈现蓬勃的发展态势，但面临的伦理问题也日益成为阻碍其发展的瓶颈。这些问题主要包括数据主权和数据权问题、隐私权和自主权的侵犯问题、数据利用失衡问题。这三个问题影响大数据的生产、采集、存储、交易流转和开发使用全过程。

1. 数据主权和数据权问题

由于跨境数据流动的剧增、数据经济价值的凸显、个人隐私危机的爆发等多方面因素，数据主权和数据权已成为大数据产业发展遭遇的关键问题。数据的跨境流动是不可避免的，但这也给国家安全带来了威胁，数据的主权问题由此产生。数据主权是指国家对其政权管辖地域内的数据享有生成、传播、管理、控制和利用的权力。数据主权是国家主权在信息化、数字化和全球化发展趋势下新的表现形式，是各国在大数据时代维护国家主权和独立，反对数据垄断和霸权主义的必然要求[2]。数据主权是国家安全的保障，2012 年 3 月，美国奥巴马政府为保护美国数据安全和发展大数据在科学研究中的应用宣布启动“大数据研究和发展计划”，投入共计 2 亿美元，这是美国继 1993 年“信息高速公路”计划后的又一次重大科技发展部署。

数据权包括机构数据权和个人数据权。机构数据权是企业和其他机构对个人数据的采集权和使用权。个人数据权是指个人拥有对自身数据的控制权，以保护自身隐私信息不受侵犯的权利[3]。数据权是企业的核心竞争力，比如 2017 年爆发的华为、腾讯用户数据之争。华为通过其荣耀 Magic 智能手机收集用户活动信息，也包括用户的微信聊天记录，而腾讯认为华为是在夺取应属于腾讯的数据，并且侵犯了微信用户的隐私，这就是一场典型的由数据权属而引发的商业争端。数据权也是个人的基本权利，个人在互联网上产生了大量的数据，这些数据与个人的隐私密切相关，个人也拥有对这些数据的财产权。

数据财产权是数据主权和数据权的核心内容。以大数据为主的信息技术赋予了数据以财产属性，数据财产是指将数据符号固定于介质之上，具有一定的价值，能够为人们所感知和利用的一种新型财产。数据财产包含形式要素和实质要素两个部分，数据符号所依附的介质为其形式要素，数据财产所承载的有价值的信息为其实质要素[4]。2001 年世界经济论坛将个人数据指定为“新资产类别”[5]。数据成为一种资产，并且像商品一样被交易。然而，数据权属问题目前还没有得到彻底解决，数据主权的争夺也日益白热化。数据权属不明的直接后果就是国家安全受到威胁，数据交易活动存在法律风险和利益冲突，个人的隐私和利益受到侵犯。

2. 隐私权和自主权的侵犯问题

数据的使用和个人的隐私保护是大数据产业发展面临的一大冲突。互联网发展初期，只有个人的保密信息与个人隐私关联较为密切；而在大数据环境下，个人在互联网上的任何行为都会变成数据被沉淀下来，而这些数据的汇集都可能最终导致个人隐私的泄露。现在绝大多数互联网企业通过记录用户不断产生的数据，监控用户在互联网上所有的行为，互联网公司据此对用户进行画像，分析其兴趣爱好、行为习惯，对用户做各种分类，然后以精准广告的形式给用户提供符合其偏好的产品或服务。另外，互联网公司还可以通过消费数据等分析评估消费者的信用，从而提供精准的金融服务进行盈利。在这两种商业模式中，用户成为被观察、分析和监测的对象，这是用个人生活和隐私来成全的商业模式。

大数据技术的滥用侵犯隐私权，也意味着侵犯个人的自主权。在 2018 年爆出的

Facebook 泄露 8700 万用户信息的丑闻中，剑桥分析公司（Cambridge Analytica）利用这批用户的社交数据和美国数据交易市场上的 2.2 亿人的消费数据对用户进行心理画像，然后就性别、年龄、兴趣爱好、性格特点、职业专长、政治立场等角度对选民进行分类，再结合不同的心理特征精准投放不同的竞选广告，以影响选民最终的投票。在美国总统特朗普的竞选支出明细中，最大的一部分支出就是付给剑桥分析公司的，共计 5 912 500 美元[6]。剑桥分析公司的官网上也打出这样的口号："我们定位你的选民，然后驱使他们行动。"显然，对隐私权侵犯的升级，便是对个人自主权的侵犯。

3. 数据利用的失衡问题

数据利用的失衡主要体现在两个方面。第一，数据的利用率较低。随着移动互联网的发展，每天都有海量的数据产生，全球数据规模实现指数级增长，但是 Forrester Research 对大型企业的调研结果显示，企业大数据的利用率仅为 12% 左右[7]。就掌握大量数据的政府而言，数据的利用率更低。第二，数字鸿沟现象日益显著。数字鸿沟束缚数据流通，导致数据利用水平较低。大数据的"政用"、"民用"和"工用"，相对于大数据在商用领域的发展，无论技术、人才还是数据规模都有巨大的差距。现阶段，我国大数据应用较为成熟的行业是电商、电信和金融领域，医疗、能源、教育等领域则处于起步阶段[8]。由于大数据在电商、电信、金融等商用领域产生巨大利益，数据资源、社会资源、人才资源均往这些领域倾斜，涉及政务、民生、工业等经济利益较弱的领域，市场占比很少。在"商用"领域内，优势的行业或优势的企业也往往占据了大量的大数据资源。例如，大型互联网公司的大数据发展指数对比中小企业的就呈现碾压态势。大数据的"政用"、"民用"和"工用"对于改善民生、辅助政府决策、提升工业信息化水平、推动社会进步可以起到巨大的作用，因此大数据的发展应该更加均衡，这也符合国家大数据战略中服务经济社会发展和人民生活改善的方向。

二、大数据产业伦理问题的成因

从数据伦理的视角来看，大数据产业面临的数据主权和数据权问题、隐私权和自主权的侵犯问题、数据利用失衡问题的产生，与开放共享伦理的缺位和泛滥、个体权利与机构权力的失衡密切相关。

1. 开放共享伦理的缺位

从农业时代到工业时代再到信息时代，人们形成了不同的对待物的观念和对待信息的观念。人类社会在经历农业时代和工业时代后，形成了对生产资料的占有的观念，即对物的占有，而对物的占有具有排他性。由于信息具有可复制性，对信息的占有是可以不具有排他性的。人类刚刚进入信息时代，尚未建立起适应信息时代要求的伦理精神，人类对待信息的态度还与在农业时代和工业时代对待物的态度保持一致，这就造成了信息的不流通，在大数据时代的具体体现就是数据孤岛和数字鸿沟。

像殖民时期的掠夺一般，机构大肆收集数据，然后像对待物一样据为己有，形成一个个数据孤岛。越来越多的互联网企业的商业估值靠积累的数据量，如同国家的黄金储备一般。聚集的数据无法通过开放共享而实现流通，那么数据的价值也就无法得以挖掘，数据的利用率就维持在较低的水平。占据大量数据资产的企业就形成了垄断，因为这部分数据的价值挖掘就只此一家。互联网精准广告营销便是建立在数据孤岛之上的商业模式，广告收入是几乎所有互联网企业的一项重要收入。例如，2016 年百度的广告收入为 645.25 亿元，占其总营收的 91%。

同时，当数据聚集在一处，被一家机构开发使用时，对数据的价值开发只可能放在利益最大化的单一方面。互联网企业的数据不仅仅可以被用于精准广告这一可以实现巨大经济效益的模式中，还可以用于政务、民生等各个方面。所以，在大数据产业的发展进程中，数据的开放共享是一个重要前提。2015 年国务院印发的《促进大数据发展行动纲要》（国发〔2015〕50 号）要求在 2018 年底前建成数据统一开放平台，2020 年底前逐步向社会开放政府相关数据集。

2. 开放共享伦理的泛滥

在大数据产业发展过程中，开放共享伦理的泛滥和缺位同时存在。开放共享伦理在互联网发展中起着极为重要的作用，但开放共享伦理的泛滥可能导致数据共享的滥用。大数据产业的发展需要开放共享的伦理精神，数据只有开放和共享才可能汇聚成大数据，否则就会出现数据孤岛的现象，但是数据的开放共享也面临被滥用的风险。因此，信息共享存在“信息共享的两重性问题”——共享滥用和信息孤岛。数据开放共享的滥用，直接导致的后果就是国家、企业和个人的数据主权受到威胁，即出现信息安全危机、企业的数据之争，以及个人隐私权、数据权受到侵犯。因此，数据的开放共享应该是有规范的，防止数据滥用和信息孤岛这两个极端，这就要求在大数据产业的发展过程中应坚持平衡原则。平衡原则是处理创新与风险的基本原则，平衡原则是建立隐私权和信息安全伦理保护机制的基本路径[9]。不同类型的数据的开放共享程度也应区别开来，就掌握大量数据的政府而言，其应用重点在于数据开放。就个人数据而言，由于涉及隐私保护等敏感问题，应该充分遵守个人的知情同意权，有限地开放共享，需借助数据脱敏等技术手段对个人数据进行处理后才能使用。

3. 个人数据权利与机构数据权力的失衡

就频频发生的个人数据侵权的事件来看，个人的数据权利与机构数据权力的对比已经失衡，个人在机构面前的力量显得过于渺小。数据的收集和使用，消费者是被动的，企业和机构是主动的。同时，算法是机构设计的，算法赋予机构巨大的数据权力，主动权总是掌握在机构手中。对机构而言，数据是透明的，哪里有数据，如何收集和挖掘数据，机构都知道。对用户而言，数据是暗的，数据是用户的，但用户并不知道自己有多少数据在外面，这些数据在哪里，如何被使用。数据和算法厚此薄彼的灰度，生动地呈现了数据权利与数据权力的失衡现象[10]。

三、大数据产业的伦理规制

为了有效保护个人数据权利，促进数据的共享流通，世界各国对大数据产业发展提出了各自的伦理和法律规制方案。欧盟在 2018 年 5 月起正式实施《通用数据保护条例》(GDPR)。GDPR 已成为目前世界各国在个人数据立法方面的重要参考。GDPR 充分保障数据主权，其地域适用范围可适用于欧盟境外的企业。GDPR 将“同意”作为数据处理的法律基础，由“同意”来行使个人数据权利，相应地体现透明机制。GDPR 建立有效的问责机制和惩罚机制，高额的罚款让企业不得不进行数据合规。规模以上企业应设立数据保护专员（DPO），DPO 机制就相当于内审机制，企业可以专业地、实时地进行内审合规。GDPR 的立法理念和部分条款值得我们参考，我们可以结合我国大数据产业现状，建立起一套符合我国大数据产业的伦理规制体系和法律保障体系，为我国大数据战略实施保驾护航。

大数据战略已经成为我国国家战略，从国家到地方都纷纷出台大数据产业的发展规划和政策条例。2013 年 2 月 1 日正式颁布并实施《信息安全技术 公共及商用服务信息系统个人信息保护指南》，2016 年实施《中华人民共和国网络安全法》。结合上述法律和条例，针对大数据产业面临的伦理问题及其成因，我们提出如下伦理规制建议。

1. 建立规范的数据共享机制和数据共享标准

以开放共享的伦理精神为指导，建立规范的数据共享机制，解决目前大数据产业由于开放共享伦理的缺位和泛滥而导致的数据孤岛、共享缺失、权力极化、资源危机，以及数据滥用、共享滥用、权力滥用、侵犯人权两类极端的问题。同时针对不同的数据类型和不同行业领域的数据价值开发，制定合理的数据共享标准。最终达到维护国家数据主权保障机构和个人的数据权利，优化大数据产业结构，保障大数据产业健康发展的目标。

2. 尊重个人的数据权利，提高国民大数据素养

大数据技术创新、研发和应用的目的是促进人的幸福和提高人生活质量，任何行动都应根据不伤害人和有益于人的伦理原则给予评价[11]。大数据产业的发展应当以尊重和保护个人的数据权利为前提，个人的数据权利主要包括访问权、修改权、删除或遗忘权、可携带权、决定权。随着社会各界越来越关注个人的数据权利，同时被称为史上最严“数据保护条例”的欧盟《通用数据保护条例》（GDPR）实施之后，我国不仅在大数据产业的发展中应尊重个人的数据权利，在国家立法层面也应逐步完善保护个人信息的立法。

相对于机构，个人处于弱势，国民应提高大数据素养，主动维护自身的数据权利。因此，我们应普及大数据伦理的宣传和教育，专家学者要从多方面向企业、政府和公众开展大数据讲座，帮助群众提升大数据素养[12]，以缩小甚至消除个人数据权利和机构数据权力的失衡。

3. 建立大数据算法的透明审查机制

大数据算法是大数据管理与挖掘的核心主题，大数据的处理、分析、应用都是由大数据算法来支撑和实现的。随着大数据“杀熟”、大数据算法歧视等事件的出现，社会对大数据算法的“黑盒子”问题质疑也越来越多。企业和政府在使用数据的过程中，必须提高该过程中对公众的透明度，“将选择权回归个人”[13]。

例如，应该参照药品说明书建立大数据算法的透明审查机制，向社会公布大数据算法的“说明书”。药品说明书不仅包含药品名称、规格、生产企业、有效期、主要成分、适应证、用法用量等基本药品信息，还包含了药理作用、药代动力学等重要信息[14]。对大数据算法的管理应参照这类说明书的管理规定。

4. 建立大数据行业的道德自律机制和监督平台

企业在大数据产业中占主导地位，建立行业的道德自律对于解决大数据产业的伦理问题有积极作用，也是大数据产业健康发展的重要保障，因此应建立大数据行业的道德自律机制和共同监督平台。在目前相关伦理规范相对滞后的发展阶段，如果不加强道德自律建设，大数据技术就有可能会引发灾难性的后果，因此加强道德自律建设必须从现在开始[15]。

我们可以从以下三方面着手：第一，成立大数据行业伦理委员会，制定大数据行业伦理标准，监督标准的执行，对企业行为进行伦理评价，并进行道德教育。也就是说，对大数据行业内部的“道德难题进行伦理评价、对信息活动进行全程监督、制定行业伦理标准、规约个体信息行为等”[16]。第二，建立大数据行业的自我约束机制，

强化大数据从业人员的自我道德约束，同时对从业人员进行道德监管，监督其遵守大数据技术应用中的相关行业标准和技术流程。第三，建立规范准则和奖惩机制。建立严格的行为规范以约束缺乏社会责任感的企业和从业者。利益奖惩不仅可以有效促使其主动遵守数据伦理行为规范，同时可以帮助其发展自身主体的道德自律，有益于大数据产业的发展[12]。

参考文献

[1] 李伦，李波 . 大数据时代信息价值开发的伦理问题 . 伦理学研究，2017，(5)：100-104.

[2] 齐爱民，盘佳 . 数据权、数据主权的确立与大数据保护的基本原则 . 苏州大学学报（哲学社会科学版），2015（1）：64-70.

[3] 冯伟，梅越 . 大数据时代，数据主权主沉浮 . 信息安全与通信保密，2015，(6)：49-51.

[4] 高完成 . 大数据交易背景下数据财产权问题研究 . 北京：第八届中国信息安全法律大会论文集，2017：255.

[5] The World Economic Forum. Personal data：The emergence of a new asset class. https://www.weforum.org/reports/personal-data-emergence-new-asset-class[2011-02-17].

[6] Trump D. Expenditures Breakdown，2016 Cycle. www.opensecrets.org[2018-06-02].

[7] Forrester. The forrester wave TM：Big data hadoop solutions. www.forrester.com/The+Forrester+Wave+Big+Data+Hadoop+Solutions+Q1+2014 /-/E-PRE6807[2018-06-02].

[8] 中国贵阳大数据交易所 .2015 年中国大数据交易白皮书 . 贵阳：贵阳国际大数据产业博览会，2016.

[9] 李伦，孙保学，李波 . 大数据信息价值开发的伦理约束：机制框架与中国聚焦 . 湖南师范大学社会科学学报，2018，(1)：1-8.

[10] 李伦 . “楚门效应”：数据巨机器的“意识形态”——数据主义与基于权利的数据伦理 . 探索与争鸣，2018，(5)：29-31.

[11] 邱仁宗，黄雯，翟晓梅 . 大数据技术的伦理问题 . 科学与社会，2014，4（1）：36-48.

[12] 安宝洋，翁建定 . 大数据时代网络信息的伦理缺失及应对策略 . 自然辩证法研究，2015，(12)：42-46.

[13] 薛孚，陈红兵 . 大数据隐私伦理问题探究 . 自然辩证法研究，2015，(2)：44-48.

[14] 唐春燕，陈大建，曾立威，等 . 药品说明书在药品风险管理中的地位与作用 . 医药导报，2008，27（7）：869-870.

[15] 陈仕伟 . 大数据技术异化的伦理治理 . 自然辩证法研究，2016，(1)：46-50.

[16] 宋振超，黄洁 . 大数据背景下网络信息的伦理失范、原因及对策 . 理论与改革，2015，(2)：172-175.

Ethical Regulation of Big Data Industry

Li Lun，*Hu Xiaomeng*
（Institute of Artificial Intelligence Moral Decision-Making，Hunan Normal University）

Big data strategy has become the national strategy，and governments from the central to local attach great importance to the development of big data industry. The scale of big data industry has achieved great growth by year，but big data industry faces challenges such as data sovereignty and data rights，privacy and autonomy violations，unfair data utilization. These problems seriously restrict the development of big data industry. The absence or the unlimited spread of open sharing ethics，the imbalance between the individual rights of data and the institutional power of data are the ethical factors resulting in these problems. In order to promote the development of big data industry，the standard and mechanism of data sharing should be established，individual data rights should be respected，the civic literacy of data should be improved，a transparent review mechanism of big data algorithm should be created，and a moral self-discipline mechanism and monitoring platform should be established for big data industry.

6.5　人工智能对未来教育的影响

杜　鹏[1]　曹　芹[2]

（1. 中国科学院科技战略咨询研究院；2. 中国生物技术发展中心）

1956年夏季，明斯基（M.Minsky）、西蒙（H.Simon）、香农（C. Shannon）等科学家在美国达特茅斯学院（Dartmouth College）研讨时首次提出了“人工智能”（artificial intelligence，AI）的概念，标志着人工智能研究领域的确立。在半个多世纪的充满未知的探索道路上，人工智能的发展曲折起伏。近年来，随着互联网、大数据、云计算、物联网等信息技术的发展，曾经被认为是过时的应被丢弃的人工智能技术，如今正在强力复苏[1]。泛在感知数据和 GPU 等计算平台推动以深度学习为代表的人工智能技术进入爆发式的增长期，引起了全社会的广泛关注，吸引了谷歌、IBM、百度、Facebook、苹果、微软等巨头企业的资本投入。

人工智能与产业需求的结合催生出服务模式的重大转变，如微软开发的小冰聊天机器人，正在引导传统使用方式从“图形界面”向“自然语言和情感理解交互界面”转变。IBM 开发的 Watson 系统，已经在医院运行，包括快速筛选癌症治疗史中的 150 万份患者记录、诊断疑难白血病、提供治疗方案的建议，正在改变肿瘤治疗与临床诊断的运作模式[2]。事实上，人工智能已经或正在颠覆性地改变着许多行业和领域，也带动了许多新兴的行业话题，如“AI+ 教育”，人工智能与教育行业的结合逐渐被人们认可。国务院于 2017 年 7 月发布了《新一代人工智能发展规划》，提出要发展“智能教育”。伴随着越来越多的资本流入，“AI+ 教育”行业发展势态初显峥嵘，显示出更多的可能。为此，本文从教育人工智能的内涵入手，分析人工智能对未来教育的深刻变革以及相应的挑战。

一、教育人工智能的内涵

目前人工智能在教育领域的应用技术主要包括图像识别、语音识别、人机交互等。通过图像识别技术，人工智能可以替代老师批改作业和阅卷，将其从繁重的工作中解放出来；语音识别和语义分析技术可以辅助教师进行英语口试测评，也可以纠正、改进学生的英语发音；人机交互技术可以协助教师为学生在线答疑解惑，2016 年美国每日邮报报道美国佐治亚理工学院的机器人助教（Jill Watson）代替人类助教与学生在线沟通交流 5 个月竟无学生发现①，说明了人工智能的巨大应用潜力。此外，个性化学习、智能学习反馈、机器人远程支教等人工智能的教育应用也被业界看好。

随着人工智能技术的进步和在教育领域的不断渗透，人工智能与学习科学相结合的一个新领域——教育人工智能（EAI）开始形成。人工智能是一个模拟人类能力和智慧行为的跨领域学科，学习科学关注学习是如何发生的以及怎样才能促进高效地学习。因此，教育人工智能的目标主要包括两个方面：一是促进自适应学习环境的发展和人工智能工具在教育中高效、灵活及个性化的使用；二是使用精确的计算和清晰的形式表示教育学、心理学和社会学中含糊不清的知识，让人工智能成为打开学习“黑匣子”的重要工具。换言之，教育人工智能重在通过人工智能技术，更深入、更微观

① 搜狐教育. 机器人教师来了！美佐治亚理工学院用机器人代替助教授课. http://www.sohu.com/a/74750360_112831[2016-05-11].

地窥视、理解学习是如何发生的，是如何受到外界各种因素（如社会经济、物质环境等）影响的，进而为学习者高效地进行学习创造条件[3]。

在教育人工智能中，教学模型、领域知识模型和学习者模型是其核心。教学模型主要包含教学的专业知识、技能和有效方法；领域知识模型包含了学生所学科目的专业知识体系；学习者模型展现了计算机与学习者的互动，通过学生学习活动、情绪状态等了解学生的学习情况[3]。此外，通过人机协同的方式实现教育宏观决策和宏观政策研究，辅助开展教育决策也是教育人工智能的重要组成部分。

在具体应用中，教学模型、领域知识模型和学习者模型相互嵌套在一起。学习者模型可以根据具体学习者的学习行为反馈其学习情况，教学模型和领域知识模型则通过学习者模型的反馈情况推断学习者的进度，调整模型中的知识体系、教学方法等，以适合学习者的学习，进而形成一个相互循环的动态系统，使整个模型体系更加完整，更加丰富，如学习障碍自动诊断与反馈分析。

学习障碍自动诊断与反馈分析是北京师范大学未来教育高精尖创新中心的国际合作研究项目“AI Teacher”[4]中的一个子模块。在该模块中，通过对中小学的学科建立知识图谱，在知识图谱中标记学生的学科能力，即对每个核心概念上学生应达到哪一个学科能力都进行了标记，建立了学生学科能力的标记模型。然后，通过对学生的试题作答数据进行分析，根据数据仿真出学生对该知识的掌握程度（图 1），并以此进行个性化推荐。

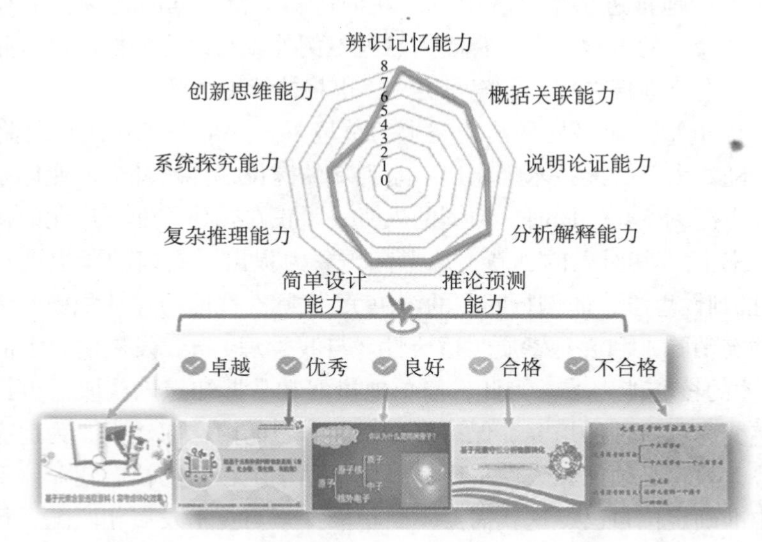

图 1　学生知识（“元素”核心概念）掌握程度案例[4]

对于每个学生而言，其个人知识地图反映了知识掌握的系统程度及学习障碍。只有发现了关键障碍点，才能对症下药。例如，某个学生不会计算梯形面积，其关键障碍点可能在于不懂平行线的性质。因此，除个性化推荐外，该模块基于学生的知识图谱能够进行预测性分析和诊断性分析。通过计算机人工智能汲取海量历史数据隐含的规则，就能发现学生最易出错的关键障碍点，对其进行破解，并根据历史数据预测其未来可能取得的学业成就[4]。

二、人工智能对未来教育的深刻变革

随着计算能力的快速发展，在互联网、物联网带来的海量数据和深度学习等算法的共同推动下，人工智能作为一项通用目的的技术，改变的不仅是服务模式和商业模式，还涉及社会运作的方方面面，其实际应用效果和社会影响力远远超出以往，势必成为我国经济结构转型升级的新支点。如果说教育人工智能领域的相关研究及应用只是从技术层面影响了未来教育，那么人工智能未来将全面覆盖社会生活的每一个维度，对教育产生更加深远的影响。

1. 重构育人目标：未来教育将培养何种人才

技术进步有效地推进了生产率提升，在创造新岗位的同时，也会带来技术性失业。作为一项革命性的技术，人工智能当然也不例外。与以往的技术进步相比，人工智能对就业的冲击范围将更广、力度将更大、也将持续更久[5]。

在人工智能重塑产业格局和消费需求的情境下，一部分工作岗位终将被历史淘汰，但是也会随着人工智能技术孵化出一系列新的岗位，传统社会就业体系和职业形态也将因此发生深刻变化。同时，新型的人机关系正在构建，非程序化的认知类工作变得愈发难以替代，其对人的创新、思考和想象力提出了更高的要求[6]，认知能力（系统思考，批判性思维，非例行问题的解决）、人际交往能力（从积极倾听到很好表达，最后到冲突消除）和心理素质（适应性、自我管理/自我发展的个人品质）将成为 21 世纪人才的核心能力[7]。为此，简单地摄取和掌握知识以获取谋生技能的育人目标将逐渐转变为创造性的培养、保持好奇心和学习的内在驱动力。为适应和应对这种变化与趋势，教育必须回归人性本质，以便帮助学生在新的社会就业体系乃至人生价值坐标系中准确定位自己，这就需要不断积极探索与技术发展相匹配、相适应的教育体系与就业机制。

2. 改变学习方式：学生如何进行学习

一个多世纪以前，为了容纳更多的学生，教育工作者参考行之有效的工厂体系，将教学和测验的方式标准化，形成了按年龄分年级、以教室为基本活动场所的工厂模式教育体系，并沿用至今[8]。但是，工厂模式的学校越来越不符合时代发展的要求。固定教室、讲课和印刷课本的学习环境显然无法为数字社会服务，也很难有效地适应未来社会发展的需要。在数字社会里，信息是即时可用的，变化是永恒的，而距离和时间显得并不重要，多媒体是无所不在的[9]。更关键的是，在不同的时期，每个学生有不同的学习需要，对于课程知识的学习速度和掌握情况也是不一样的，而传统的教学方式是以一对多的教学，标准化的教学模式与个性化的教育内在本质之间的冲突愈加强烈。

当前的“互联网＋教育”创新了教育服务模式，学习者可以在任何时间学习其所需要的内容，而“人工智能＋教育”则进一步为学习者个性化自主学习提供了可能性，实现因学定教和精准教学。在人工智能的帮助下，学生可获得量身定做的学习内容支持。用适合自己的方式去学习，不仅效率会提高，而且会保持更长时间的学习兴趣。

如今，翻转课堂、慕课、微课堂已经成为人们普遍采取的学习方式。在美国，也已经有为数众多的学校摈弃了工厂式的集中教育，采取混合式学习①进行个性化教学。当然，混合式学习还只是个新鲜事物，从目前来看与传统课堂的学习方式在不同的领域各有所长，效果也有所不同。但无论如何，学生的学习方式正在发生根本性转变。在人工智能时代，个性化自主学习与多维度的交流协作将成为学习的主要方式。

3. 重塑教师角色：教师应当如何教学

人工智能于教师有特殊意义，可以将教师从烦琐、机械、重复的脑力工作中解脱出来，成为教师有价值的工具和伙伴，从而更加专注于构建和谐稳固的师生关系和促进学生全面长远发展。有专家指出，“创意工作者”、“人际连接者”和“复杂模式的判断者”这三类人是最不可能被人工智能替代的。教师这一职业同时满足这三类人的特点，因为教师必须适应变化的教学政策和教学环境，面向不同性格特点和需求的学生，处理多样化的教育教学问题。所以，人工智能并不能轻易取代教师这个职业。但在未来，人工智能可以改变教师的角色和作用[10]。

①　参见文献［8］第36～53页。混合式学习指的是一种正规的教育课程，学生至少进行部分在线学习，其间可自主控制学习的时间、地点、路径或进度，另外至少部分时间在家庭以外受监督的实体场所进行学习。将学生在学习一门课程或科目时的各种模块结合起来，形成一种整合式的学习体验。

未来人工智能会成为教师工作的组成部分，由人机协作完成智慧性工作。面向学生个体发展的教育服务体系，单靠教师个人很难支持。尤其是在我国，一个教师常需面对几十个学生，没有技术的支撑，想要精确了解学生的特征是很困难的；没有人工智能的支持，要想实施因人而异的个性化教学也不可能。进入人工智能时代，在全面采集、分析学生学习过程数据的基础上，对相关数据进行教学质量分析、考试/作业质量分析、个性化学习分析、学习推荐、学习预测等，可以实现智能诊断、个性化教学。人机协同既可以实现群体班级的规模化支持，也可以实现适应每个个体发展的个性化教学[4]。此时，教师就不再仅仅是知识的传授者，而且是学生的成长咨询顾问，负责为学生提供满足个性化需求的教学服务和设计实施定制化学习方案。

三、人工智能对未来教育发展的挑战

人工智能技术的不断演进，在对未来教育发展提供机遇的同时，也引发一些社会伦理问题的担忧，带来一系列挑战。

1. 隐私保护问题

目前以深度学习为代表的人工智能技术依赖于海量的数据积累和数据挖掘，在教育过程中的社会属性数据和教学行为数据体量越大、维度越丰富、时间跨度越长，人工智能所提供的教学服务就越准确、学习建议就越具有针对性，产生的教育质量和效益就越显著，但与之相伴的是师生隐私泄露的风险在急剧增加，在国内一些智慧校园项目中已经呈现出隐私滥用的现象。人工智能可以为未来教育插上腾飞的翅膀，但绝不能以牺牲师生隐私为代价，任何新技术的应用如果建立在侵害甚至践踏个人权利和尊严的基础上，那么就是作恶而不是造福。因此必须保证师生对所收集数据的知情权、选择权、访问权、所有权和控制权，必须保证数据安全，防止滥用，应在符合社会伦理的框架下，发展人工智能技术。

2. 过度依赖问题

人工智能绝非万能，在涉及成人育人的教育领域绝不能盲从。对一道题解法的误判也许只影响一时，但对一个人成长的误判则可能影响一生。教师的高阶脑力活动和教学经验，以及学生的学习能力和逻辑思维习惯，绝非天生具有，往往需要低阶脑力劳动甚至体力劳动的重复训练和积累。过度依赖人工智能可能导致眼高手低、好高骛远，知其然不知其所以然，从而容易导致师生变相成为人工智能的助手和附庸，教师失去应有的教学能力和职业素养，学生失去独立思考的能力和健全的心智性格[10]。

因此，要根据具体教育环节的实际需要和客观条件来决定是否使用，既不要不切实际地热衷引进人工智能技术，也不必过于恐惧和拒绝。

3. 教育体系改革

改革开放以来，我国已从低收入国家变成中等收入国家，并成为世界第二大经济体，其中教育的作用功不可没。但我们对教育，从认知到实践，都存在一种系统性的偏差，这个偏差就是我们把教育等同于知识，局限在知识上①，并在此基础上建立了相应的评价、选拔机制。我们目前培养的学生的通常做法是死记硬背和大量做题，在人工智能时代，一个很可能发生的情况就是，人工智能会首先替代那些在我们教育制度下培养出来的学生的优势，即对已有知识的积累。尽管国务院于 2017 年 7 月发布了《新一代人工智能发展规划》，提出要发展“智能教育”，特别是利用智能技术加快推动人才培养模式、教学方法改革来加强创新人才的培养，但如何构建超越知识的教育体系，从体制机制上更多地关心学生的好奇心和想象力，关注学生的价值取向，还有很长的路要走。

四、小结与展望

在中国教育界有一个颇为著名的问题叫“钱学森之问”，其实，在国际教育技术领域，也有一个颇为著名的问题，叫“乔布斯之问”。“乔布斯之问”是苹果公司创始人乔布斯生前提出的：“为什么计算机改变了几乎所有领域，却唯独对学校教育的影响小得令人吃惊？”

从实践来看，出现“乔布斯之问”的原因在于，在发展 21 世纪学生的能力时，片面强调学生中心论，过于关注技术工具，而忽视教师在教育教学中的主导作用[11]，这是教育思想上产生的问题和缺陷。由此，我们也可以看出“乔布斯之问”的意义更在于对教育的警醒。通过反思，无论美国还是中国，都不再把信息技术看成一种工具或手段，不再认为教育信息化只是用技术改进教学方法和手段，或是用技术去改善“教与学的环境”或“教与学的方式”，而是对教育信息化有了全新的认识，即如何使信息技术真正对教育发展产生革命性影响[12]。

或许我们可以从另外一个角度来理解人工智能对教育的影响，也就是人工智能可能将改变教育的游戏规则，引发全球化的教育思想革新。我们可以将教育和人工智能看作是一个硬币的两面，一方面教育帮助学生学习和扩展社会积累的知识，另一方面

① 搜狐教育．清华钱颖一——为什么要对现有教育体制进行改革？ http://www.sohu.com/a/207416513_372509[2017-11-29].

人工智能提供技术来更好地理解思维、知识和智能行为的机制。只有这样，我们才能回归教育的本质，促进人的成长。在深刻的全球社会变革的形势下，教育必须教导人们学会如何在承受压力的地球上共处，必须重视文化素养，立足于尊重和尊严平等，从而有助于将可持续发展的社会、经济和环境结为一体[13]。

参考文献

［1］Bengio Y，Shladover S E，Russell S. The rise of AI. Scientific American，2016，314（6）：44-45.

［2］Pan Y H. Heading toward artificial intelligence 2.0. Engineering，2016，2（4）：409-413.

［3］闫志明，唐夏夏，秦旋，等．教育人工智能（EAI）的内涵、关键技术与应用趋势——美国《为人工智能的未来做好准备》和《国家人工智能研发战略规划》报告解析．远程教育杂志，2017，35（1）：26-35.

［4］余胜泉．人工智能教师的未来角色．开放教育研究，2018，24（1）：16-28.

［5］Kaplan J. Humans Need Not Apply：A Guide to Wealth and Work in the Age of Artificial Intelligence. New Haven：Yale University Press，2015.

［6］清华大学中国科技政策研究中心．中国人工智能发展报告 2018.http://www.clii.com.cn/lhrh/hyxx/201807/P020180724021759.pdf[2018-07-30].

［7］Pellegrino J，Hilton M. Committee on Defining Deeper Learning and Twenty-First Century Skills. National Research Council. Atlanta，GA：National Academies Press，2012.

［8］霍恩 M B，斯特克 H. 混合式学习——用颠覆式创新推动教育革命．聂风华，徐铁英译．北京：机械工业出版社，2018：6-8.

［9］Woolf B P，Lane H C，Chaudhri V K，et al. AI grand challenges for education. AI Magazine，2013，34（4）：62-84.

［10］唐亮．人工智能给未来教育带来深刻变革．中国教育报，2018-01-04，第 2 版．

［11］Koh J H L，Chai C S，Benjamin W，et al. Technological Pedagogical Content Knowledge（TPACK）and design thinking：A framework to support ICT lesson design for 21st century learning. The Asia-Pacific Education Researcher，2015，24（3）：535-543.

［12］王庆环．“乔布斯之问”问出什么教育问题？光明日报，2015-12-08，第 14 版．

［13］联合国教科文组织．反思教育：向“全球共同利益”的理念转变？联合国教科文组织总部中文科译．北京：教育科学出版社，2017.

Influences of Artificial Intelligence on Education in the Future

Du Peng[1], *Cao Qin*[2]
(1. Institutes of Science and Development, Chinese Academy of Sciences;
2. China National Center for Biotechnology Development)

In recent years, industry, the media and political organizations have shown strong interest in artificial intelligence (AI), with AI related research and applications rapidly increasing at home and abroad. The integration of AI with industrial demands has forced significant changes in modes of service. Similarly, AI presents a diversified application trend in Education domain. Currently, the key technologies of AI used in education are knowledge representation, machine learning, deep learning, natural language processing, intelligent agent, affective computing, etc. The development of AI in education focuses on the intelligent tutor and assistant, intelligent evaluation, learning partner, data mining, learning analysis, etc. Behind the complex surface phenomenon, we believe AI will be a game changer in education. In fact, education and AI can be seen as two sides of the same coin: education helps students learn and extend the accumulated knowledge of a society and AI provides techniques to better understand the mechanisms underlying thought, knowledge, and intelligent behavior.

第七章

专家论坛

Expert Forum

7.1 中国制造业创新驱动数字转型发展的战略思考

穆荣平[1,2] 陈 芳[1]

（1. 中国科学院科技战略咨询研究院；
2. 中国科学院大学公共政策与管理学院）

制造业创新发展事关国家兴亡，是提升综合国力、保障国家安全、实现现代化的关键。改革开放以来，特别是中国加入世界贸易组织以来，中国制造业持续快速发展，门类齐全，已经建成完整的产业技术创新体系，成为世界制造业第一大国。但是，与世界先进水平相比，中国制造业大而不强的问题仍然十分突出，创新驱动转型升级任务艰巨。在新技术革命、产业变革和数字转型背景下，全球制造业竞争格局正在发生重大调整，中国制造业将在迈向全球价值链中高端过程中面临发达国家高端制造回流和发展中国家争夺中低端制造转移的“双向挤压”严峻挑战，迫切需要从问题出发，推进全面创新改革，培育中国制造业国际竞争优势。

一、中国制造业创新驱动数字转型的机遇和挑战

中国制造业正面临新技术、新产业革命和数字转型带来的重要转折，面临日趋激烈的国际竞争环境、现代化强国建设目标对制造业提出的高要求和新一轮改革开放将带来的国际化创新发展等机遇和挑战。

（一）制造业面临新技术、新产业革命和数字转型影响

当前，科技发展呈现多点突破、交叉汇聚的趋势，一些重要科学问题和关键核心技术革命性突破，带动了人工智能、高性能计算、大数据、移动互联网、物联网、语音识别、图像识别等重大技术系统突破，正在加速以数字化、网络化、智能化为特征的新技术和新产业革命进程，进而引领科技、经济、社会和环境发展的数字转型。科研范式数字转型总体上提高了创新速度、缩短了创新周期，有利于提升制造业创新能力和国际竞争力，对中国制造业创新驱动数字转型发展带来严峻挑战。创新驱动制造业数字转型发展有利于促进制造与服务融合发展，实现制造过程的自动化、智能化、

精益化、绿色化，大幅度提升劳动生产率。创新驱动社会服务业数字转型发展，引领医疗卫生、教育培训、公共安全、交通运输等服务范式转型，带动数字化服务网络设备和终端产品制造业发展。

（二）主要国家加速制造业创新发展战略与政策调整

近年来世界主要国家纷纷调整制造业创新发展战略，着力产业技术系统突破，加速高端制造业回流，把握国际产业竞争的主动权。美国 2018 年 10 月发布《先进制造业美国领导力战略》报告，提出开发转化新的制造技术、教育培训和集聚制造业劳动力、扩展国内制造供应链的能力三大目标，战略着力点涉及未来智能制造系统、先进材料和加工技术、医疗产品、集成电路设计与制造、粮食与农业制造业五个方面①。德国政府 2018 年 10 月发布《高技术战略 2025》，明确未来 7 年研究和创新政策的跨部门任务和重点领域，把支持微电子、材料研究与生物技术、人工智能等领域的未来技术发展、培训和继续教育紧密衔接，旨在推动技术革命和研发创新，确保德国制造业的传统优势和竞争地位②；11 月发布人工智能战略，致力于发展应用人工智能打造一个以为公众谋福利为中心的政策体系，计划在 2025 年前投资 30 亿欧元推动德国人工智能发展③。英国政府 2017 年 11 月发布《产业战略：建设适应未来的英国》，提出英国未来将面临人工智能、清洁增长、未来交通和老龄化社会四大挑战，利用产业战略挑战基金，在应对四个挑战方面进行投资与创新，以引领全球技术革命④；2018 年 4 月发布《产业战略：人工智能部门协议》，提出投入 9.5 亿英镑支持人工智能发展⑤。2018 年 6 月，日本政府发布 2018 ～ 2019 年度《综合创新战略》，把人工智能、农业发展、环境能源作为发展重点任务。

（三）新一轮改革开放将加速制造业国际化创新发展

建设现代化强国对中国制造业创新发展提出了更高更新的要求。瞄准新一代信息

① The White House. Strategy for American leadership in advanced manufacturing. https://www.whitehouse.gov/wp-content/uploads/2018/10/Advanced-Manufacturing-Strategic-Plan-2018.pdf[2018-11-10].

② 科技部 . 德国政府发布《高技术战略 2025》. 国内外科技动态，http://www.most.gov.cn/gnwkjdt/201810/t20181018_142232.htm[2018-11-10].

③ Die Bundesregierung. Strategie künstliche intelligenz der Bundesregierung. https://www.bmbf.de/files/Nationale_KI-Strategie.pdf[2018-12-10].

④ HM Government. Industrial strategy：Building a Britain fit for the future. https://assets.publishing.service.gov.uk/government/uploads/system/uploads/attachment_data/file/664563/industrial-strategy-white-paper-web-ready-version.pdf[2018-11-30].

⑤ HM Government. Industrial strategy：Artificial Intelligence Sector Deal. https://assets.publishing.service.gov.uk/government/uploads/system/uploads/attachment_data/file/702810/180425_BEIS_AI_Sector_Deal__4_.pdf[2018-11-30].

技术、高端装备、新材料、生物医药等战略重点[①]，强化制造业领域基础研究和应用基础研究，推动制造业领域关键共性技术、前沿引领技术、现代工程技术、颠覆性技术创新，提升制造业创新能力和工业基础能力，促进绿色制造、结构调整、制造与服务协同发展，加快发展先进制造业，提升发展质量和效益。当前，中国改革开放进入新时期，要充分考虑产业体系的开放包容、产业发展目标的普惠共享，进一步改善制造业全球发展的投资、贸易、市场、创新合作环境，营造更加法治化、国际化、便利化的营商环境，发展中国制造业全球创新体系和生产体系，推进中国制造业国际化创新发展。

二、中国制造业创新驱动发展面临的主要问题

中国制造业创新驱动发展面临整体创新能力不够强、企业国际化发展能力薄弱、创新载体与人才支撑不足和创新发展环境建设滞后等主要问题。

（一）制造业整体创新发展能力不够强

制造业总体技术创新能力严重不足，部分基础技术、通用技术与高端装备水平与发达国家先进水平存在较大差距。我国发明专利申请量已连续多年居世界首位，截至2017年底，有效发明专利达208.5万件[②]，但专利质量与发达国家存在巨大差距，平均每项专利诉求不足发达国家的1/4，专利维持年限不足发达国家平均水平的一半。2017年我国知识产权国际贸易使用费支出达286亿美元，其中对美国逆差为50.7亿美元[③]。

制造业研发投入强度与发达国家相比差距显著，直接影响制造业未来技术水平和竞争力提升。2017年中国制造业规模以上企业R&D经费支出占主营业务收入比例仅为1.14%，为发达国家的1/3～1/4[④]；据2017年欧盟产业研发记分牌统计，2016年中国汽车制造业R&D经费强度为2.5%，美国为4.5%。2017年全国企业创新调查数据显示，2016年有产品创新的制造业规模以上企业中，能够提供国际新产品的占24.0%，其销售收入占主营业务收入的2.1%；60.4%的企业能够提供针对国内市场的

① 国务院. 中国制造2025. http://www.gov.cn/zhengce/content/2015-05/19/content_9784.htm[2018-11-30].

② 国家统计局. 2017年国民经济和社会发展统计公报. http://www.stats.gov.cn/tjsj/zxfb/201802/t20180228_1585631.html[2018-12-10].

③ 国务院新闻办公室.《关于中美经贸摩擦的事实与中方立场》白皮书. http://www.scio.gov.cn/zfbps/32832/Document/1638292/1638292.htm[2018-12-10].

④ 国家统计局，科技部，财政部. 2017年全国科技经费投入统计公报. http://www.stats.gov.cn/tjsj/tjgb/rdpcgb/qgkjjftrtjgb/201810/t20181012_1627451.html[2018-12-10].

新产品，其销售收入占主营业务收入的 5.3%[①]。

关键零部件、关键材料、系统软件和高端装备等严重依赖进口，引领型技术和引领型产业发展滞后，严重影响产业安全。目前我国九成以上芯片需要进口，2017 年进口额达 2601 亿美元，占全国货物总进口额的 14%。“中兴事件”充分暴露出我国产业发展存在的“芯片安全隐患”[②]。中国医药制造业创新能力和国际竞争力不强，2018 年有望上市的重磅创新药物前 10 名中美国有 7 个，中国榜上无名[③]。

（二）制造业企业国际化发展能力薄弱

中国制造企业仍处于全球价值链中低端。制造业数据显示，2015 年中国制造业增加值率仅为 20.4%[④]，2014 年美国、英国、德国、日本和法国制造业增加值率分别为 34.40%、33.90%、33.75%、31.91% 和 28.84%[⑤]。2008 年金融危机以来，美国、德国、英国、法国、日本等主要发达国家纷纷调整制造业发展战略，将先进制造作为优先发展的战略领域，以财税、金融等政策引导其快速发展，一方面凭借研发优势和技术壁垒控制产业发展主动权和全球分工体系高端环节，另一方面通过调整创新战略进一步推动先进制造业发展。

企业国际化发展以数量扩张为主导，全球研发和盈利能力低。据 2017 年欧盟产业研发记分牌统计，世界研发投入前 2500 强的企业中，美国、日本、德国、中国上榜企业分别为 822 家、365 家、134 家、376 家，而研发经费投入占比分别为 39%、14%、10% 和 8%，企均利润分别为 7.22 亿欧元、6.17 亿欧元、8.52 亿欧元和 4.01 亿欧元。尽管中国以海尔、美的、华为、三一重工等为代表的行业龙头企业已初步建立了全球研发和制造体系，但仅有华为等极少数企业进入全球价值链中高端，绝大多数制造业企业跨国经营人才储备和管理经验不足，缺乏跨国经营和对外投资长期发展战略。

（三）制造业创新载体与人才支撑不足

企业创新载体数量不足、能力不强，难以支撑制造业创新发展。企业研发机构和企业国家重点实验室是企业聚集和培养高端创新人才的核心载体。2015 年规模以上工业企业中，有研究开发活动的占 19.2%，设立企业研发机构的占 16.4%[⑥]；2016 年共

---

① 数据来源：2017 年全国企业创新调查统计资料。

② 数据来源：国家海关总署，2017 年统计月报。

③ Brown A，Elmhirst E，Gardner J. EP Vantage 2018 Preview. http://info.evaluategroup.com/rs/607-YGS-364/images/EPV18Prev.pdf[2017-12-06].

④ 数据来源：《中国统计年鉴 2016》《中国统计年鉴 2017》。

⑤ 数据来源：OECD STAN 数据库。

⑥ 国家统计局，国家发展和改革委员会 . 工业企业科技活动统计年鉴 2016. 北京：中国统计出版社，2016.

有177家企业国家重点实验室，平均每个实验室仅有61名研究人员[①]；2017年，全国共有131个国家工程研究中心，217个国家工程实验室，1276个国家级企业技术中心。

创新型领军人才与高技能人才难以支撑产业创新发展需求。中国制造业创新型领军人才严重不足，大部分企业家缺乏创新意识、全球视野和国际化发展能力，难以发挥创新型领军人才引领创新创业、推动经济发展的重要作用。据《2017年全国企业创新调查统计资料》统计，规模以上工业企业中27.2%企业家认为创新对企业的生存和发展起到了重要作用。中国制造业技术工人队伍中，高技能人才仅占5%，德国和日本产业工人队伍中高级技工占比高达50%和40%[②]。

制造业专业技术人才缺口较大，难以支撑制造强国建设。据《制造业人才发展规划指南》测算，2020年中国制造业十大重点领域都将存在严重的专业技术人才缺口，其中新一代信息技术产业、电力装备、新材料、高档数控机床和机器人、海洋工程装备及高技术船舶等领域人才缺口将分别高达1050万人、822万人、600万人、450万人和102.2万人。

（四）制造业创新发展环境建设滞后

国家行业技术标准发展滞后。制造业标准存在交叉重复、矛盾、缺失、滞后老化等现象。中国标准的“标龄”高出德国、美国、英国、日本等发达国家1倍以上[③]；中国主导制定的国际标准仅占1%。技术标准在规范和严格产品市场准入，淘汰落后产品和技术，引领制造业创新驱动转型升级和可持续发展方面的作用不强。

创新驱动数字转型发展的政策法规体系不健全，产业安全审查机制不健全，面临日趋激烈的国际竞争和日趋广阔的国际合作空间，难以有效解决制造业创新驱动数字转型引发的产业安全和社会伦理问题，如隐私与产权保护、民事与刑事责任认定、潜在危害预警等。

三、加快制造业创新驱动数字转型发展的思路

（一）推进制造业创新生态体系建设

构建制造业创新生态系统。从制造业创新驱动数字转型需求出发，构建以创新型

① 科技部. 2016企业国家重点实验室年度报告. http://www.most.gov.cn/mostinfo/xinxifenlei/zfwzndbb/201805/P020180521578399847540.pdf[2018-12-10].

② 全国总工会负责人就学习贯彻《新时期产业工人队伍建设改革方案》答记者问。

③ 参见《国务院关于印发深化标准化工作改革方案的通知》。

行业龙头企业为中心，以世界一流大学、科研院所为支撑，以制造业企业国家重点实验室、制造业创新中心、工程研究中心、产业创新条件平台、检测检验平台、创新服务平台为网络节点的制造业创新生态系统。完善创新创业制度环境。深化体制机制改革，推动制造业投资主体多元化，创新体系建设模式国际化，创新平台运行机制市场化，中介服务体系能力现代化，创新创业空间布局集群化，产品开发制造服务价值导向数字化，加快制造业创新数字化转型和创新能力建设，突破地域、行业壁垒，培育战略性新兴产业集群发展能力，引领制造业数字转型未来发展方向。

（二）提升制造业龙头企业创新能力

加大国家科技计划对前瞻性应用基础研究和前沿引领技术开发以及颠覆性技术创新的支持力度，支持政府基金与社会资本设立联合研究基金，引导企业加大基础研究投入，实现从关注当前市场竞争向关注产业远期和未来可持续发展转变，构筑制造业企业创新发展技术优势。全方位支持创新型行业龙头企业国际化发展。通过政府间对外投资保护协定和金融政策等，支持创新型行业龙头企业海外技术并购和兼并重组，构建全球化技术创新体系和数字化网络化智能化生产体系，提升企业创新驱动数字转型发展能力和国际竞争力。

（三）完善制造业数字转型基础设施

构建高速、移动、泛在、安全的新一代信息网络基础设施，推进界面和数据格式标准化，制定制造信息互联互通与网络安全技术标准，完善基础信息资源和重要领域信息资源建设，形成万物互联、人机交互、天地一体的网络空间。建立具备大数据分析 / 云计算处理能力的产品设计优化及全生命周期健康管理中心，实现制造全过程和使用生命周期的管理，支撑制造业技术创新数字化、制造工艺数字化、制造产品 / 服务的数字化。

（四）强化制造业数字转型人才培养

持续开展制造业创新驱动数字转型引领产业组织形态变化和技能人才需求预测研究，动态监测产业机会和技能人才需求演化，提升制造业创新驱动数字转型人才需求预见能力。深化科技和教育体制机制改革，持续推进教育系统的数字化转型，建立健全高等院校学科专业动态调整机制，促进优质教育培训资源超越时空共享，提升制造业教育培训能力。构建制造业数字转型高端人才对话机制，建立产教融合、科教融合的制造业数字转型人才培养系统，支持产学研合作培育跨学科数字化复合型创新创业人才和高技能人才。

（五）开展创新驱动数字转型政策试点

开展制造业数字转型城市试点示范。探索中央地方协同推进制造业数字转型发展基础设施建设，推进标准化、跨部门信息资源共建共享机制，开展“数字工厂”和“数字产业园区”示范，打造制造业数字化创新集群，培育未来数字经济发展新引擎。探索制造业数字转型发展的知识产权保护、技术标准引领、市场监管政策，强化技术标准和知识产权在产业技术政策和创新政策中的作用，以节能、环保、绿色、健康、安全技术标准引领制造业转型升级，以核心专利技术构筑制造业核心竞争力。构建产学研创新融合对话与未来产业发展战略合作机制，引领未来数字转型发展方向，构筑中国制造业核心竞争力。

Strategic Thoughts on the Digital Transformation of the Innovative Development in Chinese Manufacturing Industry

Mu Rongping[1,2]，*Chen Fang*[1]
（1. Institutes of Science and Development，Chinese Academy of Sciences；
2. School of Public Policy and Management，University of Chinese Academy of Sciences）

The innovative development of manufacturing industry is the key to enhancing comprehensive national strength，safeguarding national security and realizing modernization. At present，China has become the largest manufacturing country in the world. However，compared with some advanced manufacturing countries，China’s manufacturing industry（CMI）is still not strong，and the task of innovation-driven transformation and upgrading is arduous. In the context of the new technological revolution，industrial revolution and digital transformation，CMI will face the severe challenge from developed countries and developing countries’ competition towards the mid-high end of the global value chain. There is an urgent need to promote comprehensive innovation and reform，and cultivate the international competitive advantage according to CMI’s problems.

7.2 关于我国能源科技发展的战略思考

赵黛青 漆小玲 陈 勇*

（中国科学院广州能源研究所）

能源是国家和地区经济社会发展的物质基础和基本保障，是国家的经济命脉，更是战略资源。当前，全球新一轮能源革命正在兴起，其重要引擎是先进能源技术的创新和竞争。变革传统能源的开发利用方式、推动新能源技术的应用、构建新型能源体系已成为世界能源发展的方向。

一、主要国家能源战略布局

近年来，世界主要发达国家和地区立足于自身的能源结构特点和技术优势，以中长期能源科技战略为顶层设计，以重大计划和项目为牵引，调动社会资源持续投入，尤其注重具有潜在变革性影响的先进能源技术的开发；把先进能源的科技创新放在能源转型战略的核心位置，不断优化能源科技创新体系，以提高国家竞争力，争取国际领先地位。

清洁能源技术被视为新一轮能源科技和产业变革的突破口。美国先后出台了《未来能源安全蓝图》《全面能源战略》《四年度技术评估》等战略规划及配套行动计划，来推动清洁能源转型由战略层面转向战术层面；并设立先进能源研究计划署和能源创新中心等新型创新平台，以整合产学研各方资源，推动变革性清洁能源技术的开发和产业的升级转型；将未来先进能源的研发聚焦于先进清洁发电技术、清洁燃料多元化、先进清洁交通系统、电力系统现代化、提高建筑能效、提高先进制造业能效，以及能源与水资源、材料、储能等领域交叉技术等七大领域[1-3]。欧盟率先构建了面向2020、2030和2050的能源气候战略框架，围绕可再生能源、智慧能源系统、能效和可持续交通四个核心优先领域（有些成员国还加上碳捕集与封存和核能两个特定的领域），开展研究与创新优先行动，以推进能源技术的低碳转型与绿色发展[4]。日本提出未来能源科技创新的方向是：压缩核电，举政府之力加快发展可再生能源；以节能挖潜、扩大可再生能源和建立新型能源供给系统为三大主题，构建可再生能

* 中国工程院院士。

源与节能融合型的新能源产业[5]。德国通过实施国家级研究计划以推动高比例可再生能源转型，并把发展可再生能源和提升能效作为两大支柱；以法律形式确定了可再生能源发展的中长期目标，同时将可再生能源、能效、储能、电网技术作为能源战略的优先领域[6, 7]。

二、我国能源转型的目标和任务

改革开放以来，我国经济得以高速发展，国内生产总值增速远高于世界平均水平。经济的快速发展带动能源消费的快速增长，特别是近十几年，能源消费的增量超出所有人的预料。我国虽然经济总量已是全球第二，但经济发展水平偏低，人均国内生产总值不到发达国家的1/4。我国要实现到2020年左右全面建成小康社会，到2050年左右达到中等发达国家水平的“两个一百年”奋斗目标，预计到2050年国内生产总值总量将超过44万亿美元（按2010年不变价计算）。届时我国人口将超过14亿，如果按经济合作与发展组织国家人均能耗水平计算，我国的能源需求将达到约116亿吨标准煤；即使按能源效率最高的日本和德国的人均能耗水平计算，也要达到85亿吨标准煤[8]。如此巨大的能源供给情景，无论是从能源资源保障还是从环境容量上看，都是不可能发生的。首先，从能源资源储量来看，我国化石能源人均储量很低，非化石能源开发利用率不高，能源供应压力巨大。其次，从能源安全保障来看，我国对国外油气的依存度高，继续增加油气进口将进一步威胁我国的能源安全。再次，从环境污染来看，我国环境污染日益严重，空气、土壤、水质都存在严重污染，如果未来继续大幅增加化石能源利用，环境再无容量。最后，从应对气候变化来看，我国已是全球温室气体排放的第一大国，我国减排问题已成为国际一大热点。有鉴于此，我国在《巴黎协定》框架下提出，到2030年单位国内生产总值二氧化碳强度较2005年下降60%～65%，非化石能源在一次能源消费中的占比提升到20%左右；到2030年左右实现二氧化碳排放达到峰值并努力早日达峰[9]。

在未来很长一段时间内，发展经济仍是我国的首要任务。实现“两个一百年”奋斗目标，提高人民生活质量都需要能源提供强有力的保障，因此，我国迫切需要实现能源的绿色低碳转型，促进能源革命。《能源生产和消费革命战略（2016—2030）》和《能源发展“十三五”规划》中提出了我国能源生产革命和能源消费革命的战略目标：能源消费总量2030年控制在60亿吨标准煤以内，到2050年趋于稳定；非化石能源占能源消费总量比例在2020年达15%（煤炭消费比重降低到58%以下），到2030年达20%左右，到2050年超过50%[10, 11]。可以看出，我国对能源革命和低碳发展的部署，展现出强有力的推动能源绿色低碳转型的决心、力度和战略导向。能源绿色低碳转型是我国可持续发展的必然选择。

要实现能源绿色低碳转型的目标，保障我国能源安全，促进经济增长，提高生活质量，改善生态环境，最根本的路径就是依靠各个关键领域的能源技术创新和集成发展，构建清洁低碳、安全高效的现代能源技术体系，从而为我国能源绿色低碳转型提供技术支撑与持续动力。现阶段，我国能源技术自主创新能力和装备本土化水平已显著提高，实现了一系列能源科技的重大突破，建设了一批具有国际先进水平的重大能源技术示范项目，部分领域技术已达到国际领先水平。尽管我国能源科技水平取得了长足进步，能源技术创新为能源绿色低碳转型奠定了坚实的基础，但要构建可持续能源体系、完成能源生产与消费革命的战略目标还面临着严峻的挑战。我国“两个一百年”奋斗目标的实现需要能源安全技术提供支撑；生态质量改善需要清洁能源技术提供支撑；二氧化碳峰值目标的实现需要低碳能源技术提供支撑；节能提效目标的实现需要智慧能源技术提供支撑。正如习近平总书记指出的，发展清洁能源是改善能源结构、保障能源安全、推进生态文明建设的重要任务。

三、中国先进能源技术的发展趋势

推进能源绿色低碳转型，应对气候变化的关键是提高能源的利用效率，根本是发展清洁低碳能源。从世界主要发达国家能源战略布局来看，提高能源利用效率、发展可再生能源也是其能源绿色低碳转型和科技创新的核心内容。从“面向 2035 先进能源科技领域技术预见”项目调查的结果来看，节能、化石能源清洁利用、生物质能、风能、太阳能、地热能、核能、储能、氢能、新型能源系统及电力等被认为是对中国未来发展最为重要的技术领域。这些技术领域也集中在提高能源利用效率和大力发展清洁低碳能源两大方面。

（1）化石能源的清洁、高效开发和利用。未来一段时间内，化石能源仍是我国能源结构中主要的能源消费品种，但比例将不断下降。高效、清洁的煤炭与常规油气资源利用技术，以及页岩油气等非常规油气资源的勘探和开发技术是未来化石能源技术创新的重点。煤炭清洁高效利用技术开发是高优先度任务。以煤制清洁燃料和化学品技术、低阶煤分级分质利用技术为代表的煤炭清洁高效利用技术将有效提高能源的利用效率，减缓能源需求的快速增长。页岩油气勘探开发、煤层气开发技术等非常规油气开发利用技术，将扩大我国能源资源可开采储量，缓解能源供应和能源安全的压力。

（2）以可再生能源等清洁能源为主的能源系统。构建以可再生能源等清洁能源为主的能源系统是能源发展的大趋势。清洁低碳的能源体系需要高效、经济、灵活的可再生能源利用技术，安全、稳定的核能技术，经济、环保、稳定的能源储用技术，高效、安全的能源输运技术，以及智能、集成的能源系统技术。太阳能、风能等可再生能源的利用发展较为快速，其成熟的技术已进入规模化发展阶段，未来的技术创新方向是高效、低成本、规模化、降低环境负荷。发展生物质能、海洋能、地热能等新兴可再生能源，也是推进能源绿色低碳转型的重要途径，科技创新的重要任务是突破产业化发展的瓶颈。尤其是被动型的生物质能源（相对于主动生产的能源植物、能源藻等生物质能源而言），即我国生产生活过程产生的林业、农业、养殖、农产品加工、生活垃圾等生物质废弃物，具有量大面广的特点，若处置不当将变成巨大的污染源；若加以利用，则每年可产生相当于十数亿吨标准煤的能量，且对温室气体的减排贡献巨大。此外，生物质能是唯一可以转化成气、液、固能源和化工原料的可再生能源。因此，从环保和能源的双重效益以及国家能源安全战略出发，应优先发展被动型的生物质能。

（3）核能。核能作为一种低碳、稳定的新能源，是保障我国能源供应与安全的重要能源。具有可持续性、安全性、经济性和防核扩散能力的先进核能技术是核能发展的重中之重，包括安全稳定的三代和四代核电技术、核燃料循环利用技术以及小型堆等新一代核能技术。

（4）储能和氢能技术。储能技术是推动智慧能源发展的支撑性、前瞻性技术。大规模可再生能源的利用需要储能技术来解决可再生能源的分散和波动等问题。未来储能技术将向大规模、大容量、低成本、长寿命的大型储能，以及高性能、安全可靠、长寿命、低成本的小型储能方向发展。氢能是化石能源向可再生能源过渡的重要桥梁，是重要的二次能源，也是可再生能源消纳存储的重要手段，在未来的能源体系中可成为与电能并重且互补的终端能源。氢燃料电池的应用已扩展到交通、电力、微型电源和军事等众多领域。廉价的规模制氢技术和安全高效的氢能储、输技术仍将是解决氢能供应面临的两大核心问题，低成本、稳定、高能量密度、具有环境适应性的燃料电池技术是氢能大规模应用的关键。

（5）电力技术。我国特有的不同能源资源禀赋与空间差异化能源需求相匹配，需要安全的能源输运特别是电力输运技术提供电力通道。未来电网技术的创新将以电力输配的基础材料、设施和装备技术，信息通信技术，以及智能调控技术的突破为主，并向可靠、高效、灵活、智能、开放的方向发展。

（6）新型能源系统。未来能源技术将以系统集成的方式高效融合互补发展，能源技术与信息技术深度融合的新型能源系统将实现多类型、多区域能源的高度整合，以及能源体系的信息化、精细化管理和调控。可再生能源的多能互补系统技术、分布式能源系统及局域能源微网技术以及可再生能源与常规化石能源的综合利用技术，将是新型能源系统的重要突破点。

我国能源发展已进入战略转型关键期，能源科技进步和创新、关键技术突破和战略性能源装备制造都在不断推进，带动着我国清洁能源、新能源与可再生能源产业的快速发展。同时，能源领域和材料、信息、控制、互联网领域的大量交叉集成，也派生出一批新技术、新业态和新商业模式；不仅服务于能源供应侧，也推动了能源需求侧的改变。能源的科技创新和未来面临着许多挑战和机遇，发展空间广阔。

四、促进我国能源科技发展的政策建议

（一）从满足多重目标需求角度布局能源科技发展重点

满足实现“两个一百年”奋斗目标和中华民族伟大复兴的中国梦、建设美丽中国及应对气候变化行动的承诺等多重目标，需要前瞻性、合理性布局能源科技发展重点。首先，需要遵循我国能源资源特点，聚焦需求目标，考虑能源技术的战略属性、经济属性和环境属性，推动能源技术进步，实施创新驱动，构建支撑多种能源协调发展的清洁、高效、智能的能源科技体系。其次，需要重点构建支撑新能源与可再生能源向主流能源转型的技术体系，推动非化石能源和化石能源技术的融合创新，构建多元化的先进能源系统，把更多的研究力量和资源投向服务于能源生产和消费的能源综合高效利用技术和先进能源系统变革，从而大幅度提高能源利用效率，降低能源利用成本。

（二）尊重能源发展规律，全面加强新能源和可再生能源领域的理论和技术创新

发展新能源与可再生能源科技和产业，是我国改变以化石能源为主的高碳能源结构，完成能源转型，建设清洁低碳、安全高效能源体系的重大需求。然而，目前我国新能源与可再生能源产业发展过快，产生了许多问题。例如，追求利益最大，不顾需求过剩；热衷规模发展，缺乏核心技术；强调正面效应，回避负面问题等。建设科技强国需要科学与技术的不断进步和突破，以此来支持自主产业的强大。能源领域的技术成熟周期长、基础设施锁定性强、转型成本高，一旦形成产业，改变技术的资源投入与机会成本会变得非常大。因此，发展新能源与可再生能源产业应该遵循能源技术和价值链条形成的基本规律。当前要全面加快我国新能源和可再生能源领域的理论和技术创新和产业化的步伐，依靠技术创新引领我国战略性新兴能源产业的高质量发

展，严格控制低水平技术的产业化。

（三）面向能源变革需求和学科体系特点，打造能源技术创新高地

根据能源及相关基础学科知识体系的特点和逻辑，在全面考虑不同能源类型的应用特征和学科交叉的基础上构建能源研究综合体，揭示整个能源领域的关键技术、支撑技术和共性科学问题。应该科学组建专业能源团队、学科交叉团队，构建通用平台，加强不同研究单元的合作与共享，通过研究方法、基础理论、关键技术的突破引发的变革，促进不同学科的贯通，推动我国能源领域的创新研究和技术突破。需要突出以大数据为支撑的科研模式，使大数据广泛应用、能源网络智慧联通成为能源科研模式变革的重要牵引。以新型的能源研究综合性群体为基础，瞄准制约能源发展和可能取得革命性突破的关键和前沿技术，来推动能源技术的创新发展。

（四）在能源科学技术领域积极推进机制和政策创新

需要建立健全能源领域相关法律法规及科技成果转化、知识产权保护、标准化、评价和激励等配套政策法规，创造良好的能源技术创新生态环境，充分调动各创新主体的积极性，推动技术创新政策的落实。建立健全由国家级实验室牵头，以科研院所和高等院校为源头创新的主力、以企业为创新主导的能源科技创新机制，从而促进创新资源的高效合理配置，推动能源技术创新与能源产业的紧密结合。健全政产学研用协同创新机制，树立“能源大格局”的发展理念，建立统筹全局的创新工作体系，以引导市场科技创新和产业升级。在能源重大技术突破过程中，鼓励重大技术研发、重大装备研制、重大示范工程和技术创新平台“四位一体”的创新，以整合资源、协同作战。

参考文献

[1] White House. Blueprint for a Secure Energy Future. http://www.whitehouse.gov/sites/default/files/blueprint_secure_energy_future.pdf[2011-03-30].

[2] White House. The all-of-the-above Energy Strategy as a Path to Sustainable Economic Growth. http://www.whitehouse.gov/sites/default/files/docs/aota_energy_strategy_as_a_path_to_sustainable_economic_growth.pdf[2014-05-29].

[3] Department of Energy. Quadrennial Technology Review 2015. http://www.energy.gov/sites/prod/files/2015/09/f26/Quadrennial-Technology-Review-2015.pdf[2015-09-10].

[4] European Commission. Towards an Integrated Strategic Energy Technology（SET）Plan:

Accelerating the European Energy System Transformation. https://ec.europa.eu/energy/sites/ener/files/documents/1_EN_ACT_part1_v8_0.pdf[2015-09-15].

[5] Ministry of Economy，Trade and Industry. Strategic Energy Plan. http://www.enecho.meti.go.jp/en/category/others/basic_plan/pdf/4th_strategic_energy_plan.pdf[2014-04-18].

[6] Deutscher Bundestag. Gesetz für den Vorrang Erneuerbarer Energien（Erneuerbare-Energien-Gesetz-EEG）. https://www.clearingstelle-eeg.de/files/EEG2012_juris_120817.pdf[2012-01-01].

[7] Federal Ministry of Economics and Technology. Research for an environmentally sound，reliable and affordable energy supply：6th Energy Research Programme of the Federal Government. http://www.bmwi.de/English/Redaktion/Pdf/6th-energy-research-programme-of-the-federal-government，property=pdf，bereich=bmwi2012，sprache=en，rwb=true.pdf[2011-11-01].

[8] 戴彦德，于晓莉，范宪伟，等. 全球视野下的中国能源转型与革命. 中国经贸导刊，2017，15：21-26.

[9] 国家发展和改革委员会. 强化应对气候变化行动——中国国家自主贡献. http://www.gov.cn/xinwen/2015-06/30/content_2887330.htm[2015-06-30].

[10] 国家发展和改革委员会，国家能源局. 能源生产和消费革命战略（2016—2030）. http://www.ndrc.gov.cn/zcfb/zcfbtz/201704/W020170425509386101355.pdf[2016-12-29].

[11] 国家发展和改革委员会，国家能源局. 能源发展“十三五”规划. http://www.ndrc.gov.cn/zcfb/zcfbtz/201701/W020170117335278192779.pdf[2016-12-26].

Strategic Thoughts on Developing Advanced Energy Technology in China

Zhao Daiqing，*Qi Xiaoling*，*Chen Yong*

（Guangzhou Institute of Energy Conversion，Chinese Academy of Sciences）

Energy，as an important material basis and strategic resource for economic and social development，is at stake in national security and international competitiveness. The existing energy system is difficult to meet the multiple goals of sustainable development and commitment to addressing climate change，which makes energy transition imperative. The most fundamental way to promote energy transition is energy technology innovation and integration innovation with the focus of energy efficiency improvement，renewable and new energy development. The priorities of energy science and technology should be forward-looking and set rationally in compliance with the principles of energy technology development and value chain formation. The scientific and technological innovational capabilities could be improved through the cultivation of a trans-and multi-disciplinary research community involving researchers from different types of energy research and related disciplines，especially information science and big data. The innovation policies targeting at energy science and technology should be proposed to promote the development of innovative energy technologies necessary for energy transition.

7.3 中国战略性新兴产业知识产权问题分析与发展对策

宋河发[1, 2] 武晶晶[2] 廖奕驰[3]

（1. 中国科学院科技战略咨询研究院；2. 中国科学院大学公共政策与管理学院；3. 中国电子信息产业发展研究院）

一、引 言

党的十八大第一次将创新驱动发展战略确定为国家战略，党的十九大要求贯彻新发展理念，建设现代化经济体系，尤其强调要加快创新型国家建设，强化知识产权创造、运用和保护。深入实施创新驱动发展战略，加快建设创新型国家，关键在于要创造出一大批适应创新驱动发展需要的高水平科技成果及其知识产权，关键在于科技成果和知识产权能够有效运用，转化为现实生产力。

战略性新兴产业是指基于新兴技术，技术含量高，出现时间短且发展速度快，具有良好市场前景，具有较大溢出作用，能带动一批产业兴起，对国民经济和社会发展具有战略支撑作用，最终会成为主导产业和支柱产业的业态形式[1]。战略性新兴产业是培育发展新动能、获取未来竞争新优势的关键领域[2]。战略性新兴产业是典型的知识产权密集型产业，专利和技术秘密等知识产权正逐渐成为企业的核心竞争要素[3, 4]。企业合理利用知识产权会产生竞争优势，将对企业未来战略产生深远影响[5]。

我国高度重视战略性新兴产业知识产权发展。2010 年 10 月 10 日，国务院印发《关于加快培育和发展战略性新兴产业的决定》（国发〔2010〕32 号），明确要求支持知识产权创造运用，强化知识产权的保护和管理，完善高校和科研机构知识产权转移转化的利益保障和实现机制，建立高效的知识产权评估交易机制。2015 年 12 月 22 日，国务院发布《关于新形势下加快知识产权强国建设的若干意见》（国发〔2015〕71 号），要求围绕战略性新兴产业等重点领域建立专利导航产业发展机制，推动我国产业深度融入全球产业链、价值链和创新链。2016 年 12 月 22 日，国务院印发《"十三五"国家战略性新兴产业发展规划》（国发〔2016〕67 号），从强化知识产权保护维权、加强知识产权布局应用、完善知识产权发展机制等方面提出了战略性新兴产业知识产权发展要求。

但是，我国对战略性新兴产业关键核心技术的知识产权掌握不足，面临发达国家知识产权和低碳两个方面的挑战[2]。我国战略性新兴产业中多数企业在知识产权创造、运用、保护和管理能力上与跨国公司相比存在较大差距[6, 7]。知识产权运用效果影响知识产权产出[8]。因此，发展战略性新兴产业，必须加强关键核心知识产权的创造和运用，知识产权创造和应用应当符合企业的发展方向和未来战略布局[9]，必须维持高水平的知识产权技术质量、法律质量和经济质量[10]，提升知识产权管理能力、规划能力、布局能力[11]。

二、发达国家战略性新兴产业相关知识产权政策

近年来，发达国家不断制定创新战略规划，加强高技术产业、新兴产业、本国或地区优势产业的知识产权能力提升，强化知识产权创造运用，重视知识产权对创新和经济的促进作用，深入新能源、生物信息、新一代信息技术等具体行业制定知识产权战略[12]，促进战略性新兴产业的快速发展，对我国战略性新兴产业知识产权发展具有重要借鉴意义。

美国 2015 年 10 月发布新版《国家创新战略》，强调美国应发展与我国战略性新兴产业极其相近的精密医疗、大脑计划、先进汽车、智慧城市、清洁能源、节能技术、教育技术、太空探索和计算机新领域等九大战略领域，并从四个方面对九大战略领域知识产权创造运用进行了布局。一是加大重点产业知识产权创造投入。投资 3000 万美元用于智慧城市的研究和设施部署；投资 5000 万美元以取得教育领域的技术创新突破；预算 12 亿美元用于 NASA 商业航天计划[13]。二是加快联邦资助研究成果的商业化进程，优化联邦政府研究机构的专利管理能力，促进超过 10 万件专利的商业

化运用。三是建设强力、有效的知识产权保护制度，进一步健全《专利法》，完善专利体系，防止滥用专利诉讼。四是提高研究实验税收抵免力度，间接促进美国战略性产业知识产权的发展。

欧盟2013年推出“开放式创新2.0”计划，明确欧洲应在云计算、物联网、开放式平台、大数据、快速移动通信等领域进行技术革新，形成良好的、优势明显的区域创新系统，满足社会、产业和行业的创新需求。该计划建议欧洲高校和科研机构改革知识产权管理方法，将大学封闭的知识产权转化为共享的知识产权。欧洲有意建立投资者驱动实验室，为鼓励投资者投资，并保证实验室知识产权得到最大化运用，允许投资者获得初创公司营业额的一部分，或者投资公司获得受益人商业理念或知识产权的部分权利。

日本2017年5月公布了《2017年知识产权推进计划》，提出了与我国战略性新兴产业相关的3项重大知识产权措施，以进一步提升日本知识产权能力。在知识产权系统构建上，要促进人工智能资源的创建，改善相关知识产权环境；促进对人工智能学习模型的适当保护和利用，并从知识产权制度方面探讨人工智能产品保护规则。在提升地方知识产权能力上，要加强智能农业的研究并对其引进提供技术支持；制定日本有机农业标准，推进农林水产领域中的国际标准化战略；活用地方中小企业知识产权，对中小企业的知识产权运用提供金融支持；促进产学、产产合作，大力推进研究成果事业化。在海外媒体情报力扩展上，将制定更为有效的海外流通仿制品、盗版知识产权产品对策，通过国际间合作，加大对海外盗版产品的打击力度；进一步打击通过网络流通贩卖的仿制品、盗版作品[14]。

韩国近期制定了“知识产权支撑产业革命4.0”计划，提出了未来韩国产业知识产权工作的四大行动目标，制定了知识产权强国建设的三大任务。韩国着力通过构建快速公平的专利审查系统，提升专利审查质量和效率，强化企业核心专利获取能力，保护中小企业知识产权、培育市场导向的知识产权服务等方式提升知识产权能力。为实现韩国知识产权强国目标，韩国认为应进一步简化国家知识产权管理系统、改善专利审查程序、加强知识产权保护能力，将人工智能、增强现实应用作为未来核心知识产权获取的重点领域。

三、我国战略性新兴产业知识产权现状与问题分析

（一）知识产权现状

近年来，我国通过多种措施促进战略性新兴产业发展，通过知识产权促进战略性

新兴产业发展取得显著成绩。国家知识产权局 2017 年专利调查报告中提到，我国战略性新兴产业企业中有 80.9% 的企业选择更多依靠专利取得或维持竞争优势，超出非战略性新兴产业企业近一成。以专利为代表的知识产权创造和运用能力显著提升，企事业单位知识产权管理水平显著提高，知识产权对战略性新兴产业创新发展的支撑能力显著增强。根据国家知识产权局发展规划司的统计数据[15]，我国战略性新兴产业知识产权具有以下特点。

一是战略性新兴产业知识产权创造能力明显增强。2012 ～ 2016 年，我国国内居民战略性新兴产业中国发明专利申请量由 14.3 万件增至 29.8 万件，年均增速达到 20.15%；五年累计申请量达 106.73 万件。发明专利授权量由 5.7 万件增加到 10.4 万件，年均增速 16.22%；五年累计授权量达 61.48 万件。另据世界知识产权组织（WIPO）的统计，“十二五”期间，我国七大战略性新兴产业专利申请量排名均为世界第一，其中全球发明专利申请公开量占总公开量的 39.6%，远高于美国（25.2%）和日本（17.6%）。

二是战略性新兴产业知识产权运用能力不断提升。截至 2016 年 12 月 31 日，我国战略性新兴产业国内外中国有效发明专利达到 71.9 万件，其中国内有效发明专利达到 42.9 万件，占战略性新兴产业国内外中国有效发明专利的比重达到 59.7%。另据《2017 年中国专利调查专题报告》数据，我国战略性新兴产业企业专利实施率达到 62.1%，高出非战略性新兴产业 8.9 个百分点；产业化率达到 47.3%，高出非战略性新兴产业 8.5 个百分点。

三是战略性新兴产业知识产权竞争力不断加强。2012 ～ 2016 年，我国国内居民战略性新兴产业中国发明专利申请量占中国受理的国内外发明专利申请量的比例由 70.57% 提高到 84.66%，申请量增速高于国外在华 22.6 个百分点；我国国内战略性新兴产业发明专利授权量占中国授权的国内外发明专利授权量的比例由 61.76% 提高到 65.82%，授权量增速高于国外在华 3.2 个百分点。

（二）知识产权问题分析

虽然我国战略性新兴产业知识产权发展较快，但仍然存在一些较为突出的知识产权问题。这些问题制约着战略性新兴产业健康快速发展。

一是知识产权管理水平总体较低。在战略性新兴产业领域，中小型企业知识产权制度往往建立时间不长，对知识产权管理重要性认识不足，组织体系不完善，知识产权能力弱；多数大企业知识产权管理水平也有待提高。主要原因在于专利质量不高等[6]。大多数专利因为不是核心专利、标准必要专利而无法对主导产品产生垄断性和控制力。根据对北京部分重点区 2016 ～ 2018 年双创成功并申请取得政府专利技术商业化资助的战略性新兴产业项目的考察，有 80% 左右项目的专利质量不高，很容易被规避设计，无法有效保护主导产品。

据科技部科技评估中心对《国家知识产权战略纲要》实施十年评估时调查 2313 家企业知识产权得到的数据，仅有 34.83% 的企业有专职从事知识产权工作的管理人员，多数企业知识产权工作为其他部门代管或由其他人员兼职管理，部分企业管理人员甚至不了解知识产权。企业知识产权管理多集中在知识产权申请、维护、制度建设和管理上，能够从事知识产权信息挖掘与情报分析的只占 44.68%，能够开展知识产权资本化运作的只有 10.60%。

二是知识产权创造能力总体较弱。2016 年，属于战略性新兴产业和高技术产业研发投入排名前列企业的研发投入普遍超过 10 亿美元，如排名第一的亚马逊研发投入 125 亿美元，占主营业务收入之比达到 9.2%。而根据《中国科技统计年鉴 2017》数据，我国规模以上工业企业研发投入占主营业务收入之比仅为 0.94%。较低的研发投入使得国内大部分战略性新兴产业企业专利技术含量不高。2016 年，我国规模以上工业企业平均每家企业申请量 9.8 件，每件专利申请平均使用研发经费 153.6 万元人民币，而亚马逊每申请一件专利平均使用研发经费高达 2327.7 万美元。长期较低的研发投入和低水平的知识产权管理使得大部分战略性新兴产业企业缺乏关键共性技术、前沿引领技术、颠覆性技术创新能力，由此导致我国战略性新兴产业部分产业的产业链不完整，盈利能力弱。

另据国家知识产权局专利统计数据，2016 年我国战略性新兴产业发明专利拥有量 TOP100 专利权人中，企业 25 家，占比为 25%；前 10 位专利权人中，华为技术有限公司、中兴通讯股份有限公司、中国石油化工股份有限公司分列前三位，但第 4 ～ 7 位专利权人均为国外企业。其中，华为、中兴两家企业位于全球产业链中下游，由于产业链上游缺乏企业从事相关技术研发，无法提供能够量产的高端产品，导致两家企业供应链相对脆弱，一旦发生贸易摩擦或冲突，上游产业链被切断将导致企业出现严重生存危机。

三是知识产权质量总体不高。“十二五”期间，虽然我国国内发明专利申请公开量占比大幅提高，战略性新兴产业发明专利拥有量和 PCT 专利申请量增长 2 倍以上，但战略性新兴产业的发明专利质量并没有得到同步提高。据国家知识产权局《中国有效专利年度报告 2014》统计，我国 2014 年有效发明专利中，维持年限 5 年以上的仅占 49.2%，有效期超过 10 年的仅占 7.6%，企业专利平均维持年限仅为 6.4 年，并且有逐年降低的趋势。而国外申请人的在华有效发明专利维持 5 年以上的比例高达 89.1%，维持年限超过 10 年的也达到了 32.8%，与 2013 年相比提升 3.3%，专利平均维持年限为 9.4 年。

目前，我国仍有大量非运用性和荣誉性专利申请，严重影响了战略性新兴产业知识产权的质量，一些战略性新兴产业企业陷入了知识产权能力与知识产权质量越来越低的恶性循环中。在上述企业知识产权调查中，在影响企业知识产权创造的因素中，认为知识产权意识不强的占了 44.78%，内部缺乏知识产权激励政策的仍然有 18.28%。技术能力不足、研发水平不高导致专利缺乏创造性，专利检索不够导致专利缺乏新颖性，这些是导致战略性新兴产业发明专利质量低的主要原因。大量企业为满足高新认定、招投标、评奖、宣传等功利性使用而批量购买或申请相关发明专利，一些企业申请或购买与企业主营业务不相关的专利，也是导致专利质量持续较低的重要原因。

四是知识产权布局能力亟待加强。近年来，随着经济全球化的快速发展和我国科技水平的持续提升，我国企业走出去的步伐逐渐加快，大量企业在海外投资建厂，甚至设立研发中心。然而，我国战略性新兴产业企业国外知识产权布局十分不足，部分关键领域国内知识产权布局水平与国外来华企业专利布局存在较大差距。2016 年，我国国内发明专利拥有量在 WIPO 划分的 35 个技术领域中有 29 个高于国外拥有量，但我国在光学、发动机、半导体、医学技术等重要战略性新兴产业领域与国外仍存在较大的差距，其中光学和发动机领域国外发明专利拥有量分别达到了我国的 1.4 倍和 1.2 倍。WIPO 提供的数据显示，2011 ～ 2015 年，我国在美国、欧洲、日本等国家和地区市场的专利申请量份额分别为 1.8%、0.7% 和 0.3%。而同期美国在欧洲、日本、中国等国家和地区的专利申请量分别占到 11.8%、9.6% 和 7.5%，欧洲域外专利申请的主要目标依次是中国、美国、日本三国，份额分别达到 18.6%、16.8% 和 10.4%，日本、韩国在目标国申请的域外专利份额也分别超过 6% 和 3%。

我国企业战略性新兴产业知识产权国外布局能力尤其需要加强。2016 年美国、日本、欧盟、韩国、中国五个国家和地区的专利统计显示，我国企事业单位在“十二五”期间提交的本国专利申请比例高达 95%，而同期其他国家或地区却在 60% 左右，我国海外专利布局能力与主要发达国家相比差距较大。我国 2017 年 PCT 专利申请 4.9 万件，但最大市场的美国受理的我国专利申请量只有不到 3 万件，我国相当一部分 PCT 专利存在放弃情况；即使在“一带一路”沿线国家，我国申请的专利也十分不足。战略性新兴产业属于发达国家重点布局方向，我国战略性新兴产业企业缺乏国外知识产权布局，很容易受到知识产权侵权诉讼。美国海关每年查扣的知识产权侵权产品来自我国的常年居第一位。缺乏核心知识产权布局，在中美贸易纠纷中难以掌握主动权。

五是知识产权运用能力亟待强化。总体来看，我国战略性新兴产业知识产权运用水平仍然不高，专利技术商业化意识不强问题尤为明显。根据国家知识产权局《2017 年中国专利数据调查报告》，我国战略性新兴产业知识产权转让率只有 5.7%，许可率只有 7.2%，战略性新兴产业对整个产业辐射引领的作用还远未发挥出来。我国战略性新兴产业知识产权运用率较低的主要原因在于知识产权管理水平不高。相当部分企事业单位和科研人员仍然对专利质量、核心专利、高价值专利、标准必要专利、专利池等的重要性认识不足，不懂知识产权管理方法。尤其是多数企事业单位不懂知识产权与技术标准的关系，没有掌握专利与技术标准实质性结合的方法，导致我国知识产权与产业发展的两张皮问题十分突出，也造成大量的知识产权资源浪费，基于自主知识产权技术标准的创新型产业不多。

目前，我国科技体制机制改革已进入深水区，科研组织方式落后的局面还没有完全改观，分散式、个体式研发模式仍然存在，科技成果转化和知识产权运用主要依靠简单中介机构和科研人员，而不是依靠内部技术转移机构和专利池机制。这不仅导致大量低水平、低质量的知识产权产生，也导致科技成果转化和知识产权运用率长期较低。过于注重考核科研人员个体和知识产权数量的考核评价机制，以及各种荣誉性考核也在较大程度上影响了知识产权运用。根据科技部科技评估中心对 376 家高校和科研机构知识产权的调查，我国科研人员获取知识产权的主要目的中，为评职称或完成单位考核指标的高达 84.04%，完成科研项目合同要求的高达 85.11%，可以提高科研人员学术声誉的高达 60.11%，积累知识产权有助于申请新的科研项目的高达 76.86%，而为申请知识产权获得应用收益和可以防止他人申请同样的知识产权避免对自己形成制约的比例不太高，占 72.34% 和 48.82%。

六是知识产权分布亟待均衡发展。一是产业不平衡。截至 2016 年，在我国战略性新兴产业有效发明专利中，国内新一代信息技术和新能源汽车产业的企业占比最高，达到 79.3%，其次依次为新材料（63.5%）、节能环保（60.2%）、新能源（59.7%）、高端装备制造（55.2%）和生物（47.2%）产业。二是区域不平衡。2016 年，中部地区战略性新兴产业发明专利申请量为 4.9 万件，增幅明显高于 2016 年战略性新兴产业发明专利申请平均增幅（12.59%），东部地区的战略性新兴产业发明专利申请增长量为 2.1 万件，但该年增长率（12.17%）略低于 2016 年战略性新兴产业发明专利申请平均增幅。三是企业知识产权分布不均衡，国家知识产权局的统计数据显示，我国战略性新兴产业国内企业专利活动呈现出企业集中度高和企业活跃度高的“两高”态势。截至 2016 年底，国内战略性新兴产业 7% 的企业专利权人拥有 70% 的发明专利，与 2015 年相比增长 1%（表 1）。而拥有战略性新兴产业发明专利的企业数量为 92 362 家，其中国内企业 61 389 家，与 2015 年相比增长 23.6%；但国内（除港澳台）企业户均有效发明专利增长率仅为 2.79%，低于港澳台企业的 4.49% 和国外来华企业的 3.80%。

表 1 战略性新兴产业企业有效专利集中度

年份	区间 / 件	有效量 / 件	比例 /%	企业数量 / 户	比例 /%
2015	1	44 185	10	44 185	56
	2 ～ 9	97 580	21	28 769	37
	≥ 10	315 501	69	5 230	7
2016	1	51 386	9	51 386	56
	2 ～ 9	117 308	21	34 533	37
	≥ 10	377 424	70	6 298	7

我国战略性新兴产业专利权人分布呈现倒金字塔形，拥有 10 件以上专利的企业仅占企业总数的 7%；而专利权人拥有有效专利分布则呈现金字塔形，拥有 10 件以上专利的专利权人掌握战略性新兴产业有效专利的 70%。拥有战略性新兴产业专利的企业数量迅速增长是造成企业有效专利分布不均的重要原因。

四、战略性新兴产业知识产权发展建议

发展战略性新兴产业，必须大力提升知识产权创造和运用能力，必须加强战略性新兴产业知识产权管理，制定有效的战略性新兴产业知识产权政策。为加快战略性新兴产业发展，本文提出如下政策建议。

一是建立有效知识产权管理运营机构。要切实转变政策思路，设立机构建设专项资金，支持高校科研机构和企业建设专业化的包含技术、知识产权和投资功能的相互支持和相互约束的知识产权管理运营机构，如技术转移办公室 OTT 或技术许可办公室 OTL。要支持知识产权服务机构为中小企业提供专业化知识产权服务。要支持简单中介机构转变为具有价值评估、合同制定和资金担保能力的模式先进的知识产权交易运营机构。要支持一批战略性新兴产业专利池运营机构的建设和发展。

二是切实提高知识产权创造质量。地方政府应将资助和奖励政策重点转向高价值、可转化和可形成组合的战略性新兴产业知识产权，要加强对战略性新兴产业企业、双创企业、创新型企业、高新技术企业知识产权质量的政策引导，引导企业拥有高质量专利、低风险专利和产品标准必要专利。要改革完善知识产权考核政策，高新技术企业、创新型企业等各类认定政策，要将主导产品是否拥有必然侵权和无法规避的必要专利作为高技术企业认定的前提，要建立申请人和审查员必须将检索报告写入专利文件并公开的制度。

三是强化产业知识产权战略布局能力。结合国内外主要国家技术预见和技术预测结果，引导和支持战略性新兴产业企事业单位开展高水平关键核心技术研发和关键核

心技术专利战略布局，形成高水平有效专利组合。完善技术功效矩阵、产品技术生命周期、技术预见的专利战略布局方法，开发相应软件系统。实施推进战略性新兴产业技术标准专利战略布局工程，强化产业技术标准必要专利布局，参与和形成一批遵守RAND规则的专利池。在新兴市场、目标市场、竞争对手活跃市场布局一批具有国内优先权的战略性新兴产业专利及其组合。

四是加强知识产权人才培养引进。改革现行知识产权人才培养体系，在知识产权法学学历教育基础上，编制全国通用的研究生用知识产权管理、运营、检索分析、价值评估等教材和课程体系，建立理工科教育基础上的知识产权研究生学历教育制度，培养面向实践的知识产权管理人才、运营人才、检索分析人才、诉讼人才等。在宣传贯彻企事业单位知识产权管理标准的基础上，编制知识产权管理高级指引。面向知识产权运营，建立技术转移经理人资格认证制度，培养和引进一批具有技术背景、精通知识产权与合同法、具有投资经验的国际化技术转移和知识产权运营人才。

五是完善知识产权基础设施条件。完善战略性新兴产业知识产权信息服务体系，建设一批专利信息数据库，发布知识产权分析报告。培育一批知识产权集成开发机构，提高产业知识产权产品熟化度，培育一批战略性新兴产业标准化示范机构和示范区。以全国知识产权运营公共服务平台为基础，构建高校、科研机构、企业知识产权管理运营机构，专利池运营机构，知识产权投资机构，知识产权保险担保机构等在内的多层次知识产权运营体系。引导投资知识产权的创投和风投企业发展，支持建设一批知识产权运用保险和担保机构。依托国家创新发展试验区、自主创新示范（试验区）和知识产权强省，建设一批战略性新兴产业专利导航、知识产权强企、高端服务业、专利密集型产业、知识产权经济、政策先行先试等类型知识产权园区，探索知识产权支撑创新驱动发展新模式和新路径。

六是完善战略性新兴产业知识产权政策。改革现行考核知识产权数量的科技创新政策、允许列支知识产权事务费的简单化政策，项目验收要考核知识产权质量、核心专利形成、专利有效组合和战略布局情况，知识产权事务费应由单位统一提取和管理，用于支持内部运营机构保护和运营知识产权。制定重大科技计划和产学研合作项目知识产权非独占、非可撤销、非可再转让和不用付费的许可规则。要深入落实《促进科技成果转化法》相关规定，明确规定为科技果转化作出重要贡献的内部知识产权管理运营机构可以提取 20% ～ 30% 的科技成果转化收益，用于培养、引进和激励知识产权管理运营人才。要进一步完善科技成果作价入股股权递延纳税政策，明确交税和分割股权的程序，制定技术成果原值和税费核算办法，取消实际存在的递延纳税年限限制，解决成果熟化股权内部转让的纳税问题。制定知识产权转移转化质押贷款保险政策，将针对损失的保险担保政策专项保险费补贴和无损失奖励政策。要研究制定股债可转换的面向投资机构的政府担保资金支持的知识产权证券化政策。

参考文献

[1] 宋河发，万劲波，任中保．我国战略性新兴产业内涵特征、产业选择与发展政策研究．科技促进发展，2010，(9)：7-14.

[2] 国务院．国务院关于印发“十三五”国家战略性新兴产业发展规划的通知 .http://www.gov.cn/zhengce/content/2016-12/19/content_ 5150090.htm[2016-11-29].

[3] Grindley P C，Teece D J. Managing intellectual capital：Licensing and cross-licensing in semiconductors and electronics. California Management Review，1997，39 (2)：8-41.

[4] Ang J S，Cheng Y，Wu C. Does enforcement of intellectual property rights matter in China ? Evidence from financing and investment choices in the high-tech industry. Review of Economics and Statistics，2014，96 (2)：332-348.

[5] Reitzig M. Strategic management of intellectual property. MIT Sloan Management Review，2004，45 (3)：35-40.

[6] 余江，陈凯华．提升知识产权战略能力，推动战略性新兴产业发展．科技促进发展，2011，7 (3)：48-51.

[7] 魏国平，黄亦鹏．中国战略性新兴产业知识产权能力与竞争优势培育．南京政治学院学报，2015，(6)：42-46.

[8] Griliches Z. R&D and Productivity：The Econometric Evidence. Nber Books，1998：1-14.

[9] Bekkers R，Duysters G，Verspagen B. Intellectual property rights，strategic technology agreements and market structure：The case of GSM. Research Policy，2002，31 (7)：1141-1161.

[10] 毛昊．中国专利质量提升之路：时代挑战与制度思考．知识产权，2018，(3)：15-26.

[11] Hagedoorn J. Sharing intellectual property rights—An exploratory study of joint patenting amongst companies. Industrial and Corporate Change，2003，12 (5)：1035-1050.

[12] 曾莉，陈晴．国外新兴产业发展中的知识产权研究述评与启示．河南科技，2018，(12)：42-45.

[13] The Science and Technology Policy Office and the National Economic Council. A Strategy of American Innovation. https://www.federalregister.gov/documents/ 2014/07/29/2014-17761/a strategy-for-american-innovation[2014-07-29].

[14] 内閣府知的財産戦略推進事務局．知的財産推進計画 2017. http://www.kantei.go.jp/jp/singi/titeki2/ kettei /chizaikeikaku20170516.pdf[2017-12-20].

[15] 宋河发，廖奕驰，郑笃亮．专利技术商业化保险政策研究．科学学研究，2018，(6)：991-999.

Intellectual Property Issues Analysis and Development Countermeasures for the Strategic Emerging Industries in China

Song Hefa[1, 2], *Wu Jingjing*[2], *Liao Yichi*[3]

(1. Institutes of Science and Development, Chinese Academy of Sciences;

2. School of Public Policy and Management, University of Chinese Academy of Sciences;

3. China Academy of Electctronic Information Industry Development)

To accelerate the strategic emerging industries development, it is necessary to enhance the intellectual property (IP) creation and utilization capacity, strengthen IP management, and formulate effective IP policies. This paper analyzes the current IP situation and problems of the strategic emerging industries of China, puts forward policy recommendations to promote IP development of the strategic emerging industries. It is needed to support establishment of the effective IP operation organization, effectively improve the quality of IP creation, strengthen the IP strategic deployment capability, strengthen the IP talent cultivation and introduction, consolidate the IP infrastructure, and improve the IP policy of strategic emerging industries.

7.4 加快发展智能经济的思路与对策建议

李修全　王　革　韩秋明

（中国科学技术发展战略研究院）

人工智能将是新一轮经济和社会变革的核心驱动力，美国和英国政府报告都认为人工智能将给经济发展带来类似蒸汽机发明的深远影响，《连线》杂志创始主编凯文·凯利则把它比为两百年前电的发明。以习近平总书记为核心的党中央高度重视我国人工智能发展。党的十九大报告明确提出要推动人工智能与实体经济深度融合，国务院发布的《新一代人工智能发展规划》提出加快培育高端高效的智能经济。当前，我国正处于深化供给侧结构性改革的关键期，培育发展智能经济将为我国现代化经济体系建设开辟新的路径。

一、当前我国发展智能经济具有重要战略意义

培育发展智能经济既是壮大经济新动能的重要举措，也是推动经济转型升级，引领我国产业向中高端迈进的重要手段和路径，对推动经济发展质量变革、效率变革、动力变革具有十分重要的作用。

1. 发展智能经济是为经济发展注入新动能的必然选择

当前，我国经济发展进入新常态，深化供给侧结构性改革任务非常艰巨，加快培育新动能是关键所在。培育发展智能经济，将重构生产、分配、交换、消费等经济活动各环节，形成从宏观到微观各领域的智能化新需求，为我国经济发展注入新动能。近年来我国智能语音、图像识别、智能机器人技术快速进入市场应用，已经展现出巨大的市场潜力，将形成新的经济增长点。根据埃森哲 2017 年发布的《人工智能：助力中国经济增长》报告，到 2035 年，人工智能有潜力拉动中国经济年增长率上升 1.6 个百分点，并将中国的劳动生产率提升 27%。

2. 发展智能经济是推动实体经济转型升级的重要手段

当前，我国实体经济下行压力不断增大，内生发展动力不足，通过人工智能技术与各行各业各领域深度融合，将极大改造传统动能，有力推动实体经济结构优化，使之重新焕发出生机和活力。近年来，通过数字化、软件化和智能化改造，我国制造业转型升级已初见成效，农业、物流、医疗、家居等行业的智能化也在加速推进，质量、效益和竞争力也在不断提升。人工智能技术具有很强的渗透性，发展智能经济，让居于技术创新金字塔塔尖的人工智能技术与实体经济的各领域深度融合，将有力支撑实体经济发展，对于我国转变经济发展方式意义重大。

3. 发展智能经济是引领我国产业向全球价值链高端攀升的重要路径

当前，全球产业已进入更多维度、更深层次、更高水平的全方位竞争阶段，发展中国家之间的低成本、低价格竞争日趋激烈，而发达国家仍然牢牢把控着重点行业和领域发展的竞争高地，我国产业迈向中高端面临着“双向挤压”的严峻挑战。发展智能经济，有利于跨区域、跨国界快速聚集高端资源，可以在一些产业领域主导构建并形成新的产业生态，重构全球价值链和产业链。目前，全球各国都在大力发展智能经

济，力图抢占新一轮产业竞争的主导权。我国必须紧紧抓住向产业价值链中高端迈进的时代机遇，积极布局智能经济，“换道超车”，抢占未来经济发展制高点。

二、人工智能将为经济发展模式带来颠覆性影响

人工智能技术是一项使能技术，未来人工智能技术进一步突破，将在生产力、生产资料、生产关系各方面引发深刻变革，重构生产、分配、交换、消费等经济活动各环节，催生新经济、新产业、新业态、新模式。

（一）数据成为新的生产要素

互联网飞速发展逐步积累了大量的数据，数字化的发展使得各行各业也积累了大量的行业数据，这些数据之前没有得到充分的发挥和利用。进入人工智能的智能化发展阶段，发现数据之间的关联，提炼数据中蕴含的信息、蕴藏的规律去形成知识，基于知识去产生决策，这是在智能化阶段基于数据的一个创造价值的主要模式。通过这种模式，数据的资产价值开始发挥。在未来的经济形态中，数据会成为一种新的生产要素，能够直接转化为生产力，创造巨大的经济价值。

同时，数据、知识不仅是其他经济要素发挥作用的重要基础和根本前提，而且通过数据、知识与其他要素的相互渗透融合，能够充分放大和提升各类要素的价值创造能力。数据对现代数字经济至关重要，就像一百年前石油对经济尤为重要一样。

当前，世界已经进入大数据驱动的人工智能发展时代，大数据驱动已经成为智能计算的主流模式，来自全球的海量数据为智能经济的发展提供了良好的条件。基于海量数据和知识库的智能服务在医疗、教育、金融等领域的应用不断拓展，正在拥有越来越多的客户，市场规模也在不断扩大。

（二）算法成为新的生产力

数据成为社会、企业和个人都无法忽视的资产，算法是发挥这些资产价值的发动机。

在生产力方面，人工智能发展的初衷就是研发具有类似人类智能水平和行为能力的机器，以帮助人们减轻工作量。目前，很多简单重复、流程化的体力劳动都已经能够由人工智能实现；随着各类工作的数据和知识处理能力提升，像收集数据、电话客服、翻译等程式化、重复性的脑力劳动，正在由人工智能完成；人工智能在路径优化、生产成本控制、设备故障预测、异常事件预警等方面也开始显现出巨大潜力；未来人工智能将通过各类智能机器人或智能化设施直接改造生产力，提升工作效率，社

会生产力水平将得到显著提高。

（三）催生新的产业模式

在智能化阶段，除了提升生产力，人工智能技术应用也将带来产业模式的变革。通过人机协同、跨界融合、共创分享、个性化定制改变一个企业营销模式、生产模式、对客户提供服务的模式，大大提升和改进生产和服务的效率，降低成本，也会显著地改变整个产业的形态和整个产业的模式，创造出新的利润空间。具体表现为以下几个方面。

1. 高水平人机协同成为主流生产和服务方式

感知技术的成熟，在工业领域将推动传统的自动化设施升级，包括工业机器人向智能机器人升级。在会计、金融、教育、医疗等各行业，大量岗位的工作模式将会随着人工智能技术的发展而改变。各种类型的能力强大的智能助手的出现，使得大量简单、烦琐、重复性的工作由智能助手完成，人就能够腾出更多的精力去完成一些创造性、思维性更强的任务环节。通过人机协同，不仅人们的工作舒适度将大幅提高，工作效率和工作质量也会大大提高。

在智能经济时代，人们的生产和服务方式将发生重大变革，从传统以人为主或以机器为主的生产和服务方式向更高水平的人机协同方式转变。越来越多的企业采取人机协同的方式，覆盖从决策到运营、从生产到服务的经济活动全链条，成为未来智能经济中一个重要的特征。

2. 跨界融合成为重要经济形态

在智能经济时代，由于人工智能所拥有的强大的垂直渗透和横向整合能力，行业之间的界限变得模糊，跨行业、跨领域要素融合、产品融合、服务融合、业态融合的趋势越来越明显，跨界融合发展成为企业竞争和产业升级的重要方式。

人工智能具有的高度交叉的技术和产业属性，将推动信息技术与传统产业深度融合。如今，人工智能已经逐渐渗透到各行各业，在医疗、汽车、金融、零售、安防、教育、家居、机器人等行业都有了具体的落地产品。从历年的投资规模中可以发现，纯粹的人工智能是没有商业模式的，未来的人工智能投资将会分散到各个应用领域中，从医疗健康领域的监测诊断、智能医疗设备，到教育领域的智能评测、个性化辅导、儿童陪伴，从电商零售领域的仓储物流、智能导购和客服，到应用在智能汽车的自驾技术，都能看到人工智能的身影，行业之间的界限变得模糊，跨界、跨行业的融合发展正在成为社会经济发展的新形态。

3. 共创分享成为经济生态基本特征

自网络化时代开始，基于平台化的共创分享新经济模式就开始发展。通过将海量的供方资源和需求进行高效按需匹配实现规模化的商业行为，逐渐成为经济生态的基本特征。随着基于互联网的群体智能技术的发展，不同个体之间智力的分享和协同将成为可能，众包、众创等新的模式将应运而生。

智能医疗和智能教育实现了高水平医生及高水平教师的智力在更大范围的共享，发挥作用、创造价值，所以说在新的阶段，在智能化阶段，人工智能技术推动了不同个体之间智力的分享与协同。通过汇聚和管理大规模参与者，以竞争和合作等多种自主协同方式来共同应对挑战性任务，特别是开放环境下的复杂系统决策任务，如基于群体编辑的维基百科、基于群体开发的开源软件、基于众问众答的知识共享、基于众筹众智的万众创新、基于众包众享的共享经济等。

分享也是知识这一生产要素发挥作用的基本模式。在大数据驱动的基本模式下，随着智能可穿戴、数字孪生体技术的进一步应用，智能化应用向平台化、生态化发展；这类智能化产品的用户既是产品的使用者，也是产品创造者，智能化应用的共创分享特征将越来越明显。通过用户的使用，个体数据在平台上的贡献，会使智能产品不断迭代和升级，不断推动产品的完善。因此，智能时代不仅会有技术层面的分享，基于互联网的知识的处理和协同还会有智力层面的分享。

4. 个性化需求与定制成为消费新潮流

现今在各个行业，通过用户画像技术、个性化制造技术的应用，在营销环节、生产环节、新闻内容提供、广告投送中将普遍实现定制化，医疗服务、金融服务等都会采取个性化的方式提供更高匹配度的产品和服务。随着技术进一步成熟和更多领域的落地，这种个性化的提供会成为主流的产品提供模式。个性化定制会成为智能经济中基本的产品提供模式。

随着人民生活水平的不断提高，消费升级带来消费者对定制化服务的需求不断提升。随着消费者对产品的个性化要求越来越高，每个人都希望将自己的想法、理念、设计融入产品当中，这对传统的生产方式提出了挑战。

在智能经济时代，利用人工智能技术，分析智能产品的运行数据和用户的需求数据，能够完整地勾勒出用户画像，开展个性化营销和智能获客，将大大提升成功率，帮助企业对产品热点趋势进行分析判断，提升企业的生产效率、库存周转率、设备使用效率和精准营销效率。开展新闻的个性化定制，使读者能看到最适合的内容，提高时间利用率和知识获取效率。开展个性化产品设计和个性化制造，通过改变现有工厂的制造模式，提升非标产品制造能力，可以基于用户和全球研发人员的反馈，极大提升智能制造产品的质量和用户满意度，更好地满足人民生产和生活需求。

因此，在智能经济时代，通过发掘数据和知识作为新的生产要素的价值，通过发掘智能算法作为新的生产力的价值，通过变革生产、营销、服务的组织模式，都会极大地提高各行各业的生产效率，形成新的产业形态。

三、加快发展智能经济的几点建议

习近平总书记指出，我们正处在新一轮科技革命和产业变革蓄势待发的时期，以互联网、大数据、人工智能为代表的新一代信息技术日新月异。推动人工智能与实体经济深度融合既是壮大经济新动能的重要举措，也是推动经济转型，引领我国产业向中高端迈进的重要机遇，需要从研发、产业、平台、政策等多方面加强部署、积极推进。

1. 加快突破人工智能产业化核心关键技术

针对我国人工智能产业发展的迫切需求和薄弱环节，采取政府引导、企业牵头相结合方式，加大支持力度，加快核心技术攻关，避免重复和同质化竞争。依托重点企业和创新平台，形成以新一代人工智能重大科技项目为核心、现有研发布局为支撑的人工智能项目群。重点加强与重大科技项目与行业应用的衔接，协同推进理论研究、技术突破和产品研发应用。

2. 加速人工智能与实体经济融合的场景探索和应用示范

发挥好高新区、自创区、众创空间等在加速人工智能与实体经济融合方面的引领作用，选择基础较好的智能汽车、智能无人系统、教育、医疗、安防等领域开展人工智能应用试点示范。通过数据和应用的不断优化，探索更多的应用场景，形成产品或解决方案，充分挖掘人工智能技术助力实体经济的潜能。对细分行业的流程进行重整，通过数据和应用的不断优化，分场景逐个突破。在未来 3 ～ 5 年内，探索人工智能与实体经济深度融合的典型做法、模式、路径，形成可复制、可推广的经验，使得成熟的人工智能技术能够尽快转化为生产力并惠及民生。

3. 支持建设重点行业数据、技术开放平台

建立市场化的数据开放运营机制，重点培育金融、教育、医疗、交通等行业建设

大数据公共服务平台。明确投资主体，联合行业领域数据资产所有者及技术、资本、应用服务等有关合作伙伴，按照市场化运作方式，组建行业大数据平台公司。推进政府数据开放共享和应用示范试点，建立政府部门和事业单位等公共机构数据资源清单，加快推进民生保障服务相关领域的政府数据集有序开放。构建安全有序的数据交易环境，推动地方政府建立数据交易平台，规范交易流程，把控交易数据质量。推动“个人数据保护法”立法工作，保障数据主体合法权益，实现对交易数据的“去身份”化，保障数据安全和隐私。研究数据定价标准，改变数据交易的“粗放式”模式，明确数据价值。

4. 发挥人工智能平台企业和联盟的整合带动作用

将各类平台型企业作为应用建设的龙头，加快布局人工智能开放创新平台，将人工智能企业的技术能力和计算资源与传统企业的数据应用需求连接起来，加快人工智能技术在传统行业的落地，有效提升传统行业运营效率，着力重点推进制造、农业、物流等产业转型升级。鼓励大型互联网企业建设云制造平台和服务平台，面向制造企业在线提供关键工业软件和模型库，带动中小企业智能化升级。依托人工智能联盟对接智库、技术、资金和项目。

5. 完善支持人工智能发展的重点政策

落实对人工智能中小企业和初创企业的财税优惠政策，通过高新技术企业税收优惠和研发费用加计扣除等政策支持人工智能企业发展。完善落实数据开放与保护相关政策，开展公共数据开放利用改革试点，支持公众和企业充分挖掘公共数据的商业价值，促进人工智能应用创新。设立企业智能化升级的免费体验基金，调动企业全面推进智能化改造的积极性。

6. 重视“人工智能 +”各领域的复合型人才培养

制定科学合理的人工智能创新人才培养体系，分类分层培养。重视人工智能与数学、计算机科学、物理学、生物学、心理学、社会学、法学等学科专业教育的交叉融合。重点培养贯通人工智能理论、方法、技术、产品与应用等的纵向复合型人才，以及掌握“人工智能 +”经济、社会、管理、标准、法律等的横向复合型人才。

Some Thoughts and Suggestions on Accelerating the Development of Intelligent Economy in China

Li Xiuquang，*Wang Ge*，*Han Qiuming*
（Chinese Academy of Science and Technology for Development）

At present，the development of intelligent economy in China has important strategic significance，which is not only an important measure to cultivate the new driver of economy，but also an important means to promote both China's economic transformation and industry upgrade to the middle and high-end. In the future，further technology breakthroughs in artificial intelligence will lead to profound changes in such aspects as productivity，production materials，production relations，etc.，and restructure various linkages of economic activities related to production，distribution，exchange，and consumption，which further promote new economy，new industries，new business forms，and new business models. For the development of intelligent economy，we need to ① accelerate the key technology breakthroughs for artificial intelligence industrialization，②promote the pilot study and application demonstration of artificial intelligence and real economy integration，③ support the construction of open platform of data and technology in key industries，④strengthen AI platform enterprises and alliances' role of integration and leadership，⑤ improve the key policies for artificial intelligence development，and ⑥ emphasize the cultivation of compound talents in all fields of "artificial intelligence+".

7.5　深化国际科技合作的战略思考

曲　婉[1,2]　穆荣平[1,2]　蔺　洁[1,2]

（1. 中国科学院科技战略咨询研究院；
2. 中国科学院大学公共政策与管理学院）

世界范围内正在经历一场更大范围、更高层次、更深影响的技术革命和产业变革，人工智能、大数据、量子信息、生物技术等前沿技术层出不穷，引发产业形态、结构、分工和组织方式的深刻转变，给人类发展带来翻天覆地的变化。与此同时，人类社会依然面临气候变化、环境污染、能源问题、重大传染性疾病、饥饿和贫穷等全球性问题，发展不平衡、不充分的情况依然严峻，直接影响人类整体的生存与发展。顺应历史发展大势，发掘世界经济增长新动力，携手应对人类生存发展面临的重大挑战，需要我们坚持合作共赢、创新引领、包容普惠，进一步深化国际科技合作，为构建人类命运共同体发挥中坚作用。

一、国际科技合作呈现新的趋势

结合世界主要国家的实践来看，近年来国际科技合作呈现四大新趋势，一是合作主体更加多元，从双边走向多边，政府间、非政府组织以及企业间科技合作十分活跃；二是合作议题更加广泛，解决人类共同面对的问题和挑战成为重要内容；三是合作形式更加多样，项目、工程、人员、基地合作同步推进；四是合作内涵更加丰富，从国际科技合作向科技外交发展。

（一）合作主体更加多元

国际科技合作主体不断扩展，国家间双边和多边合作、地方政府间、非政府组织和企业间合作日益活跃。一是国家间的多边合作成为国际科技合作主流。例如，全球核能伙伴计划（GNEP）于2007年由中国、美国、法国、日本、俄罗斯五国联合发起，在2008年第二次部长级会议上就发展到25个伙伴国，到2010年改革为国际核能合作框架（IFNEC）；目前，该合作框架已经发展到34个伙伴国，31个观察国；在推动核能和平利用，加强伙伴国间核能合作方面发挥了巨大作用。二是国立研究机构和非政府组织在国际科技合作中的重要性不断增强。例如，德国马普学会（MPG）、赫姆霍兹联合会（HGF）、弗朗恩霍夫学会（FhG）、莱布尼兹学会（WGL），美国民用研究开发基金会（CRDF）、盖茨基金会、福特基金会，英国的世界自然基金会（WWF）、英国乐施会（Oxfam），日本学术振兴机构（JST），韩国的国家研究基金会（NSF）等，已经成为国际科技合作的重要主体。三是企业间国际科技合作向纵深发展。例如，中韩企业合作创新中心、亚欧科技创新合作中心、中意技术转移中心、北京—特拉维夫创新合作中心、北京—安大略科技创新合作中心等一批国际合作平台相继成立，全方位服务于企业国际科技合作。

（二）合作议题更加广泛

国际科技合作议题从主要关注本国经济繁荣，转向致力于解决气候变化、发展失衡、数字鸿沟、重大自然灾害等人类共同面对的重大问题，助力构建人类命运共同体。例如，2011 年，生物技术与生物科学研究理事会（BBSRC）、英国国际发展部（DFID）、盖茨基金会和印度政府发起总额为 200 万英镑的联合研究计划——“可持续作物生产研究”，重点资助印度和发展中国家重要粮食作物的抗逆性和抗药性研究，以解决这些地区的饥饿和贫困问题。2008 年以来，日本与亚洲、非洲发展中国家合作，就环境、能源、灾害、传染病等全球性问题持续开展联合研究。2009 年，美国提出建立美洲能源与气候伙伴关系，在清洁能源、地震预防等领域发起新的技术援助与资金援助计划，以推动南美地区的能源安全和清洁利用。2011 年，中国启动“中国－东盟科技伙伴计划”，针对全球气候变化、重大自然灾害、饥饿、贫穷等共同面对的挑战，中国和东盟各国在农业、生物、食品、能源、传统医药、医疗、遥感、地震、海洋等领域实施了超过 1000 个政府间科技合作项目。

（三）合作形式更加多样

国际科技合作形式不断创新，发起大科学计划、建立政策性对话机制、共建研究平台、企业建立海外研发机构等新模式得到广泛应用，为开展高水平的国际科技合作研究搭建了更为丰富的舞台。一是双边或多边参与的国际大科学研究计划和大科学工程成为科学界和政府普遍采用的国际科技合作方式。例如，为应对全球环境变化挑战，2014 年，国际科学理事会（ICSU）、国际社会科学理事会（ISSC）、联合国教科文组织（UNESCO）、联合国环境署（UNEP）、联合国大学（UNU）、贝尔蒙论坛（The Belmont Forum）和国际全球变化研究资助机构（IGFA）等发起了为期十年的大型科学计划“未来地球计划”（Future Earth）（2014—2023），英国、德国、法国、俄罗斯、爱尔兰、丹麦、芬兰、澳大利亚、日本、中国、韩国等主要国家积极参与①。

① Future Earth. http://www.futureearth.org/about#Work[2018-11-21].

二是政府间创新对话和创新论坛等机制发展完善，国际科技领域的务实合作走向新阶段。例如，中国已与美国、俄罗斯、以色列、欧盟、加拿大等主要国家和经济体建立了有效的政策沟通对话机制，围绕国际科技创新合作顶层设计、创新政策最佳实践、创新绩效衡量标准、产学研创新合作、科研人员和企业跨界研发合作等方面进行坦诚深入的交流，为推动科技和创新领域的合作共赢发挥了巨大作用。2009 年发起的贝尔蒙论坛，有包括美国、日本、欧盟、德国、法国、中国等 22 个国家和地区参与，论坛主题涉及淡水安全、海岸脆弱性、生物多样性和生态系统、粮食安全、土地利用变化等领域的研究和创新①。三是近年来，共建联合实验室、联合研究中心和技术转移中心等模式得到大力推广，旨在夯实国际科技合作的平台载体，为高水平联合研究提供高质量发展舞台。据统计，目前我国已建立 642 个国际创新园、国际联合研究中心、国际技术转移中心、示范型国际科技合作基地等国际科技合作基地，推动了国内外科学技术、科技型中小企业、资本的深度对接②。四是企业在海外建立研发中心，积极开展联合研究。例如，IBM 在中国、印度、日本、瑞士、爱尔兰、以色列等国家布局了 15 个研发中心。华为在德国、瑞典、美国、法国、意大利、俄罗斯、印度等海外设立 28 个创新中心和 45 个培训中心。

（四）合作内涵更加丰富

国际合作内涵更加丰富，除促进科学家、高校、科研院所、企业间的科技合作之外，进一步扩大了国际交流，丰富了外交关系和对外援助的内涵。一是科技合作已经上升为国家外交的重要内涵。例如，美国十分注重科技外交，国际科技合作与交流已经成为美国外交和科技政策的重要组成部分。在国际科技合作中，美国注重针对不同的国家制定不同的合作战略，在合作领域、合作方式方面均有所侧重和选择；通过分国别、分领域的不同形式的国际合作，美国实现了其科技资源在全球的布局。二是科技合作已经成为对外援助的重要内容，早期对外援助主要注重经济援助，现在对外援助增加了科技援助内涵，从经济合作转向经济合作与能力建设并重。例如，美国、英国、欧盟等国家和地区都发起了不同类型的科技援助计划，旨在通过前沿科技领域的交流合作，帮助发展中国家摆脱饥饿、贫困、重大传染性疾病、生态恶化等威胁，推动人类社会可持续发展。中国政府也通过双边渠道启动了一系列科技伙伴计划，与发展中国家共享科技发展的经验和成果，解答和平与发展的时代命题，推动形成和平、繁荣、开放、绿色、创新、文明的发展之路。

---

① The Belmont Forum. http://www.belmontforum.org/[2018-11-21].

② 中国科技网 . 科技外交迈向新时代 . http://www.stdaily.com/cxzg80/redian/redian142.shtml[2018-11-21].

二、新时代开展国际科技合作的战略需求

进入新时代，世界多极化、经济全球化、社会信息化、文化多样化深入发展，国家间相互联系和相互融合日益紧密，国际科技合作面临新的战略需求，一是科技合作要推动构建人类命运共同体，二是科技合作要推动建立新型国际关系，三是科技合作要为世界科学发展做出贡献，四是科技合作要为国家现代化提供重要支撑。

（一）国际科技合作是构建人类命运共同体的重要基础

积极应对全球调整，构建人类命运共同体，需要大力发展国际科技合作。我们只有一个地球，世界各国构成相互联系、相互依存的有机整体，全人类命运与共、休戚相关。但是，在世界发展进程中，全人类面临的共同挑战层出不穷，各类风险也日益增多，饥荒、贫困、疫情、能源危机、数字鸿沟等全球性问题依然存在，发展的不平衡、不充分形势日益严峻。没有一个国家能够独自面对和解决人类面临的各种挑战。为实现稳定的气候、可持续消费和生产、减少不平等和全球安全等目标，建设持久和平、普遍安全、共同繁荣、开放包容、清洁美丽的世界，要求发达国家和发展中国家开展科技通力协作，实现以科技合作保障基本需求和权利平等，以科技合作实现可持续发展和共同繁荣。

（二）国际科技合作是构建新型国际关系的重要内容

积极迎接国际格局调整与重构，建立新型国际关系，需要我们大力发展国际科技合作。未来一段时间，一超多强的世界格局将长期存在，同时中国、印度等新兴国家在国际舞台的重要程度不断上升，世界各国亟待建立相互尊重、公平正义、合作共赢的新型国际关系。科技资源的全球自由流动和基础研究成果的全球开放共享为内容的科技外交，已经成为外交的重要组成部分。新型国际关系需要以国际科技合作为重要内容，推动大国之间、发达国家和发展中国家之间、发展中国家之间的国际合作。一方面，要通过富有成效的国际科技合作，为国与国之间外交关系奠定坚实的基础；另一方面，要通过国与国之间良好的外交关系，进一步深化和促进基础前沿领域的国际科技合作。此外，通过国际科技合作更好地促进国与国之间的人员交往，加快国与国之间的政策沟通、设施联通、贸易畅通、资金融通、民心相通，也是构建新型国际关系的重要内容。

（三）国际科技合作为世界科学发展做出重要贡献

建设全球科技创新网络，需要中国发挥负责任大国的作用，通过国际科技合作，

深度参与全球科技治理，为世界科学发展贡献中国智慧和力量。近年来，中国综合国力不断增强，经济总量跃升至全球第二位，基础研究经费投入从2000年的46.73亿元快速增加到2016年的975.5亿元，有能力发起国际大科学计划和大科学工程，积极开展对外科技援助，大幅提升中国在全球科技创新中的贡献。此外，中国正在加快建设完善重大科技基础设施体系，500m口径球面射电望远镜（FAST）、全超导托卡马克（EAST）等一批重大科技基础设施相继建成，并面向全球科学家提供科学和实验平台，为全世界科学家探索未知世界、发现自然规律提供了重要物质保障。中国应该在国际科技合作中发挥积极作用，从而为中国深入参与全球科技创新治理和进一步融入全球创新网络提供现实路径，为全世界新理论、新范式、新规律的提出提供中国方案。

（四）国际科技合作是国家现代化的必然选择

国际科技合作是解决我国在发展过程中面临的问题，实现高水平现代化的必然选择。经过多年发展，中国已经步入新的发展阶段，我国社会主要矛盾已经转化为人民日益增长的美好生活需要和不平衡不充分的发展之间的矛盾，深化科技体制机制改革、推动产业转型和创新发展等任务艰巨。党的十九大报告提出，到本世纪中叶，要把我国建成富强民主文明和谐美丽的社会主义现代化强国。现代化强国的本质是高水平的现代化。为实现这一历史性战略目标，需要我们进一步拓展国际科技合作的深度与广度，推动国与国之间、城市与城市之间、人与人之间的全方位合作，推动不同国家高校院所和企业间的实质性合作，学习借鉴发达国家科技治理和科技促进发展的先进经验和有效做法，提升科技供给能力和转化效率，才能加快实现中国高水平的现代化。

三、深化国际科技合作的思路与建议

（一）加强“大国合作”，应对人类共同挑战

充分发挥负责任大国的历史担当，围绕消灭贫穷与饥饿、性别平等、清洁饮水和卫生设施、负责任生产和消费等全球性问题，在若干领域牵头组织国际大科学计划和大科学工程，完善全过程监督评估与动态调整机制，提升人类开拓知识前沿、探索未知世界和解决重大全球性问题的能力。积极参与、深度融入发达国家发起的国际大科学计划和国际科技援助计划，主动参与相关国际规则的制定，深度参与运行管理。强化我国牵头发起的国际大科学计划和大科学工程的顶层设计和统筹布局，与参与的国

际大科学计划和大科学工程形成相互促进、互为补充、高效联动、有序发展的国际科技“大国合作”新局面。

（二）加强“南北合作”，建设全球杰出科学家网络

实施“杰出青年学者计划”，吸引全球杰出青年科学家来华开展研究，为建立全球杰出科学家网络奠定人才基础。实施“全球卓越创新中心网络计划”，依托我国优势学科和机构建设“全球卓越创新中心”，加强与全球优势和特色研究团队合作，加强对引入双边或多边合作机制的卓越研究中心之间建立长期稳定合作关系的支持，构建全球基础科学研究网络，培育一批具有世界影响力的在华全球卓越研究中心（实验室），提升基础研究水平和能力。加大“国际合作重大研究项目”支持力度，支持中国科学家发起和参与国际大科学计划和工程，推动中国基础研究进入国际科学前沿，提升原始创新能力和水平。

（三）加强“南南合作”，提升发展中国家科技发展能力

实施“发展中国家杰出青年科学家计划”，吸引发展中国家杰出青年科学家来华开展研究，提升发展中国家基础研究能力。支持建设“发展中国家联合科技教育中心”，配合国家“一带一路”倡议，利用国家对外援助计划，在发展中国家布局共建“发展中国家联合科技教育中心”，提升发展中国家科技教育发展能力和水平，培育和拓展国家科技合作空间。实施“发展中国家人文交流计划”，支持互设文化研究中心和文化交流中心，深化与发展中国家在文化领域的交流合作。

（四）建立国际科技合作战略咨询与外交协调互动机制

强化国际科技合作的顶层设计，在国家部委推动建立首席科学顾问制度，促进国际科技合作与政治合作、经济合作、文化合作的深度融合。建立国际科技合作的长效机制，完善政府间常态化科技合作框架，发展“创新对话”“创新论坛”等新模式和新机制。加快建立健全国际科技合作咨询制度，建立国际科技合作专家咨询委员会，发展一批高端智库，研判国际形势和国际关系中与科技相关的全局性、战略性问题，加快构建以合作共赢为核心的新型国际关系。

Strategic Thoughts on Deepening International S&T Cooperation

Qu Wan[1, 2], *Mu Rongping*[1, 2], *Lin Jie*[1, 2]
(1. Institutes of Science and Development, Chinese Academy of Sciences;
2. School of Public Policy and Management, University of Chinese Academy of Sciences)

With the continuous deepening of international scientific and technological cooperation, international scientific and technological cooperation has presented a new trend of more diverse cooperation subjects, broader cooperation issues, more diverse forms of cooperation, and richer cooperation contents. At present, the technological revolution & industrial revolution and the emerging cutting-edge technologies have greatly changed people's life and production methods. The world's multi-polarization, economic globalization, social informatization and cultural diversity have developed in depth, and proposed new needs and challenges for international scientific and technological cooperation. Starting from the strategic needs of building a community of human destiny, building a new international relationship, contributing China's power to the world's scientific development, and building a socialist modernization power, the study proposes that China needs to strengthen 'great power cooperation,' 'North-South cooperation,' 'South-South cooperation ' and establish interactive mechanisms between international cooperation consulting and diplomatic coordination.